KB105346

데이비드 애튼버러의
동물 탐사기
젊은 자연사학자의 모험

ADVENTURES OF A YOUNG NATURALIST

Original publications © David Attenborough 1956, 1957, 1959

This abridged combined volume © David Attenborough 1980

This edition of *The Zoo Quest Expeditions* is published by arrangement with
    The Lutterworth Press.

Introduction © David Attenborough 2017

Photographs © David Attenborough

First published in Great Britain in 1980 by Lutterworth Press as
The Zoo Quest Expeditions: *Travels in Guyana, Indonesia and Paraguay*

This edition first published in Great Britain in 2017 by Two Roads

An imprint of John Murray Press

An Hachette UK company

All rights reserved.

Korean translation copyright © 2022 by GEOBOOK

Korean translation rights arranged with HODDER & STOUGHTON LIMITED

through EYA Co.,Ltd.

이 책의 한국어판 저작권은 EYA Co.,Ltd를 통한
HODDER & STOUGHTON LIMITED 사와의 독점계약으로
지오북(**GEO**BOOK)이 소유합니다.
저작권법에 의하여 한국 내에서 보호를 받는 저작물이므로
무단전재 및 복제를 금합니다.

데이비드 애튼버러의

동물탐사기

젊은 자연사학자의 모험

데이비드 애튼버러 지음

양병찬 옮김

지오북
GEOBOOK

탐사를 시작하기 전

1954년 BBC 다큐멘터리 《동물원 탐사Zoo Quest》를 촬영하는 28살의 애튼버러

요즘 동물원들은 동물 수집자들을 파견하며 '동물을 산 채로 잡아오라'는 특명을 내리지 않는다. 물론 그건 매우 당연하다. 주지하는 바와 같이, 자연계는 (굳이 가장 아름답고 카리스마 넘치고 희귀한 거주자를 강탈당하지 않더라도) 이미 충분히 과중한 압력에 직면하고 있다.

오늘날 동물원에서 관람객을 끌어들이는 동물들 — 사자, 호랑이, 기린, 코뿔소, 심지어 여우원숭이lemur와 고릴라 — 은 대부분 동물원에서 태어나 혈통 등록부stud book에 등재되므로, 개체들은 근친 교배의 위험을 피하기 위해 국제적으로 교환될 수 있다. 이런 동물들은 방문객들이 자연의 장관에 익숙해지도록 하고 보존의 중요성과 복잡성을 설명하는 데 중요한 역할을 수행한다.

그러나 늘 그랬던 것은 아니다. 런던 동물원London Zoo은 1828년 과학자들에 의해 설립되었는데, 당시 그들은 '현재 지구상에 살아있는 동물 종種 목록 작성'이라는 '중요하지만 거의 불가능한 과제'에 관심을 두고 있었다. 어떤 동물들은 먼 나라에서 '죽은 표본'으로 도착했고, 어떤 동물들은 산 채로 도착한 후 리젠트 공원Regent's Park[1]에 있는 협회 정원에 전시되었다. 그러나 모든 동물들은 결국 잘 만들어진 해부학 표본이 되어 신중히 보존되었다. 두말할 필요 없이 다른 동물원들이 보유한 적이 없는 종들을 발견하는 데 특별한 주의가 기울여졌고, 그러한 야심은 내가 1950년대에 '새로운 유형의 TV 프로그램'을 염두에 두고 동물원의 한 큐레이터를 방문했을 때도 어느 정도 남아있었다.

그 당시의 TV도 오늘날과 매우 달랐다. 영국 전체에 BBC가 송출하는 방송 하나만 달랑 있었고, 그나마 런던과 버밍엄에서만 시청이 가능했다. 그리고 모든 프로그램은 런던 북부의 알렉산드라 팰리스Alexandra Palace에 있는 2개의 작은 스튜디오에서 제작되었다. 1936년 세계 최초의 정규 TV 서비스를 제공한 장소와 도구도 그 스튜디오의 바로 그 카메라였다. 1939년 제2차 세계대전이 발발하면서 방송이 중단되었지만, 1945년 평화가 선포되자마자 재개되었다. 그래서 내가 1952년 수습 PD로 입사했

---

1 런던 한복판의 왕립공원 중 하나로 1820년 문을 열었다. - 옮긴이주

데이비드 애튼버러의 동물 탐사기

을 때 BBC TV는 겨우 10년의 제작 실무 경험을 보유하고 있었다.

그리고 프로그램들은 거의 전적으로 생방송이었다. 전자 기록electronic recording이 발명되려면 아직 수십 년을 기다려야 했으므로, PD들이 스튜디오에서 촬영한 화면을 보완하는 유일한 수단은 필름이었다. 하지만 그러려면 돈이 많이 들었으므로, 그럴 기회가 거의 부여되지 않았다. 사실 그것은 한계로 여겨지지도 않았다. 반대로, 시청자와 PD들은 즉시성immediacy이야말로 매체의 주요 매력이라고 생각했다. 화면에 나오는 사건은 시청자들이 지켜보는 동안 실제로 일어나고 있었다. 만약 배우가 대사를 잊는다면 프롬프트[2]가 들렸다. 만약 정치인이 흥분했다면, 이미 엎질러진 물이므로 다시 생각하거나 편집해 달라고 떼를 쓸 기회도 없었다.

내가 처음 방송을 시작했을 때, 동물 프로그램은 이미 스케줄이 잡혀있었다. 프로그램 진행자는 런던 동물원 관리자 조지 캔스데일George Cansdale 이었다. 캔스데일은 일주일에 한 번씩 리젠트 공원에 수용된 동물 중에서 크기가 적당하고 온순한 것들을 알렉산드라 팰리스로 운반해 도어 매트로 덮인 탁자 위에 올려놓고, 그 동물이 스튜디오의 강렬한 조명에 눈을 깜박이며 앉아있는 동안 그들의 해부학적 특징, 용감성, 묘기를 설명했다. 그는 박물학 전문가로, 동물을 어르고 달래어 자신이 원하는 행동을 이끌어내는 데 탁월한 솜씨를 보였다. 그럼에도 불구하고 모든 일이 그가 원하는 방향으로 진행되는 것은 아니었는데, 그가 유명세를 탄 것은 부분적으로 그 때문이었다. 왜냐하면 동물들이 정기적으로 도어 매트(또는 운 좋게도 그의 바지)에 오줌을 쌌기 때문이다. 간혹 동물들이 도망을 치는 바람에, (만일의 사태에 대비해 숨어있던) 유니폼 차림의 동물원 사육사들 중 하나의 도움을 받아야 했다. 한번은 작은 아프리카다람쥐가 시범용

---

2 배우가 대사를 잊었을 때 대사를 상기시켜 주는 말. - 옮긴이주

탁자에서 마이크로 뛰어올라, 바로 위의 마이크 걸침대에 매달렸다. 그리고는 마이크 걸침대를 타고 순식간에 스튜디오를 가로질러 환기 시스템으로 숨어버렸다. 그는 그곳에 며칠 동안 머물며, 스튜디오에서 방영되는 드라마, 예능 프로그램, 그 밖의 프로그램에 간간이 나타났다. 몇 번의 기억할 만한 장면 중에서, 한 동물은 심지어 캔스데일을 물려고 하기도 했다. 그런 순간은 결코 놓칠 수 없었으며, 그가 뱀 같은 특별히 위험한 동물을 다룰 때는 전 국민이 숨을 죽이고 지켜봤다.

그러던 중 1953년, 새로운 유형의 동물 프로그램이 등장했다. 벨기에의 탐험가 겸 영화 제작자 아르망 데니스Armand Denis가 매력적인 영국 출신 아내 미카엘라Michaela와 함께 만든 장편 다큐멘터리 영화《사하라 사막 아래에서Below the Sahara》를 홍보하기 위해 케냐에서 런던으로 온 것이었다. 그들은 영화에 사용하지 않은 장면 중 일부를 편집해서 30분짜리 TV 프로그램으로 만들었다. 그것은 코끼리, 사자, 기린과 동아프리카 평원에 서식하는 그 밖의 유명하고 구경거리가 될 만한 대형 동물들을 총망라한 것으로 공전의 히트를 쳤다. 많은 시청자들이 그런 동물들의 활동사진을 본 것은 난생처음이었다. 캔스데일이 연출한 생생하고 흥분되는 예측 불가능성은 없었지만, 사람들은 실제로 자연에서 살아가는 동물들이 얼마나 경이롭고 장엄한지를 깨달았다.

새로운 유형의 동물 프로그램에 대한 시청자들의 열화와 같은 성원에 힘입어, TV 기획자들은 즉시 데니스 부부에게 후속편을 요청했다. "매주 방영할 수 있는 시리즈물 없나요?" 가능성을 본 이상, 아프리카에서 여러 해 동안 영화를 촬영해 온 데다 방대한 동물 영상 자료를 보유한 데니스 부부에게는 더 이상의 말이 필요 없었다. 그래서 최초의《사파리에서On Safari》시리즈가 시작되었다.

방송경력 2년에 '동물학 장롱 학위'를 보유한 26살짜리 신출내기 TV

프로듀서로서 동물 프로그램을 스스로 제작하려는 열망을 품고 있던 나에게 이러한 기존의 포맷들은 나름대로의 특별한 매력과 한계를 갖고 있는 것처럼 보였다. 캔스데일의 프로그램에는 '살아있는 예측 불가능한 동물을 지켜본다'는 스릴이 있었지만, 동물들이 스튜디오라는 낯선 환경에 처해 있다 보니 엽기적일 정도로 이상해 보이는 경우가 많았다. 그와 대조적으로, 데니스 부부의 동물들은 (그들이 완벽하게 적응한) 자연환경에서 활보했지만, 생생한 예측 불가능성이라는 '양념'이 부족했다. "장담하건대," 나는 스스로 다짐했다. "하나의 프로그램에서 두 가지 스타일을 결합하면 꿩 먹고 알 먹기가 가능할 거야." 나는 이미 임시 프로듀서로서 음악회, 고고학 퀴즈, 정치토론, 발레 공연을 닥치는 대로 연출하고 있던 터였다. 그리고 가장 최근에는 '동물이 특정한 형태 및 패턴을 가진 의미와 목적'을 다룬 3부작 프로그램을 기획했다. 나는 그 프로그램의 내레이션을 당대 최고의 과학자 중 한 명인 줄리언 헉슬리Julian Huxley 경에게 의뢰했고, 그의 설명을 시각적으로 뒷받침하기 위해 캔스데일이 관리자로 근무하는 런던 동물원에서 몇 마리의 동물을 빌렸다. 그리고 이 과정에서 동물원의 파충류 큐레이터 잭 레스터Jack Lester를 만나게 되었다.

잭은 소싯적부터 동물에 대한 열정을 지니고 있었지만 공식적인 훈련을 전혀 받지 않았기 때문에 처음에는 은행에 취직했다. 그러나 이윽고 고용주를 설득해서 서아프리카 지사로 발령이 났고, 그곳에서 파충류를 수집해 사육하면서 열정을 불태울 수 있었다. 전쟁이 터지자 그는 영국 공군에 입대했지만, 전쟁이 끝난 후에는 영국 서부의 사설 동물원에 취직했다. 그리고는 리젠트 공원으로 자리를 옮겨 동물원이 수집한 방대한 파충류를 관리했다. 그의 사무실은 파충류관 내의 작은 방이었는데, 모든 전시관들과 마찬가지로 숨막히는 열대 기온이 유지되었고, 그가 특히 좋아하는 동물들 ―대중에게 전시되지 않는 난쟁이갈라고dwarf bush baby, 거대거미giant spider, 카멜레온, 땅굴뱀burrowing snakes — 이 들어있는 온갖 케이지들로 가득 차있었다. 그는 헉슬리 시리즈에 등장할 동물을 고르는 데 크게 도움이 되었고, 나는 그의 사무실을 방문해 향후 함께 추진할 프로그램을 논의했다. 나는 내 아이디어가 그의 흥미를 끌 거라고 생각했는데, 그 이유는 그가 오매불망하는 서아프리카로 함께 현지 촬영을 떠난다는 구상을 갖고 있었기 때문이다.

나의 계획은 간단했다. 그 내용인즉, BBC와 런던 동물원이 손잡고 잭과 내가 함께 참여하는 동물수집 탐험animal-collecting expedition을 시작하는 것이다. 나의 역할은 '잭이 특별히 흥미로운 동물을 찾아내 생포하는 과정'이 담긴 촬영 장면을 연출하는 것이며, 영상의 하이라이트는 그의 손에 잡힌 동물이 클로즈업된 장면이다. 그런 다음 화면이 디졸브dissolve3되며 동일한 동물을 비슷한 장면으로 보여주는데, 이번에는 스튜디오에서 진행되는 생방송이다. 잭이 출연해서 동물의 해부학적 구조와 행동 중에서 특별히 흥미로운 내용을 캔스데일과 같은 방식으로 보여준다. 만약 스튜디오에서 몇 가지 불가피한 사고(이를테면 탈출이나 깨물기)가 발생한다면 금상첨화다. 다음으로, 시청자들은 영상을 통해 아프리카로 돌아가 잭이 다른 동물을 찾아내 생포하는 장면을 손에 땀을 쥐고 지켜보게 된다.

잭은 나의 멋진 아이디어에 동의했다. 유일한 문제는, 그 당시의 런던 동물원이 동물수집 탐험대를 아프리카에 파견할 생각이 전혀 없었다는 것이었다. 그건 BBC도 마찬가지여서, 고도로 전문적이고 비용이 많이 드는 (것이 확실시되는) 자연사 다큐멘터리 제작이라는 비즈니스에 뛰어들 의향이 전혀 없었다. 그러나 동물원과 BBC의 수뇌부가 (상대방이 그런 계획을 이미 염두에 두고 있다는 인상을 받도록) 교묘하게 연출된 저녁식

---

3 한 화면이 사라짐과 동시에 다른 화면이 점차로 나타나는 장면 전환 기법. - 옮긴이주

데이비드 애튼버러의 동물 탐사기

사 자리를 갖게 한다면, 그런 사소한 문제는 극복할 수 있을 것 같았다.

자리는 적절한 절차를 거쳐 동물원의 구내 식당에 마련되었다. 잭과 나는 바람잡이 노릇을 하기 위해 그 자리에 배석했다. 양쪽의 수뇌부는 식사를 하고 커피를 마신 후 자리를 떴는데, 그들 모두 '상대방이 구상하고 있는 계획에 동참한다면 얻을 게 많겠구나.'라고 확신한 듯했다. 아니나 다를까, 바로 다음날 우리 둘은 각각 자신이 몸담은 기관에서 "상대방과 긴밀히 협의하여 계획을 진행하라."라는 지시를 받고 쾌재를 불렀다.

우리는 아무런 어려움 없이 정글탐험에 대한 합의를 도출했다. 잭이 근무한 은행은 시에라리온Sierra Leone에 있었는데, 그는 그 나라의 사정과 동물상fauna을 속속들이 알고 있었다. 게다가 그는 그곳에 친구가 많아서, 큰 도움을 받을 수 있을 듯싶었다. 그러나 내 생각에, 만약 TV 프로그램이 성공하려면 하나의 뚜렷한 목적이 있어야 했다. 그것은 전 세계의 어떤 동물원에서도 본 적이 없는 희귀동물(이건 런던 동물원이 그토록 인기가 있는 이유였다)을 찾아내는 것이었다. 매우 낭만적이고 희귀하고 흥미만점인 동물이라면 시청자들은 처음부터 끝까지 프로그램에서 눈을 떼지 못할 것이며, 맨 마지막에 동물이 발견되는 순간 환호성을 지를 것이다. 우리는 그 시리즈의 이름을 '○○ 탐사'라고 부르기로 했다. 여기서 '○○'은 동물 이름을 의미한다. 그런데 무슨 동물로 한다?

그건 어려운 문제였다. 잭이 알고 있는 시에라리온의 희귀동물이라고는 흰목바위새Picathartes gymnocephalus라는 새 하나밖에 없었다. 내가 생각하기에, 영국 국민들을 그런 밋밋한 이름을 가진 동물을 본다는 기대에 들뜨게 하는 것은 어려웠다. 다른, 보다 낭만적인 이름은 없을까? "아, 있어요." 잭이 거들었다. "그 새의 영국식 이름은 대머리바위새Bare-headed Rock Fowl예요." 그러나 내가 보기에는, '흰 목'이나 '대머리'나 거기서 거기였다. 그러나 잭은 다른 대안을 제시하지 못했다. 우리는 궁극적으로 바위새^{Picathartes}로 낙착을 보았고, 나는 그 시리즈를 그냥 동물원 탐사$^{Zoo\ Quest}$라고 부르기로 했다.

해결할 문제가 하나 더 있었다. 그 당시 TV에서는 35밀리미터 필름을 사용했는데, 그것은 장편 극영화 산업에서 사용하는 필름과 같은 규격이었다. 롤^{roll} 하나의 크기는 납작한 축구공만 했고 카메라는 작은 여행가방만 했다. 통상적인 상황에서 카메라는 삼각대 위에 올려놓고 두 사람이 다뤄야 했다. 아르망과 미카엘라 데니스는 16밀리미터 필름을 사용하는 훨씬 더 작은 장비를 사용했는데, 나도 그러고 싶었다.

"16밀리미터는 아마추어용이야!" TV 촬영 부서의 우두머리는 크게 화를 내며 말했다. "그건 화질이 형편없어서 전문가들에게 경멸을 받을 거야." 그는 수준 미달의 필름을 사용하는 것에 동의하느니 차라리 사표를 내겠다고 으름장을 놓았다. TV 프로그램 부서의 우두머리가 회의를 소집했고, 나는 소신을 굽히지 않았다. "훨씬 더 작고 다루기 쉬운 장비를 사용하지 않는다면, 내가 원하는 장면을 촬영할 수가 없습니다." 나는 이전에는 결코 해본 적 없는 확신을 가지고 설명했다.

궁극적으로 나의 뜻이 관철되었다. 그러나 촬영 부서의 우두머리는 결정을 받아들이는 조건으로 단서 하나를 달았다. 그 당시의 TV는 흑백이었는데, 우리가 사용할 16밀리미터 필름은 (백사진$^{positive\ print}$을 얻을 수 있는) 흑백음화$^{black\text{-}and\text{-}white\ negative}$ 필름이 아니라 컬러음화$^{colour\ negative}$ 필름이어야 한다는 것이었다. 컬러음화 필름은 일부 흑백음화 필름보다 감도는 낮았지만, 거기에서 얻어진 흑백영상은 해상도가 훨씬 뛰어났다. 나는 그 조건을 받아들이고, 빛이 매우 어두운 예외적인 상황에서만 흑백음화 필름을 사용하기로 약속했다.

그러나 BBC 소속 카메라맨 중에서 16밀리미터용 장비 사용에 동의하는 사람은 아무도 없었다. 그래서 나는 나와 죽이 맞는 카메라맨을 찾아야 했다. 나는 몇 번의 수소문 끝에 한 동갑내기 남자를 발견했는데, 그는 히말라야에서 설인Abominable Snowman을 찾는 탐험을 촬영하다가 (뜻을 이루지 못하고) 돌아온 보조 카메라맨이었다. 그의 이름은 하를레스 라구스Charles Lagus였다. 우리는 방송국 사람들이 자주 가는 스튜디오 근처의 선술집에서 만나 맥주잔을 기울였다. 우리는 화기애애한 대화를 나눴는데, 그는 내가 제안한 동물탐사여행에 흥미를 느끼고 두번째 잔을 비운 후 바로 합류하기로 결정했다. 잭도 앨프 우즈Alf Woods라는 사람을 데려왔는데, 그는 당시 런던 동물원의 조류관을 책임지고 있던 두뇌회전이 빠르고 현명한 베테랑 사육사였다. 그는 생포된 동물을 보살피는 역할을 수행할 예정이었다. 그리하여 1954년 9월, 우리 넷은 시에라리온을 향해 출발했다.

시에라리온의 수도 프리타운Freetown에서 며칠을 보낸 후, 우리는 열대 우림으로 떠났다. 하를레스와 나는 그런 곳에 가 본 적이 단 한 번도 없었는데, 그곳은 극도로 어두컴컴한 곳이었다. 하를레스는 침울한 표정으로 자신의 노출계light meter를 꺼냈다. "여기서 컬러음화 필름으로 촬영하는 데 충분한 광선을 얻으려면," 그는 씁쓸하게 말했다. "두세 그루의 나무를 베어내는 수밖에 없겠군요." 그것은 치명타였다. 만약 숲속에서 작업을 할 생각이라면 흑백음화 필름을 사용해야 하는데, 우리가 가진 필름이 조금밖에 없었기 때문이다.

나는 이렇게 생각했다. '잭을 설득해서, 숲속에서 뭔가를 잡은 후 적당히 밝은 공터로 나와 놓아주고 다시 잡으라고 하면 어떨까?' 잭은 나의 제안에 흔쾌히 동의했다. 그래서 하를레스와 나는 나뭇가지 사이를 누비는 원숭이 군단을 촬영하거나 수줍음 많은 영양antelope이 어두운 숲속에서 나오기를 (몰래 숨어서) 기다리는 대신, 밝은 곳으로 갖고 나갈 수 있는 작은 동물들—카멜레온, 전갈, 사마귀, 노래기—을 주로 상대하게 되었다.

바위새는 여전히 우리의 주요 표적이었다. 잭은 어느 화가가 박물관의

앨프 우즈(오른쪽)와 잭 레스터가 바위새의 새끼에게 모이를 주고 있다.

표본을 보고 그린 수채화를 휴대하고 우리와 함께 다니다가, 사람들이 나타나면 그 비슷한 것을 본 적이 있냐고 물었다. 사람들은 그림을 보고 곤혹스러워했지만, 마침내 그것을 알아보는 한 주민을 발견했다. 그의 말에 따르면, 바위새는 진흙으로 둥지를 짓는데, 둥지의 모양은 제비 둥지와 비슷하지만 크기가 훨씬 더 크며 숲속의 거대한 바위 옆에 붙어있다고 했다. 바위새를 환한 곳으로 옮기는 것은 거의 불가능했으며, 상황을 개선할 요량으로 근처에 있는 몇 그루의 나무를 벨 수도 없는 노릇이었다. 그 대신, 소중한 '고감도 흑백 필름'을 이용하여 살아있는 흰목바위새를 세계 최초로 촬영하는 데 성공했다.

최초의 TV 프로그램이 방영된 것은 1954년 12월이었다. 잭은 스튜디오에서 바위새를 직접 선보였고 나는 스튜디오 통제실에서 카메라들을 지

데이비드 애튼버러의 동물 탐사기

휘하며 그 장면을 촬영했다. 그러나 커다란 불상사가 일어났다. 방송이 나간 다음날 잭이 의식을 잃고 쓰러져 병원에 실려간 것이다. 물론 그 시리즈는 생방송이었으므로, 다음주에는 누군가 다른 사람이 대타로 나서야 했다. TV 부문의 총책임자는 대뜸 나를 지목했다. "자네는 직원이야." 그는 이렇게 말했다. "그러니까 출연료는 없어." 나는 다음주에 잭의 빈자리를 채우기 위해 최선을 다했다. 내가 스튜디오에서 바위새를 다루는 동안, 동료 PD 중 하나가 스튜디오 통제실에 앉아서 카메라들을 지휘했다.

우리가 시청자들에게 보여준 아프리카는 데니스 부부가 보여준 것과 판이하게 달랐다. 컵 모양의 벌집을 짓는 호리병벌potter wasp과 전갈을 공격하는 군대개미army ant 군단은 동아프리카의 대형 동물보다 훨씬 더 작았다. 그러나 노련한 카메라맨 하를레스는 매우 극적으로 보이도록 촬영했고, 이 시리즈는 엄청나게 많은 시청자들을 끌어모았다. 나의 직속상사는 뛸 듯이 기뻐했다.

시리즈가 종영된 지 한 달쯤 후 잭은 충분히 회복하여 병원에서 퇴원했다. 그와 나는 다시 힘을 합쳐 다음 시리즈의 제안서를 제출하기로 결정했고, 각각의 직속상사는 첫번째 시리즈가 대박을 쳤다는 사실을 기억하고 있었다.

제안서는 제출되었고, 놀랍게도 1955년 3월 ─ 서아프리카 프로그램의 마지막 회가 방영된 지 불과 8주 후 ─ 에 다시 해외 로케를 떠나게 되었다. 이번 목적지는 남아메리카였는데, 그 당시에는 영국령 기아나British Guiana라고 불렸다.

그러나 기아나에 도착한 지 얼마 후 병이 재발하는 바람에 잭은 런던의 병원으로 다시 돌아가야 했다. 그래서 나는 또 다시 그의 대타로 나서야 했는데, 이번에는 동물 수집가였다. 그리고 채집동물의 규모가 증가함에 따라, 그들을 보살피기 위해 또 다른 베테랑 사육사가 동물원에서 차출되었다.

잭은 우리가 돌아올 때까지도 완전히 회복되지 않았으므로, 나는 두번째 시리즈에서도 해설자로 총대를 멨다. 그리고 이번에도 성공을 거둬, 세번째 탐사여행 제안서를 제출했다. 인도네시아를 세번째 장소로 결정했는데, 우리의 주요 표적은 코모도왕도마뱀Komodo dragon이었다. 코모도왕도마뱀으로 말할 것 같으면 세계에서 가장 큰 도마뱀으로, 그 당시까지만 해도 TV에 등장한 적이 단 한 번도 없었다.

잭은 탐사여행을 떠날 만한 컨디션이 아니었으므로, 자기를 제외하고 떠나라고 재촉했다. 그래서 우리는 그의 말대로 했다. 그리고 그는 우리가 떠나 있는 동안, 47세라는 아까운 나이에 세상을 떠났다.

기아나 탐사여행이 끝난 후 나는 탐사여행기를 집필했고, 그 후 몇 년 동안 매번 탐사여행이 끝날 때마다 꼬박꼬박 그렇게 했다. 이 책에는 1~3차 탐사여행기가 담겼는데, 원문의 내용이 약간 생략되고 수정되었다.

여행기가 집필된 후 세계는 엄청나게 변화했다. 영국령 기아나는 독립하여 '가이아나협동공화국Cooperative Republic of Guyana'이라는 이름을 얻었다. 큰개미핥기giant anteater를 찾기 위해 방문했던 루푸누니 시비니Rupununi savannah는 그 당시 야생 상태의 오지였지만, 지금은 정기항공편이 운항되고 있으며 연락도 쉽게 할 수 있다. 인도네시아의 경우, 그 당시 낭만적으로 무너져가던 보로부두르Borobudur의 거대한 자바 유적지Javanese monument가 지금은 완전히 해체되어 재건립되었다. 해로를 통해서만 접근할 수 있었고 단 한 명의 유럽인밖에 없었던 발리Bali섬은 오늘날 비행장이 설치되었으며 거대한 제트기가 매일 수천 명의 휴가객들을 오스트레일리아와 유럽에서 실어 나르고 있다. 그리고 코모도Komodo섬은 1956년에는 접근하기가 매우 어려웠지만 오늘날에는 여행로가 개설되어 방문객들이 매일 단체로 왕도마뱀dragon을 관람하고 있다. 그리고 TV는 그 시절 이후 마침내 총천연색 영상을 보여주고 있다.

한편 2016년, BBC의 필름 보관실에서 내용물을 분류하기 위해 살펴보던 기록 보관 담당자가, '동물원 탐사 – 컬러'라는 딱지가 붙은 녹슨 깡통들을 발견했다. 의아하게 생각한 그녀는 깡통을 열어 오리지널 컬러음화 필름 롤을 발견했다. 그 당시까지, 나를 포함해 어느 누구도 그 장면을 컬러로 시청한 사람은 없었다. 그리하여 그 필름은 마침내 컬러로 인화되었다. 총천연색 영상을 관람한 관계자들은 "60년 동안 방치되었음에도 불구하고 생생한 화질을 유지하고 있어 방송이 가능하다."라는 결론을 내렸다.

바라건대, 이 책의 내용이 독자들에게 총천연색 영상에 버금가는 감동을 선사했으면 좋겠다.

2017년 5월

데이비드 애튼버러

차례

1부 가이아나 동물 탐사

2부 인도네시아 동물 탐사

3부 파라과이 동물 탐사

1부

가이아나 동물 탐사

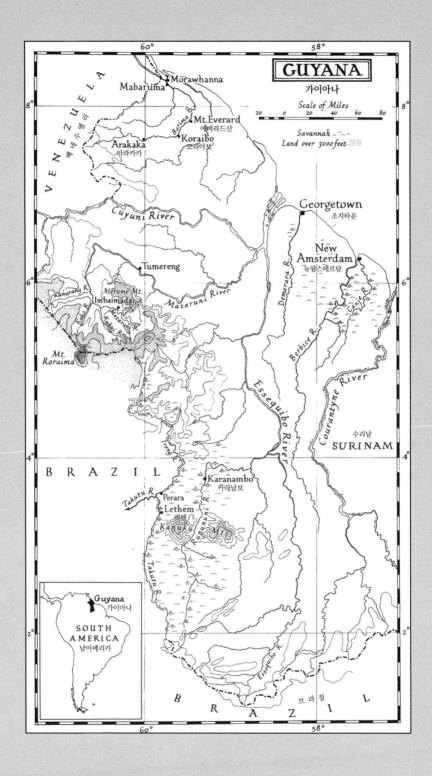

1. 가이아나로

남아메리카는 전 세계에서 가장 기이하고, 가장 사랑스럽고, 가장 무시무시한 동물들의 고향이다. 숲속 교목에 거꾸로 매달린 채 소리도 나지 않는 느린 동작으로 일생을 보내는 나무늘보sloth보다 있을 법하지 않은 동물은 없을 것이고, 터무니없이 불균형한 신체비율, 텁수룩한 깃발처럼 커다란 꼬리, 구부러진 대롱처럼 길고 이빨이 없는 턱을 가진 사바나savannah의 큰개미핥기giant anteater보다 기이한 동물은 없을 것이다. 다른 한편으로는 아름다운 새들이 지천으로 널려있다. 야한 색깔의 마코앵무새macaw가 날개를 퍼덕이며 숲을 누비는데, 그들이 미친 듯 내뱉는 거친 울음소리는 화려한 깃털과 극명한 대조를 이룬다. 그리고 벌새hummingbird들이 마치 작은 보석처럼 이 꽃 저 꽃으로 날아다니며 꿀을 머금는 동안 그들의 영롱한 깃털은 일곱 빛깔 무지개처럼 반짝인다.

남아메리카의 동물 중 상당수의 매력은 역설적으로 혐오감에서 비롯된다. 식인 물고기cannibal fish 떼는 강을 가득 메운 채, 자기들 사이로 넘어져 버둥거리는 동물들의 살점을 뜯어 먹으려고 기다린다. 그리고 (유럽에서는 전설이지만, 남아메리카에서는 오싹한 현실인) 흡혈박쥐vampire bat들은 밤중에 숲속의 잠자리에서 몰려나와 소와 사람들의 피를 빤다.

데이비드 애튼버러의 동물 탐사기

두말할 필요 없이, 첫번째 동물원 탐사 원정을 위해 아프리카를 방문했던 우리가 두번째 원정지로 남아메리카를 선택한 것은 당연한 귀결이었다. 그러나 그 광대하고 다양한 대륙에서 어떤 지역을 방문해야 했을까? 우리는 결국 남아메리카 대륙 유일의 영연방국가 가이아나Guyana(그 당시에는 영국령 기아나British Guiana)를 선택했다. 아프리카 원정대의 핵심이었던 잭 레스터Jack Lester, 하를레스 라구스Charles Lagus, 내가 다시 뭉쳤고, 런던 동물원의 관리인 팀 비날Tim Vinall도 가세했다. 팀은 당시 발굽 있는 동물인 유제류hoofed animal를 돌보고 있었지만, 동물원에 다년간 근무하며 다른 여러 종류의 동물들도 보살핀 경력이 있었다. 그가 원정대에서 맡은 임무는 해안의 베이스캠프에 남아 힘만 들고 생색은 나지 않는 뒤치다꺼리를 도맡다가 우리가 생포해 온 동물들을 보살피는 것이었다.

그리하여 1955년 3월, 우리는 가이아나의 수도 조지타운Georgetown에 도착했다. 3일 동안 각종 승인을 받고, 카메라와 기록장치들을 통관하고, 냄비, 프라이팬과 식료품, 해먹을 구입한 후, 우리는 내륙에서 동물 수집을 시작하고 싶어 몸이 근질근질해졌다. 우리는 이미 개략적인 행동계획을 수립한 터였다. 지도에 의하면 가이아나의 대부분은 북쪽으로는 오리노코강Orinoco, 남쪽으로는 아마존분지Amazon Basin까지 펼쳐진 열대우림으로 덮여있었다. 그러나 숲은 남서쪽으로 갈수록 점점 줄어들다가 풀로 뒤덮인 사바나에 자리를 내줬고, 해안을 따라 (논과 사탕수수 농장이 습지, 개울과 교대로 반복되는) 경작지가 띠를 이루고 있었다. 만약 가이아나의 동물상을 대변하는 동물들을 채집하려면 방금 언급한 지역들을 모두 방문해야 했다. 왜냐하면 각각의 지역에는 다른 곳에서 찾아볼 수 없는 독특한 동물들이 서식하고 있기 때문이었다. 그러나 우리는 '각 지역에서 어떤 장소를 어떤 순서로 방문해야 하는지'에 대해 전혀 감을 잡지 못하고 헤매다가, 사흘째 되는 날 저녁에 3명의 지역 전문가들과 간신히 연락이 닿아 식사를 하며 조언을 구했다. 빌 세거Bill Seggar는 서쪽 변방 근처의 숲과 오지를 관할하는 지역 관리자District Officer[1]였고, 타이니 맥터크Tiny McTurk는 루푸누니 사바나Rupununi savannah의 목장주였으며, 세니드 존스Cennydd Jones는 아메리카 원주민Amerindian의 주치의로서 직업상 식민지 이곳 저곳을 돌아다니는 사람이었다. 우리는 다음날 새벽까지 머리를 맞대고 앉아, 사진과 필름과 지도를 들여다보며 미친 듯이 메모를 했다. 마침내 자리에서 일어났을 때 상세한 계획서를 손에 쥐었는데, 첫번째 목적지는 사바나, 두번째 목적지는 숲 그리고 마지막 목적지는 해안의 습지였다.

우리는 다음날 아침 항공사 예약센터를 방문해 비행기편을 문의했다. "루푸누니 네 명요?" 담당 직원은 말했다. "네, 내일 출발하는 비행기표가 있습니다."

루푸누니행 비행기표를 구한 우리는 안도의 한숨을 내쉬며 기대에 잔뜩 부풀었지만, 비행기에 탑승하자마자 심장이 콩알만 해질 줄이야! 비행사 윌리엄스 대령Colonel Williams은 가이아나에서 미개척지 비행의 선구자였는데, 가이아나의 오지 중 상당수가 접근이라도 할 수 있게 된 것은 오로지 그의 담대함과 상상력 덕분이었다. 그러나 비행기가 이륙했을 때, 우리는 대령의 조종술이 런던에서 조지타운으로 데려다 준 비행사의 솜씨와 사뭇 다르다는 것을 깨달았다. 다코타Dakota[2]는 우레 같은 소리를 내며 출발했는데, 활주로 끝의 야자나무가 점점 더 가까이 다가올수록 '비행기에 뭔가 문제가 생겨서 이륙하지 못할 수 있다'는 불안감이 엄습했다. 마지막 순간에 가파른 곡선을 그리며 공중으로 솟구쳐 올랐을 때, 비행기와 야자나무 꼭대기 사이의 거리는 불과 30센티미터였다. 우리 모두가 잿빛

---

1 지역 관리자의 역할과 임무에 대해서는 54쪽 참조. - 옮긴이주
2 더글러스 C-47 스카이트레인(Douglas C-47 Skytrain)의 다른 이름으로, 더글러스 DC-3 여객기를 개조한 미군 수송기를 말한다. - 옮긴이주

데이비드 애튼버러의 동물 탐사기

마타마타거북matamata turtle을 들고 있는 하를레스 라구스

얼굴로 변해 큰 소리로 의심과 걱정을 토해낸 후, 나는 윌리엄스 대령에게 다가가 무슨 일이 있었는지 따져 물었다.

"미개척지 비행에서" 그는 담뱃재를 계기판에 고정된 양철 재떨이에 털며 소리쳤다. "내가 가장 위험하다고 생각하는 순간은 바로 이륙할 때예요. 만약 그때 소중한 엔진이 하나라도 고장난다면 당신은 굉음과 함께 숲속에 처박힐 거고, 아무도 당신을 도와줄 수 없게 될 거예요. 그래서 나는 늘 전속력으로 활주로를 달리려고 노력해요. 그래야만 엔진이 멈추더라도 그 추진력을 이용해 공중에 뜰 수 있거든요. 왜, 다들 쫄았어요?"

나는 황급히 "우리 모두는 눈곱만큼도 걱정하지 않으며, 단지 비행기 다루는 기술에 관심이 있을 뿐이에요."라며 윌리엄스 대령을 안심시켰다. 윌리엄스 대령은 앓는 소리를 내며, 그동안 끼고 있던 단초점 안경을 장초점 안경으로 바꿨다. 우리는 안전한 비행을 위해 입을 꼭 다물었다.

우리 밑에는 숲이 사방으로 펼쳐져 눈이 닿는 곳까지 온통 녹색의 벨벳 담요가 깔린 듯했다. 비행기가 거대한 단애escarpment[3]에 접근할 때, 절벽이 우리를 향해 서서히 솟아오르기 시작했다. 윌리엄스 대령은 고도를 바꾸지 않은 채 계속 비행했으므로, 숲이 매우 가까이 다가왔을 때 나무 위에서 나는 앵무새들이 보였다. 이윽고 단애가 멀어질수록, 숲은 다시 모습을 바꾸기 시작했다. 초원으로 이루어진 작은 초록섬들이 나타났고, 뒤이어 (은색 개울들이 얼기설기 얽혀있고 작은 흰개미집termite hill들이 점점이 박힌) 광활한 평원 위를 비행했다. 비행기는 고도를 낮추고 소규모의 흰색 건물들 위를 선회하며, 활주로 위에 착륙하려고 자세를 잡았다(활주로는 '길게 뻗은 사바나'의 완곡한 표현이었고, 사바나에서 활주로가 주변 환경과 다른 점은 '흰개미집이 하나도 없이 깨끗하다'는 것뿐이었다). 대령은 비행기를 우아하게 착륙시킨 후, 비행기의 도착을 기다리던 한 무리의 사람들을 향해 덜컹거리며 천천히 이동했다. 우리는 다코타 바닥에 어지럽게 흩어진 화물 더미 위로 기어오른 후 활주로로 뛰어내려, 눈부신 태양 아래서 눈을 연신 끔벅였다.

셔츠와 솜브레로sombrero[4] 차림의 쾌활해 보이는 구릿빛 남자가 구경꾼들 틈에서 나와 우리를 마중했다. 그는 우리가 머물 게스트하우스의 주인 테디 멜빌Teddy Melville이었다. 그는 유명한 가문 출신으로, 그의 아버지는 루푸누니에 최초로 정착하여 (그즈음 그 일대에 널리 확산되고 있던) 소 떼를 기르기 시작한 유럽인들 중 하나였다. 그의 아버지는 20세기 초에 이주해서 2명의 와피샤나족Wapishana 소녀들과 결혼하여 각각 5명의 자녀를 낳았다. 그 10남매는 이제 목장주, 상점주, 정부의 관리인, 사냥꾼

---

3 단층면, 침식이 심한 하천, 해안 등에 생긴 급경사면을 말하며 주로 암벽으로 되어있다. - 옮긴이주
4 챙이 넓은 멕시코 모자. - 옮긴이주

데이비드 애튼버러의 동물 탐사기

이 되어 루푸누니의 중요한 지점을 거의 모두 차지하고 있었다. 우리가 곧 알게 된 바와 같이, 사바나 북부 어느 곳을 가든, 만약 우리가 만난 남자가 멜빌이라는 성을 갖고 있지 않다면 미혼일 가능성이 99퍼센트였다.

우리가 도착한 도시의 이름은 레템Lethem으로, 활주로 양쪽에 몇 채의 콘크리트 건물이 무질서하게 흩어져 있었다. 그중에서 가장 크고 유일한 2층집이 테디의 게스트하우스였는데, 베란다와 커다란 유리창을 갖춘 소박한 직사각형의 건물로, 유리창에는 레템 호텔Lethem Hotel이라는 글씨가 아로새겨져 있었다. 그곳에서 오른쪽으로 800미터 떨어진 야트막한 언덕에는 시장 관저, 우체국, 상점, 작은 병원이 하나씩 있었다. 언덕에서 시작된 먼지 풀썩이는 황토길이 호텔을 지나, 금방이라도 무너질 듯한 단독주택들을 거쳐, 흰개미집과 바싹 마른 덤불이 널려있는 황무지로 이어졌다. 30킬로미터 밖의 평원에서는 들쭉날쭉한 산봉우리들이 갑자기 솟아올라, 눈부신 하늘을 배경으로 뜨거운 땅덩어리가 뿜어내는 아지랑이에 휩싸여 희뿌연 청색의 실루엣을 연출했다.

오랫동안 기다린 물건과 일주일에 한 번씩 배달되는 우편물 때문에 반경 수 킬로미터 이내의 모든 사람들은 비행기 도착 시간에 맞춰 만사를 제쳐 놓고 레템으로 왔다. 그러므로 비행기 도착은 늘 떠들썩한 사회적 행사였고, 호텔은 목장주와 그들의 부인으로 북적였다. 그들은 외딴 지역에서 차를 타고 몰려와 비행기가 떠난 후에도 한참 동안 뉴스와 한담을 주고받았다.

저녁식사가 끝난 후, 식당에서 텅 빈 식탁이 치워지고 기다란 벤치들이 자리를 메웠다. 뒤이어 테디의 아들 해럴드Harold가 영사기와 스크린을 설치하기 시작했다. 그와 동시에 카운터에 앉아 술을 마시던 사람들이 하나둘씩 사라지고, 벤치에 앉는 사람들이 점차 늘어났다. 새까만 직모直毛와 맨발로 유명한 와피샤나족의 카우보이—이들을 바케로vaquero라고 부른다

―들이 떼 지어 몰려와 입구에서 요금을 지불했다. 조명이 꺼지는 동안 실내 공기는 자욱한 담배 연기와 기대 섞인 잡담으로 가득 찼다.

분위기에 맞춰 적당히 업데이트된 뉴스를 필두로 영화가 상영되기 시작했다. 그것은 할리우드에서 제작된 카우보이 영화로, '고결한 백색 미국인'들이 '악당인 유색 인디언'들을 당연한 듯이 몰살한 서부개척시대가 배경이었다. 누가 봐도 적절한 주제가 아니었지만, 벤치에 앉은 와피샤나족은 무덤덤한 얼굴로 북아메리카 사촌들이 몰살당하는 장면을 묵묵히 지켜봤다. 그 스토리를 액면 그대로 믿기는 다소 어려웠다. 그도 그럴 것이, 필름이 오래 유통되는 동안 긴 장면이 삭제되었을 뿐만 아니라 릴^{reel}의 영사影寫 순서가 정확한지 여부도 의심스러웠기 때문이다. 다른 건 다 그렇다 치더라도, 세번째 릴에서 인디언에게 잔인하게 살해당한 비극적이고 아름다운 미국 소녀가 다섯번째 릴에서 다시 나타나 영웅과 사랑을 나눈다는 것은 도저히 납득할 수 없었다. 그러나 와피샤나족은 협조적인 관객으로, 그런 세세한 것에 얽매여 명백한 즐거움을 포기하지 않았으며 대격전 장면이 나올 때마다 열렬한 박수갈채로 화답했다. 나는 해럴드 멜빌에게 넌지시 "왠지 영화를 잘못 고른 것 같아요."라고 말했지만, 그는 "지금껏 숱한 영화를 보여줘 봤지만, 카우보이 영화야말로 와피샤나족 사회에서 최고의 인기를 누리는 영화예요."라고 힘주어 말했다. 와피샤나족 사회에서 뜬금없는 베드신이 난무하는 할리우드의 애정 영화만큼 얼토당토않은 영화는 없을 거라고 그는 호언장담했다.

영화 감상이 끝난 후 우리 넷은 2층의 객실로 올라갔다. 방에는 모기장이 설치된 침대 2개만 놓여있었다. 넷 중 둘은 꼼짝없이 해먹에서 잠을 청해야 했는데, 하를레스와 나는 그것을 되레 특권으로 여겼다. 조지타운에서 해먹을 구입한 이후 우리 둘은 그것을 사용할 기회를 호시탐탐 노려왔기 때문이다. 마치 고도의 전문가인 양 벽에 단단히 박힌 갈고리에 해

데이비드 애튼버러의 동물 탐사기

먹을 걸고 의기양양해 했다. 그러나 수 주 동안 경험한 후 깨달은 사실이
지만, 그것은 절망적인 아마추어리즘의 발로였다. 지나치게 높이 매단 데
다 너무 정교한 매듭을 짓는 바람에, 다음날 아침 해먹을 해체하느라 상
당한 시간을 허비하기 일쑤였다. 그에 반해 잭과 팀은 무신경하게 침대를
들락날락했다.

다음날 아침 하를레스와 나 그리고 잭과 팀 중 어느 쪽이 더 편안한 밤
을 보냈을지는 불문가지였다. 하를레스와 나는 "세상 모르고 잤다."라고
말하며 '해먹 체질'이라고 너스레를 떨었다. 그러나 그건 새빨간 거짓말
이었다. 왜냐하면 우리 둘 중 어느 누구도 틀이 없는 남아메리카의 전형
적인 해먹에서 대각선으로 누워 수면을 취하는 간단한 요령을 배운 적이
없기 때문이었다. 나는 밤새도록 해먹에 반듯하게 누우려고 애쓰는 바람
에 발을 머리보다 높이 든 채 '커다란 활' 모양으로 해먹 속에 파묻혔다.
몸을 돌리면 허리가 아파 부동자세를 취했으므로 아침에 일어났을 때 척
추가 영구적으로 휜 듯한 느낌이 들었다.

아침식사를 한 후 테디 멜빌이 들어와, "인근의 호수에서 와피샤나 부
족원들이 고기잡이를 시작할 예정인데, 식물의 독으로 물고기를 잡는 전
통적인 방법을 사용한다."라는 소식을 전해줬다. 그곳에서 우리의 관심을
끌 만한 다른 동물을 만날 가능성이 있었으므로, 테디는 구경하러 가자고
제안했다. 우리는 그의 트럭에 올라타 사바나 횡단 여행을 시작했다. 사
바나에는 어디든 우리가 원하는 곳으로 가는 것을 방해하는 장애물이 거
의 없었다. 여기저기에 얽히고설킨 개울들이 있었지만, 피하기는 그다지
어렵지 않았다. 먼 발치에서 바라보다가 덤불과 야자나무로 둘러싸인 둑
이 나타날 때 우회하면 그만이었기 때문이다. 우리의 앞길을 가로막은 유
일한 장벽은, 바싹 마른 덤불더미와 흰개미집이었다. 흰개미집은 높고 말
도 안되게 뾰족한 탑으로, 때로는 하나씩 서있었지만 때로는 여러 개가

밀집해 있었으므로 마치 거대한 묘지를 통과하는 듯한 느낌이 들었다. 몇개의 잘 다져진 길이 사바나의 목장들을 서로 연결해 줬지만 우리가 방문하는 호수는 접근하기 어려운 곳에 고립되어 있었다. 테디는 얼마 지나지 않아 큰 길을 벗어나, 정해진 길이 아닌 오로지 방향 감각에 의존해 덤불과 흰개미집 사이를 덜컹덜컹 달리기 시작했다. 이윽고 지평선에 길게 늘어선 나무들이 우리를 목적지로 인도했다.

호수에 도착했을 때 일련의 말뚝들로 이루어진 방책이 기다란 호수의 지류를 댐처럼 막고 있는 것을 발견했다. 와피샤나 부족원들은 수 마일 밖의 카누쿠산맥Kanuku mountains에서 수집한 특정한 리아나liana[5]를 으깨어 물속에 넣었다. 그 주변에서는 활과 화살로 무장한 낚시꾼들이 빙 둘러서서 리아나의 즙에 마취된 물고기들이 수면으로 떠오르기를 기다렸다. 어떤 부족원들은 호수의 주변에 돌출한 나뭇가지에 올라가 특수한 발판을 설치하고 그 위에 걸터앉았다. 어떤 사람들은 즉석에서 만든 작은 뗏목에 올라탔고, 어떤 사람들은 통나무를 파내 만든 카누를 타고 호수의 위아래로 오르내리며 순찰을 했다. 둑 위의 공터에서는 여자들이 불을 피우고 해먹을 설치한 다음 자리에 앉아, 남자들이 잡아오는 물고기를 손질해서 보존 처리하려고 기다리고 있었다. 그러나 그때까지 단 1마리도 잡지 못했으므로 여자들은 짜증을 내기 시작했다. "우리 부족 남자들은 멍청해." 그녀들은 비웃으며 말했다. "이렇게 넓은 호수에 너무 적은 리아나 즙을 뿌렸으니, 독이 너무 약해서 물고기들이 끄떡도 하지 않는 거야." 그들은 3일 동안 호수 주변에 말뚝을 박고 발판을 설치했지만 헛수고였다. 테디는 와피샤나 부족원에게 다가가 말을 걸다가 새로운 소식을 들었다. 그 내용인즉 한 여자가 호수의 반대편에서 굴 하나를 발견했는데 그 속에 커

---

5 덩굴성 목본식물. - 옮긴이주

데이비드 애튼버러의 동물 탐사기

다란 동물 1마리가 들어있더라는 거였다. 동물의 정체를 확실히 알 수는 없었지만 미루어 짐작하건대 아나콘다^{anaconda}아니면 카이만^{caiman}인 것 같았다.

카이만은 크로커다일^{crocodile}, 앨리게이터^{alligator}와 동일한 파충류에 속하는데, 일반인들이 보기에 이 세 동물은 매우 흡사해 보인다. 그러나 전문가인 잭이 보기에 셋은 확연히 다르며, 셋 모두 아메리카 대륙에서 발견되지만 각각 구별되는 서식지를 갖고 있다. "여기 루푸누니에서는" 잭은 말했다. "까만색 카이만만 볼 수 있는데, 그놈은 가장 큰 종으로 6미터까지 자라는 것으로 알려져 있어요." 잭은 '멋진 대형 카이만'이었으면 좋겠다고 인정하면서도, 설사 커다란 아나콘다일지라도 반가울 거라고 말했다. 굴 속의 동물이 뭐가 됐든, 그는 명색이 파충류 전문가이므로 반드시

물고기에게 활 시위를 당기는 와피샤나 부족원

생포해야 한다는 의무감을 느꼈다. 우리 모두는 카누에 올라타, 한 명의 여자를 안내자로 내세우고 호수를 가로질러 노를 저었다.

면밀히 조사해 보니 굴은 2개 — 하나는 작고 다른 하나는 컸다 — 였고 서로 연결되어 있었다. 작은 구멍을 막대기로 찌르니, 다른 구멍에서 철퍼덕 소리가 났다. 우리는 일단 작은 구멍을 말뚝으로 막았다. 그리고 미지의 동물이 큰 구멍을 통해 탈출하는 것을 방지하는 동시에 제 발로 기어 나와 생포될 수 있는 공간을 마련하기 위해, 둑에서 어린나무들을 잘라내 구멍의 입구 주위에 울타리를 쳤다. 사냥감의 정체를 아직 모르는데다 작은 구멍을 막대기로 얼마만큼 찔러야 밖으로 나올지 가늠할 수 없었으므로, 잔디로 덮인 둑을 파헤침으로써 구멍을 넓히기로 결정했다. 우리가 굴의 지붕을 서서히 파헤치자 둑은 뱀이 내는 소리라고는 도저히 생각할 수 없는 땅 속 굉음과 함께 흔들렸다.

땅에 박은 말뚝 울타리 사이로 어두컴컴한 굴 속을 조심스레 들여다보니 진흙탕 속에 반쯤 잠긴 커다랗고 노란 송곳니를 분간할 수 있었다. 카이만이 거의 확실시되었고 이빨의 크기를 보아하니 매우 큰 놈임이 분명했다.

카이만은 2가지의 공격용 무기를 가지고 있다. 첫번째는 — 뻔한 이야기지만 — 엄청나게 큰 턱이고, 두번째는 무지무지하게 강력한 꼬리다. 놈은 2가지 무기를 이용해서 상대방에게 치명상을 입힐 수 있지만, 우리가 만난 놈은 운 좋게도 굴 속에 고립되어 있었기 때문에 한 번에 하나씩만 신경을 쓰면 되었다. 놈의 송곳니를 순간적으로 엿본 터라 나는 둘 중에서 어떤 게 더 무서운 무기인지를 직감했다. 잭은 말뚝 사이로 막대기를 집어넣어 진흙탕 속을 휘저으며 카이만의 자세를 파악함과 동시에 최선의 공략법을 궁리하고 있었다. 내 생각에, 만약 놈이 후다닥 튀어나온다면 그는 놈에게 다리를 헌납하지 않기 위해 재빨리 뛰어올라야 할 것 같았다.

데이비드 애튼버러의 동물 탐사기

카이만을 생포하는 장면

　나는 호수에 허벅지까지 잠긴 상태에서 뒤뚱거리며, 하를레스가 멋진 장면을 제대로 촬영하도록 적당한 거리에서 카누를 이동시켰다. 만약 카이만이 잭을 향해 돌진했다면, 장담하건대 어설픈 울타리가 들이받혀 박살났을 것이다. 그러면 잭은 혼비백산해서 둑으로 뛰어올랐을 것이고, 나는 안전지대로 피신하기 위해 몇 미터를 힘겹게 헤엄쳐야 했을 것이다. 그러나 그 정도 깊이의 물속에서는 카이만이 나보다 훨씬 더 빠른 속도로 헤엄칠 게 뻔했다. 그 과정에서, 경황이 없는 나는 카누를 붙들고 맹렬히 흔들어 하를레스와 카메라를 위기에 빠뜨렸을 것이다. 그리고 하를레스는 카메라가 물에 젖을까 봐 전전긍긍하다가 결국에는 나와 함께 물속에서 허우적거렸을 것이다.

　그러는 동안 테디는 와피샤나 부족원에게서 생가죽으로 만든 올가미를 빌려 왔다. 그리고는 잭과 함께 둑에 무릎을 꿇고 앉아 카이만의 코 앞에서 (하를레스와 나를 향해 돌진할 것을 대비해) 올가미를 달랑달랑 흔들고 있었다. 아니나 다를까, 카이만은 잠시 후 머리를 내밀다 올가미에 걸려들었다. 카이만이 포효하며 굴의 측면을 여러 차례 강타하는 바람에 둑 전체가 흔들렸다. 그러나 아무런 효과가 없자 놈은 모든 것을 포기한 듯 더 이상 저항하지 않았다. 잭은 둑을 점점 더 많이 파헤쳤다.

그즈음 20명 가량의 지역민들이 모여들어 상황을 지켜보며 훈수를 두고 있었다. 그들은 우리가 카이만을 다치게 하지 않고 생포하는 것을 이해하지 못했다. 그들은 바로 그 자리에서 동물의 숨통을 칼로 끊는 것을 당연시했다.

마침내 2개의 '끝이 갈라진 막대기'를 이용해 잭과 테디는 카이만의 까만 주둥이에 올가미를 씌웠다. 그게 카이만을 자극한 듯, 놈은 으르렁거리며 몸을 비틀어 올가미를 벗어버렸다. 잭과 테디가 3차례 시도했지만 놈은 번번이 몸을 흔들어 올가미를 떨어뜨렸다. 네번째 시도에서 잭은 막대기를 이용해 올가미를 느슨하게 한 후 머리 쪽으로 천천히 옮겼다. 그런 다음 영문을 모르는 카이만이 어리둥절한 틈을 타서 올가미를 꽉 쬠으로써 위험한 턱을 다물게 했다.

이제 우리는 카이만의 거대한 꼬리를 조심해야 했다. 하를레스와 내가 서있는 곳에서 상황은 더욱 위태로워 보이기 시작했다. 만일의 경우를 대비해 카이만의 턱에 올가미 하나를 더 씌운 후 테디가 와피샤나 부족원들에게 부탁해 울타리를 철거했기 때문이다. 그러자 카이만과 하를레스와 나 사이에는 물밖에 없게 되었고, 카이만은 굴 밖으로 긴 머리를 내민 채 노란 눈을 부릅뜨고 우리를 노려봤다. 그러나 잭은 어린나무에서 잘라낸 기다란 막대기를 들고 둑에서 굴 바로 앞의 물로 뛰어내렸다. 그리고는 몸을 굽혀 막대기를 카이만의 비늘 덮인 등을 따라 굴 속으로 집어넣었

데이비드 애튼버러의 동물 탐사기

다. 막대기가 끝에 도달한 후, 그는 막대기와 카이만의 겨드랑이 밑을 밧줄로 묶었다. 뒤이어 테디가 합세해 막대기를 조금씩 잡아당겼고, 굴 밖으로 끌려 나오는 카이만의 몸과 막대기를 계속 밧줄로 묶었다. 뒷다리, 꼬리가 시작되는 부분 그리고 꼬리 전체가 차례로 결박되었고, 마침내 길이 3미터의 카이만은 온몸이 묶인 채 우리의 발 아래에 엎드렸다. 그리고 놈의 턱 주변에서는 흙탕물이 찰랑거렸다.

이제 카이만을 호수 건너편의 트럭으로 운반할 차례였다. 우리는 막대기의 맨 앞 부분을 카누의 배꼬리에 묶은 후 카이만을 예인해 와피샤나족 여자들의 야영지로 돌아갔다.

잭은 자신의 지휘 아래 와피샤나족의 도움으로 카이만을 트럭에 실은 후, 피부가 쓸려서 벗겨지는 부분이 없도록 모든 결박 부위를 철저히 점검했다. 보존 처리할 물고기가 없었던 여자들은 트럭 주변에 모여들어 우리의 포로를 살펴보며 그런 위험한 짐승을 소중하게 여기는 이유를 놓고 갑론을박을 벌였다.

우리는 사바나를 가로질러 호텔에 도착했다. 하를레스와 나는 카이만의 좌우에 앉아—생가죽 올가미가 놈의 턱보다 강할 거라고 철석같이 믿고—우리의 발을 카이만의 입 앞에 가까이 들이댔다. 우리 둘은 이런 인상적인 동물을 그렇게 빨리 생포했다는 데 희열을 느꼈다. 잭은 약간 내숭을 떠는 스타일이었다.

"나쁘지 않았어요," 그는 말했다. "처음 치고는."

2. 타이니 맥터크와 식인 물고기

사바나에서 일주일을 보낸 후, 우리는 엄청나게 많은 야생동물들을 수집했다는 사실에 놀랐다. 우리는 큰개미핥기 1마리를 생포했고, 와피샤나족 카우보이 바케로vaquero들은 우리를 위해 수많은 동물들을 잡아 왔으며, 테디 멜빌은 자기 집에서 어슬렁거리는 애완동물들 ─ 시끌벅적한 마코앵무새 로버트Robert, 닭과 함께 사는 반쯤 길든 나팔새trumpeter bird 2마리, 꼬리감는원숭이capuchin monkey 치키타Chiquita ─ 을 데려옴으로써 야생동물 수집에 기여했다. 치키타는 잘 길들여졌지만 자신과 노는 순진한 사람들의 호주머니를 몰래 터는 못된 손버릇이 있었다.

팀 비날의 보살핌 속에 야생동물 수집이 자리를 잡자 우리는 탐사 범위를 확장해서 레템에서 북쪽으로 100킬로미터쯤 떨어진 카라남보Karanambo를 방문하기로 결정했다. 카라남보는 타이니 맥터크의 집이 있는 곳이었는데, 우리는 조지타운의 모임에서 그의 집에 초대받았다. 우리는 팀에게 작별인사를 하고, 임차한 지프에 올라 카라남보로 떠났다.

볼품없고 특색 없는 사바나를 3시간 동안 달리자, 지평선을 가득 메운 '나무의 띠'가 나타나 우리의 진로를 가로막았다. 숲을 통과하는 길을 암시하는 틈이나 공터가 전혀 보이지 않아, 길이 점점 좁아져 흐지부지될

데이비드 애튼버러의 동물 탐사기

것 같다는 불길한 예감이 들었다. '우린 길을 잃은 게 분명해.'라고 생각하는 순간 나무들 사이로 곤두박질치는 길이 나타났고, 우리의 지프는 차 한 대가 겨우 통과할 수 있는 좁고 어두운 터널을 따라 쏜살같이 내려갔다. 좌우의 나무줄기들은 관목과 덩굴식물에 얽히고설켜 있었고, 나뭇가지들은 우리의 머리 위에서 빽빽한 천장을 이루었다.

잠시 후 우리는 뜻밖의 햇살 세례를 받았다. 나무의 띠는 시작됐을 때만큼이나 갑작스럽게 끝났고 우리 눈앞에는 카라남보가 나타났다. 자갈이 깔린 널따란 공터 주변에 진흙벽돌과 초가지붕으로 지어진 집들이 흩어져 있었고, 집 사이사이에서는 망고, 캐슈, 구아버, 라임나무가 자라고 있었다.

타이니와 코니 맥터크 부부는 지프 소리를 듣고 우리를 마중하러 나왔다. 훤칠한 키에 하얀 피부의 타이니는 기름때 묻은 카키색 작업복 셔츠와 바지 차림이었는데, 그 이유는 작업실에서 새로운 쇠화살촉을 만들던 중 갑작스런 방문을 받았기 때문이다. 자그마하고 날씬한 코니는 깔끔한 청바지와 블라우스 차림이었고, 따뜻한 인사를 건네며 우리를 자택으로 안내했다. 다음으로, 우리는 지금껏 방문한 곳 중에서 가장 특이한 방으로 들어갔다. 그 방은 태곳적 원시세계와 현대적 공학세계가 공존하는 곳으로, 한마디로 남아메리카의 한 귀퉁이에 존재하는 소우주microcosm였다.

방은 정확한 표현이 아닌 듯싶다. 왜냐하면 2개의 인접한 벽은 높이 60센티미터로 위쪽이 뻥 뚫려있었기 때문이다. 그 중 하나를 가로질러 맨 꼭대기에 가죽 안장이 놓여있었고 기다란 가로장[1] 밖으로 4개의 선외기[2]가 걸려있었다. 다른 2개의 벽은 나무로 되어있는데 그 뒤에 침실이 자리잡고 있었다. 이 2개의 벽 중 하나에 닿아있는 탁자는 무선통신 설

---

1 물건을 걸 수 있도록 벽에 기다랗게 붙여 놓은 나무 막대기. - 옮긴이주
2 선박에 고정되어 있지 않고, 외부에 탈부착이 가능하도록 설치되는 추진장치. - 옮긴이주

비가 놓여있는데, 타이니는 그것을 이용해 조지타운과 해안지대에 연락하고 있었다. 그리고 탁자 옆에 놓인 커다란 책꽂이에는 책이 가득 있었다. 다른 벽에는 대형 시계와 미개척지 특유의 총, 석궁, 활, 화살, 바람총blowpipe[3], 낚싯줄, 와피샤나족의 깃털 모자가 걸려있었다. 방의 한 구석에서 한 무더기의 노櫓 와 차가운 물이 가득 담긴 남아메리카 원주민의 항아리를 발견했다. 의자가 있는 곳에는 화사한 색깔의 커다란 브라질식 해먹 3개가 걸려있었고, 가운데에는 단단히 다져진 진흙바닥에 깊숙이 다리를 박은 길이 3미터의 커다란 탁자가 놓여있었다. 머리 위를 올려다보니 오렌지빛 옥수수 속대 1줄이 대들보에 매달려있고, 대들보 이곳저곳을 가로지르는 몇 개의 널빤지들이 천장의 역할을 하고 있었다. 우리는 그저 휘둥그래진 눈으로 주변을 둘러볼 뿐이었다.

"못을 하나도 쓰지 않았어요." 타이니가 자랑스럽게 말했다.

"이 집을 언제 지었나요?" 우리는 일제히 물었다.

"음, 나는 제1차 세계대전이 끝난 후 남아메리카 내륙에서 방황했어요. 북서쪽에서 다이아몬드를 찾다가 때려치우고 사냥과 금광업 등을 전전하다가, 문득 '이젠 정착할 때가 됐다'는 생각이 들었어요. 나는 루푸누니강Rupununi River의 상류를 이미 한두 번 여행한 경험이 있었죠. 그래서 모터보트에 의지해 급류를 거슬러 올라갔는데, 강의 상태에 따라 2주가 걸릴 수도 있었고 한 달이 걸릴 수도 있었어요. 나는 이 지역이 천혜의 장소 —당신들도 알다시피 사람이 별로 많지 않거든요 — 라고 생각하고 삶의 터전으로 삼기로 결심했어요. 나는 강을 거슬러 올라가며 고지대의 장소 — 그래야만 카보우라파리kaboura fly를 피할 수 있고 홍수에서 안전하거든요 —를 물색했지만, 모든 저장품과 일용품을 해안에서 보트로 운반해야

3　원시사회에서 사냥·전투에 쓰던 무기. 대통·나무통 속에 화살을 넣고 입으로 화살을 불어 목표를 맞힌다. - 옮긴이주

　　　　　　　　　　　　데이비드 애튼버러의 동물 탐사기

하므로 강에서 가까워야 했어요. 물론 이 집은 일시적인 거처일 뿐이에
요. 정말로 환상적인 주거지를 짓기 위해 설계도를 그리고 자재를 조달하
는 동안 임시로 허겁지겁 지은 집이거든요. 모든 설계도는 아직도 내 머
릿속에 있고 바깥에 모든 자재도 준비되어 있으니 내일 당장이라도 건축
을 시작할 수 있어요. 그러나 어쩌면," 그는 코니의 눈을 피하며 말을 계
속했다. "첫 삽조차 뜨지 못할지도 몰라요."

코니는 박장대소했다. "25년 동안 늘 해 왔던 이야기예요." 그녀는 말
했다. "배고프실 테니, 일단 앉아서 뭘 좀 드세요." 그녀는 식탁으로 다가
가 우리에게 앉으라는 시늉을 했다. 식탁 주위에는 오렌지 상자 5개가 뒤
집힌 채 놓여있었다.

"형편없는 구닥다리 좌석이라 미안해요." 타이니가 말했다. "전쟁 전

타이니와 코니 맥터크 부부와의 인터뷰

에 사용했던 상자에 비하면 형편없어요. 당신들도 알겠지만 우리도 한때 의자를 사용했어요. 그러나 여기는 땅바닥이 너무 울퉁불퉁해서 의자 다리가 늘 부러졌어요. 상자는 부러질 다리가 없기 때문에 오래 쓸 수 있어요. 게다가 제법 편안해요."

맥터크 부부와 식사하는 것은 여간 복잡하지 않았다. 코니는 가이아나 최고의 요리사 중 하나로 명성이 높았고 그녀가 제공한 요리는 참으로 훌륭했다. 그녀는 루카나니lucanani —타이니가 집 아래의 루푸누니강에서 잡은 미묘한 맛이 나는 물고기—스테이크를 시작으로 구운 오리—바로 전날 총으로 잡은 사냥물—를 내왔으며, 집 밖에서 따 온 과일로 마무리했다. 여기까지는 전혀 나무랄 데 없었다. 그러나 우리는 2마리의 새—1마리는 작은 잉꼬였고, 다른 1마리는 까맣고 노란 찌르레기사촌(류)hangnest 이었다—와 음식을 놓고 경쟁을 벌여야 했다. 그들은 우리의 어깨 위로 날아와 한 입만 달라고 졸랐는데, 우리는 그런 상황에서 행동하는 요령을 잘 몰랐기 때문에 접시에서 새에게 나눠줄 것을 고르는 데 시간이 좀 걸렸다. 그러자 잉꼬는 격식을 생략하기로 결정하고 잭의 접시 가장자리에 곧장 내려앉아 양껏 먹기 시작했다. 찌르레기사촌(류)은 다른 방식을 채택했는데, 그것은 바늘처럼 날카로운 부리로 하를레스의 뺨을 쪼아댐으로써 임무를 수행하게 했다.

그러나 이윽고 코니가 이런 황당한 상황에 종지부를 찍었다. 그녀는 손을 휘저어 새들을 쫓아 버린 후, '새들을 위해 잘게 자른 특별식'을 받침 접시에 담아 식탁의 맨 끝에 내놓았다. "식탁에서 애완동물에게 먹이를 주는 것은 규칙 위반이에요. 손님들이 귀찮아하잖아요." 그녀가 맥터크를 점잖게 나무랐다.

식사가 끝날 때쯤 땅거미가 내리자 저장실에서 깨어난 한 무리의 박쥐가 한가롭고 조용하게 거실을 배회하다가, 밤이 이슥해지면서 파리를 사

　　　　　　　　　　데이비드 애튼버러의 동물 탐사기

냥하러 밖으로 나가기 시작했다. 잠시 후에는 이 구석 저 구석에서 덜커덩거리는 소리가 들렸다. "아 진짜, 타이니!" 코니가 눈살을 찌푸리며 말했다. "저 시궁쥐들에게 무슨 조치를 취해야겠어요."

"음, 나도 할 만큼 했다구." 타이니가 약간 기분 상한 듯 말했다. 그러고는 우리에게 이렇게 항변했다. "나는 보아뱀boa-constrictor 한 마리를 통로에 풀어 놓아 시궁쥐에서 완전히 해방된 적이 있어요. 그런데 한 손님이 기겁을 하고 나서는 코니의 명에 따라 치워버렸어요. 그래서 이렇게 된 거예요."

우리는 식사를 마치고 식탁을 떠나 대화를 나누기 위해 해먹에 자리를 잡았다. 타이니의 이야기는 밤이 깊을 때까지 꼬리에 꼬리를 물었다. 그는 초창기의 사바나 생활 이야기를 들려줬는데, 그 당시에는 카라남보 일대에 재규어가 득실거리는 바람에 소 떼를 지키기 위해 2주에 한 번씩 총을 들어야 했다고 했다. 그리고 브라질의 무법자 무리가 툭하면 국경을 넘어와 말을 훔쳐 가는 통에, 브라질로 직접 가서 그들과 총격전을 벌여 총을 빼앗고 집을 불살랐다고 했다. 우리는 그의 무용담에 반해 넋을 잃었다. 어느덧 개구리와 귀뚜라미가 울기 시작했고, 박쥐가 날개를 퍼덕이며 드나들었고, 커다란 두꺼비 1마리가 돌아다니다 천장에 매달린 등유 램프 밑에 앉아 올빼미처럼 눈을 끔벅였다.

"맨 처음 여기에 왔을 때," 타이니가 말했다. "나는 마쿠시 인디언Macusi Indian 한 명을 일꾼으로 고용했어요. 그런데 선금을 주고 난 후 그가 주술사라는 사실을 알게 되었어요. 진작에 알았더라면 그를 고용하지 않았을 거예요. 왜냐하면 주술사는 좋은 일꾼이 아니거든요. 아니나 다를까, 그는 돈을 받자마자 더 이상 일을 하지 않겠다고 배짱을 부렸어요. 나는 그에게 돈을 받은 만큼 일을 하지 않고 도망치면 때려눕히겠다고 엄포를 놓았어요. 음, 그는 도망칠 수가 없었을 거예요. 만약 이방인에게 봉변을 당했다는 소문이 퍼지면 체면을 잃을 텐데, 그래서는 마쿠시족 사회에서 영향력을 행사할 수 없거든요. 나는 그에게 선금을 받은 만큼 일을 시킨 후 '이젠 가도 좋다.'라고 말했어요. 그랬더니 그는 내게 이렇게 말했어요. '내게 돈을 더 주지 않으면 당신에게 저주를 걸 거야. 그러면 당신의 눈은 물로 변해 사라질 것이고, 이질에 걸려 설사를 계속하다 죽게 될 거야.' 그래서 나는 '어디 한 번 저주해 봐.'라고 하고는 그의 앞에 서서 얼굴을 들이댔어요. 그가 저주를 퍼붓고 난 후 나는 이렇게 말했어요. '마쿠시족이 어떻게 저주하는지 모르지만, 난 오랫동안 아카와이오족^{Akawaio} 마을에서 산 적이 있어. 그러니 아카와이오족 스타일로 당신에게 저주를 할 거야.' 그리고는 담배를 뻐끔뻐끔 피운 후 그의 주변에서 껑충껑충 뛰면서 저주했어요. 나는 입김을 불면서 이렇게 말했어요. '당신은 입이 닫혀 아무것도 먹지 못하게 될 거야. 그리고 (뒤꿈치가 머리에 닿을 때까지) 허리가 뒤로 구부러져 죽을 거야!' 음, 그런 다음 그를 해고하고, 두 번 다시 그를 생각하지 않았어요. 그리고 산에 올라가 며칠 동안 사냥을 하다가 돌아왔어요. 내가 집에 돌아온 직후 인디언 일꾼이 달려와 '마사^{Massa}⁴ 타이니, 그 남자가 죽었어요!'라고 말했어요. '이 세상에 죽은 사람이 한두 명이 아닌데 누굴 말하는 거죠?' 내가 물었더니 '당신이 저주한 남자 말이에요.'라고 그가 말했어요. '그가 언제 죽었죠?' 내가 물었더니, '그저께요. 당신이 말한 대로 입이 닫히더니, 허리가 뒤로 구부러지기 시작하다가 죽었어요.'라고 그가 말했어요.”

"확인해 보니 사실이었어요.” 타이니가 말했다. “그 주술사는 내가 말한 그대로 죽었더군요.” 긴 침묵이 흘렀다. “그러나 타이니,” 내가 의문을 제기했다. “이야기가 끝난 것 같지 않아요. 그건 필시 단순한 우연의 일치

---

4 주인님(Master). - 옮긴이주

데이비드 애튼버러의 동물 탐사기

가 아니었을 거예요."

"음," 타이니가 천장을 그윽하게 올려다보며 말했다. "나는 그의 발에
난 조그만 상처를 눈여겨봤는데, 그가 사는 마을에서 근래에 두 건의 파
상풍[5]이 발생했다는 사실을 알고 있었어요. 아마도 그의 죽음은 파상풍과
관련됐을 거예요."

잉꼬, 찌르레기사촌(류)과 아침식사를 함께하며 우리는 타이니와 하
루 일정을 논의했다. 잭은 동물을 생포하러 가기 전에 새장, 모이통, 모이
그릇을 챙겨야 한다고 강력히 주장했다.

타이니가 말했다. "잭은 새에 관심이 많은가 보군요. 다른 사람들 생각
도 마찬가지인가요?" 우리는 고개를 끄덕였다. "음, 날 따라와 봐요. 여기
서 멀지 않은 곳에 몇 가지 보여줄 게 있어요." 그는 이상야릇한 표정으로
말했다.

우리는 타이니와 함께 루푸누니 강가의 덤불을 헤치며 걸었는데, 그는
숲에 관한 구전지식을 전파하는 숲해설사였다. 그는 불과 30분 동안 '죽
은 나무둥치의 구멍에서 쏟아져 나오는 톱밥(어리호박벌의 솜씨)', '영양
이 지나간 자취', '화려한 자줏빛 난초', '마쿠시족 무리가 개울에서 물고
기를 잡기 위해 건설한 야영지의 잔재'를 찾아내 알려줬다. 이윽고 그는
큰길에서 벗어나며 조용히 하라고 경고했다. 갈수록 덤불이 더욱 무성해
졌으므로 우리는 그의 조용한 행보에 보조를 맞추려 노력했다.

그곳의 식생은 모든 덤불을 연두색 고리로 뒤덮은 후 그 사이로 장막을
드리우며 축 늘어진 기어 다니는 풀로 장식되어 있었다. 나는 무심코 경

---

5 상처 부위에서 파상풍균*Clostridium tetani*이 증식하며 방출하는 신경독소가 신경세포에 작용해 근육
   의 경련성 마비와 동통(몸이 쑤시고 아픔)을 동반한 근육수축을 일으키는 질환. - 옮긴이주

솔하게도 약간의 풀을 잡아당겨 내 손등에 문질러 봤지만 이내 통증을 느끼며 뒤로 물러섰다. 그것은 면도날풀razor grass로, 줄기와 잎에 미세한 가시가 줄줄이 늘어서있었기 때문이다. 손이 찔려 피를 흘렸으므로 나는 화들짝 놀라 필요 이상의 큰 비명을 질렀다. 그러자 타이니는 우리를 휘 둘러보며 손가락을 자기의 입술에 갖다 댔다. 우리는 다시 얽히고설킨 덤불 사이로 조심조심 걸으며 그의 뒤를 따랐다. 잠시 후 덤불이 매우 무성해졌으므로 앞으로 나아가는 가장 쉽고 조용한 방법은 면도날풀 아래로 허리를 잔뜩 숙인 채 거의 기다시피 걷는 것이었다.

그가 마침내 걸음을 멈추고 우리는 그의 곁에 나란히 서게 되었다. 그는 우리의 코 앞에 바짝 — 불과 몇 센티미터 앞에 — 드리운 면도날풀의 두꺼운 장막에 조그만 구멍을 하나 뚫었고, 우리는 그 구멍을 통해 안을 들여다봤다. 우리 앞에는 넓고 질퍽질퍽한 연못이 있었는데, 그 표면은 물위에 뜬 부유식물인 부레옥잠water hyacinth으로 뒤덮여있었다. 부레옥잠은 여기저기에 꽃을 피워 마치 눈부신 녹색 카펫 위에 미묘한 라벤더 빛깔이 도는 푸른 반점을 흩뿌린 것처럼 보였다.

부레옥잠 군락은 15미터쯤 떨어진 곳에서 엄청난 규모의 백로 떼의 가장자리와 중첩되어 모호해졌고, 백로 떼의 영토는 호수의 한복판을 가로질러 반대편까지 이어졌다.

"내가 말한 게 바로 저거예요." 타이니가 속삭였다. "이만하면 도움이 되겠어요?"

하를레스와 나는 신이 나서 고개를 끄덕였다.

"음, 난 더 이상 여기 있을 필요가 없을 것 같아요." 타이니는 말했다. "이따가 점심 때 요깃거리를 갖고 돌아올게요. 그럼 행운을 빌어요!" 그는 소리도 없이 꿈틀거리며 사라졌고, 호숫가에는 하를레스와 나만 남아 면도날풀 사이로 백로 떼를 들여다보고 있었다. 그들은 2가지 종이 섞여

데이비드 애튼버러의 동물 탐사기

있었는데, 하나는 커다란 중대백로great egret이고 다른 하나는 그보다 작은 눈백로snowy egret였다. 우리는 쌍안경을 이용해, 그들이 티격태격 다투는 동안 마치 세선세공filigree6 된 듯한 장식깃을 치켜세우는 장면을 관찰했다. 간혹 1쌍의 백로가 수직으로 날아오르며 부리를 이용해 미친 듯 싸우다가, 이륙했을 때와 마찬가지로 갑자기 내려앉곤 했다.

우리는 호수의 맨 끝에서 (키가 커서 어깨와 머리가 다른 새들 위로 드러난) 검은머리황새jabiru stork 여러 마리를 보았다. 순백색 백로들 사이에서 그들의 '털이 하나도 없는 까만색 머리'와 '퉁퉁 부어오른 듯한 주홍색 목'은 한층 두드러졌다. 왼쪽 끝의 얕은 물에서는 수백 마리의 오리들이 헤엄치고 있었다. 그중 일부는 일사불란하게 한쪽 방향을 바라보며 떼 지어 앙증맞게 도열해 있었고, 다른 오리들은 작은 규모로 호수 위에 흩어져 있었다. 우리와 가까운 쪽에서는, 물꿩lily-trotter or jacana7 1마리가 부레옥잠의 잎 위를 마치 징검다리를 건너듯 조심스레 걷고 있었다. 물꿩의 체중은 매우 기다란 발가락을 통해 여러 개의 잎에 분산되어, 한 발자국 디딜 때마다 눈신발과 같은 원리로 발이 물속에 빠지지 않도록 해줬다.

그중에서 가장 사랑스러운 것은 우리와 몇 미터 거리 내에 있는 진홍저어새roseate spoonbill 4마리였다. 얕은 물에서 조그만 동물성 먹이를 찾기 위해 부리로 진흙을 파헤치며 바쁘게 첨벙거리고 있는 모습은 기가 막히게 아름다워 보였다. 왜냐하면 깃털에 매우 섬세한 분홍빛 그림자가 아롱져 있었기 때문이다. 그러나 그들이 몇 분 간격으로 머리를 들어 주변을 응시했으므로, 부리 끄트머리가 평평한 원반 모양으로 확대되어 우아하고 아름다운 몸과 대조적으로 약간 우스꽝스러운 모습을 연출한다는 사실을 알게 되었다.

6　금·은의 연성延性을 이용해, 가는 실 모양 또는 입자로 만들어 바탕 쇠에 땜질함으로써 장식효과를 높이는 귀금속 공예기술. - 옮긴이주

7　도요목Charadriiformes 물꿩과Jacanidae에 속하는 물새. - 옮긴이주

우리는 이러한 장관을 촬영하기 시작했지만, 어디에 카메라를 설치하더라도 눈앞에 자리잡은 작은 덤불 때문에 시야가 가려질 수밖에 없었다. 귓속말 회의를 통해, 새들을 놀라게 할 위험을 감수하고 무성한 풀밭을 가로질러 몇 미터 전진해서 우리와 카메라를 둘 다 수용할 수 있는 좀 더 널찍한 '덤불 아래 공간'을 확보하기로 결정했다. 만약 아무도 놀라지 않게 그곳에 도착할 수 있다면 호수의 모든 새들 ― 오리, 백로, 검은머리황새, 저어새 ―을 선명하고 거리낌 없이 조망할 수 있었다.

우리는 가능한 한 조용히 면도날풀 장막의 구멍을 확장해 긴 틈새를 만들었다. 그리고는 카메라를 풀 사이로 조금씩 들이밀며 앞으로 나아갔다. 하를레스가 먼저 널찍한 덤불에 자리를 잡았고 나도 그의 뒤를 이었다. 갑작스러운 움직임으로 새들을 긴장시키지 않기 위해 느린 동작으로 삼각대를 세운 다음 그 위에 카메라를 고정했다. 하를레스가 저어새에게 거의 초점을 맞췄을 때 나는 그의 팔에 내 손을 올려놓았다.

"저길 좀 봐요." 나는 속삭이며 호수의 맨 왼쪽을 가리켰다. 사바나의 소 떼가 얕은 물을 가르며 철벅거리고 있었다. 나의 당면한 걱정은 '저어새를 촬영하는 동안 소 떼가 저어새를 놀라게 하는 것'이었지만 저어새들은 전혀 개의치 않는 듯했다. 소들은 머리를 흔들며 우리를 향해 묵직한 발걸음을 한발 한발 내디뎠다. 한 암소가 맨 앞에서 그들을 인솔하다 갑자기 발걸음을 멈추고 머리를 들어 공기 냄새를 맡았다. 그러자 나머지 소 떼는 그 뒤에 멈춰 섰다. 잠시 후, 암소는 우리가 숨어있는 덤불 쪽으로 의도적으로 접근하는 듯했다. 그러다 15미터쯤 떨어진 곳에서 다시 한 번 멈춰 서서 우렁찬 소리로 고함친 후 땅바닥을 발로 긁었다. 우리가 엎드린 곳에서 바라보니 그 암소는 영국 목초지의 건지종 젖소^{Guernsey8}

───────────────
8 우유 생산량이 아주 많은 젖소. 원산지는 영국해협의 채널 제도$_{Channel\ islands}$에 있는 건지섬이다. ─ 옮긴이주

와는 매우 달라 보였다. 암소는 다시 한 번 성마르게 고함을 지른 후 우리 쪽을 향해 뿔을 휘둘렀다. 나는 거기에 엎드려있는 게 몹시 위험할 것 같다는 느낌이 들었다. 만약 그 암소가 돌진한다면 덤불과 우리를 도로 공사용 증기 롤러처럼 깔아뭉갤 게 뻔했기 때문이다.

"만약 저 소가 돌진한다면," 나는 하를레스에게 초조하게 속삭였다. "당신도 알다시피, 새들이 겁을 집어먹을 거예요."

"카메라까지도 망가뜨릴 테니 우리는 곤경에 빠질 거예요." 하를레스가 속삭였다.

"아무래도 퇴각하는 게 현명한 것 같아요, 안 그래요?" 나는 암소에게 시선을 고정한 채 말했다. 그러나 하를레스는 이미 행동을 개시한 터였다. 그는 카메라를 앞세워 면도날풀 덤불 쪽으로 후퇴하고 있었다.

뒤로 멀찌감치 후퇴한 우리가 바보 같다는 느낌이 들었다. 천신만고 끝에 '재규어와 독사와 식인 물고기의 고향' 남아메리카에 와서, 기껏 암소 한 마리에게 쩔쩔매고 있다니! 체면이 말이 아니었다. 우리는 담뱃불을 붙이고, '이번만큼은 신중함이 용기보다 백 배 낫다.[9] 촬영장비의 안전을 위해서!'라고 스스로를 납득시켰다.

그로부터 10분 후, 우리는 소 떼가 아직도 거기에 있는지 확인하기로 결정했다. 그들은 아직 거기에 있었지만 덤불 속에 엎드려있는 우리에게 아무런 관심도 보이지 않았다. 하를레스는 우리 바로 앞의 풀 1포기를 가리켰는데, 그것은 바람에 흩날려 소 떼의 반대 방향으로 흔들리고 있었다. 바람의 방향이 바뀌어 이제는 우리를 도와주고 있었던 것이다. 우리는 용기백배하여 다시 한 번 몸을 꿈틀거리면서 널찍한 덤불로 진출해 카메라를 설치했다. 그리고 2시간 동안 거기에 엎드려 백로와 저어새를 마

---

9 "용기의 핵심 부분은 신중함이다(Discretion is the better part of valor.)"라는 셰익스피어의 말을 패러디한 것이다. - 옮긴이주

음껏 촬영했다. 덤으로 우리는 1편의 작은 드라마를 감상하며 촬영했는데, 그 내용은 다음과 같았다: 2마리의 콘도르vulture가 호수의 언저리에서 물고기 1마리를 발견했으나 한 독수리에 의해 전리품으로부터 쫓겨났다. 그 독수리는 콘도르의 반격을 걱정한 나머지 마음 편하게 물고기를 먹지 못하다 마침내 물고기를 갖고서 멀리 날아가버렸다. 우리가 촬영을 마치기 1시간 전에 소 떼는 흙탕물을 튀기며 사바나로 돌아갔다.

"만약 새들이 한꺼번에 날아오른다면 얼마나 멋진 장면이 연출될까요!" 나는 하를레스에게 속삭였다. "당신은 카메라를 들고 덤불 밖으로 살금살금 기어 나가요. 나는 반대쪽으로 뛰어나가 새들을 훠이훠이 날려보낼테니, 원을 그리며 하늘로 날아오르는 새들을 촬영하세요." 하를레스는 카메라를 옆구리에 낀 채 새들이 너무 빨리 놀라지 않도록 아주 조심스럽고 천천히 덤불 속에서 기어 나갔다.

"좋아요, 스탠바이!" 나는 멜로드라마처럼 속삭인 후, 기합을 외치고 손을 흔들며 덤불에서 튀어 나갔다. 그러나 백로들은 아무런 반응도 보이지 않았다. 나는 손뼉을 치고 고함을 질렀지만 그들은 미동도 하지 않았다. 참으로 기가 막힌 일이었다. 우리는 그 겁 많은(?) 새들을 놀래지 않을 요량으로 아침 내내 덤불 속에서 몰래 기어 다녔고 함부로 속삭이지도 못했는데, 이제 벌떡 일어나 목청이 터져라 외치고 있음에도 새 떼 모두가 완전히 무관심한 것처럼 보였으니 말이다. 우리의 침묵이 전혀 불필요하고 부적절한 행동이었다니! 나는 크게 웃으며 호수 가장자리로 뛰어갔다. 마침내 나와 가장 가까이 있던 오리들이 하늘로 날아올랐다. 백로들이 그 뒤를 잇자 호수를 뒤덮었던 새하얀 카펫이 순식간에 벗겨지며 하늘로 솟구쳐 올랐다. 새들의 울음소리가 출렁이는 물 위로 메아리쳤다.

카라남보로 돌아가는 길에 우리는 타이니에게 암소가 무서워서 도망쳤던 이야기를 털어놓았다. "음," 그는 너털웃음을 지었다. "그들은 때때로

데이비드 애튼버러의 동물 탐사기

약간의 공포감을 조성하기 때문에 나도 줄행랑을 친 적이 몇 번 있어요."
우리는 체면이 완전히 구겨지지 않아 천만다행이라는 느낌이 들었다.

――――

다음날 타이니는 우리를 데리고 자기 집 아래의 루푸누니 강가로 내려
갔다. 강둑을 따라 거니는 동안 그는 튜퍼^{tufa}[10] 비슷하게 생긴 부드러운 암
석에 파인 일련의 깊은 돌개구멍^{pothole}[11]들을 가리켰다. 그가 그중 하나에
돌멩이를 떨어뜨렸더니, 구멍 밑바닥에 고인 물에서 천식 환자의 트림 같
은 소리가 들려왔다.

"물고기 한 마리가 들어있어요." 타이니가 말했다. "이런 구멍 속에는
거의 예외 없이 전기뱀장어가 한 마리씩 살고 있거든요."

그러나 나는 뱀장어를 탐지하는 또 다른 방법을 알고 있었다. 영국을
떠나기 전, 우리는 뱀장어의 전기충격을 테이프 리코더에 기록해 달라
는 요청을 받았다. 필요한 장비는 간단했다. 2개의 작은 구리 막대를 나
뭇조각 위에 15센티미터 간격으로 고정시킨 다음, 기다란 전선에 연결해
기록장치에 꽂으면 그만이었다. 나는 이 기본적인 장비를 구멍에 집어넣
은 후, 조그만 이어폰을 통해 뱀장어의 방전을 일련의 클릭 소리 ― 소리
의 크기와 빈도는 점점 증가해서 클라이맥스에 도달했다가 잠잠해졌다 ―
로 청취할 수 있었다. 뱀장어의 방전은 일종의 방향탐지 장치로 작용하는
것으로 간주되고 있다. 왜냐하면 뱀장어는 측선^{lateral line}을 따라 특별한 감
각기관을 보유하고 있는데, 측선으로 물속의 고체에 의해 초래되는 전위
^{electric potential}의 변화를 탐지하기 때문이다. 이렇게 뱀장어는 혼탁한 강물

---

10 다공질多孔質 탄산칼슘의 침전물. - 옮긴이주

11 하천 바닥에서 암반의 오목한 곳이나 깨진 곳에 와류가 생기면, 그 에너지에 의해 원통형의 깊
    은 구멍이 생겨난다. 이것을 돌개구멍, 또는 포트홀이라고 한다. - 옮긴이주

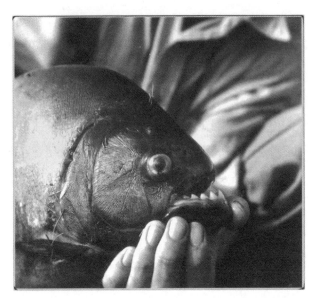

피라냐piranha

속 깊은 곳의 암석과 구멍 사이에서 길이 2미터의 몸을 움직이는 문제를 해결할 수 있다. 이런 소소하고 반⁺연속적인 방전 외에도 뱀장어는 엄청난 고전압 쇼크를 일으킴으로써 먹잇감을 죽일 뿐만 아니라 사람도 기절시킬 수 있는 것으로 알려져 있다.

우리는 타이니의 선착장까지 내려가 2대의 카누에 올라탔다. 선외기가 장착된 카누를 타고 상류로 계속 올라가는 길에 수많은 찌르레기사촌(류)들이 둥지를 짓고 사는 나무를 지나쳤다. 그들의 둥지는 마치 거대한 곤봉처럼 나뭇가지에 대롱대롱 매달려있었다. 우리는 뒤로 손 낚싯줄 handline[12]을 끌고 갔는데, 낚싯바늘에는 약간의 물고기를 잡을 요량으로 빙글빙글 도는 금속제 미끼가 꿰여있었다. 나는 낚싯줄을 드리움과 거의 동

---

12 낚싯대와 릴을 사용하지 않는 낚싯줄. - 옮긴이주

데이비드 애튼버러의 동물 탐사기

시에 길이 30센티미터의 은회색 물고기 1마리를 낚아 입속의 낚싯바늘을 제거하기 시작했다.

"손가락 조심해요." 타이니가 무사태평하게 말했다. "그건 식인 물고기예요."

나는 허둥지둥하다 그놈을 보트 바닥에 떨궜다.

"여기서 그러시면 안 돼요." 타이니는 약간 기분이 상해 젓던 노로 물고기를 때려 기절시켰다. "그놈이 당신의 손가락을 물어뜯을 수 있어요." 그는 자신의 주장을 증명하기 위해 물고기를 집어 벌어진 입 안에 대나무를 집어넣었다. 그러자 그놈은 면도날처럼 날카로운 삼각형 이빨로 대나무를 깨물어 마치 도끼로 내리친 것처럼 깨끗이 절단했다.

그 광경을 지켜본 나는 간담이 서늘해졌다. "만약 사람이 저놈들 속으로 빠진다면 순식간에 뼈만 남는다는 말이 사실일까요?" 나는 물었다.

타이니는 껄껄 웃었다. "글쎄요. 피라냐piranha, 우리는 그것을 페라이perai라고도 부르는데, 그놈이 물어뜯기 시작할 때 물속에 그대로 머물 정도로 멍청하다면 당신의 몸은 만신창이가 될 거예요. 통상적으로 맨 처음에 놈들의 공격을 유발하는 것은 피맛이니까, 만약 상처를 입었다면 멱을 감지 말아야 해요. 다만 다행스럽게도 놈들은 거센 물결을 싫어하기 때문에, 만약 카누를 끌고 급류를 거슬러 올라간다면 걱정할 필요 없어요. 그런 데는 놈들이 거의 없거든요."

"물론," 그는 말을 이었다. "놈들은 때때로 뚜렷한 이유 없이 동물을 공격하기도 해요. 내가 언젠가 열다섯 명의 인디언들과 카누를 탄 적이 있어요. 한 번에 한 명씩 카누에 올라야 하니까, 그 과정에서 한쪽 발을 물에 담가야 했어요. 그런데 나를 제외하고 장화를 신은 사람이 아무도 없었어요. 내가 마지막으로 배에 올라 자리에 앉았을 때 내 앞에 앉은 인디언이 피를 심하게 흘리는 것을 발견했어요. 그에게 무슨 일이냐고 물었더니, "카누에 오를 때 피라냐에게 물렸다."라는 대답이 돌아왔어요. 모두 조사해 보니 열다섯 명 중 열세 명이 발에서 살점이 떨어져 나간 거였어요. 피라냐에게 물린 순간에는 아무도 비명을 지르지 않았고 다음 사람에게 경고할 생각도 하지 않았어요. 그만큼 피라냐를 조심하는 게 너무 당연한 일이라 따로 얘기할 이유가 없는 것 같아요."

카라남보에서 여러 날 동안 머문 후 레템으로 돌아왔다. 수집한 동물들 수는 서서히 불어났고, 사바나에서 2주 동안 머문 후 조지타운으로 다시 날아왔을 때 거대한 맞춤형 나무상자 속에 엎드려있는 카이만뿐만 아니라 큰개미핥기, 소형 아나콘다, 민물거북, 꼬리감는원숭이, 잉꼬, 마코앵무새까지도 가져왔다. 그만하면 괜찮은 출발인 듯싶었다.

루푸누니에서 돌아오는 비행기에서의 하를레스 라구스

데이비드 애튼버러의 동물 탐사기

3. 절벽의 벽화

마자루니강Mazaruni River은 가이아나 서쪽 끝에 있는 베네수엘라 접경 지역의 산악지대에서 시작된다. 그것은 사암으로 이루어진 고산지대를 160킬로미터에 걸쳐 삼면을 휘감은 후에야 뚫고 나와, 다시 30킬로미터라는 짧은 거리에서 하천운항을 가로막는 일련의 폭포와 여울을 거치며 400미터를 낙하한다.

마자루니분지로 들어가는 육로는 산맥을 넘는 길고 고된 오솔길뿐인데, 그중에서 가장 쉬운 것은 3일 동안 울창하고 힘겨운 숲을 통과한 다음 해발 900미터의 고개를 넘는 길이다. 이처럼 전 지역이 가이아나의 나머지 지역과 사실상 격리되어 있어, 그곳에 사는 1,500명의 아메리카 원주민들은 우리가 방문하기 몇 년 전까지도 고립된 채 해안 지역 문명의 영향을 비교적 받지 않았다.

그러나 가이아나에 비행기가 도입되면서 상황이 완전히 바뀌었다. 왜냐하면 수륙양용기를 이용해 산맥을 넘어 마자루니강의 길고 넓은 구간에 자리잡은 분지의 한복판에 착륙하는 것이 가능해졌기 때문이다. 이처럼 갑작스럽게 향상된 접근성이 그곳에 사는 아카와이오족과 아레쿠나족 Arecuna에게 심각한 결과를 초래했으므로, 가이아나 정부는 난개발을 미연에 방지하기 위해 이 지역을 아메리카 원주민 보호구역으로 선포해서 다이아몬드와 금의 채굴, 허가받지 않은 여행을 금지했다. 또한 정부는 지역 관리자를 임명했는데, 그의 임무는 아메리카 원주민이 잘살 수 있도록 돌보는 것이었다.

빌 세거는 지역 관리자 직책을 맡은 사람으로, 우리가 가이아나에 처음 도착했을 때 6개월분의 식량을 구입하고 각종 교역품, 휘발유, 기타 생활 필수품을 조달해 그의 사무실로 실어 나르기 위해 조지타운에 와있었다. 그것은 그의 드문 발걸음 중 하나로 우리에게는 하늘이 내린 기회였다.

그는 키가 크고 피부가 가무잡잡하며 덩치가 큰 사람으로 얼굴에는 깊은 주름이 패어있었다. 자신의 관할 지역에 대한 열정과 긍지를 지나치게 드러내지 않으려는 듯, 그는 경이로운 자연환경, 새로 발견된 폭포, 광대한 미지의 숲, 아카와이오족의 이상한 '할렐루야' 종교, 벌새, 맥tapir[1], 마코앵무새에 대해 다소 간결하게 말했다. 그는 우리가 2주간의 루푸누니 여행에서 돌아올 때쯤 조지타운에서의 용무가 끝날 거라고 예상하고, 그때 자신과 함께 비행기를 타고 분지를 방문하면 어떻겠냐고 정중히 제안했다.

그러므로 조지타운에서 빌의 행방을 수소문하다가 그의 비행기가 출발하는 시간을 알게 되었을 때 우리는 뛸 듯이 기뻐했다. 그리고 마침내 한 호텔의 바에서 '럼주 한 잔을 곁들인 생강빵'을 물끄러미 바라보고 있는 그를 찾아냈다. 우리는 그에게서 우울한 소식을 들었는데, 자초지종은 다음과 같았다: 그가 주문한 물품은 다코타 비행기를 통해 분지 동쪽 가장자리 임바이마다이Imbaimadai에 있는 간이 활주로 — 사바나의 좁고 긴 공터 — 에 착륙하는 것이 상례였다. 통상적으로, 그 활주로는 긴 건기 동안에

---

1 중남미와 서남아시아에 사는, 코가 뾰족한 돼지 비슷하게 생긴 동물. - 옮긴이주

　　　　　　　　　　　　　　데이비드 애튼버러의 동물 탐사기

는 수시로 사용할 수 있지만 우기 동안에는 물에 잠기므로 사용할 수 없었다. 이론적으로, 때는 4월 중순이었기 때문에 활주로를 사용할 수 있어야 했지만 뜻하지 않은 폭우가 내리는 바람에 활주로가 수렁으로 바뀌었다. 빌은 다음날 수륙양용기를 타고 분지로 날아가 임바이마다이의 사바나 바로 밑에 있는 마자루니강에 내린 다음, 비행장에 쪼그리고 앉아 활주로의 상태를 매일 무선으로 통보할 예정이었다. 그가 '활주로가 말랐다'는 소식을 보내자마자 화물기가 조지타운에서 이륙하여 필수 물품을 분지로 수송할 수 있도록 하기 위해서였다. 물품 수송이 급선무이고 우리의 탐사는 맨 나중이었으므로, 물품이 안전하게 도착한 후 활주로가 여전히 말라있어야만 출발할 수 있었다. 우리는 우울한 마음으로 잔을 비우고 빌에게 작별을 고하며, 다음날 아침 그가 임바이마다이로 떠날 때 행운이 함께하기를 빌었다.

우리는 조지타운에서 기다리며, 활주로에 대한 소식을 듣기 위해 내무부 청사를 매일 방문했다. 이틀째 되는 날, "비가 멈추고 날이 개었으며, 기상조건을 감안할 때 약 4일 후면 활주로가 말라 운항이 재개될 수 있을 것"이라는 소식이 들려왔다. 우리는 조지타운에 4일을 더 머물며, 팀 비날을 도와 루푸누니에서 생포한 동물들이 안락한 거처에 정착하도록 만전을 기했다. 농무부에서는 우리에게 식물원의 차고를 대여했고, 우리는 그곳을 (벽면을 빙 둘러가며 여러 개의 동물 우리가 층층이 쌓인) 미니 동물원으로 신속히 개조했다. 일부 대형 동물들은 수용하기 어려웠는데, 조지타운 동물원에서는 매우 너그럽게도 그중 큰개미핥기를 포함해 여럿을 임시로 수용해주겠다고 제안했다. 나무상자 속의 카이만은 식물원의 수로 중 하나에 반쯤 잠긴 채 엎드려있었다.

4일째 되는 날 보낸 무선 전신에서 빌은 "모든 일이 잘 되었으므로 화물기가 출발해도 좋다."라고 말했다. 그날 종일 그리고 다음날까지 그가 주문한 물품들이 공수되었다. 그리고 마침내 우리의 차례가 왔다.

우리는 팀Tim Vinall에게 작별인사를 한 후, 조지타운에 남아 루푸누니의 동물들을 돌보는 골치 아픈 임무를 그에게 떠넘기고, 모든 장비를 다시 챙겨 다코타 비행기에 올랐다.

열대우림 위를 비행하는 것은 꽤 지루했다. 우리의 발 아래에는 광대무변하고 특색 없는 '녹색의 대양'이 펼쳐졌다. 그것이 품은 무수한 동물들의 흥미로운 삶은 '잔물결 이는 녹색 표면' 아래 숨어있었지만, 간혹 새들이 숲의 임관canopy[2] 위를 마치 날치처럼 스치듯 날았다. 우리는 이따금씩 작은 공터를 보았는데 그 속에는 작은 오두막집들이 마치 숲의 바다에 떠 있는 섬들처럼 점점이 박혀있었다.

그러나 1시간 후 전망이 바뀌었다. 왜냐하면 우리는 마자루니분지 동남부의 천연 요새를 형성하는 파카라이마산맥Pakaraima Mountains에 접근하고 있었기 때문이다. 숲은 산맥의 측면을 따라 기어올라 갔지만, 경사가 매우 가파른 곳에서는 나무가 더 이상 자랄 수 없었으므로 산비탈은 크림색 암석으로 이루어진 벌거벗은 벼랑으로 변했다.

비행기는 몇 분 후 초창기 여행자들에게 엄청난 공포감을 불러일으켰던 장벽을 넘었고, 우리의 발 아래에는 그곳에서조차 폭이 50미터쯤 되는 젊은 마자루니강이 굽이치고 있었다. 그 다음, 우리는 ─마치 기적이라도 일어난 것처럼 ─숲 한복판에 자리잡은 '사바나의 좁고 긴 공터'를 발견했다. 공터의 한편에 오두막집 1채가 있었고 그 옆에는 2개의 작은 점 ─우리의 판단이 맞는다면 빌과 대프니 세거 부부Bill & Daphne Seggar ─이 찍혀있었다.

다코타는 공중에서 몇 바퀴 선회한 후 착륙하기 위해 하강했다. 조종사

---

2 숲의 우거진 윗부분으로, 수관crown(나무의 가지와 잎이 달려있는 부분)이 빈틈없이 잇닿아있는 상태를 말한다. - 옮긴이주

의 솜씨가 서툴지 않았음에도 착륙은 순탄치 않았다. 왜냐하면 임바이마다이 활주로에는 타맥tarmac³으로 포장된 도로가 없었기 때문이다. 그것은 평범한 공터로, 빌이 아메리카 원주민들의 도움을 받아 바위, 나무, 덤불을 제거한 게 고작이었다.

세거 부부가 우리에게 다가와 인사를 건넸다. 부부는 모두 맨발이었는데, 그녀는 호리호리하고 유연한 몸매에 운동선수용 모직 추리닝 차림이었고, 그는 카키색 반바지에 허리가 드러난 셔츠 차림이었는데 방금 강에서 멱을 감은 듯 머리칼이 아직 젖어있었다. 빌은 우리를 보고 크게 안도했는데 그 이유는 우리가 타고 온 비행기에 그의 나머지 필수 품목들이 실려있기 때문이었다. 이제 무슨 일이 닥치더라도 그는 보급품에 힘입어 우기 동안 끄떡없이 버틸 수 있었다. 그의 예측에 의하면 우기는 최소한 한 달 동안 시작되지 않을 것이므로, 모든 일이 순조롭게 진행된다면 4주 후 임바이마다이 활주로에서 이륙할 수 있을 것 같았다.

"그러나," 그는 말했다. "장담할 수는 없어요. 비는 내일이라도 당장 시작될 수 있거든요. 하지만 설사 비가 오더라도," 그는 유쾌하게 덧붙였다. "파격적인 가격으로 당신들을 수륙양용기에 태워줄 수 있어요. 원한다면 할부로."

우리는 임바이마다이 활주로의 반쯤 허물어진 오두막집에서 밤을 지냈다. 다음날 아침, 빌은 마자루니강의 상류를 둘러본 후 작은 지류 중 하나인 카로우리엥Karowrieng의 상류로 올라가 사람이 살지 않는 미개척지를 탐험하자고 제안했다. 우리는 거기서 무엇을 볼 수 있는지 물었다.

"음," 빌은 말했다. "거기에는 사람이 살지 않으니 당신들의 관심을 끄는 야생동물들이 풍부할 거예요. 게다가 내가 1~2년 전에 발견한 멋진

---

3 도로 따위를 포장하는 데 쓰는 역청 물질. - 옮긴이주

폭포가 있고, 아메리카 원주민이 절벽에 그린 불가사의한 벽화도 있어요. 지금까지 그 그림을 본 사람은 극소수이고, 자세한 내막을 아는 사람은 아무도 없어요. 여러분도 한번 보세요."

빌은 아직도 항공화물을 기다리고 있었는데 그가 이미 수령한 것만큼 필수적인 것은 아니었다. 게다가 첫번째 화물은 이틀 후에나 도착할 예정이었으므로 다음날 아침 그는 우리의 탐사 첫날에 부인과 함께 동행하겠다고 제안했다. 그래서 우리 5명은 빌이 자신의 관할 지역을 여행할 때 흔히 사용하는, 강력한 선외기가 장착된 길이 12미터의 거대한 통나무 카누에 올랐다. 아메리카 원주민 소년들로 구성된 6명의 선원도 동승했다.

그날은 그야말로 환상적인 날이었다. 왜냐하면 숲을 가까이에서 들여다본 것은 그게 처음이었기 때문이다. 햇빛이 비치는 협곡을 따라 나가는 동안 우리의 발 아래에서는 잔잔하고 반투명한 갈색 강물이 흘렀고, 양쪽에서는 숲이 수직의 초록색 벽을 이루었다. 강둑에는 자심목purple heart과 녹심목green heart, 모라나무mora tree가 약 45미터 높이까지 자라고 있었다. 수관樹冠 밑에서는 무성한 덩굴식물과 덩굴성 목본식물인 리아나가 커튼처럼 드리워 숲의 내부를 가렸다. 땅바닥 가까이에서는 깊고 어두운 숲 속에서 햇빛을 쬐지 못한 작은 관목들이 햇빛을 향한 갈망을 담아 가지를 내뻗었다. 녹음이 우거진 숲의 외관은 획일적인 초록색이 아니었다. 우기가 가까워질수록 몇몇 나무에서 새로 돋아난 황적색 이파리들이 뭉게구름처럼 우거져, 다채롭고 무성한 식생 가운데서도 놀랍도록 눈에 띄었기 때문이다.

탐사를 시작한 지 2시간이 지나 우리는 일련의 급류와 맞닥뜨렸다. 강물은 이곳에서 널찍한 암석의 장벽에 부딪혔고, 암석은 황갈색 강물을 휘저어 유백색으로 바꿔 놓았다. 우리는 가장 섬세하고 취약한 장비인 카메라와 기록장치를 꺼내어 육로를 통해 급류의 꼭대기로 운반한 후 카누로

　　　　　　　　　데이비드 애튼버러의 동물 탐사기

급류 위로 카누 끌어올리기

돌아와, 아메리카 원주민들과 함께 무거운 카누를 바위 위로 끌어올렸다. 그것은 힘들고 지루한 작업이었지만 원주민들은 대수롭지 않게 여겼다. 게다가 우리 중 한 명이 어설프게 발을 헛디디는 바람에 허리까지 올라오는 바위 사이의 깊은 물에 빠지자 그들은 포복절도하도록 웃었다. 마침내 우리는 카누를 잔잔하고 시커먼 웅덩이로 끌어올리는 데 성공해 급류를 뒤로하고 여행을 계속했다.

　1시간쯤 더 나아갔을 때 빌이 우리에게 귀를 기울이라고 했다. 엔진 소음 사이로 멀리서 들려오는 우당탕하는 소리를 감지할 수 있었다.

　"내가 발견한 폭포예요." 그가 말했다.

　15분 동안 더 나아가자 우리는 강굽이에 이르렀다. 이제 폭포의 소리는 우렁찼는데, 빌의 말에 의하면 굽이만 돌면 된다고 했다. 상류로 더 올라가려면 '폭포를 우회하는 카누의 육로 수송'이라는 힘든 작업이 수반되었으므로 우리는 강기슭에 캠프를 설치하고 하룻밤을 보내기로 결정했다. 그러나 빌과 대프니는 우리와 함께 머물 수 없었다. 왜냐하면 임바이마다이로 돌아가 남은 항공화물을 수령해야 했기 때문이다.

아메리카 원주민들이 야영지를 마련하는 동안 그들은 마지막으로 우리와 함께 강기슭을 거닐며 폭포를 구경했다. 가이아나에는 폭포가 많았다. 남쪽으로 몇 킬로미터만 가면 높이 약 240미터의 카이테우르 폭포^{Kaiteur Falls}가 있었으므로, 빌이 발견한 폭포는 가이아나 사람들의 표현을 빌리면 무시해도 될 정도였다. 그도 그럴 것이 높이가 겨우 30미터밖에 안 되었기 때문이다. 그러나 강굽이를 돌자마자 그 폭포는 깜짝 놀랄만한 장관을

마이푸리 폭포를 구경하는 잭 레스터

데이비드 애튼버러의 동물 탐사기

연출했다. 절벽에서 선반처럼 돌출한 레지ledge[4]에서 천둥 치듯 쏟아진 낫처럼 둥근 하얀 거품의 시트sheet가 밑바닥의 넓고 탁 트인 웅덩이로 급강하하는 게 아닌가! 우리는 웅덩이에서 수영을 하다 밑바닥에서 솟아오른 바위 위로 기어올라 갔다. 그리고는 폭포 아래의 눅눅한 동굴로 재빨리 들어갔는데, 그 사이에 우리 옆으로 칼새swift들이 휙 스치고 지나갔다.

그 폭포를 처음 발견했을 때, 빌은 강둑에서 맥tapir의 발자국을 발견하고 폭포의 이름을 맥의 지역명인 마이푸리Maipuri라고 지었다. 그러나 안타깝게도 폭포를 감상하는 데 많은 시간을 들일 수가 없었다. 빌과 대프니가 어두워지기 전에 임바이마다이로 돌아가려면 시간 여유가 없었으므로 우리는 아메리카 원주민과 카누가 있는 곳으로 황급히 발걸음을 돌렸다.

빌과 대프니는 2명의 아메리카 원주민을 데리고 하류 쪽으로 출발하며, 이틀 후 아메리카 원주민들과 함께 카누를 돌려보내 우리를 데려가겠노라고 약속했다.

숲속에서 우리가 가는 곳까지 촬영장비 운반을 도와주기 위해 그들은 4명의 아메리카 원주민을 남겼다. 그들은 모두 아카와이오족이었지만 빌의 휘하에서 일하는 동안 부분적으로 유럽인화되어 카키색 반바지와 셔츠 차림에 피진 영어pidgin English를 구사했다. (참고로, 피진 영어란 가이아나의 모든 인종 — 아메리카 원주민, 아프리카계 카리브인Afro-Caribbean, 동인도인East Indian, 유럽인 — 이 사용하고 이해하는 방언으로, 전 세계에서 사용되는 대부분의 피진어pidgin[5]와 마찬가지로 단순화된 형태의 영어에 기반하지만 자체적인 규칙, 어휘, 간략형, 발음을 가지고 있다. 대부분의 경우 동사는 지양되고, 설사 사용되더라도 현재형밖에 없으며, 복수형과

---

4 암벽의 일부가 선반처럼 튀어나온 것. - 옮긴이주
5 어떤 언어 — 특히, 영어·프랑스어·포르투갈어·네덜란드어 — 의 제한된 어휘들이 토착언어의 어휘들과 결합되어 만들어진 단순한 형태의 혼성어. 서로 다른 언어를 쓰는 사람들의 의사소통이 필요함에 따라 형성되었다. - 옮긴이주

강조형은 하나의 단어를 단순히 여러 번 반복하는 것으로 갈음된다) 그래서 우리도 피진어로 대답했으며 서로를 완벽히 잘 이해했다. 그들 중에서 상급자 케네스Kenneth는 선외기의 복잡한 내용까지도 어느 정도 — 전부는 아니지만 — 이해하고 있었는데, 알고 보니 그가 엔진 문제를 해결하는 주된 방법은 모든 밸브를 열어 실린더 내의 가스를 배출하는 것이었다. 갑판사관 격인 킹 조지King George는 땅딸막하고 머리숱이 많은 사내로, 쏘아보는 듯한 눈매의 소유자였다. 빌에게 들은 바에 의하면, 그는 하류에 있는 마을의 촌장이었기 때문에 '킹'이라는 호칭에 대한 애착이 매우 강했다. 빌이 그의 이름을 '조지 킹'으로 바꾸려고 무진 애를 썼지만, 그는 그것을 신분이 격하되는 것으로 여겨 완강히 거부했다고 한다.

우리가 폭포를 구경하는 동안 4명의 아메리카 원주민들은 덤불 속의 작은 나무들을 제거하여 15제곱미터쯤 되는 공간을 확보하고, 숲속에서 베어 낸 어린나무와 나무껍질, 리아나를 엮어 텐트의 틀을 세웠다. 그리고는 갑작스런 폭풍우로부터 우리를 보호하기 위해 그 위에 넓은 방수포를 덮었다. 우리는 그 밑에 해먹을 매달 예정이었다. 장작불이 이미 활활 타고 있었고, 그 위에서는 물이 끓고 있었다. 케네스가 총을 들고 우리에게 다가와 어떤 종류의 새를 저녁식사 메뉴로 원하는지 물었다. 우리는 맘maam(또는 작은티나무lesser tinamou)을 제안했는데, 그것은 자고새patridge[6]처럼 날지 않는 작은 새로서 썩 괜찮은 먹을거리였다.

"잘 알았습니다, 나리. 크고 통통한 놈으로 대령하겠습니다." 케네스는 힘주어 말하고 숲속으로 사라졌다.

그로부터 1시간 후, 그는 약속한 대로 크고 통통한 맘 1마리를 들고 돌아왔다. 우리가 새 잡는 요령을 묻자, 그는 모든 아메리카 원주민들이 새

---

6 메추라기와 비슷한 꿩과의 새. - 옮긴이주

데이비드 애튼버러의 동물 탐사기

울음소리를 흉내내서 새를 사냥한다고 대답했다. 즉, 우리에게 맘을 잡아 달라는 요청을 받고 그는 숲속으로 들어가 잠행하며 맘의 울음소리 ─ 길고 나지막한 휘파람 소리 ─ 를 흉내냈다고 한다. 그러자 30분 후 새 1마리가 응답을 했고, 그는 지속적으로 휘파람을 불며 점점 더 가까이 다가가 마침내 총을 발사했다는 것이다.

저녁식사를 한 후 우리는 해먹으로 기어들어가 숲속에서의 첫날밤을 보내기 위해 편안히 누웠다. 우리는 2주 동안 사바나에 머물며 해먹에서 잠자는 노하우를 나름대로 터득한 터였다. 그러나 사바나에서는 낮은 말할 것도 없고 밤 날씨도 푹푹 쪘지만 마자루니분지의 고지대에서는 밤 날씨가 매우 추웠다. 내가 그날 밤 배운 것은 해먹에서 자려면 침대에서 잘 때보다 2배 많은 담요를 챙겨야 한다는 것이었다. 왜냐하면 배쪽과 등쪽을 모두 두둑이 감싸야 하므로 담요의 효율이 반으로 감소하기 때문이다. 날씨가 너무 추워 1시간 후 해먹에서 기어 나와 여분의 옷들을 모두 껴입고서야 겨우 잠이 들었다. 설사 그렇더라도 숙면을 취하는 것은 어림도 없었다.

나는 밤새 오들오들 떨며 새우잠을 자다가 꼭두새벽에 일어났지만 태양이 떠올랐을 때 충분한 보상을 받았다. 왜냐하면 마코앵무새와 앵무새의 울음소리가 강변에 메아리쳤고, 벌새 1마리가 일찌감치 물가에 드리운 덩굴식물의 꽃에서 꿀을 빨고 있었기 때문이다. 벌새는 작은 보석 같은 피조물로, 호두만 한 몸으로 공기를 휙 가르며 이동했다. 특정한 꽃에서 꿀을 빨기로 결정했을 때, 벌새는 그 앞에서 계속 맴돌다 길고 실 같은 혀를 불쑥 내밀어 꽃의 깊숙한 곳에서 나오는 꿀을 홀짝였다. 용무를 마친 후 그는 빠르게 퍼덕이는 날갯짓을 하며 서서히 허공으로 물러난 후 다른 꽃을 찾아 쏜살같이 날아갔다.

아침식사를 한 후 킹 조지가 우리에게 다가와 빌이 말한 벽화는 숲에서 도보로 2시간 거리에 있다고 말했다. 우리를 안내해 줄 수 있냐고 물었더니, 그는 딱 한 번 가 본 적이 있지만 찾을 수 있을 거라고 장담했다. 그리고는 카메라 운반을 도울 다른 한 명의 아카와이오 부족원과 함께 우리를 이끌고 덤불 속으로 들어갔다. 그는 망설임 없이 전진하며 돌아오는 길을 잃지 않기 위해 나무에 V자 모양을 새기고 어린나무 꼭대기에 방향을 표시했다. 우리는 어느새 고지대의 열대우림에 도착했다. 커다란 나무들은 우리의 머리 위로 60미터나 솟아올랐는데 그중 대부분은 땅에서 자라지 않고 공중에 기다란 기근aerial root[7]을 늘어뜨려 습한 공기에서 영양분을 빨아들이는 특이한 습성을 가진 식물로 뒤덮여있었다. 우리는 간혹 바닥에 노란색 꽃이 떨어져 두껍게 쌓인 지역을 통과했는데 그것은 음침한 숲에 화사한 카펫을 깐 듯한 풍경을 연출했다. 우리는 고개를 들어 그 꽃들이 어디에서 왔는지 살펴봤지만 모든 나무들이 하늘 높이 치솟아있어 도무지 알 수가 없었다. 하지만 만약 떨어진 꽃들이 없었다면 그 나무들이 꽃을 피운다는 사실을 짐작조차 하지 못했을 것이다.

나무들의 줄기 사이에는 작은 나무와 덩굴식물이 뒤엉켜있어 칼을 이용해 그것들을 베어내 길을 만들어야 했다. 대형 동물을 만나지는 않았지만 주변에 무수한 작은 동물들이 존재한다는 사실을 잘 인식하고 있었다. 왜냐하면 개구리, 귀뚜라미, 그 밖의 다른 곤충들의 재잘거리는 소리가 대기를 가득 메우고 있었기 때문이다.

2시간 동안 강행군한 후 하를레스와 나는 완전히 녹초가 되었다. 후텁지근한 날씨였으므로 우리는 땀에 흠뻑 젖어 심한 갈증을 느꼈다. 그러나 강을 건넌 이후 우리는 마실 물을 전혀 발견할 수 없었다.

그러던 중 갑자기, 우리는 그토록 고대하던 절벽에 도착했다. 그것은

---

7 땅속에 있지 않고 공기 중에 노출되어 기능을 발휘하는 뿌리. 공기뿌리라고도 한다. – 옮긴이주

데이비드 애튼버러의 동물 탐사기

수십, 수백 미터 위로 깎아지른 듯 솟아올라 숲의 임관을 관통했고, 그늘은 찌는 듯한 더위에 지친 우리의 심신을 어루만졌다. 바위와 나뭇가지들 사이의 틈을 통해 한줄기 햇빛이 절벽을 이루는 하얀색 규암 위로 비스듬하게 내리비춰, 암벽을 뒤덮은 빨갛고 까만 그림에 조명을 비추었다. 그 광경이 너무나 인상적이고 놀라워, 흥분한 우리는 피로감마저 잊고 절벽의 기슭으로 달음박질쳤다.

그림은 가로 40~45미터 세로 9~12미터로, 디자인은 조악하지만 상당수의 소재는 동물을 묘사한 게 분명했다. 동물들 중에는 여러 가지 새 ─전날 저녁 케네스가 우리를 위해 잡아 준 맘과 비슷한 것도 있었다─와 정체불명의 네발짐승들이 있었다. 한 동물은 아르마딜로armadillo처럼 보였지만, 만약 아르마딜로의 머리를 꼬리로 본다면 개미핥기를 묘사했다고 볼 수도 있었다. 또 다른 동물은 거꾸로 누워 발이 하늘을 향하고 있었다. 처음에 우리는 그게 죽은 동물이라고 생각했지만, 앞다리에 2개의 발톱이 있고 뒷다리에 3개의 발톱이 있는 것으로 보아 두발가락나무늘보two-toed sloth가 틀림없다는 생각이 들었다. 그 위에는 우리의 식별identification을 입증하는 것으로 두껍고 빨간 수평선이 그어져 있었는데, 나무늘보가 매달린 나뭇가지인 듯했다. 그러나 익명의 화가는 나무를 묘사하는 데 애를 먹은 듯 동물 위에 별도로 그림으로써 자신의 의도를 분명히 했다. 동물들 사이에는 뚜렷한 기호들─사각형, 지그재그, 마름모로 이어진 줄─이 그려져 있었는데, 우리로서는 그 의미를 짐작하기 어려웠다.

가장 감동적이고 생각을 불러일으키는 것은 동물과 기호 사이에 찍힌 수백 개의 손자국이었다. 절벽의 높은 곳에는 6개나 8개씩 무리 지어 찍혀있지만, 맨 아랫부분에는 개수가 너무 많아 서로 겹치는 것도 있다 보니 빨간 페인트를 거의 도배한 것처럼 보였다. 그중 몇 개 위에 내 손을 얹어 보니 모두 내 손보다 작은 것으로 밝혀졌다. 킹 조지도 내 요청에 따

절벽에 찍힌 손바닥 자국

나무늘보와 큰개미핥기로 보이는 동물 그림

데이비드 애튼버러의 동물 탐사기

라 동일한 비교를 해 봤는데 그림의 손자국이 그의 손과 거의 비슷한 것으로 나타났다.

킹 조지에게 그 그림들이 무엇을 의미하는지 물어보았다. 비록 거침없이 우리가 가리키는 동물에 대해 여러 가지 의견을 제멋대로 말했지만 그의 의견은 우리의 의견만큼이나 모호했다. 만약 우리가 대안을 제시하면 그는 동의하며 껄껄 웃다가 "솔직히 잘 모르겠어요."라고 실토했다. 그러나 우리가 만장일치로 동의한 그림이 하나 있었다. 남자임이 분명해 보이는 꼿꼿이 선 인간 형상의 윤곽선을 가리키며 "이게 뭐예요?"라고 물으니, 킹 조지는 배꼽을 잡으며 웃었다.

그런 다음 씩 웃으며, "뻐기고 있는 사람이에요."라고 말했다.

킹 조지는 그림의 의미도 기원도 모른다고 강조했다. "저건 아주 오래전에 그려진 거예요." 그는 설명했다. "그러나 장담하건대 아카와이오 부족원의 작품은 아니에요." 우리는 그게 까마득히 오래된 그림이라는 물증을 확보했다. 왜냐하면 단단한 암석의 이곳저곳이 떨어져 나가며 그림의 일부도 함께 떨어져 나간 흔적이 있었기 때문이다. 바위에 남은 흔적은 더 이상 새로워 보이지 않았으며 절벽의 나머지 부분과 마찬가지로 풍화되어 있었다. 그것은 필시 영겁의 세월을 거친 결과물인 듯했다.

본래의 목적이 무엇이었든 간에 그 그림은 매우 중요한 것이었음에 틀림없다. 왜냐하면 그렇게 높은 절벽에 그림을 그리기 위해 화가는 특별한 사다리를 만드는 수고를 마다하지 않았을 테니 말이다. 아마도 그 그림은 사냥과 관련된 주술적 의식의 일부로, 화가는 자신이 원하는 동물의 그림을 그린 후 마치 낙관을 찍듯 손자국을 찍음으로써 자신의 신원身元을 등록했을 것이다. 그런데 유독 한 동물 —새—만 죽은 모습이었고, 프랑스의 구석기시대 동굴벽화와 달리 다친 동물은 하나도 없어 보였다. 하를레스와 나는 1시간 동안 그림을 촬영했는데, 더 높은 곳을 촬영하기 위해서는 어린나무를 이용해 간이 사다리를 만들었다.

나는 너무나 목이 말라 견딜 수 없었는데, 촬영을 마친 후 사다리에서 내려왔을 때 돌출한 절벽의 꼭대기에서 두껍고 촉촉한 이끼로 뒤덮인 바위 위로 떨어지는 물을 발견했다. 나는 바위 쪽으로 황급히 달려가 이끼를 한줌 거둬낸 후 모래가 서걱거리는 암갈색 물로 목을 축였다. 그러는 나를 본 킹 조지는 절벽의 왼쪽으로 사라졌다가 5분도 안 돼 다시 나타나 물을 발견했다고 말했다. 나는 그를 따라 절벽의 밑바닥에 널린 커다란 바위들 위로 기어올라 갔다. 왼쪽으로 100미터쯤 가니 절벽의 앞면에 수직으로 형성된 틈이 보였다. 틈은 땅바닥과 맞닿은 곳에서 더욱 벌어져 작은 동굴이 되었고 그 동굴의 바닥에는 깊고 검푸른 연못이 형성되어 있었다. 동굴의 뒤쪽에서는 맹렬한 물줄기가 연못으로 뿜어져 나왔지만 연

절벽 밑바닥에서 솟아나는 샘물

데이비드 애튼버러의 동물 탐사기

못 물의 출구는 보이지 않았다. 바위 틈에서 솟아난 샘물이 들이붓듯 연못에 쏟아지는데도 흘러넘치지 않는다면 바닥이 없다는 이야기가 된다. 그건 너무나 놀라운 장면이었으므로 나는 일순간 갈증을 잊었다. 그런 연못을 빌미로 절벽에 주술적인 캐릭터를 부여하는 것은 원시인의 취향에 맞았을 것이다. 나는 신을 달래기 위해 희생 제물을 던지던 고대 그리스의 작은 동굴grotto을 떠올리고 돌도끼가 발견되기를 바라는 심정으로 물속에 내 팔을 집어넣었다. 그러나 수심이 너무 깊어 얕은 부분의 바닥만을 만질 수 있었고 내가 발견한 것은 고작 자갈이었다. 막대기로 연못의 깊이를 측정해 보니 1.5미터가 넘는 것 같았다.

나는 갈증을 해소하고 절벽으로 돌아와 하를레스에게 작은 동굴과 샘을 발견했다고 말했다. 우리는 바위에 걸터앉아 '벽화의 의미'와 '동굴과 벽화의 관계'에 대해 이야기 꽃을 피웠다. 그즈음 해는 절벽의 꼭대기 너머로 사라졌으므로 벽화는 극장식 조명을 상실했다. 만약 야영지에 돌아가 밤을 보낼 생각이라면 우리는 서둘러 캠프로 돌아가야 했다.

4. 나무늘보와 뱀

우리는 숲속에서 방황하느라 많은 시간을 소비했기 때문에 정작 본 게 별로 없다는 생각이 들었다. 그래서 빌의 휘하에 있는 두 명의 아카와이오 부족원을 초빙하여 탐사에 동참하도록 해서 우리의 제한된 지식과 경험을 확충하기로 결정했다. 그들은 우리보다 숙련된 안목을 갖고 있으므로 소형 동물을 더 잘 포착할 뿐만 아니라 숲을 속속들이 알고 있어서(벌새를 유인하는) 꽃을 피우는 나무와 (앵무새 떼나 원숭이 무리가 좋아하는) 열매를 맺는 나무로 우리를 안내할 수 있었다.

그러나 우리의 첫번째 성공을 주도한 사람은 잭이었다. 우리는 활주로에서 멀리 떨어지지 않은 숲속에서 가시 돋친 덩굴식물을 헤치며 앞으로 나아가고 있었다. 그러다가 그때까지 본 것 중 가장 큰 나무의 둥치에서 잠깐 멈춰섰다. 그런데 우리의 머리 위에 높이 드리운 나뭇가지에 리아나 덩굴이 커다란 덩어리를 형성한 채 매달려있는 게 아닌가! 덩굴식물 리아나는 단독으로 뻗어나가거나 굽이치지 않고, 다른 나무에 달라붙어 꼬고 비틀고 옥죄며 한데 얽히고설키는 것이 상례였다. 스스로 뒤엉켜 덩어리를 형성한 리아나는 금시초문이었으므로 잭은 그 희한한 덩어리를 물끄러미 올려다봤다.

"리아나가 정말로 덩어리를 형성한 것일까, 아니면 리아나 덩굴을 부둥켜안고 있는 미지의 동물을 내가 잘못 본 것에 불과할까?"라고 그는 중얼거렸다. 하지만 내 눈에는 아무런 특이점도 보이지 않았다. 잭은 어디를 살펴봐야 하는지 신중히 설명했고, 나는 그의 말을 귀담아듣다가 마침내 뭔가를 발견했다. 리아나 덩굴에 둥근 회색 물체가 거꾸로 매달려있는데 그건 다름아닌 나무늘보였다.

나무늘보는 빠르게 움직이지 못하기 때문에 여느 동물과 달리 제멋대로 달아나 몇 초 만에 숲 꼭대기의 더 높은 곳으로 사라질 염려가 없었다. 그래서 우리는 다소 느긋하게 다음과 같이 결정했다: 첫째, 하를레스가 모든 장면의 촬영을 담당한다. 둘째, 잭은 최근 넘어져 다친 후유증으로 갈비뼈가 아파 힘든 일을 할 수 없으므로 내가 나무 위로 올라가 신비한

숲속에서 촬영하는 하를레스 라구스

동물을 생포한다.

　나무에 기어오르는 것은 별로 어렵지 않았다. 왜냐하면 나무에 주렁주렁 매달린 리아나 덩굴로 인해 붙잡을 곳이 많았기 때문이다. 내가 올라오는 것을 본 나무늘보는 두 손으로 번갈아 리아나 덩굴을 잡으며 — 제 딴에는 광분했지만 내가 보기에는 슬로모션이었다 — 위로 올라가기 시작했다. 동작이 워낙 느려 나무늘보를 따라잡는 데 별다른 애로사항은 없었다. 나는 지상 12미터 지점에서 마침내 그와 맞닥뜨렸다.

　큰 양치기 개sheepdog만 한 크기의 나무늘보는 거꾸로 매달려 나를 응시하고 있었는데 그의 털북숭이 얼굴에는 형언할 수 없는 슬픈 기색이 완연했다. 그는 천천히 입을 열어 새까맣고 광택 없는 이빨을 드러내고는 가능한 한 큰 소리 — 기관지에서 나는 희미한 쌕쌕거리는 소리 — 를 지름으로써 나를 놀라게 하려 최선을 다했다. 내가 손을 뻗자 그는 느리고 묵직한 훅으로 응수했다. 내가 뒤로 물러서며 가볍게 피하자 그는 회심의 한 방이 실패한 데 놀란 듯 눈을 연신 끔벅였다.

　두 차례의 적극적인 방어 시도가 무위에 그치자 나무늘보는 리아나 덩굴에 꼭 매달리는 데 집중했다. 그의 악력을 당해 내는 것은 여간 어렵지 않았다. 왜냐하면 나의 자세가 약간 불안정했기 때문이다. 나는 한 손으로 리아나를 꼭 잡은 채 다른 손을 뻗어 나무늘보를 떼어 내려 애썼다. 내가 한쪽 발의 언월도(초승달 모양 칼) 같은 발톱을 비틀어 떼낸 다음 다른 쪽 발로 옮아가자, 나무늘보는 (매우 현명하고 의도적으로) 느슨해진 발로 다시 덩굴을 붙잡았다. 나는 그의 두 다리를 동시에 떼어 내려 노력했지만 역부족이었다. 내가 5분간 그 짓을 반복하는 동안 잭과 하를레스가 외쳐 댄 '아니면 말고'식의 훈수는 아무런 도움이 되지 않았다. 당연한 이야기지만, 나무늘보가 아무리 느려도 한 손으로 잡는 것은 애당초 불가능했다.

　　　　　　　　　　　　데이비드 애튼버러의 동물 탐사기

나는 문득 한 가지 계획이 떠올랐다. 그 계획은 내 가까이에 있는 작고 구불구불한 리아나 ─ 아카와이오족은 이것을 '할머니의 등뼈'라고 부른다 ─ 를 이용하는 것이었다. 나는 잭에게 요청해 그것을 잘라 길게 늘어뜨렸다. 그러고는 잘린 끝을 잡아당겨 나무늘보가 다리를 떼어 낼 때마다 그에게 들이댔다. 궁지에 몰린 나무늘보는 뭐든 발에 닿는 것을 닥치는 대로 움켜쥐었으므로 나는 그의 네 다리를 차례로 작은 리아나로 옮기는 데 성공했다. 마지막으로 내가 리아나를 살며시 내려놓자 말단에 매달린 나무늘보는 서서히 내려와 꼼짝없이 잭의 품에 안겼다. 나는 의기양양하게 나무에서 내려왔다.

"멋지죠, 안 그래요?" 나는 말했다. "내 기억에 따르면, 이 동물은 지금껏 동물원에서 봤던 나무늘보와 종이 달라요."

"네, 맞아요." 잭이 애석하다는 듯이 말했다. "런던 동물원에 있는 동물은 두발가락나무늘보예요. 그 동물은 여러 해 동안 그곳에 머물며 사과와 상추와 당근을 원 없이 먹었어요. 이 동물은 세발가락종three-toed species인데, 런던 동물원에서 볼 수 없었던 건 '세크로피아cecropia라는 식물만 먹는다'는 한 가지 이유 때문이에요. 이 숲에는 세크로피아가 풍부하지만 런던에는 하나도 없다는 게 문제예요."

따라서 세발가락나무늘보를 놓아줘야 했지만 우리는 그 전에 며칠 동안 보호하며 관찰하고 촬영하기로 결정했다. 우리는 나무늘보를 데리고 돌아와 숙소 근처의 외따로 선 망고나무 옆에 풀어놓았다. 매달릴 만한 나뭇가지가 없었으므로 나무늘보는 움직이는 데 큰 어려움을 겪었다. 그는 긴 다리를 쭉 뻗어 몸을 힘겹게 끌어당김으로써 망고나무 쪽으로 몇 미터를 전진했다. 그러나 일단 나무에 도달하자 우아하게 나무 위로 기어오른 다음 큰 가지 하나를 골라 매달리며 만족스러운 표정을 지었다.

나무늘보의 모든 신체적 특징은 거꾸로 사는 생활에 적합하도록 어느 정도 변형된 듯싶었다. 텁수룩한 회색 털은 여느 동물처럼 등줄기에서 배를 향해 자라는 대신 배의 한복판에서 양쪽으로 나뉘어 척추를 향해 자랐다.[1] 또한 발은 매달리는 데 완벽하게 적응해 '발바닥'이라는 전형적 형태를 완전히 상실했고 '갈고리 같은 발톱'은 털로 뒤덮인 다리에서 곧장 튀어나온 것처럼 보였다.

나무늘보의 폭이 넓고 동그란 눈은 나무 꼭대기에 매달리는 데 필수적이었고, 기다란 목은 머리를 거의 1바퀴 비틀 수 있게 해 준다. 그의 목뼈는 생물학자들에게 커다란 관심사인데, 그 이유는 생쥐에서 기린에 이르기까지 거의 모든 포유동물이 7개의 목뼈만 갖고 있는 데 반해 세발가락나무늘보는 9개씩이나 갖고 있기 때문이다. 그게 '뒤집힌 삶을 위한 특별한 적응'이라는 결론은 귀에 솔깃하다. 그러나 이론가들에게 미안한 이야기지만 두발가락나무늘보는 세발가락나무늘보와 똑같은 방식으로 생활할 뿐만 아니라 비슷한 목 비틀기 기술을 구사함에도 불구하고 다른 모든 포유동물들보다 하나가 적은 6개의 목뼈를 갖고 있다.

세번째 날에 나무늘보는 엉덩이의 뭔가를 핥으려고 목을 앞으로 길게 빼는 모습을 보였다. 이상해서 자세히 들여다보니 놀랍게도 그는 조그만 새끼를 돌보고 있었다. 아직 촉촉한 것으로 보건대 새끼는 불과 몇 분 전에 태어난 게 틀림없었다.

나무늘보의 털은 미세식물의 성장을 뒷받침하는 것으로 생각되는데, 나무늘보가 위장하는데 크게 도움이 되는 녹갈색 색조를 띠게 한다. 그러나 이 새끼 나무늘보는 그런 이점을 누리지 못했는데, 그 이유는 털가죽에 아직 식물이 축적되지 않았기 때문이다. 그럼에도 새끼는 어미와 똑같

---

[1] 일반적으로 동물의 털은 중력의 영향을 받아 등에서 배쪽으로 자라며 인간의 머리칼은 위에서 아래로 자란다. 그런데 나무늘보는 항상 배를 위로 향하고 거꾸로 매달리기 때문에 털이 배에서 등쪽으로 자라게 된다. 심지어 비가 내려도 배에 물이 고이지 않고 털을 따라 양 옆으로 흘러내린다. - 옮긴이주

데이비드 애튼버러의 동물 탐사기

새끼를 품은 세발가락나무늘보

은 색깔을 띠고 있었다. 사실, 새끼의 털이 말랐을 때 우리는 어미의 텁수룩한 털가죽 속에 포근히 안긴 새끼를 구별하는 데 무진 애를 먹었다. 새끼는 간혹 어미의 기다란 몸통을 더듬으며 올라가 겨드랑이에 있는 젖꼭지에서 젖을 빨았다.

우리는 나무늘보 모자母子를 이틀 동안 지켜봤다. 어미는 새끼를 정성껏 핥았고 때때로 한쪽 다리를 나무줄기에서 떼어 조그만 새끼의 운신을 거들었다. 출산으로 인해 식욕을 잃은 듯 어미는 우리가 나무에 묶어 둔 세크로피아를 더 이상 먹지 않았다. 모자가 굶어 죽어가는 것을 더는 지켜볼 수 없어 우리는 그 둘을 숲속으로 데리고 갔다. 그녀를 리아나 사이에 풀어놓자 그녀는 어미의 어깨 너머로 우리를 훔쳐보는 새끼를 품고 기어오르기 시작했다.

그로부터 1시간 후 일이 잘됐는지 확인하기 위해 그 자리에 돌아와 보니 어미와 새끼는 어디론가 사라지고 없었다.

나무늘보를 놓아준 직후 빌과 대프니는 우리와 헤어져, 얼마 후 카누에 각종 물품을 가득 싣고 돌아왔다. 임바이마다이 활주로에는 보급품이 아직 산더미처럼 쌓여있어 케네스는 다음날에도 카누에 짐을 실으러 돌아가야 했다. 우리의 촬영 일정 중 일부는 아메리카 원주민 마을의 일상생활을 기록하는 것이었으므로, 빌은 우리에게 "엔진 연료를 구하기가 힘들다는 점을 감안해서 케네스와 함께 상류로 올라가 당분간 원주민 마을에 머무는 게 좋겠다."라고 제안했다. 하를레스와 나는 그러기로 했고, 잭은 우리의 근거지에 남아 며칠 동안 인근의 동물들을 수집하는 데 집중하기로 했다.

"나는 와일라메푸Wailamepu 마을이 1순위라고 생각해요." 빌은 말했다. "마자루니강의 지류인 카코강Kako River 상류로 조금만 올라가면 돼요." 마을 주민 중에 클래런스Clarence라는 젊고 영리한 청년이 있는데, 한때 나를 위해 일한 적이 있으므로 영어에 능통해요."

"클래런스라고요?" 내가 물었다. "아카와이오 부족원 치고는 독특한 이름이네요."

"음, 아메리카 원주민들은 '할렐루야Hallelujah'라는 종교를 믿어 왔는데, 그것은 19세기 초 가이아나 남부에서 발생한 기독교의 특이한 버전이에요. 그러나 제칠일안식일예수재림교회Seventh Day Adventist의 선교사들이 와일라메푸의 거주자들을 개종시켰고, 그 과정에서 그들의 이름을 유럽식으로 개명했어요."

"물론," 그는 말을 계속했다. "그 마을에서 자신들끼리는 옛날 이름을 아직 사용하고 있지만, 당신에게 아카와이오 이름을 대는 원주민은 별로 없을 거예요." 그는 웃었다. "그들은 옛 믿음과 선교사들이 가르친 새로운 믿음을 제멋대로 결합해 그때그때 필요에 따라 왔다갔다할 수 있어요.”

“예컨대 안식교에서는 토끼를 먹지 말라고 가르쳐요. 물론 여기에는 토끼가 없지만, 라바(저지대파카)^{labba}라는 대형 설치류를 토끼로 간주해요. 게다가 운이 없게도 라바 고기는 아메리카 원주민들이 좋아하는 음식 중 하나인데, 그걸 먹지 말라는 건 그들에게 치명타였어요. 전하는 말에 의하면 한 선교사가 라바를 불에 굽고 있는 원주민 개종자와 마주쳐, ‘얼마나 큰 죄악을 저지르고 있는지 아느냐.’라고 꾸짖은 적이 있대요.”

“그랬더니 그 원주민은 ‘이건 라바가 아니라 물고기예요.’라고 말했대요. ‘두 개의 커다란 앞니를 가진 물고기는 없어요. 그건 억지예요.’라고 선교사가 뿌루퉁하게 말하자, 원주민은 이렇게 대꾸했대요. ‘아니에요 목사님. 아시다시피 당신이 맨 처음 이 마을에 왔을 때, 인디언 이름이 나쁜 이름이라고 말하며 내게 물을 뿌리고, 나의 이름은 지금부터 존^{John}이라고 했잖아요. 음, 나는 오늘 아침 숲속을 걷다가 라바를 발견하고 총을 쐈어요. 그놈이 죽기 전에 물을 뿌리고, ‘라바는 나쁜 이름이니 이제부터 물고기라고 부를 거야.’라고 말해줬어요. 그러니 난 지금 물고기를 먹고 있는 거라고요, 목사님.’”

───

다음날 아침, 우리는 케네스와 킹 조지를 데리고 와일라메푸로 떠났다. 선외기가 완벽하게 작동한 덕분에 2시간 만에 카코강 어귀에 도착했다. 15분 동안 카코강의 상류로 올라간 끝에 우리는 숲과 연결된 강둑으로 올라가는 길을 발견했다. 강기슭의 진흙탕에는 여러 척의 카누가 정박해 있었다. 우리는 엔진을 끄고 카누에서 내려 마을로 통하는 오솔길을 따라 올라갔다.

모래로 뒤덮인 공터에는 용마루지붕을 얹은 직사각형 오두막집 8채가 흩어져 있었다. 집은 짧은 각주脚柱[2] 위에 올라앉아 있었고, 벽과 마루는 나무껍질이었으며, 지붕은 야자잎으로 덮여있었다. 집의 문간에는 면 드레스 차림이거나 구슬로 장식된 전통적 앞치마만 허리에 두른 여자들이 서서 우리를 지켜보고 있었다. 앙상하게 여윈 닭과 지저분한 개들이 오두막집을 드나들었고, 우리가 걷는 동안 조그만 도마뱀들이 발 밑에서 나와 잽싸게 달아났다.

케네스는 자기집 계단에 앉아 일광욕을 하고 있는 상냥한 남자 노인에게 우리를 안내했다. 그는 한때 카키색이었던 낡은 누더기 반바지를 제외하면 사실상 알몸이었다.

"이 분이 촌장님이에요." 케네스는 이렇게 말하며 우리를 그에게 소개했다. 그는 영어를 못했지만 케네스를 통해 우리를 환영하며 "마을의 맨 끝에 있는 버려진 오두막집에 묵으라."라고 제안했다. 그 집은 선교사들이 그 지역에서 활동할 때 교회로 쓰던 것이었다. 그러는 동안 킹 조지는 마을의 소년들을 불러 도움을 요청했고, 그들은 카누에서 우리의 짐을 가져다 교회 근처에 잔뜩 쌓아 놓았다.

우리는 케네스, 킹 조지와 함께 강으로 돌아갔다. 케네스는 선외기와 씨름하다 마침내 시동이 걸리자 보트를 몰고 쏜살같이 강둑에서 멀어졌다. "일주일 후 돌아올게요." 케네스는 엔진의 우렁찬 소음 너머로 이렇게 외치며 하류 쪽으로 사라졌다.

우리는 짐 속에서 장비를 꺼내고 오두막집 바깥에 작은 주방을 지으며 그날의 대부분을 보냈다. 그러고는 마을을 배회하며, 호기심을 채우거나 서두르는 것처럼 보이지 않으려 애썼다. 그도 그럴 것이 주민들과 얼굴을 익히기도 전에 오두막집을 들여다보거나 사진을 촬영하면 무례하게 보일

---

2   건물을 지면·수면 위로 떠받치는 기둥. - 옮긴이주

수 있었기 때문이다. 우리는 이윽고 클래런스를 발견했는데, 듣던 대로 20대 초반의 쾌활한 남자로, 해먹에 앉아 정교한 바구니 세공품을 만드느라 바빴다. 그는 진심으로 우리를 환영했지만, 그 순간에는 너무 바빠 몇 마디 말을 주고받는 것밖에 할 수 없음을 분명히 했다.

우리는 늦은 오후에 교회로 돌아와 밥 지을 궁리를 하기 시작했다.

바로 그때 클래런스가 문간에 나타났다.

"좋은 밤이에요." 그가 만면에 미소를 지으며 말했다.

"좋은 밤이에요." 우리는 그의 말이 통상적인 저녁인사임을 직감하며 이렇게 응답했다.

"당신들을 위해 이걸 가져왔어요." 그는 이렇게 말하며 마룻바닥에 커다란 파인애플 3개를 내려놓았다. 그는 문설주에 허리를 기댄 채 문간에 편안히 앉았다.

"먼 데서 왔나요?" 우리는 그렇다고 말했다.

"그런데 왜 하필 여기에 온 거죠?"

"우리는 바다 건너 아주 먼 곳에서 살기 때문에 마자루니 강가에 사는 아카와이오족에 대해 아무것도 몰라요. 우리는 사진을 찍고 소리를 녹음하기 위해 모든 장비를 가져왔는데, 당신들이 카사바^{cassava}로 빵 만드는 방법과 나무껍질로 카누 만드는 과정을 비롯해 모든 것을 우리나라 사람들에게 보여줄 수 있어요."

클래런스는 못 믿겠다는 표정이었다.

"바다 건너 아주 먼 곳에 사는 사람들이 그런 걸 알고 싶어 한다고요?"

"그럼요, 물론이죠."

"음. 그게 진심이라면 여기 사람들은 당신들에게 모든 걸 보여줄 거예요." 클래런스는 이렇게 말하면서도 의심이 완전히 풀리지 않은 듯싶었다. "그러나 먼저 당신들이 가져온 것을 모두 내게 보여줘요."

하를레스가 카메라를 보여주자, 클래런스는 고개를 숙여 뷰파인더를 들여다보며 흥분을 감추지 못했다. 나는 녹음기의 성능을 시범 보임으로써 훨씬 더 큰 성과를 거뒀다.

"이거 정말 대단한데요." 열광한 클래런스의 눈이 반짝거렸다.

"우리가 여기에 온 또 다른 이유는," 내가 말했다. "온갖 동물들을 발견하는 거예요. 우리는 새, 뱀, 그 밖의 모든 동물들을 찾고 싶어요."

"아하!" 클래런스가 말했다. "킹 조지에게 들은 바에 의하면 일행 중에 카마랑Kamarang 아래쪽에 남아있는 사람이 거리낌 없이 뱀을 잡는다고 하더군요. 그게 사실인가요?"

"그래요," 나는 대답했다. "내 친구는 무슨 동물이든 잡을 수 있어요."

"당신도 뱀을 잡을 수 있어요?" 클래런스가 물었다.

"음, 그래요." 나는 '묻어갈 기회'를 놓치지 않기 위해 적당히 말했다.

클래런스는 말꼬리를 물고 늘어졌다.

"물리면 죽는 뱀도요?"

"아… 그럼요." 나는 그 문제에 대한 이야기에 너무 깊이 빠져들지 않기를 바라면서 다소 편치 않은 마음으로 말했다. 사실 잭은 파충류 큐레이터라는 직책 때문에 뱀이 나타날 때마다 앞장서서 잡을 수밖에 없는 사람이었다. 그리고 나의 실적은 아프리카에서 '아주 작고 겁이 없으며 독 없는 비단뱀python'을 1마리 잡아 본 것이 전부였다.

오랜 침묵이 흘렀다.

"그럼 좋은 밤 되세요." 클래런스는 명랑하게 말하고 사라졌다.

하를레스와 나는 자리에 앉아 정어리 통조림을 먹은 후 후식으로 클래런스가 갖다 준 파인애플 하나를 먹었다. 어둠이 내리자 우리는 각자의 해먹으로 들어가 잠을 청했다.

우리는 "좋은 밤이에요!"라는 우렁찬 소리에 놀라 잠에서 깨어났다. 누

데이비드 애튼버러의 동물 탐사기

운 채 올려다보니 클래런스와 마을 주민 일동이 오두막집 문간에 서있었다.

"아까 내게 말한 그대로 이 사람들에게 말해줘요." 클래런스가 말했다.

우리는 벌떡 일어나 아까 말했던 내용을 반복하고 카메라 뷰파인더 속의 등유 램프 불빛을 보여주고 녹음기를 틀었다.

"우린 합창을 할 거예요." 클래런스가 이렇게 선언하고 나머지 주민들을 질서정연하게 늘어세웠다. 종교적 열광의 기미라고는 눈곱만큼도 없이 그들은 기다란 장송곡 같은 노래를 계속 불렀는데, 그중에서 내가 알아들었다고 생각한 단어는 '할렐루야' 하나밖에 없었다. 나는 빌에게 들었던 이야기를 기억해 냈다.

"왜 할렐루야교의 성가를 부르는 거죠? 당신네 마을에서는 안식교를 믿는 것으로 알고 있는데…."

"맞아요, 우린 모두 안식교 신자예요." 클래런스는 대수롭지 않다는 듯 설명했다. "그리고 때로는 모두 함께 안식교의 노래를 불러요. 그러나 진짜로 행복할 때는," 그는 음모를 꾸미듯 몸을 앞으로 숙이며 덧붙였다. "모두 함께 할렐루야교 노래를 불러요." 그의 표정이 밝아졌다. "하지만 당신이 요청했으니 안식교 노래를 부를 거예요."

나는 안식교 성가를 녹음해 노래가 끝난 뒤 조그만 스피커를 통해 마을 사람들에게 들려줬다. 그들은 황홀경에 빠졌고, 감동한 클래런스는 주민들에게 독창을 강요했다. 그러자 어떤 사람들은 후두음喉頭音으로 장송곡을 불렀고, 한 남자는 사슴의 정강이뼈로 만든 피리로 단순한 곡조를 연주했다. 우리는 지루한 콘서트에 약간 당황했다. 왜냐하면 테이프의 양이 한정된 데다, 기록장치가 작고 가벼우며 배터리로 작동되는 모델이라 덮어쓰기 기능이 없었기 때문이다. 만약 모든 장면을 기록한다면 이처럼 별로 재미없는 장기자랑에 귀중한 테이프를 낭비하게 될 것이므로, 정말로 자발적인 이벤트가 펼쳐졌을 때 테이프가 없어서 발을 동동 구르는 참사가 벌어질 게 불을 보듯 뻔했다. 그래서 나는 모든 독창을 최소한도로 ─ 각각의 독창자가 공정한 기회를 부여받았다고 확신할 만큼 ─ 녹음하려고 애썼다.

콘서트는 1시간 30분 후에 막을 내렸고, 주민들은 오두막집 주변에 빙 둘러앉아 아카와이오어語로 잡담을 하고 우리의 장비와 옷을 만지작거리며 웃음을 터뜨렸다. 우리가 감히 대화에 끼어들 엄두를 내지 못하는 가운데, 클래런스는 오두막집 밖에서 한 남자와 열띤 토론을 벌였다. 우리는 무시당한 채 앉아 어떻게 행동하는 게 공손한 건지 몰라 고민하다가, 한숨도 못 자는 것을 숙명으로 받아들였다.

마침내 클래런스는 문 안으로 머리를 쑥 들이밀었다.

"안녕히 계세요." 그는 활짝 웃으며 말했다.

"안녕히 가세요." 우리가 이렇게 답변하자, 20명의 손님들은 아무 말 없이 자리에서 일어나 어둠 속으로 걸어갔다.

───

아카와이오족 여자의 주요 임무는 카사바 빵을 만드는 것이었는데, 그녀들은 카사바로 얇고 납작한 케이크를 만든 다음 지붕이나 특별한 받침대 위에 널어 햇볕에 말렸다. 카사바는 마을과 강 사이의 텃밭에서 재배되었는데, 우리는 여자들이 큰 식물을 캐낸 다음 뿌리 사이에서 전분이 많은 덩이줄기를 채취하는 장면을 촬영했다. 그녀들은 덩이줄기의 껍질을 벗겨서 날카로운 돌조각이 박힌 강판에 갈았다. 카사바의 즙에는 치명적 독인 청산prussic acid이 들어있어 그들은 독을 제거하기 위해 질척한 카사바 반죽을 마타피matapee ─ 한쪽이 막힌 길이 2미터의 확장형 바구니 세공품으로 위와 아래에 고리가 달려있다 ─ 라는 여과기 속에 넣었다. 마타피가 가득 차자 그녀들은 그것을 오두막집의 돌출한 들보에 걸었다. 그러

　　　　　　　　데이비드 애튼버러의 동물 탐사기

고는 마타피의 아래쪽 고리에 막대기를 꽂고 막대기의 한쪽 끝을 오두막 집의 기둥에 묶인 밧줄에 연결했다. 마지막으로 그녀가 막대기의 반대쪽 끝을 누르자 하중이 걸린 땅딸막하고 불룩한 마타피가 당겨져 길고 날씬 하게 되었다. 그 과정에서 마타피가 카사바를 쥐어짜면 유독성 즙이 아래 로 흘러내렸다.

여자들은 건조된 카사바를 체로 친 후 구웠다. 어떤 여자들은 돌판을 이용했고 다른 여자들은 주철로 만든 원판을 사용했는데, 주철 원판은 웨 일즈와 스코틀랜드에서 핫케이크girdle cake를 만드는 데 사용하는 것과 똑 같았다. 납작한 원반형의 카사바 빵은 양면이 구워진 다음 밖에서 건조되 었다.

우리가 카사바 빵의 제조 과정을 지켜보고 있을 때 클래런스가 오두막

강판에 간 카사바에서 독성 즙을 짜내는 아카와이오족 여자

집으로 달려왔다.

"빨리, 빨리, 데이비드!" 그는 팔을 마구 휘저으며 소리쳤다. "드디어 당신이 잡을 것을 발견했어요."

나는 그를 따라 통나무가 있는 곳으로 달려갔다. 그것은 그의 오두막집 근처에 있는 나지막한 덤불 속에 나뒹굴고 있었다. 나는 통나무 옆에서 길이 45센티미터 정도의 작고 검은 뱀 1마리를 발견했는데, 도마뱀을 천천히 삼키고 있었다.

"빨리, 빨리, 잡아야 해요." 클래런스는 열광적으로 소리쳤다.

"음… 어, 내 생각에는 촬영이 먼저예요." 나는 뭉그적거리며 말했다. "하를레스, 빨리 와요."

흥분의 도가니에도 아랑곳하지 않고 뱀은 식사를 계속했다. 도마뱀의 머리와 어깨는 이미 사라졌고 뒤로 밀려 뱀의 입 한 귀퉁이로 튀어나온 앞발가락의 끄트머리만 보였다. 도마뱀의 몸통 둘레가 뱀의 3배나 되었으므로 뱀은 거대한 먹이를 삼키기 위해 아래턱 관절의 경첩을 푼 상태였다. 아무리 그렇더라도 뱀의 조그맣고 까만 눈은 머리 밖으로 튀어나오기 일보직전이었다.

"아이구," 클래런스는 세상이 떠나가도록 소리쳤다. "데이비드가 이 무서운 뱀을 잡아야 할 텐데."

"이거 아주 무서운 뱀인가요?" 나는 클래런스에게 초조하게 물었다.

"나도 모르겠지만," 그는 심드렁하게 말했다. "무지막지하게 무서운 놈이라는 생각이 들어요." 그러는 동안 이미 촬영을 하고 있던 하를레스는 자기의 카메라만 쳐다봤다. "마음 같아서는 도와주고 싶지만," 그는 능청맞게 말했다. "나는 이 용맹함의 진수를 기록으로 남겨야 해요."

그즈음 뱀은 도마뱀의 뒷다리까지 삼키고 있었다. 뱀이 도마뱀을 먹었다기보다는 먹이를 둘러싸며 기어갔다고 말하는 것이 옳을 것이다. 왜냐하면

데이비드 애튼버러의 동물 탐사기

도마뱀은 똑같은 위치에 머물렀지만, 뱀은 희생자의 꼬리를 향해 서서히 전진했기 때문이다. 뱀은 자신의 몸을 지그재그로 접었다가 쭉 펴면서 이렇게 했다. 마치 우리가 파자마 허리에 고무줄을 집어넣는 것처럼 말이다.

대부분의 마을 사람들이 몰려와 기대에 부푼 채 빙 둘러섰다. 도마뱀 꼬리의 끄트머리가 사라지자 조그만 뱀은 잔뜩 부풀어오른 몸으로 어기적 어기적 기어가기 시작했다.

나는 더 이상 지체할 명분이 없었다. 그래서 끝이 갈라진 나뭇가지를 집어 들어 뱀의 목을 눌렀다. 갈라진 나무 틈에 끼인 뱀은 오도가도 못하고 땅바닥에서 버둥거렸다.

"빨리, 하를레스!" 나는 말했다. "당신이 수집용 자루를 갖고 있지 않다면 나는 아무것도 할 수 없어요."

"여기 있어요." 하를레스가 흔쾌히 대답하며 호주머니에서 조그만 자루를 꺼냈다. 그는 자루의 주둥이를 벌렸고, 나는 오만상을 찌푸리며 엄지와 검지로 뱀의 목을 잡은 채 들어 올려 꿈틀거리는 피조물을 자루 속에 떨어뜨렸다. 나는 안도의 한숨을 내쉰 후 아무렇지도 않은 듯한 표정을 지으려 애쓰며 오두막집으로 돌아갔다.

클래런스와 구경꾼들은 내 뒤를 졸졸 따라왔다.

"때때로 우리는 훨씬 더 큰 부시마스터bushmaster[3]를 발견할 거예요. 그때도 당신은 뱀 잡는 시범을 보여줄 거죠?" 클래런스는 들떠서 재잘거렸다.

그로부터 일주일 후 내가 잡은 뱀은 잭에게 인도되었다.

"독이 없군요." 그는 간결하게 말하며 완전히 무신경하게 그 뱀을 다뤘다. "놓아줘도 괜찮겠죠?" 그는 덧붙였다. "이거 아주 흔한 뱀이거든요." 그는 덤불 밑의 땅바닥에 뱀을 내려놓았다. 내가 어이없는 표정으로 지켜

---

3 중남미산의 독사. - 옮긴이주

보는 동안, 뱀은 꿈틀거리며 덤불 사이로 유유히 사라졌다.

━━━

어느 날 저녁 늦게 한 아카와이오족 소년이 마을로 허겁지겁 들어왔다. 그는 어깨에 입으로 부는 화살총을 짊어지고 손에는 포대를 들고 있었다.

"데이비드, 이게 뭔지 알고 싶지 않아요?" 그는 수줍게 말했다.

나는 포대의 주둥이를 열고 내부를 조심스레 들여다보았다. 놀랍고 기쁘게도 포대의 밑바닥에는 여러 마리의 작은 벌새들이 아주 조용히 앉아 있었다. 나는 포대의 주둥이를 재빨리 닫은 다음 흥분을 감추지 못하며 오두막집으로 뛰어 들어갔다. 우리는 그곳에 언제 나타날지 모르는 동물에 대비해 나무상자로 만든 우리를 준비해 놓고 있었다. 나는 벌새들을 1마리씩 새장 속에 넣었다. 다행스럽게도 벌새들은 즉시 날갯짓을 하며 공중으로 솟아올랐고 몇 바퀴 선회한 뒤 방향을 휙 틀어 새장 안에 설치된 가느다란 횃대에 내려앉았다.

나는 뒤따라온 소년에게 고개를 돌렸다.

"저 새들을 어떻게 잡았니?" 내가 물었다.

"바람총과 이걸로요." 그는 이렇게 대답하며 내게 화살 하나를 건넸다. 날카로운 화살촉에는 밀랍이 얇게 발려있었다.

나는 다시 벌새들에게 고개를 돌렸다. 새장 안에서 이리저리 바쁘게 날아다니는 것으로 보아 화살로 인한 가벼운 충격 때문에 일시적으로 기절했던 게 분명했다.

길이가 5센티미터쯤 되는 한 벌새는 특히 아름다웠는데 나는 그 이름을 알고 있었다. 런던을 떠나기 전 자연사박물관을 방문했을 때 나는 그곳에 전시된 모든 벌새 박제 중에서 가장 섬세하고 화려한 것에 매혹되었다. 'Lophornis ornatus'라는 라벨이 붙어있는 벌새의 이름은 호사뺨벌새

Tufted Coquette였다. 그때는 솜으로 가득 채워진 박제임에도 아름다웠는데 생동감과 강렬한 색깔이 더해지자 이루 말할 수 없이 아름다웠다. 조그만 머리 위의 짧은 관모crest에서는 황옥빛 붉은topaz-red 깃털이 관능미를 뽐냈다. 바늘만큼 가느다란 부리 밑에서는 무지개 같은 에메랄드빛 고지트gorget[4]가 빛을 뿜었고, 양쪽 뺨에는 에메랄드 점이 박힌 황옥빛 깃털 다발이 펼쳐져 있었다.

호사뺨벌새는 매혹적인 동시에 당혹감을 줬다. 나는 다른 어떤 새보다도 그 새를 보기를 바라왔지만, 잭이 전략회의의 결정에 따라 카마랑에서 벌새를 수집하는 데 총력을 다할 것으로 예상했기에, 와일라메푸에 올 때는 벌새에게 먹이를 주는 데 필요한 장비를 전혀 휴대하지 않았기 때문이다.

벌새는 주로 숲의 꽃에서 나오는 꿀을 먹고 산다. 하지만 감금된 상황에서는 '꿀'과 '우유 추출물이 풍부한 물'로 구성된 수용액을 흔쾌히 받아들였다. 그런데 그들은 날면서 먹기 때문에, 꿀을 대체한 수용액을 홀짝이게 하려면 윗부분은 코르크 마개로 막혀있고 아랫부분에는 조그만 주둥이가 있는 특별한 병이 필요했다. 우리에게는 그런 병이 하나도 없었다.

때는 어두운 밤이었고, 벌새들은 우리가 무슨 먹이를 주더라도 형식을 갖추지 않으면 먹으려 하지 않았다. 우리는 해먹에 쭈그리고 앉아 그들에게 충분한 자양분을 공급할 수 있기를 바라며 설탕 용액을 제조했다. 다음으로 대나무의 아랫부분에 구멍을 뚫어 급식용 병을 급히 만드느라 진땀을 흘렸다. 그리고는 다른 나무의 가지로 만든 조그만 주둥이를 그 구멍에 끼웠다. 완성된 제품은 매우 조잡해 보였으므로 우리는 다소 불안한 마음으로 잠자리에 들었다.

우리는 한밤중에 엄청난 폭풍우에 놀라 잠에서 깨어났다. 교회의 지붕

---

4 턱과 목을 가리는 중세 여성용 장신구 또는 목 부분을 보호하기 위한 남성용 갑옷을 말하나, 새에서는 목의 얼룩무늬를 말한다. - 옮긴이주

에 커다란 틈이 있었으므로, 우리는 해먹에서 뛰어나와 모든 장비와 벌새가 들어있는 새장을 건조한 곳으로 옮겼다. 나는 그날 밤 내내 빗물이 주위로 떨어져 마룻바닥의 웅덩이에 고이는 가운데 쪽잠을 잤다. 1장뿐인 나의 담요는 갈수록 축축해졌다. 나는 '기후가 불순하다.'라는 빌의 말을 떠올렸다. 그의 말에 따르면 우기는 예상보다 일찍 시작될 수 있었으며, 일단 비가 내리기 시작하면 며칠 동안 조금도 누그러지지 않고 계속적으로 퍼붓는 경향이 있었다.

다음날 아침, 비가 계속 지붕을 두드리며 오두막집의 마루판에 후두둑 떨어지는 동안, 우리는 벌새들을 구슬려 우리가 즉석에서 만든 급식용 병을 통해 먹이를 먹게 하려고 최선을 다했다. 그러나 우리의 노력은 허사였다. 우리의 대체장비가 너무 조악해서 설탕물은 새들이 먹기도 전에 병에서 빠르게 흘러나왔다. 우리가 알기로 벌새는 하루에 여러 번 먹이를 먹어야 하는데, 정기적으로 먹이를 공급하지 않으면 물 주지 않은 꽃처럼 금세 야위어 죽을 운명이었다.

우리는 쓰라린 마음으로 그들을 놓아주기로 결정했지만, 연약한 새들이 해방된 후 오두막집을 빠져나가 숲으로 직행하는 것을 보고 마음이 한결 가벼워졌다.

내가 오두막집의 출입구에 앉아 분한 마음을 삭이는 동안 하를레스는 물품과 장비 사이에서 바삐 움직였다. 집 밖을 내다보니 음울한 하늘 아래에서 폭풍우에 휩싸인 마을이 쓸쓸하고 황량해 보였다. 만약 우기가 정말로 시작되었다면, 마자루니분지에서 촬영하기로 한 우리의 계획은 모두 취소해야 했으며 그동안 쏟아부은 노력과 비용도 모두 물거품이 될 판이었다. 나는 비참한 마음으로 '방금 놓아준 호사뺨벌새와 다른 벌새들을 잭이 봤다면 얼마나 좋아했을지'와 '우리가 얼마나 멍청하고 근시안적이었으면 급식용 병을 챙겨오지 않았는지'에 대해 생각했다.

하를레스도 나에게 뒤질세라 청승을 떨었다. "나는 당신을 헛웃음 짓게 할 사항을 몇 가지 발견했어요. 첫째, 당신이 방금 찻잔에 넣은 설탕 한 봉지는 우리의 마지막 설탕이었어요. 둘째, 나는 통조림 따개를 찾을 수가 없어요. 셋째, 공기가 너무 눅눅해서 내 카메라의 렌즈 중 하나에 커다란 곰팡이가 슬었어요. 넷째, 카메라 마운트가 꽉 끼어서 렌즈를 교체할 수가 없어요."

그는 깊은 생각에 잠긴 채 비를 쳐다봤다. "만약 렌즈의 유리에서 번식하는 곰팡이가 있다면," 그는 말을 이었다. "겨자씨처럼 싹이 터서 노출된 필름을 뒤덮을 거예요. 그렇다고 해서 큰 문제가 되는 건 아니지만요." 그는 슬픔에 잠겨 덧붙였다. "왜냐하면 고온 때문에 어떻게든 녹을 테니까요."

우리가 할 일은 비가 그치기를 기다리는 것밖에 없었다. 나는 해먹으로 돌아와 낙담한 상태에서 짐 속에 든 몇 권 안 되는 책 중 폴그레이브Palgrave의 『골든 트레저리The Golden Treasury』를 꺼냈다.

나는 몇 분 동안 그 책을 읽었다.

"하를레스," 나는 말했다. "윌리엄 쿠퍼William Cowper(1731~1800)가 당신에게 남긴 특별한 메시지가 있다는 느낌이 든 적이 있나요?"

하를레스는 천박하지만 울적한 대답을 내놓았다.

"틀렸어요, 지금부터 읽어줄 테니 들어봐요." 내가 말했다.

오 고독이여! 현자들이 그대의 얼굴에서 봤던

매력은 어디에 있는가?

이 끔찍한 곳에서 군림하지 말고

불안과 공포의 한복판에 거하라.[5]

---

5 윌리엄 쿠퍼의 시詩 '알렉산더 셀커크의 고독The Solitude of Alexander Selkirk'에 나오는 구절이다. - 옮긴이주

5. 한밤중에 강림한 혼령

우리가 와일라메푸에 머문 마지막 3일 동안 비는 간헐적으로 계속 내렸다. 비가 그친 동안 햇빛이 비친 적도 몇 번 있었지만 제대로 된 촬영은 불가능했으므로, 우리는 클래런스와 이야기를 나누거나 뜨뜻미지근한 강에서 수영을 하고 마을 사람들의 일상생활을 지켜보며 시간을 보냈다. 그것만으로도 충분히 즐거웠지만 '귀중한 시간을 소비하고 있으며, 촬영하지 못한 주민 생활의 흥미로운 측면들이 수두룩하다.'라는 생각이 우리를 지속적으로 괴롭혔다.

와일라메푸에 머문 지 7일째 되는 날, 우리는 카누로 돌아갈 준비를 하기 위해 장비를 챙겼다. 클래런스는 처마에서 떨어지는 빗방울로부터 짐을 보호하기 위해 방수포를 덮는 우리를 돕다가 몸을 바로 세우며 말문을 텄다. "앞으로 30분 후에 케네스가 도착하겠군요."

그의 확신에 찬 말에 얼떨떨해진 나는 뭘 믿고 그렇게 장담하느냐고 물었다.

그는 "엔진 소리가 들려요."라고 말하며 그런 질문을 던진 나를 되레 이상하게 여겼다. 나는 오두막집 문밖으로 고개를 내밀고 귀를 기울였다. 그러나 아무런 소리도 들리지 않고 숲에 떨어지는 빗소리만 들렸다.

　　　　　데이비드 애튼버러의 동물 탐사기

그로부터 15분 후 하를레스와 나는 선외기의 희미한 소음을 분간할 수 있었다. 그리고 30분 후, 클래런스의 예측과 한치의 오차도 없이, 케네스를 태운 카누가 강굽이를 돌았다. 그는 빗속에서 모자도 쓰지 않고 키를 잡고 있었다.

우리는 와일라메푸의 친구들과 헤어지는 것이 서운했지만, 카마랑에서 '마른 옷'이 우리를 기다린다고 생각하니 기분이 다소 풀렸다. 카마랑에 도착했을 때, 잭의 일주일이 우리보다 전반적으로 유익했음을 알게 되었다. 왜냐하면 그가 매우 다양한 동물들을 채집해 놓았기 때문이다. 그의 채집동물 중에는 수많은 앵무새와 여러 마리의 뱀, 어린 수달이 있었고, 유리병 ─ 우리는 이것 때문에 눈물을 머금고 호사뺨벌새를 놓아준 적이 있었다 ─ 에 든 먹이를 잘 먹고 있는 수십 마리의 벌새도 포함되어 있었다.

우리는 임바이마다이에서 재집결할 때까지 남은 일주일 동안 할 일을 의논했다. 논의 결과, 잭은 카마랑에 그대로 남고, 하를레스와 나는 가능한 한 많은 마을을 방문하기 위해 또 한 번의 카누 여행을 떠나기로 결정했다. 우리는 빌에게 조언을 구했다.

"쿠쿠이Kukui강을 따라 올라가 보세요." 그가 제안했다. "그곳은 인구 밀도가 높고 대부분의 주민들이 개종하지 않았기 때문에 할렐루야교의 성가를 들을 수 있을 거예요. 소형 카누를 타고 올라갔다가 내려올 때는 마자루니를 경유해 임바이마다이로 오세요. 우리는 대형 카누에 모든 동물들을 싣고 임바이마다이로 가서 당신들과 합류할게요."

우리는 쿠쿠이킹Kukuiking ─ 쿠쿠이강의 어귀에 있는 마을 ─ 에서 첫날 밤을 보낼 요량으로 다음날 지체 없이 출발했다. 킹 조지와 또 다른 아메리카 원주민 아벨Abel이 우리와 함께했다. 조그만 카누에는 식량, 해먹, 새로 마련한 필름, 우리가 발견하는 동물들을 수용하기 위해 준비된 빈 우리 여러 개, 동물 구입 대금으로 지불할 파랗고 하얀 유리구슬 한 더미가 빈틈없이 적재되었다. 빌의 상점에서 구입할 때 그에게 들은 말에 의하면, 유리구슬은 색깔이 중요했다. 카마랑 상류 마을에서는 유리구슬로 장식된 앞치마와 그 밖의 개인용 장신구를 만들기 위해 파란색은 물론 빨간색과 핑크색 구슬이 크게 인기를 끌었다. 그러나 쿠쿠이강 유역의 주민들은 보수적이었기 때문에 파란색과 하얀색 구슬만을 통화로 인정했다.

우리는 늦은 오후에 쿠쿠이킹에 도착했다. 와일라메푸와 마찬가지로, 숲속의 공터에 단순한 목재지붕을 얹은 오두막집들이 옹기종기 모여있었다. 우리가 배에서 내리는 동안 주민들은 강둑 위에 뚱한 모습으로 조용히 서있었다. 우리는 방문한 이유를 가능한 한 재미있게 설명하고 유리구슬과 교환할 만한 애완동물을 보유한 사람이 있는지 여부를 물었다. 꾀죄

카누의 뱃머리에 서있는 아벨

데이비드 애튼버러의 동물 탐사기

죄한 왕골 바구니에 들어있는 후줄그레한 작은 새 1, 2마리를 마지못해 내놓고, 마을 사람들은 여전히 우리를 매우 의심스러운 눈초리로 바라봤다. 와일라메푸에서 만났던 상냥하고 쾌활한 주민들에 비하면 전혀 딴판이었다.

"이 사람들에게 무슨 일이 있나요?" 나는 물었다.

"촌장이 중병을 앓고 있어요." 킹 조지가 대답했다. "그는 수 주 동안 해먹에 누워있는데, 오늘밤 무당 ─ 주술사 ─ 이 와서 굿을 하고 치료를 할 예정이에요. 그래서 여기 사람들은 기분이 좋지 않아요."

"무당은 어떤 방법으로 치료하나요?" 내가 물었다.

"음, 그가 한밤중에 하늘에서 혼령을 부르면, 혼령이 하늘에서 내려와 촌장을 치료해 줄 거예요."

"무당과 인터뷰하도록 주선해 줄 수 있나요?"

킹 조지는 군중 속으로 사라졌다가 잠시 후 30대 초반의 신수가 훤해 보이는 남자와 함께 돌아왔다. 허름한 유럽식 옷이나 로인 클로스[1]와 파란색 유리구슬로 장식된 앞치마를 입은 다른 주민들과 달리 그 무당은 비교적 간편한 카키색 반바지와 셔츠 차림이었다.

그는 우리를 부루퉁하게 쳐다봤다.

나는 마을로 들어가 사진을 촬영하고 목소리를 녹음해 영국으로 가져갈 거라고 설명하며, 그날 밤 그가 주관하는 교령회[2]를 참관해도 되는지 물어봤다.

그는 앓는 소리를 내며 고개를 끄덕였다.

"사진을 촬영하기 위해 조그만 등불을 가져가도 되나요?" 내가 물었더

---

1 천을 스커트 모양으로 하거나 (기저귀 차는 식으로) 살을 싸서 허리에 감아 고정하는 원시적인 옷. - 옮긴이주
2 산 사람과 죽은 사람의 혼령과의 교류를 시도하는 모임. - 옮긴이주

니 그는 나를 위아래로 훑어보며 심각하게 말했다. "혼령이 오두막집에 있을 때 누구든 등불을 켜면 안 돼요. 그러면 혼령이 죽는다고요!"

나는 급히 화제를 바꾸며 테이프 리코더를 치켜들었다. 그와 동시에 마이크를 전원에 연결하고 스위치를 켰다.

"그럼 이건 가져가도 되나요?" 나는 물었다.

"그게 뭔데요?" 그는 얕잡아보듯 물었다.

"들어 보세요." 나는 이렇게 대답하면서 테이프를 되감았다.

"그게 뭔데요?" 조그만 스피커가 그의 목소리를 약간 금속성으로 되풀이하자 무당의 얼굴에 어렸던 의심스러운 표정이 일순간에 미소로 바뀌었다.

"그거 좋은 물건이네요." 그가 마이크에 대고 말했다.

"그럼 오늘밤에 이걸 갖고 가서 혼령의 노래를 녹음해도 되는 거죠?" 나는 계속했다.

"좋아요, 그렇게 해요." 무당은 우호적으로 말하고 휙 돌아서서 사라졌다.

군중이 뿔뿔이 흩어지자 킹 조지는 우리를 데리고 마을을 가로질러 공터 가장자리의 작고 텅 빈 오두막집으로 들어갔다. 우리는 장비를 아무렇게나 내려놓고 해먹을 매달았다. 해가 진 후, 나는 눈을 꼭 감고 테이프 리코더에 테이프를 넣었다 뺐다 했다. 어둠 속에서 녹음기를 작동하는 것은 생각했던 것만큼 쉽지 않았다. 녹음기의 손잡이와 레버가 걸핏하면 테이프와 뒤엉켜버렸기 때문이다. 나는 마침내 칠흑 같은 어둠 속에서 릴을 교체할 수 있다는 자신감이 생겼지만, 만일을 대비한 안전장치로 교령회에서 담배를 피우기로 결정했다. 그럴 경우 최소한 처음에라도 담배 불빛에 의지해 예기치 않은 어려움을 해결할 수 있었기 때문이다.

그날 밤 늦게, 하를레스와 나는 조용한 마을을 가로질러 조심스레 걸었

데이비드 애튼버러의 동물 탐사기

다. 구름이 달을 가린 하늘을 배경으로 오두막집의 뾰족한 실루엣이 까맣게 도드라졌다. 커다란 오두막집으로 들어가니 이미 초만원이었다. 바닥 한복판에 피워진 조그만 장작불이 쪼그려 앉은 남자와 여자들의 얼굴과 몸을 비추고 있었다. 어스름한 공간 너머로 사람이 누운 해먹의 희끄무레한 아랫배 부분을 겨우 알아볼 수 있었다. 우리가 알기로 그중 하나는 병에 걸린 촌장의 것이었다. 킹 조지는 우리가 서있는 곳에서 가까운 마룻마닥에 앉아있었다. 그의 바로 옆에는 무당이 궁둥이를 바닥에 댄 채 쪼그리고 앉아있는데, 머리부터 허리까지 실오라기 하나 걸치지 않은 상태였다. 그는 잎이 달린 2개의 커다란 어린 가지를 손에 들고 있었고 그의 옆에는 조그만 조롱박이 놓여있는데, 나중에 안 사실이지만 조롱박은 소금을 넣은 담배즙으로 가득 차있었다.

우리는 무당과 가까운 곳에 자리를 잡고 앉았다. 나는 계획했던 대로 불 붙인 담배를 들고 있었지만 무당에게 즉시 적발되었다. "그거 나빠요!" 그가 공격적으로 말하자 나는 순순히 담뱃불을 마룻바닥에 비벼 껐다.

무당은 아카와이오 부족원들에게 주의사항을 전달했는데, 그 내용인즉 장작불을 끄고 문에 장막을 치라는 것이었다. 그러자 칠흑 같은 어둠이 찾아와 내 주변에 앉아있던 사람들의 어슴푸레한 윤곽을 삼켜버렸다. 나는 내 앞에 놓인 리코더를 더듬어 스위치를 찾아내 교령회가 시작되자마자 녹음을 시작할 만반의 준비를 갖췄다. 나는 무당이 목을 가다듬은 후 담배즙으로 입안을 헹구는 소리를 들었다. 뒤이어 나뭇잎들이 바스락거리기 시작했다. 으스스한 소음이 마치 드럼 소리처럼 점점 더 커지더니 최고조에 이르러 최면을 거는 듯한 리듬의 두드림 소리가 오두막집을 가득 채웠다. 신음하는 듯한 주문을 외는 무당의 목소리가 점점 커져 마침내 나뭇잎의 소음을 잠재웠다.

바로 내 뒤에 있던 킹 조지가 내 귓가에 속삭였다. "무당이 카라와리

*karawari*의 혼령을 부르고 있어요. 카라와리는 밧줄처럼 생겼고 다른 모든 혼령들이 뒤따라 내려올 거예요." 그로부터 10분 후 초혼invocation[3]은 종료되었다. 오두막집은 고요했고 내 근처에 있는 누군가의 거친 숨소리만이 적막을 깨뜨렸다.

지붕 꼭대기에서 바스락거리는 소리가 들리더니, 서서히 내려오며 소리가 커지다가 마룻바닥에 쾅 하고 부딪침과 동시에 그쳤다. 잠시 적막—막간을 이용해 담배즙으로 입안을 헹구는 소리는 논외로 한다—이 흐른 다음 꽥꽥 소리가 들렸다. 누군가 부자연스러운 가성으로 노래를 부르기 시작했는데 아마도 카라와리인 것 같았다. 노래가 몇 분 동안 지속되다가 꺼진 모닥불 속 사위어가던 잉걸불에서 불꽃이 일어나며 칠흑 같은 어둠을 저격했다. 찰나적인 광명 속에서 나는 아직도 내 가까이에 있던 무당을 쳐다봤다. 그는 눈을 감았고 얼굴은 이마에서 흘러내리는 땀방울로 범벅이 된 채 일그러져 있었다. 불꽃은 바로 사그러들었지만, 그로 인해 긴장이 풀리며 노랫소리와 바스락거리는 소리가 갑자기 멈췄다. 내 왼쪽에 앉은 2명의 소년들이 걱정스러운 듯 수군거렸다.

나뭇잎의 바스락거림이 다시 시작되었다. "불꽃이 카라와리를 놀랜 거예요." 킹 조지가 웅얼거리는 소리로 설명했다. "그는 다시 돌아오지 않을 거예요. 무당은 이제 카사-마라kasa-mara의 혼령을 부르려고 노력하고 있어요. 그는 사람처럼 생겼는데 줄사다리를 갖고 올 거예요."

암흑 속에서 주문은 계속되었고, 우리는 다시 한 번 지붕에서 내려오는 바스락 소리를 들었다. 또 한 번 담배즙으로 입안을 헹구는 소리가 들렸고, 아카와이오 부족원들 사이에서 커다란 소리가 들리자 내 오른쪽 어딘가에 앉은 작은 소녀가 톡 쏘듯 응답했다.

---

3 혼령을 부르는 주문. - 옮긴이주

"방금 뭐라고 한 거예요?" 나는 어둠 속에서 킹 조지에게 물었다. "카사-마라가 자신이 열심히 일한다고 말한 거예요." 그는 속삭였다. "그리고 촌장에게 돈을 많이 내라고 했더니, 그 소녀가 '병이 나아야 돈을 낼 거 아니예요.'라고 쏘아붙인 거예요."

이제 나뭇잎은 심하게 요동치며 촌장의 해먹으로 더욱 가까이 다가가는 것처럼 보였다. 이윽고 여러 명의 주민들이 혼령의 노래를 따라 부르기 시작했고 누군가가 마룻바닥을 두드리며 박자를 맞췄다. 마침내 노래가 그쳤고 바스락 소리는 위로 올라가 지붕 너머로 사라졌다.

또 다른 혼령이 도착해 더 많은 입 헹구는 소리가 들린 후 더 많은 노래를 불렀다. 오두막집의 칠흑 같은 어둠 속에서, 나는 숨 막힐 듯한 열기와 땀 냄새 때문에 질식하기 일보직전이었다. 나는 몇 분마다 한 번씩 녹음기의 테이프를 교체해야 했지만, 혼령들의 노래 중 상당 부분이 반복적인 것 같았으므로 모두 다 녹음하지는 않았다. 1시간 반쯤 지난 후 최초의 경외감은 갈수록 줄어들기 시작했다. 내 옆에 앉은 하를레스가 나의 귓가에 속삭였다. "만약 지금 테이프를 되감아 최초의 혼령을 다시 등장시키면 무슨 일이 일어날지 궁금해요!" 나는 실험하고 싶지 않았다.

교령회는 그 후로 1시간 동안 더 계속되었고, 혼령들이 지붕에서 차례로 내려와 촌장의 해먹에 대고 노래를 부른 후 돌아갔다. 대부분의 혼령들은 복화술사의 가성으로 노래를 불렀지만 맨 마지막에는 색다른 혼령이 도착해 구역질 나고 숨 넘어가는 소리로 노래를 불러 듣는 사람이 공포에 질리게 했다. "이건 부시 다이-다이*bush dai-dai*예요. 그는 산꼭대기에서 목 매달아 죽은 남자의 매우 강력한 혼령이에요." 킹 조지는 속삭였다.

오두막집에는 숨 막힐 듯한 긴장감이 감돌며 감정이 고조되었다. 나로부터 몇 발짝 거리에 앉은 무당은 몹시 흥분해 있었다. 그의 몸에서 뿜어져 나오는 열기로 인해 나는 어둠 속에서도 그의 위치를 거의 정확하게 감지할 수 있었다. 미친 듯한 주문은 수 분 동안 계속되다가 갑자기 멈췄다. 긴장된 침묵이 흘렀으므로 나는 어둠 속에서 조마조마한 마음으로 곧 벌어질 일을 기다렸다. 교령회는 클라이맥스에 도달한 게 분명했다. 아마도 희생제물을 바치지 않을까?

갑자기 뜨거운 땀투성이 손이 내 팔을 덥석 쥐었다. 나는 깜짝 놀라 주변을 둘러봤지만, 어둠 속에서 아무것도 볼 수 없었다. 한 남자의 머리칼이 내 얼굴을 휩쓸고 지나갔다. '장담하건대 이건 무당이다.'라고 생각하는 순간, '가장 가까운 곳에 있는 백인은 빌과 잭인데 무려 60~70킬로미터나 떨어져 있다.'라는 생각이 나의 뇌리를 스치고 지나갔다.

무당은 내 귀에 대고 쉰 목소리로 말했다. "모두 끝났어. 난 소변을 보러 가야겠어."

———

다음날 아침, 우리는 무당이 이끄는 주민 대표단의 방문을 받았다. 무당은 처음 봤을 때처럼 말쑥하고 명랑한 모습이었다. 그는 우리가 묵는 오두막집으로 들어와 지면보다 30센티미터 높은 마룻바닥에 앉았다.

"혼령들의 목소리를 들으러 왔어요." 그가 말했다.

그를 따라온 주민들도 오두막집으로 몰려들어와 녹음기 주변에 원을 그리고 앉았다. 그러나 모든 주민들이 구경하기에는 공간이 턱없이 부족했으므로 밀려난 사람들은 문 밖에 반원형으로 서서 안을 들여다보았다.

나는 스피커를 녹음기에 연결한 후 테이프를 재생하기 시작했다. 무당은 신이 났고 주민들은 교령회의 노랫소리가 흘러나오자 인정한다는 의미로 허탈, 경악, 탄식의 소리를 내뱉다가 간혹 난처한 듯 피식 웃었다. 나는 혼령들의 노래가 끝날 때마다 재생을 멈추고, 무당이 혼령의 이름, 외모, 기원, 능력을 설명하는 동안 받아 적었다. 어떤 노래는 가공할 만한 능력을 발휘하고 다른 노래는 경미한 질환에만 효험이 있다고 했다. 무당은 한 노래를 설명할 때 황홀경에 빠져 이렇게 말했다. "저 노래는 매우 강력해요. 해소, 천식에 즉효를 보이거든요."

나는 총 9곡의 노래를 녹음했으므로 마지막 노래가 끝나자마자 녹음기를 껐다.

"나머지 노래는 어디에 있어요?" 무당이 짜증을 내며 물었다.

"안타깝지만 칠흑 같은 어둠 속에서 기계를 조작하느라 애로사항이 많았어요." 나는 설명했다. "그리고 모든 노래를 녹음하는 건 불가능했어요."

"그런데 제일 강력한 노래를 빼먹었어요." 무당이 내게 눈을 흘기며 말했다. "아와-우이*awa-ui*와 와타비아라*watabiara*는 영험이 있는 혼령이라고요."

내가 다시 변명을 하자 무당은 약간 누그러진 듯 보였다.

"혹시 혼령을 보고 싶지 않아요?"

"보고 싶다마다요." 나는 대답했다. "하지만 내가 알기로 혼령을 보도록 허락받은 사람은 아무도 없을 뿐만 아니라, 그들은 한밤중에 오두막집에만 내려오거든요."

무당은 음흉하게 웃었다.

"낮에도 강림하지만," 그는 말했다. "다른 형상을 하고 있어요. 내가 그들을 오두막집에 파묻어 놓았어요. 잠깐만 기다려요. 가서 데려올 테니."

그는 둘둘 만 종이를 손에 들고 돌아와, 다시 마룻바닥에 앉아 조심스레 종이를 펼쳤다. 그 속에는 조그맣고 반들반들한 자갈이 몇 개 들어있었다. 그는 자갈을 하나씩 나에게 건네주며 각각의 정체를 설명했다. 하나는 석영 조각이었고 다른 하나는 긴 막대기 같은 응결체concretion[4]였다. 또 다른 하나에는 4개의 이상한 돌기가 돋아있는데, 그에 의하면 혼령의

---

4 아직 단단하게 굳지 않은 퇴적물 사이에서 2차적으로 다양한 물질들이 침전되고 결합되어, 마치 자잘한 자갈 모양으로 굳어진 것을 말한다. - 옮긴이주

팔과 다리라고 했다.

"나는 이것들을 오두막집의 비밀장소에 보관하고 있어요. 왜냐하면 다른 무당이 이 강력한 혼령들을 손에 넣는다면, 이것들을 이용해서 나를 죽일 수 있기 때문이에요. 그리고 이것은," 그는 진지하게 덧붙였다. "아주아주 무서운 혼령이에요."

그는 내게 별 특징 없는 자갈 하나를 건넸다. 나는 그것을 신중하고 경건하게 검토한 후 하를레스에게 넘겼다. 그런데 어쩌다 우리의 손에서 벗어난 자갈이 마룻바닥에 떨어지더니 마루판 사이의 틈으로 쏙 들어갔다.

"그건 나의 가장 강력한 혼령이란 말이에요!" 무당은 몹시 괴로워하며 신음했다.

"걱정하지 마세요, 우리가 찾아드릴 테니." 나는 황급히 말하고 허둥지둥 일어났다. 나는 겁에 질린 구경꾼들을 헤치고 오두막집의 마루 밑으로 내려갔다. 땅바닥은 온통 자갈 천지였는데, 내 눈에는 방금 잃어버린 것 — 자갈의 모습을 한 혼령 — 과 똑같이 생긴 자갈들만 보였다.

하를레스는 내 위의 마룻바닥에 엎드려 잔가지를 이용해 소중한 자갈이 사라진 마루 틈을 후볐다. 나는 땅바닥에 엎드려 무수한 자갈들을 샅샅이 뒤졌지만 그게 다 그거 같아서 도무지 분간할 수가 없었다. 생각다 못한 나는 임의의 자갈 하나를 골라 마루판 사이의 틈새로 하를레스에게 넘겼고, 그는 그것을 무당에게 제시해 최종 판정을 받았다.

"아니에요!" 무당은 냉담하게 외친 후 더 이상 들여다보지 않고 한쪽으로 내던졌다.

"걱정하지 말아요." 나는 마루 밑에서 고함쳤다. "내가 찾아 줄게요." 그러고는 두 개의 다른 후보자를 올려 보냈다. 그러나 그것들도 앞의 자갈과 똑같은 취급을 받았다. 그 후 10분 동안 우리는 수십 개의 작은 자갈들을 제시했지만 번번이 허탕이었다. 마침내 무당은 하나를 받아 들더니

데이비드 애튼버러의 동물 탐사기

마지못해 앓는 소리를 했다. "이거 맞아요!"

나는 먼지를 뒤집어쓴 부스스한 몰골로 더듬거리며 햇빛 속으로 복귀했다. 마을 사람들은 우리와 마찬가지로 '잃어버릴 뻔한 혼령을 마침내 찾았다'고 안도하는 것 같았다. 그러나 나는 마룻바닥에 주저앉아, '내가 잃어버린 자갈을 정말로 찾은 건지' 아니면 '만약 가장 강력한 무기를 잃었다는 사실을 마을 사람들이 안다면 자신의 신통력이 감소했다고 여길까 봐 평범한 자갈을 무당이 그냥 받아 준 건지' 의아해 했다.

무당은 그 자갈을 다른 자갈들과 함께 둘둘 만 종이 속에 넣은 다음, 다시 파묻기 위해 자신의 오두막집으로 돌아갔다.

우리는 그날 오후 마을을 떠나 쿠쿠이강 상류 탐사를 계속했다. 그러나 족장의 건강이 호전되었다는 소식은 듣지 못했다.

몇 주 전 킹 조지를 처음 만났을 때, 우리는 그의 쏘아보는 듯한 눈빛에 '킹 조지는 성질이 고약하다'고 오해했다. 또한 그는 선물을 요구하는 특이한 습관 때문에 우리의 눈 밖에 났다. 만약 하를레스가 담배 1보루를 가지고 나가면 킹 조지는 손을 불쑥 내밀며 독단적으로 말했다. "담배 선물 고마워요." 그리고는 그 선물을 호의가 아니라 권리로 받아들였다. 그것은 담배의 배분 방식으로 고착화되었고, 여행이 끝날 무렵 우리의 담배는 바닥이 났다. 왜냐하면 우리는 신중하고 정확한 예산 편성을 통해 모든 물품의 재고를 최소한으로 유지했기 때문이다. 그러나 며칠 후 우리는 아메리카 원주민들이 대부분의 소유물을 공용으로 간주한다는 사실을 깨달았다. 즉, 어떤 사람이 '동료들에게 부족한 물건'을 갖고 있다면 그는 마땅히 그것을 공유해야 했다. 그러므로 만약 식량이 부족하다면 우리는 소고기 통조림을 카누에 승선한 모든 사람들에게 나눠줘야 했다. 그리고 만약 우리가 원한다면 아메리카 원주민들은 거래의 원칙에 따라 자신들의 카사바 빵을 우리에게 나눠줄 의향이 있었다.

킹 조지를 잘 알고 나자, 우리는 그를 매력적이고 친절한 동료로 소중히 여기게 되었다. 그는 강에 대한 정보가 풍부했으며 강의 구석구석을 속속들이 알고 있었다. 그러나 처음에는 서로가 정확한 의도를 상대방에게 전달하는 데 간혹 어려움을 느꼈다. 왜냐하면, 킹 조지가 피진 영어를 제법 구사했음에도 그의 말이 우리 모두에게 동일한 의미를 갖는 건 아니었기 때문이다. 예컨대 킹 조지에게 '1시간'은 '정확히 가늠할 수 없는 시간'이었다. 그러므로 만약 우리가 그에게 "강둑에서 마을까지 가는 데 얼마나 오래 걸리나요?"라고 묻는다면, 그는 거의 항상 "음, 1시간쯤요!"라고 대답했다. 그는 '시간'이라는 단위에 대해 나눗셈이나 곱셈을 하지 않았으므로, '1시간'이 어떤 때는 '10분'이었고 어떤 때는 '2시간 반'이었다. 물론 "얼마나 오래 걸리나요?"라고 물은 것은 전적으로 우리의 잘못이었다. 왜냐하면 우리의 시간 단위가 킹 조지에게 뭔가를 의미해야 할 이유가 없었기 때문이다.

"얼마나 먼가요?"라고 묻는 것이 약간 더 만족스러웠다. 그에 대한 킹 조지의 답변은 "음, 멀지 않아요(이건 아마도 1시간의 도보 여행을 의미하는 것 같았다)."에서부터 "음, 아주 아주 멀어요(이건 하루 안에 도착하기 어렵다는 의미였다)."에 이르기까지 다양했기 때문이다. 그러나 우리가 이윽고 알게 된 사실은, 거리를 평가하는 가장 정확한 수단은 '점point'이라는 것이었다. 킹에게 '1점'이란 하나의 강굽이를 의미했지만, '9점'을 시간으로 번역하려면 약간의 지리학적 지식이 필요했다. 왜냐하면 어귀 근처에서는 강이 몇 킬로미터에 걸쳐 곧게 뻗은 데 반해, 발원지 근처의 상류에서는 몇 분마다 한 번씩 급격하게 굽이쳤기 때문이다.

킹 조지는 늘 의무감을 갖고 우리가 원하는 행동을 하려고 노력했지만 그의 의향은 때때로 약간 유감스러운 결과를 초래하곤 했다.

"우리가 오늘밤 그 마을에 도착할 수 있을 거라 생각하나요?" 나는 언젠가 그에게 희망 섞인 어조로 물었다.

"음, 데이비드." 그는 웃으며 대답했다. "내 생각에 오늘밤에는 꼭 도착할 것 같아요." 그의 웃음은 우리에게 용기를 주었다.

그러나 강의 상류로 올라가던 우리는 해가 지도록 '사람이 살지 않는 지역'을 벗어나지 못했다.

"킹 조지," 나는 심각하게 말했다. "마을은 도대체 어디에 있어요?"

"네! 아주아주 멀어요!"

"하지만 아까는 오늘밤 안으로 도착할 거라고 말했잖아요."

"음, 데이비드. 우리는 그러려고 노력했어요. 안 그래요?" 그는 약간 기분이 상한 어조로 말했다.

쿠쿠이강을 거슬러 올라가는 동안, 강은 쓰러진 나무들로 어질러져 있었다. 어떤 나무들은 강을 부분적으로만 가로지르고 있었기 때문에 우회할 수 있었다. 어떤 나무들은 너무 길어서 마치 다리처럼 둑 사이에 걸쳐져 있었기 때문에 나무 밑으로 아슬아슬하게 통과할 수 있었다. 그러나 때로는 물에 반쯤 잠긴 거대한 나무와 맞닥뜨리는 바람에 더 이상 나아갈 수가 없었다. 그럴 때, 킹 조지는 스로틀throttle[5]을 연 채 장애물을 향해 전속력으로 카누를 몰다가 마지막 순간에 엔진을 껐다. 물론 프로펠러가 부딪힐 것 같으면 그것을 물 밖으로 들어 올렸다. 그러면 프로펠러가 회전을 멈출 즈음 카누가 관성력에 의해 수면을 박차고 올라 장애물 위에 반쯤 걸치게 되었다. 마지막으로 우리는 카누에서 내려 물살이 발을 잡아당기는 가운데 미끄러운 통나무 위에서 균형을 잡으며, 보트를 어렵사리 끌

---

5 엔진의 실린더로 유입되는 연료와 공기의 혼합가스 양을 조절해, 조종사가 원하는 동력 또는 추력을 얻는 조종장치. - 옮긴이주

고 장애물의 나머지 부분을 넘었다.

우리는 몇 킬로미터마다 한 번씩 조그만 마을에 들러 동물을 수집했다. 어느 마을이든 예외 없이 길든 앵무새들이 오두막집의 처마에서 깡총깡총 뛰거나 마을 주변에서 날개를 퍼덕이며 뒤뚱뒤뚱 걸어 다녔다. 우리와 마찬가지로 아메리카 원주민들은 '밝은 색깔'과 '사람의 말을 흉내내는 능력' 때문에 앵무새를 귀중하게 여겼다. 물론 우리가 마을에 도착했을 때 앵무새들이 아카와이오어로 서슬 퍼런 욕설을 퍼붓기 일쑤였다.

다 자란 앵무새는 생포하기도 길들이기도 어렵기 때문에 아카와이오 부족원들은 숲속 둥지에서 어린 새끼를 잡아다가 직접 길렀다. 어느 마을에서는 한 여자가 방금 잡은 어린새 1마리를 우리에게 주었다. 그것은 매우 매력적인 새끼 앵무새로, 커다란 갈색 눈과 어울리지 않게 큰 부리를

새끼 앵무새

데이비드 애튼버러의 동물 탐사기

갖고 있었으며, 깃털이 없는 피부에는 몇 개의 꾀죄죄한 깃털들이 깃촉quill[6]을 내밀고 있었다. 나는 거절할 엄두를 내지 못했다. 하지만 그 매력적인 피조물을 기르려면 먹이 주는 법을 배워야 했는데 그녀가 웃으며 내게 요령을 알려줬다.

먼저 나는 약간의 카사바 빵을 입에 넣고 씹었다. 내가 그러는 동안 내 모습을 본 어린새는 곧 자기의 입에 들어올 먹이에 열광한 듯 엄청나게 흥분해서 '깃털 없는 뭉툭한 날개'를 퍼덕이며 머리를 위아래로 바삐 움직였다. 다음으로 내가 얼굴을 들이대자 어린새는 주저하지 않고 내 입술 사이로 열린 부리를 집어넣었다. 그 순간 나는 혀로 '씹힌 카사바 빵'을 어린새의 목구멍 깊숙이 밀어 넣었다.

어떤 동물이든 그런 식으로 먹이를 주는 것은 역겨울 정도로 비위생적이지만, 그녀는 "새끼 새를 성공적으로 양육하려면 달리 방법이 없어요." 라고 잘라 말했다. 운 좋게도 우리 앵무새는 조숙한 편이어서 일주일 후 부드러운 바나나를 스스로 먹을 수 있게 되었다. 덕분에 나는 3시간에 한 번씩 카사바 빵을 씹어야 하는 부담을 덜 수 있었다.

강머리[7]에 자리잡은 마을인 피필리파이Pipilipai에 가까워질 때까지 우리는 유리구슬을 풍금조tanager, 원숭이, 거북, 마코앵무새를 비롯한 수많은 특이하고 밝은 색깔의 앵무새와 교환했다. 그중에서 가장 뜻밖인 것은 반쯤 자란 페커리peccary — 남아메리카산 야생 돼지 — 였다. 마을 주민들은 비교적 소량의 파란색과 하얀색 구슬을 받고 돼지를 넘겨줬는데도 몹시 기뻐하는 기색이었다. 그때만 해도 우리는 어안이 벙벙했지만, 곧 그 이유를 알게 되었다.

우리는 페커리 같은 대형 동물을 입수할 거라고 미처 예상하지 못했으

---

6 대롱같이 생긴 깃털의 기부base. - 옮긴이주
7 강의 기슭, 또는 강둑 주변. - 옮긴이주

므로 그에 알맞은 대형 우리를 갖고 있지 않았다. 우리는 순진하게도 '길이 잘 들었다.'라는 이유를 들어 작은 목줄을 감아 뱃머리에 있는 받침대에 묶어 놓기로 결정했다. 그러나 그건 보기보다 어려운 일이었다. 간단히 말해서, 페커리는 어깨에서부터 주둥이까지 점점 더 가늘어지는 체형을 갖고 있어서, 어떤 목줄도 채워지는 즉시 벗어버리기 때문이었다. 그래서 생각다 못한 우리는 어깨와 앞다리에 밧줄로 만든 마구를 채우고 '이제 페커리가 카누 안의 다른 것들을 짓밟지 못하겠지.'라고 안심했다. 그러나 웬걸, 후디니Houdini[8] ─우리는 그를 곧 이렇게 불렀다─는 우리가 출발하자마자 앞다리를 하나씩 들어 올리며 마구에서 가볍게 빠져나와 카누의 한복판으로 진출했다. 그러고는 저녁 식사로 준비해 놓은 파인애플을 게걸스럽게 먹기 시작했다. 우리는 카누를 멈추고 싶지 않았으므로 그를 결박하기 위해 다른 조치를 취했다. 왜냐하면 그날 밤에 피필리파이에 도착해야 했을 뿐만 아니라, 우리의 엔진이, 킹 조지의 표현에 의하면 '시한폭탄'이라서, 언제 고장날지 모르기 때문이었다. 그래서 나는 1시간 동안 뻣뻣한 털투성이 몸을 꼭 껴안음으로써 후디니의 탈출을 결사적으로 막았다.

우리는 마침내 피필리파이에 도착했다. 그 마을은 강에서 도보로 10분 거리에 있었으며 우리가 그때까지 봤던 마을 중에서 가장 원시적인 곳 중 하나였다. 모든 남자들은 로인 클로스 차림이었고 여자들은 구슬로 장식된 앞치마 하나만 달랑 두르고 있었다. 몇 채 안 되는 둥근 오두막집들은 대충 지어져 금방이라도 무너질 것 같았다. 어떤 집에는 벽이 없었고, 모두 건조한 사질토 위에 직접 지어졌기 때문에 쿠쿠이킹의 오두막집들과 달리 마루판이 없었다. 킹 조지는 여기서도 여느 마을에서와 마찬가지로

---

8 헝가리 출신의 미국 마술사로, 탈출 마술이 주특기였다. 제2차 세계대전 이후 힘든 미국사회에 마술로 희망을 선사했다. - 옮긴이주

　데이비드 애튼버러의 동물 탐사기

길들여진 블랙큐어러소crested curassow

많은 친척을 갖고 있는 것 같았으며, 우리는 주민들에게 다정한 환영인사를 받았다. 여기에도 앵무새가 있었지만, 그에 더하여 커다란 블랙큐어러소crested curassow9가 오두막집들 사이에서 뽐내며 걷고 있었다. 그것은 새까맣고 윤기 있는 타조 같은 새로, 곱슬곱슬한 깃털로 된 멋진 도가머리topknot10와 샛노란 부리를 갖고 있었다. 블랙큐어러소는 냄비로 들어갈 운명이었지만, 파란색 유리구슬에 매혹된 마을 사람들은 여섯 움큼의 유리구슬을 건네받고 물물교환에 흔쾌히 응했다.

마을에는 빈 오두막집이 없었으므로 우리는 킹 조지, 아벨과 함께 이미 10인 가족이 살고 있는 오두막집 안에 해먹을 걸었다. 하를레스가 저녁

---

9 Black curassow라고도 하며, 닭목 봉관조과에 속하는 새. – 옮긴이주
10 새의 머리에 길고 더부룩하게 난 털. – 옮긴이주

을 짓는 동안 나는 후디니를 어루만지는 척하다 —비겁하게도— 그의 어깨에 새롭고 정교한 마구를 채웠다. 그런 다음 나는 후디니를 마을 한복판의 기둥에 묶고, 파인애플과 약간의 카사바 빵을 던져 주어 그가 바닥에 누워 곯아떨어지도록 유도했다.

그날 밤은 결코 '좋은 밤'이 아니었다. 킹 조지는 상당히 오랜만에 친척을 만났기 때문에 땅거미가 지고 한참 후까지 수다를 떨며 한담을 주고받았다. 그러던 중 자정쯤에 한 아이가 울어댔는데 아무리 달래도 소용이 없었다. 잠시 후 한 남자가 자신의 해먹에서 기어 나와 오두막집 한가운데에 있는 장작불에 땔감을 더 넣었다. 나는 마침내 겨우 잠들었지만 눈을 붙이자마자 누군가가 내 어깨를 흔들었다. "돼지가," 킹 조지가 내 귓가에 속삭였다. "탈출했어요."

"날이 밝으면 잡죠, 뭐." 나는 중얼거리며 몸을 뒤집어 다시 잠을 청했다. 아이는 다시 울어 대기 시작했고, 오해의 여지없는 돼지 악취가 내 콧구멍을 파고들었다. 도저히 견딜 수 없어 눈을 떠 보니 후디니가 오두막집 기둥에 등을 비비고 있었다. 그를 다시 묶어두지 않으면 아무도 잠을 이루지 못할 게 분명해 보였으므로, 나는 해먹에서 느릿느릿 기어 나와 하를레스에게 "나와 함께 돼지를 잡으러 갑시다."라고 살며시 말했다.

후디니가 30분에 걸쳐 오두막집의 안팎과 주변을 헤집고 다니는 동안, 하를레스와 나는 맨발에 반쯤 벌거벗은 채로 그를 추격했다. 마침내 우리는 그를 붙들어 세운 후 원래의 기둥에 다시 묶었다. 온 동네 사람들을 깨워 속이 후련했던지, 후디니는 턱으로 허공을 한 번 내려친 후 앞다리 사이에 파인애플 하나를 끼고 땅바닥에 주저앉았다. 우리는 각자의 해먹으로 돌아가 먼동이 틀 때까지 고작해야 1~2시간 동안 잠을 자는 둥 마는 둥 했다.

하류로 돌아가는 탐사는 순조롭게 시작되었다. 우리는 가느다란 나뭇가지를 나무껍질 가닥과 엮어 페커리를 위한 대형 우리를 만든 다음 카누의 뱃머리에 고정시켰다. 후디니는 처음 30분 동안 고분고분하게 행동했고, 블랙큐어러소는 발목이 끈에 묶인 채 촬영장비를 덮은 방수포 위에 평화롭게 앉아있었다. 거북은 카누의 밑바닥을 배회했고, 앵무새와 마코앵무새는 우리의 귀에 부리를 대고 평화롭게 지껄였으며, 꼬리감는원숭이들은 커다란 나무우리 속에 나란히 앉아 서로의 털을 다정하게 골라줬다. 하를레스와 나는 햇살을 받으며 반듯이 누워 구름 한 점 없는 파란 하늘을 응시하며, 간간이 우리를 스치고 지나가는 나뭇가지들을 관찰했다.

그러나 이런 한가로운 풍경은 오래가지 않았다. 왜냐하면 우리는 얼마 후 강에 쓰러진 통나무로 인해 난관에 봉착했기 때문이다. 우리는 카누에서 내려 몸을 숙인 채 카누를 '물에 잠긴 나무줄기' 아래로 끌어내리기 시작했다. 그것이야말로 후디니가 그동안 기다려 온 순간이었다. 그는 우리가 모르는 사이에 우리 아랫부분의 빗장을 망가뜨리고 있다가, 혼란을 틈타 순식간에 우리를 열고 카누 밖으로 뛰어내렸다. 나는 뒤따라 물속으로 뛰어들어 —그 바람에 자칫하면 배가 뒤집힐 뻔했다 —몇 미터를 헤엄친 끝에 그의 목덜미를 간신히 붙잡았다. 그는 발버둥을 치고 물을 튀기고 고래고래 소리지르며 저항했지만, 어찌저찌해서 결국에는 망가진 우리 속에 다시 갇혔다. 하를레스가 우리를 수리하는 동안 나는 물에 흠뻑 젖은 옷을 벗어 방수포 위에 널었다. 그러나 수영을 좋아하는 후디니가 또 다시 탈출을 감행할 것이 확실시되었으므로, 탐사의 나머지 기간 동안 우리 둘 중 하나가 옆에 지키고 앉아 그가 빗장을 느슨하게 할 때마다 단단히 걸어 잠가야 했다.

늦은 저녁, 우리는 쿠쿠이킹에서 800미터쯤 떨어진 킹 조지의 마을 자왈라Jawala에 도착했다. 거기에서 하룻밤 묵는 동안, 우리는 후디니를 특별히 긴 밧줄로 묶고 나머지 동물들은 버려진 오두막집에 수용했다.

그 다음날은 우리가 임바이마다이로 돌아가기 전의 마지막 날이었다. 대부분의 주민들은 지난주부터 사냥 때문에 외출 중이었지만, 킹 조지에 의하면 그날 돌아와 감사제를 지내며 할렐루야교 성가를 부를 예정이라고 했다.

우리가 익히 알고 있던 것처럼, 할렐루야교는 남아메리카 북동부 특유의 종교로 이름이 시사하는 바와 같이 기독교에서 파생되었다. 19세기 말, 사바나에 살던 마쿠시족Macusi의 한 구성원이 기독교 선교단을 방문한 후 부족으로 돌아가 "하늘 높은 곳에 사는 파파Papa라는 위대한 혼령을 만나 계시를 받았다."라고 주장했다. 파파는 그에게 "기도와 전도를 통해 예배하라."라고 요구한 뒤, "마쿠시족에게 돌아가 할렐루야교라는 새로운 종교를 전파하라."라는 명령을 내렸다고 한다. 새로운 종교는 마쿠시족을 통해 이웃 부족에게도 전파되어, 20세기 초에는 파타모나족Patamona, 아레쿠나족Arecuna, 아카와이오족 ─ 이 세 부족은 매우 비슷하며 모두 카리브어Carib를 사용한다 ─이 할렐루야교를 믿게 되었다.

그 후 남아메리카 북동부를 방문한 선교사들은 할렐루야교가 기독교에서 파생됐다는 사실을 몰랐던 게 분명하다. 그들은 할렐루야교를 이교異教로 간주하고 적대시했다. 게다가 몇 번에 걸쳐 새로운 할렐루야교의 선지자들이 나타나 "파파가 예언하기를, 백인들이 곧 도착해 성경이라는 것을 앞세워 사이비 종교를 퍼뜨릴 거라고 했다."라고 선언했을 때, 그들의 적대감은 극에 달했다. 선교사들의 맹렬한 적개심을 감안하면, 할렐루야교에는 아메리카 원주민의 전통적 신앙이 많이 잔존했음에 틀림없다. 우리는 사냥꾼들이 돌아와 지낼 감사제의 내용이 기독교 예배의 약간 비틀린 형식 또는 원시적 의식일 것이라 상상하며 기대에 부풀었다.

우리는 킹 조지에게 감사제 의식을 촬영해도 되냐고 물었다. 그가 동의하자 우리는 자리를 잡고 앉아 기다렸다.

데이비드 애튼버러의 동물 탐사기

점심을 먹고 난 후, 먼발치에서 강을 따라 내려오는 통나무 카누가 보였다. 우리는 그것이 귀환하는 사냥꾼의 선발대일 거라고 생각하고 그들을 만나기 위해 선착장으로 내려갔다.

카누가 정박한 후 우리를 향해 뚜벅뚜벅 걸어오는 사람의 뜻밖의 모습을 보고 우리는 믿을 수 없어서 눈을 연거푸 끔벅였다. 우리는 킹 조지의 말을 듣고, 전통의상을 입은 호리호리한 아메리카 원주민의 모습을 기대했었다. 그러나 우리가 본 사람은 화려한 파란색 리넨 반바지, 트리니다드의 스틸 밴드Trinidadian steel-band[11]를 상징하는 요란한 총천연색 무늬가 아로새겨진 스포츠 셔츠, 하얀색 깃털로 장식된 티롤리안Tyrolean[12] 펠트 모자felt hat[13] 차림의 노인이었다. 이 엉뚱한 인물은 군청색 바지 주머니에 손을 찔러 넣은 채 우리를 향해 '이 없는 잇몸'을 드러내고 웃었다.

"듣자 하니 할렐루야 춤을 보고 싶다던데, 내가 춤추기 전에 몇 달러 낼 거요?"

내가 말을 꺼내기도 전에, 우리와 함께 서있던 킹 조지는 화가 머리 끝까지 난 듯 양손으로 삿대질을 하며 아카와이오어로 강력히 항의하기 시작했다. 킹 조지가 그렇게 흥분하는 것을 본 적이 없었다.

그 노인은 모자를 벗더니 인상을 쓰며 자기 손으로 모자를 마구 비틀었다. 킹 조지가 더욱 앞으로 다가가 맹렬히 다그치자, 노인은 움찔하며 뒤로 물러나 보트로 돌아갔다. 그리고는 허겁지겁 보트에 올라타 하류 쪽으로 노 저어 갔다.

킹 조지는 아직도 씩씩거리며 우리에게로 왔다. "데이비드!" 그는 울

---

11 서인도제도에서 시작된, 드럼통을 잘라 드럼 모양으로 만든 타악기를 연주하는 밴드. - 옮긴이주
12 '티롤 지방의'란 뜻이며, 티롤이란 독일, 스위스, 이탈리아와 국경을 접하는 오스트리아 서부의 알프스 지방을 말한다. - 옮긴이주
13 펠트 소재로 만든 모자를 총칭하는 말. 펠트란 양털이나 그 밖의 짐승의 털에 습기·열·압력을 가해 만든 천을 말한다. - 옮긴이주

먹이며 말했다. "나는 저 쓸모없는 인간에게 '우리는 이 마을에서 하느님을 찬양하기 위해 할렐루야교 성가를 부른다.'라고 말했어요. 그리고 '돈 벌려고 노래를 부르는 사람은 가짜 할렐루야 교인이므로 더 이상 상대할 가치가 없다.'라고 호통을 쳤어요."

───

오후 3~4시쯤에 사냥꾼들이 돌아왔다. 그들이 등에 지고 온 수제 바구니에는 훈제한 물고기, 털 뽑힌 새, 불에 그을린 맥tapir의 노릇노릇한 관절 부위가 들어있었다. 한 사냥꾼은 어깨에 총을 메고 있었고 나머지는 바람총과 활과 화살로 무장하고 있었다. 킹 조지를 비롯해 마을 사람 어느 누구에게도 말하지 않고, 그들은 조용히 (미리 마룻바닥에 빗자루질을 한 후 물을 뿌려 놓은) 가장 큰 오두막집으로 들어가 중심 기둥 주변에 짐을 쌓아 놓았다. 그들은 여전히 입을 꼭 다문 채 오두막집에서 나와 강으로 향하는 길을 따라 50미터쯤 걸어갔다. 그러더니 그 자리에서 3줄로 길게 서서 성가를 부르기 시작했다. 그들은 리드미컬한 걸음걸이로 '앞으로 두 발자국 뒤로 한 발자국'을 반복하면서 오두막집을 향해 서서히 전진했다. 맨 앞줄에 선 3명의 젊은 남자가 노래를 유도하면서 몇 분마다 한 번씩 몸을 뒤로 돌려 뒷줄의 춤추는 사람들을 바라봤다. 그들은 길을 따라 천천히 걸으면서, 몸을 앞으로 숙이고 발을 동동 구르며 성가의 단순한 리듬을 강조했다. 오두막집으로 들어가서는 노래와 리듬을 바꾸고, 서로 팔짱을 낀 채 물고기와 고기 더미를 한복판에 놓고 원을 그렸다. 마을을 배회하던 여자들이 간혹 오두막집으로 들어와 행렬의 맨 뒤에 붙었다. 단조롭게 웅웅거리며 반복되는 3음音짜리 성가에서, 나는 '할렐루야'와 '파파'라는 단어를 여러 번 알아들었다. 킹 조지는 바짝 쪼그리고 앉아 생각에 잠긴 채 막대기로 땅바닥을 휘저었다. 어느덧 성가가 막을 내리는 듯, 노래 부르던 사람들은 천장을 멍하니 바라보거나 땅바닥을 유심히 살펴보며 서있었다. 그러다 의식을 이끌던 사람들이 갑자기 노래를 다시 부르기 시작했고, 모두가 오른손을 옆 사람의 어깨에 올려놓고 한복판을 바라보며 커다란 원을 그렸다. 그로부터 10분 후, 노래 부르던 사람들이 무릎을 꿇고 앉아 일제히 짧고 엄숙한 기도문을 외웠다. 잠시 후 그들이 일어나자, 총을 가진 사람이 킹 조지에게 다가와 악수를 청하며 담뱃불을 붙였다. 이상하게도, 할렐루야교의 예배가 끝났음에도 깊은 신실함의 인상이 오래도록 남았다.

그날 밤은 우리가 아메리카 원주민 마을에 머문 마지막 밤이었다. 우리는 잠을 이룰 수가 없었다. 자정이 가까워져 올 때, 나는 해먹에서 나와 달빛 비치는 마을을 천천히 가로질러 걸었다. 커다랗고 둥그런 오두막집

할렐루야 예배 촬영을 준비하는 중

에 가까이 다가갔을 때, 나는 두런거리는 소리와 함께 나무로 된 벽 틈 사이로 깜박이는 불빛을 보았다. 문 옆에 잠깐 서있는데, 안에서 킹 조지의 목소리가 들려왔다. "데이비드, 만약 들어오고 싶다면 대환영이에요."

나는 몸을 굽히고 안으로 들어갔다. 오두막집 안에서는 커다란 장작불 하나가 타오르며, 불에 그을린 대들보와 바닥에 무리 지어 있는 수십 개의 거대한 조롱박의 아름다운 곡선을 비췄다. 어떤 남녀들은 기둥 사이에 걸린 해먹에 누워있었고, 다른 사람들은 멋진 거북 모양으로 만들어진 작은 나무의자에 앉아있었다. 유리구슬로 장식된 앞치마 외에는 알몸인 한 여자가 간간이 일어나 실내를 우아하게 가로지르며 그림자를 드리웠다. 킹 조지는 자신의 해먹에 비스듬히 기대 앉아 오른손으로 작은 홍합 같은 조개껍데기 —조개껍데기 두 쪽은 경첩 바로 위에 뚫린 구멍을 통과하는 실로 연결되어 있었다 —를 만지작거렸다. 그는 자신의 턱을 자꾸 더듬다 짧은 수염 한 가닥을 발견하고는 조개껍데기를 족집게 삼아 뽑아냈다.

아카와이오어로 나누는 나지막한 대화 소리가 실내 공기를 가득 메웠다. 기대한 조롱박 옆에 쪼그리고 앉아있던 남자가 기다란 막대기로 조롱박을 휘저은 다음, 걸쭉한 분홍빛 액체를 작은 조롱박에 옮겨 담아 오두막집 안의 모든 사람들에게 차례로 나눠줬다. 내가 알기로 그 음료는 카시리cassiri인데, 어떤 책에서 그 제조법을 읽은 적이 있었다. 그 주성분은 삶은 카사바 분말이지만, 고구마와 마을 여자들이 오랫동안 씹은 카사바 빵 —이렇게 해서 침이 섞이면 음료가 발효되는 데 도움이 된다 —이 첨가되었다.

작은 조롱박이 내 근처에 앉은 사람들의 손을 거쳐 마침내 내 손에 쥐어졌다. 그것을 거절하는 것은 몹시 무례하게 느껴졌지만, 그와 동시에 마음속에서 우러나오는 비위생적인 제조법에 대한 거부감을 떨쳐버릴 수 없었다. 그 음료를 입술에 갖다 대니 토사물의 쉰 냄새 때문에 속이 뒤집

데이비드 애튼버러의 동물 탐사기

힐 것 같았다. 나는 그것을 마시기 시작하면서, '만약 이 첫모금을 다시 맛봐야 한다면 나의 위가 남아나지 않겠구나.'라고 생각했다. 나는 두 눈 딱 감고 조롱박을 비웠다. 그러고는 빈 조롱박을 돌려주며 안도감에 옅은 미소를 지었다.

해먹에서 몸을 내밀고 유심히 쳐다보던 킹 조지는 만족스러운 듯 씩 웃었다. "어이 거기!" 그는 조롱박을 책임진 남자를 향해 말했다. "데이비드는 카시리를 워낙 좋아해서, 한 모금 마시니 더 갈증이 나나 봐. 그에게 조금만 더 줘." 나는 즉시 가득 차게 부은 조롱박을 또 하나 건네받아 가능한 한 빨리 내 목구멍에 쏟아부었다. 그래 봬도 유경험자인 나는 구역질나는 냄새를 어렵사리 과소평가하며, '비록 꺼칠꺼칠하고 건더기가 있을망정, 쓴맛 자체는 견딜 만하다.'라고 자기암시를 걸었다.

나는 그 후로도 1시간 동안 더 그 오두막집에 머물며 그들의 대화를 들었다. 그것은 너무나 매혹적인 장면이어서, 당장 우리의 오두막집으로 달려가 플래시 카메라를 가져오고 싶은 충동을 느꼈다. 그러나 '어쩌면 내 생각은 이기적인지도 모르며, 킹 조지와 그의 동료들이 나에게 관대하게 베푼 호의를 배반하는 것 같다.'라는 생각이 들었다. 나는 그들과 함께 있는 것만으로도 만족스러워하며 그 오두막집에 새벽까지 앉아있었다.

6. 바리마강의 뱃노래

우리가 마자루니에서 돌아왔을 때 조지타운은 각별히 매력적으로 보였다. 우리는 '통조림 캔에서 바로 꺼낸 것도 아니고 직접 요리하지도 않은 식사를 하고, 퀴퀴한 냄새가 나는 킷백kitbag[1] 밑바닥에서 꺼낸 축축하고 쭈글쭈글한 담요를 덮은 채 해먹 속에서 몸을 웅크리는 대신 새하얀 시트가 덮인 침대 위에 발 뻗고 눕는다.'라는 생각에 가슴이 부풀었다. 그러나 우리는 할 일이 산더미처럼 많았다. 신선한 식량을 구입하고 다음 탐사계획을 짜는가 하면, 촬영한 필름을 분류하고 다시 포장해 봉인한 후 시내의 냉장보관소에 맡겨야 했다. 동물들은 팀 비날이 준비해 놓은 크고 영구적인 우리로 옮겨야 했고, 그 중 일부는 이미 개미핥기를 보살피고 있으며 '후디니와 블랙큐어로소를 임시로 맡아 주겠다.'라고 제안한 조지타운 동물원에 보내야 했다.

우리가 다음으로 탐사할 곳은 가이아나 최남단의 아마존분지 가장자리에 있는 오지였다. 그곳에서는 두 명의 선교사가 매우 원시적이고 흥미로운 아메리카 원주민 부족과 함께 살면서 활동하고 있었다. 그들에게 가

---

1 군인 등이 드는, 천으로 된 긴 가방(또는 배낭). - 옮긴이주

　　　　　　　　데이비드 애튼버러의 동물 탐사기

는 방법은 하나밖에 없었는데, 그것은 숲으로 걸어가는 — 그러려면 왕복 6주가 소요되었다 — 대신 수륙양용기를 타고 부족의 거주지에서 약 80킬로미터 떨어진 지점에 착륙해 선교사들이 무선 전신을 통해 주선한 카누와 짐꾼을 만나는 것이었다. 지금까지 말한 것은 우리의 당초 계획이었다. 그러나 당황스럽게도, 우리는 지난 3주 동안 선교사와 조지타운 간의 무선 전신이 두절되었다는 사실을 알게 되었다. 그들의 무선 전신장비가 고장난 게 분명했으므로 그들에게 우리의 도착을 알릴 방법이 전혀 없었다. 사전준비 없이 아마존분지의 오지에 착륙한다는 것은 안내인, 짐꾼, 그 밖의 어떠한 운반수단도 없이 사람이 살지 않는 숲에 고립된다는 것을 의미했다.

그러나 우리는 이미 대안을 구상하고 있었다. 우리는 한 광산업체의 관리인으로부터 연락을 받았는데, 그 내용인즉 "가이아나 북부 아라카카 Arakaka에 있는 우리 회사의 탐사캠프 주변 숲에 동물이 많고 탐사캠프에도 길든 동물들이 여러 마리 있는데, 여러분이 원하신다면 기꺼이 제공하겠습니다."라는 거였다.

우리는 지도를 살펴봤다. 아라카카는 바리마강Barima River의 기슭에 자리잡고 있었는데, 그 강은 가이아나의 북쪽 국경선과 거의 평행을 이루며 흐르다가, 북서쪽으로 방향을 틀어 오리노코강 어귀로 빠져나갔다. 지도에 의하면 두 가지 중요한 사실이 더 있었다. 첫째, 아라카카에서 하류 쪽으로 80킬로미터 내려간 곳에 '에버라드산Mount Everard'이라는 글씨와 함께 빨간색 비행기 표시가 조그맣게 인쇄되어 있었다. 이는 우리가 최소한 수륙양용기를 이용해 그곳에 도착할 수 있다는 것을 의미했다. 둘째, 바리마강의 남쪽 둑을 따라 빨간색 동그라미들이 죽 늘어서있는데, 이는 소규모 사금 채취장들이 많다는 것을 의미했다. 우리는 이러한 사실로부터 '강변에는 교통량이 상당하므로 우리를 에버라드산에서 아라카카로 데려다줄 교통편을 손쉽게 구할 수 있을 것'이라고 추론했다.

우리는 추가 정보를 입수했다. 항공사에 문의해 보니 "향후 2주 동안 전세 낼 수 있는 수륙양용기는 다음날 출발하는 것밖에 없다."라고 했고, 부두에서는 "바리마강의 어귀 근처에 있는 작은 마을 모라완나Morawhanna 에서 여객선이 12일 후 조지타운으로 출발한다."라고 했다. 그러므로 아라카카에 갈 생각이라면 다음날 출발해야 했다. 그러나 불행하게도 광산 업체의 관리인에게 연락을 취할 방법이 없었다. 그가 조지타운의 회사와 접촉하는 수단은 무선전화뿐이었는데, 그는 회사에 전화를 걸 수 있지만 회사에서는 그에게 전화를 할 수 없었기 때문이다. 그래서 우리는 그가 다음에 전화를 걸 때 전달되기를 바라며, 광산업체 사무실에 "3~4일 후 아라카카에 도착할 예정입니다."라는 전갈을 남겼다. 우리는 모라완나에서 조지타운으로 돌아오는 여객선 SS 타폰SS Tarpon을 예약하고 수륙양용기를 대절했다.

다음날 우리는 에버라드산으로 가는 비행기 안에서 '이 다소 성급하고 즉흥적인 계획이 우리를 아라카카에 데려다 준 후 적당한 기간 내에 조지타운으로 귀환시켜 줄까?'라는 의문을 품었다. 한 시간 동안 비행한 후 조종사가 어깨 너머로 우리에게 소리쳤다. "이 부근에서," 그의 고함소리가 엔진의 으르렁거림을 압도했다. "산이라고 부를 만한 것은 저것밖에 없어요." 그는 납작한 해안평야의 숲 위로 15미터쯤 솟은 조그만 언덕을 가리켰다. 언덕 바로 너머로 바리마강이 흐르고 있었고, 강기슭에는 110킬로미터를 지나오는 동안 우리의 눈에 처음 들어온 조그만 집 몇 채가 옹기종기 모여있었다.

조종사는 가파른 강둑으로 비행기를 몬 후 강에 내려앉을 준비를 했다.

"반드시 저 아래에 누군가가 있어야 할 텐데." 그가 우렁차게 말했다. "만약 아무도 없다면 비행기를 계류할 수도 없고 당신들을 카누에 태워 강

데이비드 애튼버러의 동물 탐사기

변으로 데려갈 수도 없을 테니, 우린 다시 이륙해서 왔던 길로 되돌아가야 하거든요."

"저런 엄청난 말을 이제서야 하다니!" 하를레스가 중얼거렸다.

비행기가 흔들리며 수면을 스치는 순간, 우리는 다행스럽게도 창가에 솟구친 물보라 사이로 둑 위에 서있는 한 무리의 남자들을 발견했다. 이제 최소한 비행기에서 내릴 수는 있었다. 조종사는 엔진을 끈 후 그 남자들에게 카누를 가져오라고 소리쳤다. 우리는 모든 장비를 비행기에서 내려 카누에 싣고 강둑으로 노 저어 갔다. 비행기는 굉음을 내며 이륙한 후 날개를 기울여 우리에게 행운을 빌고는 사라졌다.

에버라드산의 마을은 강둑에 자리잡은 제재소 주변에 모인 6채의 판잣집만으로 이루어져 있었다. 조선대slipway[2] 바로 옆에는 상류에서 벌목된 후 제재소까지 흘러내려 온 거대한 통나무가 진흙으로 뒤덮인 채 산더미처럼 쌓여있었다. 강둑 자체는 연어 빛깔의 향긋한 톱밥이 원뿔 모양으로 덮여 있었다. 동인도 출신의 제재소 작업반장은 하늘에서 느닷없이 내려온 우리를 보고서도 전혀 놀란 기색을 보이지 않았고, 그저 공손하게 하룻밤 동안 묵을 빈 오두막집으로 우리를 안내했다. 우리는 그에게 감사를 표하고, 다음날 아침 아라카카를 향해 올라갈 배가 있냐고 물었다. 그는 챙 달린 야구모자를 벗으며 머리를 긁적였다.

"아뇨," 그는 말했다. "여기 배는 베를린 그랜드Berlin Grand가 전부거든요." 그는 돛을 접은 채 강둑 옆에 놓여있는 대형 외돛단배를 가리켰다. "저 배는 내일 목재를 싣고 조지타운으로 떠날 거지만, 혹시 2~3일 후에 다른 배가 지나갈지도 몰라요."

우리는 오두막집에 편안히 앉아, 만에 하나 오래 머물게 될 경우에 대

---

2 선박을 진수 또는 상가上架 시킬 때 올려놓을 수 있도록 만들어진 구조물. - 옮긴이주

한 대비책을 세웠다. 저녁을 먹은 후에는 땅거미가 지는 가운데 강으로 내려갔는데, 베를린 그랜드를 향해 다가가던 중 선장의 부름을 받았다. 그는 기골이 장대한 아프리카계 노인으로, 기름 묻은 셔츠와 바지 차림으로 갑판에서 등을 돛대에 기대고 있었다. 우리는 그의 권유에 따라 갑판으로 올라가 다른 3명의 선원들을 만났다. 그들은 모두 카리브해 출신으로 선장과 함께 앉아 저녁의 선선함을 즐기고 있었다. 우리는 그들과 합석해 앞으로 바리마강에서 하게 될 일을 설명했다. 그러자 그들은 자신들이 하는 일 —톱질해 만든 널빤지를 조지타운으로 실어나른 다음, 제재소에서 사용할 물품을 싣고 돌아오는 일 —에 대해 이야기했다.

그들은 가이아나의 피진어가 아니라 카리브어의 풍부한 방언으로 이야기했으며, 덜 흔한 단어를 선택해 적절히 구사함으로써 카리브어 대화에 생동감을 불어넣었다. 나는 시에라리온을 여행했을 때 북소리와 노랫소리를 많이 녹음해 와, 전 세계의 전통음악이 보관된 BBC 라디오의 음향 라이브러리에 제공한 적이 있었다. 나는 문득 카리브해 지역의 칼립소 calypso[3]를 수집할 기회가 있을지도 모른다는 생각이 들었다.

"오래된 뱃노래를 많이 아나요?" 내가 물었다.

"뱃노래요? 그렇고말고요, 많이 알죠." 선장이 말했다. "사실 나의 예명은 로드 루시퍼 Lord Lucifer 예요. 루시퍼란 악마를 말하는데, 내가 이 이름을 예명으로 정한 이유는 내 속에 올바른 영혼이 임재했을 때 스스로 악마 같은 사람이 되었기 때문이에요. 그리고 일등 항해사는 나보다 훨씬 더 많은 레퍼토리를 보유하고 있는데, 그 이유는 나보다 훨씬 더 많이 덤불 속을 걸었기 때문이에요. 그의 이름은 그랜드 스매셔 Grand Smasher 인데, 뱃노래 좀 들어 볼래요?"

---

3 카리브해의 민속음악. - 옮긴이주

"물론이죠. 녹음도 하고 싶어요." 내가 말했다. 로드 루시퍼와 그랜드 스매셔는 돌아서서 잠깐 동안 쑥덕거린 후 나를 돌아다봤다.

"좋아요, 나리." 로드 루시퍼가 말했다. "우리 둘이서 노래를 부를게 요. 그런데 당신도 알다시피 좋은 노래가 떠오르질 않아요. 아무래도 윤활유를 좀 쳐야겠어요. 혹시 돈 좀 가진 거 있어요?"

나는 2달러를 내놓았다. 로드 루시퍼는 공손한 미소를 지으며 돈을 받아 쥔 후 선원 중 한 명을 불렀다.

"이 돈을" 그는 엄숙하게 말했다. "제재소의 미스터 칸Mister Kahn에게 갖다 바치고, 베를린 그랜드를 찬양하며 이렇게 말하게." 그의 목소리는 속 삭임으로 바뀌었다. "'우리는 럼rum을 공급받아야 해요.'라고 말이야."

그는 나를 보고 씩 웃었는데, 치아가 다 빠져있었다.

"내 안의 영혼이 감응하면 나는 강력한 가수가 될 거예요."

갑판원이 윤활유를 가지러 간 동안 나는 녹음장비를 설치했다.

5분 후 갑판원이 다시 나타나 슬픈 소식을 전했다.

"미스터 칸이 그러는데," 그는 말했다. "럼이 다 떨어졌대요."

로드 루시퍼는 깊은 한숨을 내쉰 후 눈알을 굴렸다.

"그럼 대체연료를 사용해야겠군." 그는 말했다. "미스터 칸에게 루비 와인Ruby Wine을 2달러어치만 달라고 하게."

잠시 후 심부름꾼이 여러 개의 술병을 움켜쥐고 돌아와 갑판 위에 줄줄 이 늘어놓았다.

그랜드 스매셔는 1병을 집어들고 언짢은 표정으로 들여다봤다. 지나치 게 꾸민 라벨의 한복판에는 어울리지 않게 레몬, 오렌지, 파인애플 더미 를 묘사한 거친 색상의 문양이 그려져 있었다. 문양 위쪽에는 빨간색 대 문자로 "루비 와인"이라는 단어가 인쇄되어 있었고, 아래에는 까만색 작은 글씨로 매우 신중하게 "포트 타입Port-type"[4]이라고 인쇄되어 있었다.

"유감스럽지만, 우리 같은 놈들이 발동을 제대로 걸리려면 이런 걸 많이 마셔야 해요." 그는 변명조로 말했다.

그는 그 병의 코르크 마개를 따서 로드 루시퍼에게 건네고 자기 것도 하나 땄다. 그러고는 순교자처럼 대담하게 윤활유를 치기 시작했다.

로드 루시퍼는 손등으로 입을 닦은 후 헛기침을 했다.

> 나는 어린 시절부터 고함을 지르기 시작했고
> 그들이 일work이라고 부르는 것을 전혀 좋아하지 않았다네.
> 돌아가신 할아버지는 나를 바라보며 일터로 가셨고
> 돌아가신 할머니는 일터에서 돌아오며 나를 바라보셨다네.
> 그리고 돌아가신 삼촌은 나를 바라보며 트럭을 몰고 일을 나가셨다네.
> 그래서 나를 일터로 데려가는 사람을 본 적이 없다네.

우리는 박수갈채를 보냈다.

"이거보다 더 좋은 노래를 알고 있어요, 나리." 그가 겸손하게 말했다. "그런데 아직 기억이 나지 않아요."

그는 또 1병을 땄고, 더 좋은 노래들을 부르기 시작했다. 그중 상당수는—내가 알기로—이미 출판된 서인도제도 원주민 민요 모음집에 수록된 것이었다. 출판된 노래의 가사는 약간 무기력하고 일관된 주제가 결여된 듯했다. 그러나 로드 루시퍼의 버전은 상당히 달랐다. 그것은 출판된

---

4 포트 와인Port Wine이란 발효 중인 와인에 브랜디를 첨가한 포르투갈산 달달한 주정酒精 강화 와인으로, 셰리Sherry와 함께 세계 2대 주정 강화 와인으로 꼽힌다. 종류로는 만들어진 지 얼마 안 된 와인을 블렌딩한 루비Ruby 포트, 여러 빈티지 와인을 블렌딩해 4~5년 동안 오크통에서 숙성한 토니Tawny 포트, 나무통 속의 숙성 기간이 최소 7년 이상으로 포트 와인 중 가장 높은 가격대인 콜헤이타Colheita 등이 있다. – 옮긴이주

베를린 그랜드에서 뱃노래를 녹음하는 장면

노래의 오리지널 버전임이 분명했지만 끔찍할 정도로 외설적이었다. 그래서 나는 강변에서 그들이 부르는 노래를 들으며 민요 수집가의 기발함에 혀를 내둘렀다. 그는 가사를 어렵사리 비틀고 다듬어 출판 가능한 버전으로 재탄생시킨 것이었다.

어둠이 내리고 밤이 깊어가도록 선원과 로드 루시퍼의 노래는 계속되었다. 개구리의 합창이 개굴개굴하는 반주가 되었다. 그는 루비 와인을 더 가져오라고 갑판원을 보냈다. 우리는 노래를 통해 '모기가 모래파리 sandfly[5]의 딸과 결혼하면 어떻게 되는지'와 '타이니 맥터크의 아버지에 얽힌 사연'을 알게 되었다. 로드 루시퍼의 노래에 따르면 마이클 맥터크는

---

5 *Phlebotomus*속, *Lutzomyia*속, *Psychodopygus*속 등에 속하는 2~3밀리미터 크기의 야행성 흡혈곤충으로 흑열병, 피부레슈마니아증을 유발하는 병원체 매개에 관련되어 있다. - 옮긴이주

강의 항해사 겸 '위대한 덤불의 지배자'였다.

루비 와인의 공급은 줄어들고 있었지만 더 이상의 윤활유는 불필요한 듯 보였다. 로드 루시퍼와 그랜드 스매셔는 어느덧 한 목소리로 노래하고 있었다.

> 어머니, 나는 당신이 싫어졌어요, 아-하
> 단지 당신이 정숙하지 않기 때문에, 아-하
> 내가 모래사장을 따라 걸어갈 때마다,
> 당신이 웬 양키 놈하고 눈이 맞아 사랑하는 소리가 들리거든요.

우리는 벌떡 일어나, 그만 가 봐야 한다고 설명했다.

"안녕히 주무세요, 나리." 로드 루시퍼가 상냥하게 말했다.

우리가 건널판gangplank[6]으로 뒤뚱거리며 걸어 내려와 오두막집으로 향하는 동안에도 로드 루시퍼의 노래는 계속되었다.

다음날 아침, 부두는 텅 비어있었다. 베를린 그랜드는 새벽에 크랩우드crabwood[7], 모라나무, 자심목 목재를 싣고 조지타운으로 떠났다. 마을은 황량했고, 제재소는 후텁지근한 열기 속에서 더위에 지친 듯 조용했다. 우리는 그물을 손에 들고 그곳에 에버라드산이라는 이름을 부여한 작은 언덕으로 올라가 혹시 수집할 만한 동물이 있는지 살펴봤다. 작열하는 태양 아래서 꿈틀거리는 것은 아무것도 없었다. 언덕의 한편에서 가위개미leaf-cutting ant의 거대한 굴이 무질서하게 뻗어 나오며 경사면을 개미길의 네트워크에 편입했지만, 개미는 1마리도 보이지 않았다. 간혹 부스럭거리는 소리가 나서 돌아보면 풀 속을 지나가는 도마뱀의 꼬리가 언뜻 보일 뿐이

---

6 배와 육지 사이에 다리처럼 걸쳐 놓은 판자. - 옮긴이주
7 멀구슬나무과Meliaceae에 속하는 남아메리카산 목재용 나무. - 옮긴이주

었다. 앞에서는 몇 마리의 나비가 느릿느릿 부자연스럽게 날고 있었다. 귀뚜라미 소리도 들렸지만, 그 외에는 어떠한 생명의 징후도 보이지 않았다. 만약 에버라드산에 오랫동안 고립된다면, 제재소에서 나와 숲속으로 훨씬 더 깊이 들어가야 동물을 찾을 수 있을 것 같았다.

오후 늦은 시간에, 멀리서 들려오는 엔진의 부르릉 소리가 음울한 적막감을 깨뜨렸다. 우리는 '배에서 나는 엔진 소리인지도 모른다.'라고 생각하고, 아라카카를 향해 상류로 여행할 기회가 생겼는지 알아볼 요량으로 부두로 달려 내려갔다. 부르릉 소리는 점점 더 커졌고, 조그만 통나무 카누가 강굽이를 돌자마자 엄청난 속도로 돌진해 왔다. 배는 막판에 커다랗고 특이한 곡선을 그리며 화려한 선수파bow-wave[8]를 일으켰다. 운항이 마무리되고 엔진이 꺼지며, 보트는 부두로 솜씨 있게 미끄러져 들어왔다. 러닝셔츠, 반바지, 흰 천으로 만든 챙 없는 모자 차림의 말쑥한 동인도 출신 소년 2명이 보트에서 내렸다.

우리가 먼저 자신을 소개했다.

"나는 알리Ali고요," 한 소년이 응답했다. "쟤는 랄Lal이에요."

"우리는 아라카카에 가려고 해." 잭이 말했다. "우리를 거기에 데려다줄 수 있니?"

둘 중 대변인 격인 알리가 유창하게 설명하기를, 나무를 베기 위해 상류로 가는 중이지만 아라카카까지 갈 예정은 아니라고 했다. 게다가 짐을 더 실으면 속도가 느려질 뿐 아니라 자칫 침몰할 위험이 높아진다고 했다. 그건 그렇고, 아라카카에 갈 만한 연료를 갖고 있지 않으며, 설사 아라카카에 가더라도 돌아올 수가 없을 거라고 했다. 쉽게 말해서 불가능하다는 것이었다.

---

8 배가 운항할 때, 배의 앞머리에 이는 파도. - 옮긴이주

"그러나," 알리는 급히 단서를 붙였다. "만약 아저씨가 달러를 많이 갖고 있다면 고려해 볼 수 있어요."

잭은 고개를 절레절레 흔들며 보트가 너무 작다고 지적했다. 게다가 덮개가 없기 때문에 우리의 장비가 비를 맞아 망가질 수 있다고 생각하니 아라카카에 가고 싶은 생각이 싹 사라졌다고 말했다. 알리와 랄은 그의 말에 동감했고, 우리 모두는 부두 위의 톱밥 더미에 머리를 맞대고 앉아 본격적인 협상에 들어갔다. 마침내 알리는, 손해 보는 셈 치고 다음날 아침 단돈 20달러를 받고 우리를 아라카카까지 실어나르는 데 동의했다.

그날 밤에 엄청난 폭풍우가 들이닥쳤다. 오두막집의 지붕을 때린 비가 초가지붕의 구멍으로 흘러들어와 마룻바닥으로 떨어졌다. 기록장치를 건조한 장소에 보관해야 한다고 생각한 하를레스는 '폭풍우의 소음 때문에 어차피 잠을 망쳤으므로, 다음날 덮개 없는 카누에서 비슷한 폭우를 만날 경우를 대비해 비닐봉투로 밀봉해야겠다.'라고 결정했다.

다음날 아침, 여행은 물건너간 것처럼 보였다. 왜냐하면 알리의 카누가 전날 밤의 비로 가득 차서 가라앉았기 때문이다. 강바닥에 가라앉은 카누와 엔진은 수심 1미터 20센티미터의 물에 잠겼을 터였다. 그러나 백절불굴의 의지로 똘똘 뭉친 알리와 랄은 이미 구조작전을 시작한 상태였다. 그들은 어찌어찌해서 뱃머리를 둑으로 끌어냈다. 랄이 물을 퍼내는 동안 알리는 엔진을 분리해 강가로 끌어냈다. 엔진 곳곳에서 물이 쏟아져 나왔다. "모든 일이 잘 되면," 알리는 말했다. "곧 작동할 거예요."

그들은 태연하게 엔진을 분해하기 시작했다. 기계 쪽에 상당한 지식을 가진 하를레스는 의구심을 품었다. "척 보면 모르겠어?" 그는 말했다. "점화코일이 흠뻑 젖었잖아. 저게 완전히 마를 때까지는 시동이 걸리지 않는다고."

"모든 일이 잘 되면," 알리가 꿈쩍도 하지 않고 다시 말했다. "우리는 고칠 수 있어요." 그는 물이 뚝뚝 떨어지는 코일을 떼어낸 후 불 위로 가져가 달궈진 금속판 위에 올려놓았다. 다음으로, 그는 엔진에서 점화플러그를 분리해 다른 부품들과 함께 휘발유 속에 담그고 불을 붙였다. 다른 탈착식 부속품들을 모두 떼어 내서 햇볕에 말리기 위해 랄의 러닝셔츠 위에 늘어놓았다. 하를레스에게 이 모든 과정은 끔찍이 매혹적인 것 같았다. 그는 땅바닥에 앉아 유심히 지켜보다가, 자기에게는 완전히 새로운 접근방법의 기계수리에 간혹 도움을 주곤 했다.

엔진이 재조립되는 데는 2시간도 채 걸리지 않았다. 알리가 시동끈을 요란하게 잡아당기자, 놀랍게도 엔진이 으르렁거리며 되살아났다. 알리는 엔진을 끄며 말했다. "이제 준비됐어요."

카누의 크기에 대한 우리의 우려는 기우가 아니었다. 왜냐하면 짐을 모두 적재한 후 카누에 올랐을 때, 건현freeboard[9]이 1인치 미만이었기 때문이다. 우리 중 하나가 아주 조금만 움직여도 강물이 갑판으로 넘쳐 흐르기에 충분했다. 따라서 그날의 여행은 약간 거북했다. 너무 답답한 데다 자세가 경직되어, 우리는 몇 시간 후 극도의 통증을 느꼈다. 그럼에도 불구하고 아라카카로 가고 있었기 때문에 매우 행복했다.

심지어 이동하는 도중에도, 우리는 마자루니분지에서 봤던 것보다 더 많은 동물의 징후를 발견했다. 모르포나비morpho butterfly는 매우 흔했고, 근처에서 뱀들이 헤엄치고 있는 것을 두 번이나 목격했다. 그러나 카누가 뒤집힐까 봐 두려워, 그들을 바라보기 위해 고개를 약간 숙일 수 있을 뿐이었다. 우리는 둑 위 숲속의 작은 공터를 간간이 지나쳤는데, 그럴 때마다 반라의 아프리카인이나 동인도인 서너 명이 우두커니 서서 지나가는 우리를 물끄러미 바라봤다. 둑 아래의 강물에 떠있는 통나무는 그들이 숲

---

9 배에 짐을 가득 실었을 때 수면에서 상갑판 위까지의 수직 거리. - 옮긴이주

에서 베어 뗏목으로 엮은 것으로, 조만간 제재소로 떠내려갈 채비를 갖춘 듯했다. 알리와 랄은 큰 소리로 인사를 건넸고, 우리는 엎드린 채 엉금엉금 기는 자세로 소리만 질렀다. 작은 모터보트가 옆을 고속으로 스치고 지나간 지 몇 분 동안, 우리는 그 여파가 카누를 위아래로 흔들다가 완전히 집어삼킬까 봐 전전긍긍했다.

우리는 오후 늦게 작은 마을에 도착했다. 그 마을은 쾌적하고 활기차 보였다. 강둑의 무성한 풀밭에는 카사바와 파인애플 경작지가 조성되어 있었고, 튼튼히 지어진 오두막집 사이에서는 크고 날씬한 코코스야자coconut palm가 자라고 있었다. 강둑에서는 아메리카 원주민들이 일렬로 늘어서서 우리를 지켜보고 있었다. 그들 뒤에 버티고 선 2명의 키 큰 아프리카인들이 그들을 왜소해 보이게 만들었다.

우리는 강둑에 정박한 후 카누에서 내렸다. 5시간 동안 여행한 후 다리를 펴고 몸을 다시 자유롭게 움직일 수 있는 기회를 얻게 되어 기분이 좋아졌다.

알리는 짐을 내리기 시작했다.

"이 마을의 이름은 코리아보Koriabo예요." 그가 말했다. "아라카카에 가려면 여기서 5시간 동안 상류로 더 올라가야 해요. 우리는 당신들을 더 이상 태워 줄 수 없어요. 내 생각에, 만약 더 이상 운항하면 카누가 가라앉을 것 같아요. 이 마을에는 모터보트를 가진 남자가 있으니, 그가 당신들을 아라카카까지 데려다 줄 거예요. 20달러 돌려줄게요." 놀랍게도 그는 10달러짜리 지폐 2장을 우리에게 내놓았다. "아니야," 잭은 말했다. "절반을 데려다줬으니 10달러는 너희 거야."

알리는 잭에게 살짝 미소를 보냈다. "고마워요," 그는 말했다. "이제 우리는 나무나 베러 갈게요." 그러고는 랄을 뱃머리에 앉힌 채 카누를 강둑에서 밀어냈다. 무거운 짐에서 벗어난 작은 배는 강을 따라 다시 한번

쏜살같이 내달리더니 강굽이를 돌아 사라졌다.

두 명의 아프리카인 중에서 더 큰 사람이 우리를 향해 걸어왔다.

"내 이름은 브린슬리 맥러드Brinsley McLeod예요." 그가 말했다. "내가 모터보트를 가지고 있는데, 10달러를 받고 당신들을 아라카카까지 태워다 줄 수 있어요. 오는 길에 아마 보았을지 모르겠지만, 그 배는 오늘 아침 에버라드산으로 휘발유를 넣으러 내려갔는데 내일 돌아오면 당신들을 데려다 줄게요." 우리는 그의 제안을 흔쾌히 받아들이고, '다음날, 이른 오후에 우리를 스쳐갔던 강력하고 널찍한 보트에 몸을 싣고 여행을 떠난다.'라는 생각에 만족하며 우리에게 배정된 오두막집으로 갔다.

다음날 아침 식사를 마쳤을 때, 다른 아프리카인이 우리를 방문했다. 그는 맥러드보다 나이가 상당히 많았고, 얼굴에 상처와 깊은 주름이 있었다. 흰자위에 핏발이 서있고 황달기가 있는 눈이 왠지 야성적으로 보였다.

"브린슬리는 거짓말쟁이예요." 그가 위협조로 말했다. "그의 보트는 오늘도, 내일도, 모레도 오지 않을 거예요. 보트에 승선한 사람들은 에버라드산에 머물며 럼주를 마실 거예요. 그런데 아라카카에 가고 싶어 하는 이유가 뭐죠?"

"우리는 동물을 수집하고 있어요." 내가 말했다.

"이봐요," 그는 어렴풋이 말했다. "말썽쟁이 야생동물을 잡기 위해서라면, 굳이 아라카카에 갈 필요는 없어요. 이곳의 덤불 속에 있는 나의 사금 채취장에는 야생동물이 수두룩한데, 그중에는 아나콘다, 앨리게이터, 라바리아뱀labaria snake[10], 영양, 시끈가오리numb fish가 있어요. 그놈들은 나에게 아무런 쓸모가 없으니까 얼마든지 잡아가도 돼요. 왜냐하면 나를 골탕 먹이기 때문이에요. 한마디로 유해동물이거든요."

---

10 남아메리카 북부의 저지대에 서식하는 맹독성 뱀으로 페르드랑스*fer-de-lance*라고도 함. - 옮긴이주

"시끈가오리라고요?" 잭이 물었다.

"전기뱀장어를 말하는 건가요?"

"맞아요, 아주 많아요." 그는 열띠게 말했다. "작은 놈도 있고 큰 놈도 있는데, 어떤 놈은 카누보다도 커요. 그놈들은 강력한 유해동물로, 기다란 고무장화를 신지 않으면 보트를 통해 당신들을 감전시킬 수 있어요. 나는 그놈에게 감전되어 갑판에 나동그라진 적이 있어요. 3일 동안 정신을 잃고 보트에 누워있다가 일어났어요. 다시 말하지만, 내 사금 채취장에 있는 놈들을 다 잡아가도 돼요. 만약 그놈들을 보고 싶다면 지금 당장 안내할게요."

우리는 부리나케 아침을 먹고 그를 따라 카누가 있는 곳으로 갔다. 상류로 올라가는 동안, 그는 자신에 대해 더욱 자세히 이야기했다. 그의 이름은 세타스 킹스턴Cetas Kingston이었고, 평생 동안 가이아나의 숲에서 금과 다이아몬드를 채굴해 왔다. 때로 뜻밖의 횡재를 했지만, 돈은 언제나 번개처럼 사라졌으므로 늘 가난했다. 그는 몇 년 전에 발견한 금광으로 우리를 안내하고 있었다. 그에 의하면, 그것은 정말로 훌륭한 금광이므로, 몇 년 내에 큰 돈을 벌면 덤불 속에서 금 캐는 일을 그만두고 해안 지방에 정착해 안락한 여생을 보낼 거라고 했다.

우리는 강의 본류를 벗어나 지류로 접어들어, 이윽고 질퍽질퍽한 강둑에 박힌 말뚝을 향해 노를 저어 갔다. 말뚝 꼭대기에 못으로 박힌 직사각형의 양철판에는 페인트로 "광산명鑛山名 HELL. 조광권자租鑛權者 C. 킹스턴"이라고 휘갈겨져 있고, 그 아래에는 허가번호와 날짜가 적혀 있었다.

우리는 카누에서 내려, 세타스를 따라 좁은 길을 지나 덤불 속으로 들어갔다. 10분 후 숲의 그늘을 벗어나 양지바른 곳으로 나갔는데, 나무들이 베어진 자리에 불완전한 골조로 된 커다란 오두막집이 세워져 있었다.

세타스는 돌아서서 이글거리는 눈으로 우리를 쳐다봤다. "이 땅에는 전부," 그는 팔을 휘저으며 말했다. "금이 매장되어 있어요. 여기에서 나오는 사금은 모두 고품위예요. 앞으로 5년 동안 이런 금광을 찾기 힘들 거예요. 1미터쯤 파 내려가면 빨간색 금가루가 나오는데, 피보다 더 빨개요. 그건 순수한 금이고, 내가 할 일은 마구 캐내는 것밖에 없어요. 직접 보여줄 테니 잠깐만 기다려요."

그는 가져온 장삽을 쥐고, 미친 듯이 조그만 구덩이를 파기 시작했다. 그는 혼잣말을 중얼거리며 거칠게 삽질을 했다. 피곤한 얼굴에서 땀방울이 떨어져 셔츠를 적셨다. 마침내 그는 삽을 내던지고, 구멍의 밑바닥을 손으로 더듬었다. 그리고는 녹슨 쇠 빛깔의 자갈 한줌을 꺼냈다.

"여기 보다시피," 그는 쉰 목소리로 말했다. "피보다 붉어요." 그는 집게손가락으로 그것을 내밀고는 우리를 거의 무시한 채 횡설수설했다. "비록 난 늙었지만, 2명의 아들이 있어요. 걔네들은 건강한 아이들이니, 장사를 배우지 말고 여기에 와서 사금을 캐게 할 거예요. 그리고 나와 함께 판잣집 주위에 카사바와 파인애플과 라임을 심고, 일꾼들을 모집해 사금을 캐낸 후 정제해서 금을 얻을 거예요."

그는 말을 멈추고, 손에 든 자갈을 다시 구덩이에 던진 후 일어섰다.

"이제 코리아보로 돌아가야겠어요." 그는 낙심한 듯 오솔길을 따라 내려가 카누로 걸어갔다. 그는 우리에게 동물을 보여주기 위해 광산에 왔다는 사실을 까맣게 잊은 듯했다. 아마도 갑자기 '내 발 밑에 금이 매장되어 있지만, 평생 동안 꿈꿔 온 어마어마한 재산을 만져보지도 못하고 죽을지 모른다.'라는 불안감에 사로잡힌 것 같았다.

7. 흡혈박쥐와 거티

다음날 아침, 브린슬리가 우울한 소식을 갖고 우리를 찾아왔다. 지난 밤에 그의 모터보트가 고장났다는 거였다. 모터가 제대로 작동하지 않았으므로, 그가 우리를 아라카카로 데려다주는 것은 이유여하를 막론하고 불가능하게 되었다. 하지만 우리는 별로 속상해하지 않았다. 코리아보는 매우 쾌적한 마을인 데다 주민들도 친절하고 잘 도와줬으며, 주변의 숲에서 야생동물의 징후가 많이 발견되었기 때문이다.

더욱이 그 마을에는 길든 동물들이 우글거렸다. 최고의 애완동물 사육가는 '마마Mama'라는 사랑스러운 별명을 가진 할머니였다. 그녀의 오두막집은 그야말로 작은 야생동물원이었다. 지붕 위에서는 초록색 아마존앵무Amazon parrot가 깡총깡총 뛰어다니고, 처마 밑에서 흔들리는 작은 가지로 엮어 만든 새장 속에서는 푸른풍금조blue tanager가 날개를 퍼덕이며 노래하고, 모닥불 잿더미 속에서는 1쌍의 지저분한 마코앵무새 새끼들이 실랑이를 벌이고, 어두컴컴한 실내에서는 허리에 밧줄이 감긴 꼬리감는원숭이 1마리가 출몰했다.

우리가 오두막집의 계단에 앉아 마마와 이야기를 나누고 있을 때, 바로 아래의 덤불 속에서 돼지 멱따는 듯한 킥킥 소리가 들렸다. 뒤이어 풀밭이 갈라지며, 돼지 비슷하게 생긴 커다란 동물 2마리가 근엄하고 묵직한 발걸음으로 다가왔다. 그들은 1미터 이내의 거리에서 멈추더니, 땅바닥에 쭈그리고 앉아 우리를 업신여기듯 쳐다봤다. 처음에는 주둥이가 없는 것처럼 보였지만, 사실은 코가 너무 뭉툭해서 옆에서 보면 거의 직사각형이었다. 그런 용모가 극도로 거만한 모습을 연출했지만, 그들의 위엄은 부적절한 킥킥 소리 때문에 반감되었다. 그들의 이름은 카피바라^{capybara}로, 세계에서 가장 큰 설치류였다. 나는 그들 중 하나에게 손을 뻗어 토닥거리려고 했지만, 그는 갑자기 머리를 쳐들어 내 손가락을 덥석 물려고 했다.

"당신을 해치지 않을 거예요." 마마가 말했다. "그는 단지 핥고 싶어 할 뿐이거든요."

용기를 얻은 나는 그의 코를 손가락으로 조심스레 찔렀다. 그는 히힝하는 소리를 내더니, 밝은 오렌지색 앞니를 드러내며 내 손가락을 꿀꺽 삼켰다. 그가 내 손가락을 얼마나 시끄럽게 빨았던지, 나는 '그가 목구멍 속에 감춰 놓은 두 개의 뼈로 된 강판으로 내 손가락을 문지르는가 보다.'라는 생각이 들었다. 한정된 피진 영어를 구사하는 마마가 손짓발짓을 섞어가며 열심히 설명한 바에 의하면, 그녀는 2마리의 카파바라를 아주 조그만 새끼일 때 잡아 병 속에서 키웠다. 그들은 이제 거의 다 자랐지만, 주둥이 앞에서 얼씬거리는 거라면 뭐든 빨아 먹는 습관을 버리지 않았다. 마마는 그 둘의 궁둥이에 빨간색 페인트로 넓은 띠를 그려 놓았는데, 그건 그녀의 애완동물이 덤불 속에서 부스럭거릴 때 사냥꾼들의 총에 맞지 않게 하기 위한 표시였다.

"쟤네들을 촬영해도 될까요?" 우리가 물었다. 마마가 고개를 끄덕이자 하를레스는 카메라를 설치했다. 카피바라는 기본적으로 물과 육지를 자유로이 오가는 동물이며, 야생 상태에서는 많은 시간을 강에서 보내다 밤에 기어 나와 강둑의 식물을 뜯어 먹는다. 그러므로 우리는 그들이 헤엄치는 장면을 촬영하고 싶었고, 나는 그들을 꾀어 강으로 내려오게 하려고 애썼다. 그들은 힝힝 소리와 킥킥 소리를 냈지만 물가에 접근하기를 완강하게 거부했다. 그들이 미끼에 걸려들지 않자, 나는 자연사를 다룬 책에서 읽은 '카피바라는 불안해지면 물속에 들어가 나오지 않는다.'라는 구절을 생각해내고, 그들을 강으로 몰려고 노력했다. 그러나 카피바라는 마마의 오두막집 아래 그늘진 구석으로만 피신하려 했다. 나는 그들을 뒤쫓아 마을의 이곳저곳을 헐레벌떡 뛰어다니다, 무언가 알겠다는 듯 손벽을 치며 소리를 질렀다. 오두막집의 계단에 앉아있던 마마는 의아한 표정을 지었다.

"다 소용없어요," 나는 숨을 헐떡이며 하를레스에게 말했다. "저 불쌍한 애들은 너무나 오랫동안 수영하고 싶은 생각을 잊도록 길들여진 게 분명해요."

마마의 얼굴에 뭔가를 이해했다는 기색이 역력해졌다.

"수영이라고요?" 그녀는 말했다.

"맞아요, 수영이오." 나는 대답했다.

"아, 수영!" 그녀는 밝은 미소를 지으며 말했다. "아이에에에Aieee!"

그녀의 날카로운 부르짖음에 화답해, 집 아래의 흙더미에서 놀던 2명의 벌거벗은 어린아이들이 그녀에게로 달려왔다.

"얘들아, 수영해!" 그녀가 말했다.

아이들은 강가로 팔짝팔짝 뛰어 내려갔다. 우리를 무시하던 카피바라도 몸을 돌리더니, 그들을 따라 느릿느릿 걸었다. 아이들은 카피바라가 도착할 때까지 기다렸다가, 넷이 함께 물속으로 뛰어들어 물을 튀기고 몸싸움을 하기 시작했다. 아이들은 웃으며 비명을 질렀다. 마마는 엄마 같은 만족감에 젖어 그들을 지켜봤다.

데이비드 애튼버러의 동물 탐사기

강물 속에서 노는 카피바라

"나는 쟤네들을 아기일 때 모두 함께 키웠어요." 그녀는 이렇게 말하고, 넷이 태어날 때부터 늘 함께 멱을 감았기 때문에 이제는 아이들이 없으면 카피바라가 강물 속으로 들어가려 하지 않는다고 설명했다.

우리는 마마에게, 우리도 그녀와 마찬가지로 길든 동물을 좋아하며 많은 동물들을 우리 나라로 데려가기를 희망한다고 말했다. 마마는 카피바라를 물끄러미 바라봤다. "쟤네들은 덩치가 너무 커져서, 이제 더 이상 감당하기 힘들어요." 그녀가 말했다. "혹시 쟤네들을 입양하고 싶어요? 난 새로 잡으면 돼요."

잭은 그녀의 제안에 뛸 듯이 기뻐했지만 그렇게 큰 동물을 조지타운으로 운반하는 방법을 확신할 수 없었다. 결국 우리는 아라카카에서—만약 그곳에 갈 수 있다면—대형 우리를 제작한 후 강을 따라 내려올 때 데려가기로 약속했다.

　다른 많은 주민들은 애완동물과 헤어지고 싶어 하지 않았는데, 그 심정을 충분히 이해할 만했다. 일례로 한 여자는 라바[1]를 기르고 있었는데, 그것은 작고 매력적인 동물로 마치 영양의 축소 모형처럼 가느다랗고 우아한 다리를 갖고 있었다. 라바는 카피바라와 마찬가지로 설치동물이며 기니피그guinea pig의 친척이다. 주인의 무릎에 앉아 윤기 흐르는 까만 눈망울로 우리를 바라보던 라바는 크림색 점이 박힌 진한 갈색 털가죽을 갖고 있었다. 그 여자의 말에 의하면, 3년 전에 아기를 잃었는데 때마침 숲속에서 사냥하던 남편이 새끼와 함께 있는 암컷 라바를 발견했다. 그는 식량을 얻기 위해 어미를 사냥한 후 고아가 된 새끼를 아내에게 가져다줬다. 그녀는 아기 라바를 품에 안고 자기의 젖을 먹였다. 그녀는 이제 장성한 라바를 사랑스럽게 토닥이며 이렇게 말했다. "얘는 내 아기나 마찬가지예요."

━━━

　그날 저녁, 우리는 엔진이 고동치는 듯한 소리를 듣고 깜짝 놀랐다. 땅거미가 질 무렵 커다란 모터보트가 강굽이를 돌아 마을 옆에 정박하고 있었다. 동인도 출신 선장에 의하면, 그는 광산업체에 물품을 공급하고 우편물을 배달하는데 다음날 아라카카로 떠날 예정이었다. 그는 우리에게 동행하고 싶은지를 물었고 '마침내 목적지에 도착하게 되었다.'라고 생각한 우리는 그의 제안을 기꺼이 받아들였다.

　다음날 새벽, 우리는 각종 장비를 모터보트에 실었다. 우리는 마마에게 "나흘 후 카피바라를 인수하러 돌아올게요."라고 설명했고, 브린슬리는 우

1　저지대파카lowland paca의 가이아나 이름으로 점박이파카spotted paca라고도 부른다. - 옮긴이주

리에게 "보트를 수리해 놓고 기다리다 당신들이 돌아왔을 때 모라완나에 데려다줄게요."라고 약속했다. 모터보트의 공간 중 대부분을 차지한 것은 화물이었고, 다른 승객은 한 명밖에 없었다. 그 승객의 이름은 거티Gertie로, 풍만하고 쾌활한 아프리카 여자였다. 어찌되었든 우리가 보기에 공간은 충분했고, 조그만 통나무 카누와 브린슬리의 소형 모터보트에 비하면 호화로운 수준이었다. 우리 셋은 뱃머리에 편안히 누워 금세 잠들었다.

그날 오후 4시, 우리는 아라카카에 도착했다. 강에서 바라본 마을은 매력적이고 목가적인 곳이었다. 작은 집들이 높은 강둑에 한 줄로 늘어서있었고, 그 배후에는 커다란 깃털 다발처럼 보이는 대나무들이 바람에 휘날리고 있었다. 그러나 막상 정박하고 나니 매력은 사라져버렸다. 세 집 중 두 집은 럼주 가게를 겸한 상점이었고, 주민들은 그 뒤쪽의 불결하고 진창인 곳에 있는 다 허물어져 가는 판잣집에 살고 있었다.

50년 전만 해도 아라카카는 번성한 마을로 수백 명의 사람들이 살았다. 인근의 덤불 속에는 고품위 금광이 있었고, 전하는 말에 의하면 금광의 관리인들은 번화가에서 아내와 함께 마차를 타고 드라이브를 했다고 한다. 그러나 이제 금광은 모두 폐광되었고 거리에는 풀이 무성했다. 대부분의 집들은 무너지고 썩어 숲으로 뒤덮였다. 더위 속에서 서서히 썩어가는 가운데, 쇠퇴한 마을에는 해체와 퇴보의 기운이 역력했다. 한 초가집 근처에서, 담요 같은 덩굴식물에 덮인 채 풍화한 나무 탁자를 발견했다. 탁자는 식물의 뿌리에 의해 갈라지고 부서진 벽돌판 위에 놓여있고, 탁자의 다리는 부식해가는 모르타르에 아직 박혀있었다. 주민들의 말에 의하면 그곳에는 병원이 있었고 그 탁자는 영안실에서 쓰던 것이었다.

한낮임에도 불구하고 럼주 가게들은 이미 만원이었고, 오래된 축음기에서 깡통 찌그러지는 듯한 음악이 쏟아져 나오고 있었다. 우리는 한 가게로 들어갔다. 키 크고 근육질의 아프리카인 청년이 럼주가 가득 담긴 법랑 머그를 들고 벤치에 앉아있었다.

"어이, 이 마을엔 뭐 하러 왔어요?" 그가 물었다.

"동물을 수집하러 왔어요." 우리가 말했다.

"음, 여기에는 동물이 아주 많아요." 그가 말했다. "내가 쉽게 잡을 수 있죠."

"와, 굉장하군요." 잭이 대답했다. "우리에게 가져다주면 값을 후히 쳐 드릴게요. 그러나 우린 며칠 동안만 머물 예정인데, 혹시 내일 가능할까요?"

그 남자는 잭의 면전에 대고 손가락을 진지하게 흔들었다.

"내일은 절대로 안 돼요." 그는 심각하게 말했다. "왜냐하면 술 약속이 있거든요."

모터보트에 동승했던 거티가 가게로 들어왔다.

그녀는 카운터에 기대서서, 가게 주인인 중국인의 눈을 뚫어져라 바라봤다.

"아저씨," 그녀는 정색을 하고 말했다. "보트에서 들었는데, 이 동네에는 흡혈박쥐가 엄청나게 많대요. 나는 해먹에 칠 모기장을 안 갖고 왔는데 어떡하죠?"

"어, 흡혈박쥐를 걱정할 분 같지 않은데. 안 그래요, 아줌마?" 법랑 머그를 손에 든 아프리카인이 말했다.

"난 박쥐라면 딱 질색이에요." 그녀는 단호하게 말했다. "신경이 아주 예민하거든요."

그 남자가 눈을 질끈 감자, 거티는 가게 주인을 다시 쳐다봤다.

"이제, 나에게 뭘 줄 거예요?" 그녀는 히죽히죽 웃으며 말했다.

"당신에게 줄 건 없어요, 아줌마. 그러나 2달러를 내신다면 램프를 판매할 수 있어요. 그게 흡혈박쥐를 확실히 쫓아주거든요."

　　　　　　　　　　　　　데이비드 애튼버러의 동물 탐사기

"그렇군요, 아저씨!" 그녀는 거만한 태도로 말했다. "나는 재정상태가 매우 열악하다는 말을 덧붙이지 않을 수 없어요." 그녀는 크게 웃었다. "2센트짜리 양초를 주세요."

그날 저녁 늦게, 거티와 똑같은 이유 때문에 나의 신경이 거티만큼 예민해졌다. 우리는 가게 근처의 무너져가는 숙박 시설에 묵고 있었다. 잭과 하를레스는 모기장 밑으로 잽싸게 들어가 잠을 청했지만, 나는 불행하게도 모기장을 어디에 뒀는지 까먹는 바람에 지난 4일 동안 무방비 상태였다. 그래서 거티의 해결책을 감안해, 나는 해먹의 끝부분에 등유 램프를 밝혔다. 그로부터 10분 후, 내가 해먹에 누운 채 잠을 청하고 있을 때 열린 창문을 통해 박쥐 1마리가 소리 없이 날아들었다. 그놈은 해먹 위, 방 전체, 통로를 차례로 누빈 후 해먹 아래를 거쳐 창밖으로 나갔다. 그리

흡혈박쥐

고 2분 간격으로 들어와 똑같은 비행을 반복해서 나를 불안에 떨게 했다.

직접 잡아서 확인하기 전에는 흡혈박쥐라고 단정할 수 없었지만 그 상황에서는 그런 여유를 부릴 경황이 없었다. 나는 그놈의 코에서 대부분의 무해한 박쥐들에게 있지만 흡혈박쥐에게는 없는 나뭇잎 모양의 정교한 구조를 발견하지 못했다. 또한 비록 보지는 못했지만 흡혈박쥐의 전매특허로 피부 중 얇은 부위를 자르는 면도날처럼 날카로운 삼각형의 앞니 2개를 가지고 있음이 확실히 느껴졌다. 일단 상처가 나면 흡혈박쥐는 그 옆에 쪼그리고 앉아 흘러나오는 피를 다 마셔 버린다. 그놈은 희생자의 수면을 방해하지 않고 이렇게 할 수 있으므로 다음날 아침에 일어나 흡혈박쥐가 다녀갔음을 확인할 수 있는 흔적은 피에 젖은 담요뿐이다. 그러나 3주 후 희생자는 마비성 광견병paralytic rabies에 걸리게 된다.

나는 '흡혈박쥐는 빛이 비치는 곳에서 피를 빨려고 앉지 않는다.'라는 가게 주인의 말을 신뢰할 수 없었는데, 정체불명의 박쥐가 방의 먼 구석에 갑자기 내려앉아 전형적인 흡혈박쥐의 폼으로 종종걸음 치는 것을 보고 나의 의심이 맞다는 생각이 들었다. 날개를 앞팔 뒤로 접은 채 마룻바닥을 돌아다니는 모양새가 징그러운 네발거미[2]를 연상시켰다. 나는 더이상 참을 수가 없어 해먹 밑으로 손을 뻗어 장화 한 짝을 집어 들어 그놈에게 던졌다. 놈은 잽싸게 피하며 날개를 펼쳐 창 밖으로 사라졌다.

그로부터 20분도 채 안 지나 나는 흡혈박쥐에게 일종의 고마운 느낌이 들었다. 그놈 생각만 해도 잠이 오지 않는 바람에 지난 몇 주 동안 내 머리에서 떠나지 않았던 과제를 완료할 수 있었기 때문이다. 그 과제는 '남아메리카의 숲에서 들은 가장 괴상한 소리' 중 하나를 녹음하는 것이었다.

---

2 거미는 다리가 여덟 개이며, 네발거미는 없다. 만약 당신이 네발거미를 봤다면 둘 중 하나다. 다리를 두 개씩 포개어 네 개처럼 보이거나, 다리를 네 개 잃었거나. 거미가 다리를 잃는 경우는 비일비재하다. - 옮긴이주

데이비드 애튼버러의 동물 탐사기

내가 그 소리를 맨 처음 들은 것은 쿠쿠이강의 상류를 탐사할 때였다. 우리는 강가의 숲에 텐트를 친 후 나무 사이에 해먹을 걸었다. 잠을 청하고 있을 때, 나뭇잎 사이로 하늘의 별들이 반짝이고 있었고 우리를 둘러싼 덤불과 덩굴식물의 형태가 왠지 유령처럼 보였다. 바로 그때, 갑자기 정체불명의 비명소리가 점점 더 크게 고동치며 숲속에 울려 퍼지다가 점차 사그라들어 전신선을 통해 들려오는 강풍 소리 같은 신음으로 바뀌었다. 내가 아는 범위에서 그 피 말리는 듯한 소음을 낼 수 있는 동물은 짖는원숭이howler monkey밖에 없었다.

나는 수 주 동안 그 소리를 녹음하려고 노력했었다. 우리가 숲속에 머무는 동안 매일 밤 기도하는 심정으로 마이크를 파라볼라 음향반사기parabolic sound reflector에 고정하고 녹음기에 새로운 테이프를 넣었지만, 아무런 소리도 듣지 못했다. 하루는 야심한 시간에 피곤한 몸을 이끌고 텐트에 도착해서 너무 기진맥진해 녹음장비를 준비하지도 않았다. 그런데 하필이면 바로 그때, 목청껏 울부짖는 원숭이들이 나를 단잠에서 깨웠다. 나는 해먹에서 뛰어나와 미친 듯이 녹음장비를 조립하기 시작했지만, 모든 준비가 완료되어 스위치를 켜려는 순간 원숭이들의 합창은 막을 내렸다.

한번은 녹음에 성공한 줄 알았다. 원숭이들이 너무 가까운 데서 울부짖었기 때문에 고막이 터질 지경이었는데, 운 좋게도 녹음장비가 준비되어 있었다. 나는 스위치를 켜고 수 분 동안 내가 들어 본 가장 생생하고 끔찍한 울부짖음 소리를 녹음했다. 원숭이들이 두 번에 걸친 마무리 짖음final yapping bark으로 공연을 마쳤을 때, 나는 의기양양하게 테이프를 되감으며 해먹에서 잠자던 하를레스를 깨웠다. 그러나 그 테이프에는 아무것도 녹음되어 있지 않았다. 왜냐하면 낮에 돌아다니다가 녹음방지 탭이 하나 떨어지는 바람에 녹음이 불가능했기 때문이다.

그러다 그날 밤 원숭이들이 합창을 시작할 때 나는 깨어있었는데, 그건 순전히 흡혈박쥐 덕분이었다. 원숭이들과의 거리는 800미터쯤 되었지만 소리가 워낙 우렁찼기 때문에 녹음하는 데 아무런 지장이 없었다. 나는 숙소에서 녹음장비를 가지고 나와 모든 준비를 마치고 소리가 들려오는 방향으로 파라볼라 반사기를 신중히 조준했다. 실패의 경험이 떠올랐기 때문에 녹음이 끝난 후에도 하를레스를 깨우지는 않았다. 아침이 될 때까지 마음을 졸이며 기다렸다가 하를레스와 함께 테이프를 재생했다. 결과는 대성공이었다.

다음날 아침, 광산업체 관리인이 20킬로미터 정도 떨어진 회사의 탐사 캠프에서 소형트럭을 몰고 왔다. 그는 무선 전신을 통해 우리의 메시지를 받았음에도 우리를 직접 보자 적잖이 놀라며, 보트를 통해 도착한 짐이 너무 많아서 당장은 우리를 회사의 캠프로 안내할 수 없다고 설명했다. 그러나 그는 다음날 점심을 한턱 쏘겠다고 제안하며, 우리를 데려가기 위해 트럭을 보내겠다고 약속했다.

우리는 그날의 나머지 시간을 마을 근처의 숲속을 배회하며 보냈다. 잭은 특이한 노래기와 전갈을 발견하기를 바랐는데, 야자나무 비슷한 나무를 발견하고 둥치를 감싼 채 말라붙은 갈색 이파리 껍질을 떼어내기 시작했다. 그러던 중 나무의 윗부분에서 쉿쉿 하는 소리가 들리기에 올려다보니, 작은 개만 한 황금빛 갈색 털북숭이 동물이 둥치의 반대편으로 재빨리 내려갔다. 그놈은 이내 땅바닥으로 내려와 우리가 접근하기 전에 멀리 달아났다. 그러나 그다지 빠르지 않았으므로 잭은 성큼성큼 몇 발자국 걸어가 통통하고 반질반질한 꼬리를 낚아챘다. 그놈은 거꾸로 매달린 채 작고 반짝이는 눈으로 우리를 째려보다가 길고 굽은 주둥이로 침을 질질 흘리며 쉿쉿 소리를 냈다. 잭은 득의만만한 표정을 지었다. 왜냐하면 나무

데이비드 애튼버러의 동물 탐사기

에 사는 작은개미핥기tamandua를 잡는 횡재를 했기 때문이다.

우리는 작은개미핥기를 앞세우고 의기양양하게 숙소로 돌아와, 잭이 개미핥기를 가둘 우리를 준비하는 동안 앞마당의 커다란 나무에 묶어 놓았다. 작은개미핥기는 나무둥치를 앞발로 잡더니 대수롭지 않게 후다닥 기어올라 갔다. 그는 지상에서 6미터쯤 되는 지점에서 멈추더니 고개를 돌려 우리를 사납게 쳐다봤다. 이윽고 그는 몇 발자국 위에 커다랗고 둥근 개미집이 매달려있는 것을 발견했다. 그는 분노를 잊은 듯 개미집 쪽으로 기어올라가, 감는꼬리로 바로 위의 나뭇가지를 칭칭 감은 다음 거꾸로 매달렸다. 그러고는 앞다리를 빠르고 강력하게 휘둘러 개미집을 찢어 발겼다. 갈라진 틈새로 갈색 개미떼가 쏟아져 나와 자기의 몸을 온통 뒤덮었지만, 그는 전혀 당황하지 않고 대롱 같은 주둥이를 구멍에 들이밀더

작은개미핥기

니 까만 혀로 개미들을 핥아먹기 시작했다.

5분쯤 지난 후 작은개미핥기는 만찬을 즐기는 와중에도 무심코 뒷다리로 몸을 긁기 시작했으며, 잠시 후에는 앞다리까지 동원해 온몸을 긁었다. 그러다 마침내 '개미를 먹는 이득이 물리는 손실을 상회하지 않는다.'라고 판단한 듯, 개미집에서 느긋하게 물러났다. 사람들이 흔히 생각하는 것과 달리 그의 빳빳한 털가죽은 개미의 공격을 완전히 막아내지는 못하는 게 분명해 보였다. 왜냐하면 두 걸음 당 한 번씩은 멈춰 서서 몸을 긁적여야 했기 때문이다.

하를레스와 나는 이런 과정을 관찰하며 촬영하다가 '나무에 기어올라가 작은개미핥기를 잡으려고 했다면 큰 봉변을 당했겠구나.'라는 생각이 들었다. 나뭇가지에는 성난 개미들이 우글거렸는데, 작은개미핥기가 곤욕을 치를 정도라면 우리는 초주검이 될 게 불을 보듯 뻔했다. 하지만 운 좋게도, 작은개미핥기가 우리를 위해 골치 아픈 문제를 해결해줬다. 왜냐하면 그는 나무에서 재빨리 기어내려와 땅바닥에 앉아 오른쪽 귀를 뒷다리로 문지르고 있었기 때문이다. 깨무는 개미를 상대하느라 여념이 없다 보니, 개미핥기는 잭에게 생포되어 우리로 들어가는 동안 변변한 저항을 하지 못했다. 그는 우리 한구석에 편안히 쭈그리고 앉아 왼쪽 귀에 남은 개미를 제거하기 시작했다.

그날 밤, 우리는 손전등을 들고 동물 수집에 나섰다. 어두운 숲은 처음 보는 시끌벅적한 활동으로 가득해 불가사의하고 괴상망측하다는 느낌마저 들었다. 소리의 질감은 장소마다 달라, 개구리의 금속성 울음소리가 강가를 가득 채웠고 곤충의 윙윙거리는 소리가 숲속을 지배했다. 우리는 끊이지 않는 코러스에 신속히 적응했지만, 갑자기 쓰러지는 나무 소리나 정체를 알 수 없는 비명소리에는 가슴이 철렁했다.

역설적으로, 우리는 햇빛 속에서 보지 못했던 것들을 어둠 속에서 볼

　　　　　　　　데이비드 애튼버러의 동물 탐사기

수 있었다. 왜냐하면 모든 동물의 눈이 반사경으로 작용하므로, 손전등 불빛이 그들을 비출 때 어둠 속에서 2개의 작은 헤드라이트가 우리를 되비추는 것처럼 보였기 때문이다. 우리는 두 눈의 크기, 색깔, 간격을 보고 동물의 종류를 짐작할 수 있었다.

강의 표면에 손전등을 비췄을 때, 4쌍의 석탄 덩어리가 시뻘겋게 달아오른 것처럼 보였다. 그것은 물속에 잠긴 채 눈알만 수면 위로 내민 카이만 4마리였다. 어느 나무의 꼭대기에서 원숭이 1마리를 발견했는데, 발자국 소리에 놀라 우리를 바라보고 있었다. 그가 눈을 깜박인 다음 자취를 감추자 눈에서 반사되던 불빛이 사라졌다. 잠시 후 바스락거리는 소리가 들리는 곳을 바라보니 그가 등을 돌린 채 나뭇가지 사이로 달아나고 있었다.

우리는 가능한 한 조용히 발걸음을 내디디며 대나무숲으로 접근했다. 그때 머리 위 10미터쯤 되는 곳에서 대나무들이 흔들리자 줄기가 삐걱거리며 신음하는 듯한 소리가 들렸다. 잭이 덤불 밑동의 얼기설기 얽힌 부분에 손전등을 비췄다.

"뱀이 살기 좋은 곳이에요." 그는 열의를 보이며 말했다. "반대편으로 돌아가서 내 쪽으로 몰 게 있는지 살펴보세요."

나는 어둠 속에서 조심스레 전진하며, 나의 마체테^{machete3}로 대나무를 두드리기 시작했다. 그 와중에 내 손전등 불빛이 땅바닥에 뚫린 작은 구멍을 비췄다.

"잭!" 나는 속삭였다. "여기에 작은 구멍이 있어요."

"역시 내 짐작이 맞았군요." 그는 약간 조급하게 말했다. "그런데 그 속에 뭐가 있나요?"

---

3 날이 넓고 무거운 칼로 흔히 정글칼이라고 부른다. - 옮긴이주

조심조심 무릎을 꿇고 들여다보니, 구멍 속 깊은 곳에서 3개의 조그만 눈들이 나를 향해 눈부시게 반짝이고 있었다.

"무슨 동물이 있는 게 분명해요." 내가 대답했다. "게다가 세 개의 눈을 갖고 있어요!"

잭은 몇 초 만에 내 옆으로 다가왔고, 우리는 함께 구멍 속을 엿보았다. 2개의 손전등을 비춰 보니 구멍의 밑바닥에 내 손 크기의 까만 털북숭이 거미 1마리가 웅크리고 있었다. 내가 본 것은 못생긴 머리 꼭대기에서 반짝이는 8개의 눈 중 3개일 뿐이었다. 거미는 위협적으로 2개의 앞다리를 치켜들어 끄트머리의 영롱한 청색 발바닥을 드러냈는데, 덕분에 커다란 곡선형 독아poison fang⁴를 명확히 볼 수 있었다.

"아름답군요." 잭이 중얼거렸다. "도망치게 하면 안 돼요." 그는 손전등을 땅바닥에 내려놓고 코코아 깡통을 꺼내기 위해 호주머니 속을 더듬었다. 나는 잔가지를 집어 들어 구멍의 가장자리를 살며시 찔렀다. 거미는 앞다리로 나뭇가지를 후려쳤다.

"조심해요." 잭이 말했다. "만약 털이 하나라도 떨어져 나가면 거미는 오래 살 수 없어요."

그는 나에게 깡통을 건넸다. "그걸 구멍의 입구에 대고 있어요. 나는 그놈이 나오도록 해볼게요." 그는 손을 뻗어 구멍의 뒤쪽 땅을 자신의 칼로 찔렀다. 그러자 후방에서 발생한 새로운 위험에 직면한 거미는 입구 쪽으로 몇 발자국 이동했다. 계속해서 잭이 땅 속에서 칼을 비틀어 구멍의 뒤쪽을 무너뜨리자 혼비백산한 거미는 깡통 속으로 직행했다. 나는 재빨리 뚜껑을 닫았다. 잭은 회심의 미소를 지으며 깡통을 자신의 호주머니에 다시 집어넣었다.

---

4 독샘과 연결되어 있어서 독이 주입되는 것을 돕는 이빨로, 파충류 중에서는 독사와 독도마뱀류가 가지고 있다. - 옮긴이주

다음날은 아라카카에서의 마지막 날이었다. 왜냐하면 우리가 예약한 조지타운행 배가 3일 후 바리마강 어귀의 모라완나를 떠날 예정이었고 모라완나에 가는 데 이틀이 걸리기 때문이었다. 광산업체의 지프가 정오에 우리를 태우러 와서 20킬로미터 떨어진 캠프에 데려다주기로 되어있었다. 지프를 기다리는 동안, 우리는 그곳에 도착하면 발견할 동물들을 생각하며 기대감에 부풀었다. 그러나 지프는 정시에 도착하지 않았고, 오후 늦게 관리인이 운전대를 잡고 나타나 "트럭이 고장났는데 방금 가까스로 고쳤어요."라고 설명하며 용서를 구했다. 너무 늦어 캠프를 방문할 수 없게 되었으므로 우리는 매니저에게 "우리에게 주려던 동물이 뭐예요?"라고 물었다.

"음," 그는 말했다. "나무늘보 한 마리가 있었는데 죽었고, 원숭이 한 마리가 있었는데 도망쳤어요. 그렇지만 과장된 행동으로 사람들을 웃기는 앵무새 몇 마리가 남아있어요."

우리는 그의 이야기를 들으며 감정이 엇갈렸고, 그까짓 걸 기다리느라 지금껏 시간을 허비했다는 데 실망감을 느꼈다. 그러나 캠프에 가지 못하게 된 게 결국에는 전화위복이 되었다고 자위했다.

관리인은 지프에 다시 올라타 아라카카를 떠났다. 이제 문제는 우리를 하류로 되돌아가게 해 줄 보트를 수소문하는 거였다. 우리는 모든 럼주 가게를 샅샅이 뒤졌는데, 선외기가 장착된 카누를 보유한 사람은 수두룩했지만 모두가 '우리를 태워줄 수 없는' 이유를 한 가지씩 갖고 있었다. 엔진이 망가졌다는 둥, 카누가 너무 작다는 둥, 연료가 떨어졌다는 둥, 엔진을 제대로 이해하는 사람이 딱 한 명인데 지금은 아라카카에 없다는 둥…. 마침내 우리는 한 주점에서 침울하게 앉아있는 제이콥이라는 동인도인을 찾아냈다. 그를 주목하지 않기는 어려웠는데, 그 이유는 귀의 쪽대기에 돋아난 새까맣고 곧은 기다란 털 한 다발로 인해 우울한 레프러콘 leprechaun[5]처럼 보였기 때문이다.

제이콥은 보트를 소유하고 있음을 인정하면서도 우리를 태워줄 수 없다고 버텼다. 그러나 다른 사람들과 달리 자신의 결정을 뒷받침할 만한 이유를 생각해 내지 못하는 것 같았으므로, 우리는 주장을 끝까지 밀어붙였다. 럼주 가게의 담배연기 자욱한 공기 속에서 실랑이를 벌이는 동안 축음기의 음악소리가 우리의 귀를 거슬렀다. 10시 10분쯤 제이콥의 저항은 마침내 무너졌다. 그는 침울한 표정을 지으며 다음날 아침 우리를 코리아보까지 태워 주는 데 동의했다.

우리는 아침 6시에 일어나 짐을 챙기기 시작해서 7시에 출발할 준비를 마쳤다. 그러나 제이콥은 종적을 감췄다가 9시가 되어서야 초췌한 모습으로 우리의 숙소에 나타났다. 그리고는 보트와 엔진은 준비되었지만 휘발유를 아직 못 구했다고 실토했다. 별다른 일 없이 근처에 서있던 거티가 흥미를 느낀 듯 한마디 덧붙였다. 그녀는 나를 동정어린 눈으로 바라보며 장단식을 했다.

"저 양반," 그녀는 말했다. "더럽게 꾸물거리네. 정말 짜증나게 하는군요."

결국 한낮이 되어서야 어렵사리 휘발유를 구해, 마침내 코리아보를 향해 하류로 떠났다. 작은개미핥기는 우리 안에서 몸을 웅크린 채 잠들었고 그 옆에는 여행 중의 간식거리로 개미집 반쪽이 놓여있었다. 뱃머리에는 카피바라를 인수하기 위해 잭이 아라카카에서 제작한 커다란 나무상자가 자리잡고 있었다.

불어난 강물 덕분에 유속이 빨라진 것은 천만다행이었다. 왜냐하면 제

---

5 아일랜드 민화에 나오는 남자 모습의 작은 요정. - 옮긴이주

이콥의 선외기가 말썽을 부리는 바람에 속수무책인 경우가 많았기 때문이다. 강물에 떠다니는 나뭇조각 때문에 냉각 시스템이 일시적으로 차단되거나 전속력으로 달리기 위해 스로틀을 완전히 개방할 때는 엔진이 갑자기 먹통이 되었는데, 다시 시동을 걸기 위해 무진 애를 먹었다. 제이콥은 한 가지 해결책을 갖고 있었는데, 그것은 시동끈을 '가능한 한 자주', '젖 먹던 힘까지 다해' 잡아당기는 것이었다. '엔진의 작동 메커니즘은 신성불가침이므로, 어떤 경우에도 뚜껑을 열지 말아야 한다.'라는 것이 그의 신념이었다. 그의 신념은 늘 궁극적으로 정당화되었지만, 한번은 1시간 반 동안 계속해서 시동끈을 잡아당겨야 했다. 1시간 반 동안의 사투 끝에 다시 시동이 걸렸을 때, 분을 삭이기 위해 어금니를 깨물었던 제이콥은 아무런 승리감의 징후도 보이지 않고 키의 손잡이를 잡고 주저앉아 평상시처럼 깊은 시름에 빠져들었다.

우리는 늦은 오후 코리아보에 도착해 브린슬리 맥러드의 모터보트 옆에 정박했다. 제이콥이 엔진을 끄고 싶어하지 않았으므로, 우리는 가능한 한 빨리 짐을 내렸다. 카누가 10분 이내에 텅 비었음에도, 제이콥은 '엔진을 끄지 않고 작업을 완료했다.'라는 성취감에 도취되지 않고 아라카카를 향해 쓸쓸히 출발했다.

우리는 브린슬리의 모터보트가 다행스럽게도 순조롭게 작동한다는 소식을 들었고, 외진 곳의 금광에서 일하기 위해 출타 중인 그가 다음날 아침 10시에 마을로 돌아올 거라고 철석같이 믿었다.

놀랍게도, 우리의 근거 없는 믿음대로 그는 제때 돌아왔다. 너무 익어 물렁해진 파인애플과 카사바 빵을 이용해 카피바라를 우리 안으로 유인해 갑판에 적재한 후 바리마강을 따라 하류로 내려가기 시작했다. 우리의 여정은 호락호락하지 않았다. 상류로 여행하는 동안 방문했던 마을에 모두 들러, 주민들이 우리가 요청한 동물을 잡아 놓았는지 일일이 확인해

코리아보에서 카피바라를 대형 나무상자 안으로 유인하는 장면

야 했기 때문이다. 많은 사람들이 약속을 지켰으므로, 우리가 에버라드산에 도착했을 즈음 배에는 작은개미핥기와 카피바라 외에 뱀 1마리, 마코앵무새 3마리, 앵무새 5마리, 잉꼬 2마리, 꼬리감는원숭이 1마리, 그리고 무엇보다도 반가웠던 붉은부리왕부리(흰목왕부리새)red-billed toucan 1쌍이 실려있었다. 이 모든 동물들을 인수하는 데 따른 흥정 때문에 일정이 지연되어, 모라완나까지 가려면 16킬로미터나 남았는데 벌써 어둠이 내리기 시작했다. 그리고 우리가 드디어 모라완나의 부두에 정박해 있는 SS 타폰에 조심스럽게 접근했을 때는 새벽 1시가 되었다.

우리는 현문사다리gangway[6]를 가까스로 올라가 여객선에 승선했다. 그

6 · 배와 육지 사이의 트랩. – 옮긴이주

데이비드 애튼버러의 동물 탐사기

리고 갑판에서 잠든 사람들 사이를 요리조리 헤치고 나간 후에야 선장이 머무는 선실을 발견했다. 그는 선명한 줄무늬 파자마 차림으로 나타났지만, 자신이 수행할 공적 임무를 깨닫자마자 머리에 정모正帽를 눌러쓰고 우리를 예약된 2개의 선실로 안내했다. 하나의 선실에 동물을 가득 채우고 나니 새벽 2시 반이었다. 우리 셋은 지친 몸을 이끌고 다른 선실의 침상으로 기어올라 갔다.

우리는 다음날 정오에 눈을 떴다. 여객선은 바다 한복판에 떠있었고, 수평선 너머에 조지타운이 나타났다.

8. 미스터 킹과 인어

팀 비날이 야생동물원으로 급히 개조한 조지타운의 차고에서는 여러 가지 놀라운 일들이 우리를 기다리고 있었다. 그도 그럴 것이, 우리가 바리마강으로 떠나있던 동안 가이아나의 다른 지역에 있는 친구들이 더 많은 동물을 보내줬기 때문이다. 수륙양용기는 최근 카마랑을 방문했는데, 조종사는 돌아오는 길에 빌과 대프니 세거 부부가 우리에게 선물한 잉꼬 여러 마리와 길든 빨간머리딱따구리red-capped woodpecker 1마리를 가져왔다. 그리고 타이니 맥터크는 게잡이여우savannah fox 1마리와 뱀 1상자를 보내왔다. 팀은 수집된 동물을 보살피는 역할에 만족하지 않고, 지역 주민들에게 '발견한 동물이라면 뭐든 가져오라.'라고 재촉했다. 조지타운 식물원에서도 많은 동물을 보내왔다. 식물원 잔디밭에서 날쌔게 돌아다니는 몽구스 가족을 본 적이 있는데, 한 정원사는 그 중 1쌍을 생포했다. 팀은 몽구스를 보고 반가워했지만, 엄밀히 말해서 그것은 남아메리카산 동물이 아니었다. 왜냐하면, 수년 전 사탕수수 재배자들이 작물에 많은 피해를 입히는 시궁쥐의 창궐을 막을 요량으로 인도에서 도입한 것이기 때문이다. 그 이후 개체수가 급격이 증가하는 바람에 몽구스는 그즈음 해안에서 가장 흔한 동물 중 하나가 되었다.

데이비드 애튼버러의 동물 탐사기

또한 식물원에는 캥거루처럼 새로 태어난 새끼를 육아낭 속에 넣고 다니는 주머니쥐opossum가 들끓었다. 나는 오스트레일리아 밖에서 발견되는 몇 안 되는 유대류marsupial 중 하나인 그들을 보고 싶어 안달이었지만 막상 보고 나서는 크게 실망했다. 팀이 돌보고 있는 2마리는 털이 거의 없는 뾰족한 주둥이, 길고 날카로운 이빨, 비늘로 뒤덮인 혐오감을 주는 꼬리를 가진 커다란 시궁쥐처럼 보였기 때문이다. 그들은 의심할 여지없이 수집한 동물 중에서 가장 흉물스러운 동물이었다. 팀은 우리를 보고 히죽 웃으며, "그들에게 서슴없이 데이비드와 하를레스라는 이름을 붙였어요."라고 약 올렸다.

추가된 동물 중에서 가장 두드러진 것은 퍼시Percy라는 이름의 성깔 있고 칭얼대는 동물이었다. 퍼시는 나무타기호저tree porcupine로 여느 산미치광이과porcupine family 동물과 마찬가지로 성질이 고약했다. 만약 누군가가 자기를 만지려고 하면 조그만 얼굴을 찡그리고 짧은 가시를 덜거덕거리며 쉿쉿거리고 분노에 차 발을 동동 굴렀다. 마치 '누구든 가까이 접근하면 기다란 앞니를 사용해야지.'라고 벼르고 있던 것처럼. 퍼시는 뻣뻣한 털이 많아 꺼칠꺼칠한 꼬리로 물건을 잡을 수 있었는데, 나무 위로 기어 올라갈 때 그것으로 나뭇가지를 움켜쥘 수 있었다. 나무에 사는 동물 중 상당수는 비슷한 장비를 갖추고 있지만, 그들 중 원숭이, 천산갑pangolin, 주머니쥐, 작은개미핥기 등 대부분은 아래로 말린 꼬리를 갖고 있다. 그러나 퍼시는 위로 말린 꼬리를 갖고 있는데, 이는 파푸아Papua에 사는 일부 생쥐들과만 공유하는 독특한 특징 중 하나였다.

바리마강과 가이아나 각지에서 많은 동물이 새로 추가되었음에도 불구하고, 우리의 컬렉션에는 2가지 중요한 공백이 있었다. 우리는 가이아나에서 가장 흥미로운 두 동물을 생포하지 못했는데, 첫번째 동물은 호아친hoatzin이라는 새였다. 과학자들은 호아친에 특별한 관심을 기울이는데, 그

퍼시라는 이름의 나무타기호저

이유는 날개에 발톱이 달린 유일무이한 새이기 때문이다. 성체의 경우에
는 발톱을 쓸 일이 없고 날개깃 깊숙이 묻혀있지만, 미숙한 새끼의 경우
에는 완전한 기능을 가지고 있어서 발톱 달린 날개가 둥지 주변의 나뭇가
지에 기어오르기 위한 또 다른 다리로 사용된다. 화석기록에 의하면 조류
는 파충류 조상에서 진화했는데, 날개에 발톱이 달린 호아친은 그런 형질
을 유지하고 있는 유일한 현생 조류이며, 남아메리카 북동부 해안 지역은
전 세계에서 호아친이 발견되는 유일한 장소였다.

　우리가 간절히 원했던 두번째 동물은 매너티manatee인데, 바다표범처럼
생긴 대형 포유동물로 하구나 지류에서 해초를 뜯어먹으며 눈에 띄지 않
게 일생을 보낸다. 명색이 포유동물이므로 매너티도 새끼에게 젖을 먹이
는데, 물밖에서 새끼를 양육하며 1마리를 지느러미발로 껴안은 채 젖을

　　　　　　　　　　　　　데이비드 애튼버러의 동물 탐사기

물린다. 전하는 말에 의하면, 남아메리카 해안을 항해한 최초의 선원이 이러한 수유 장면을 떠올리며 묘사한 것이 인어의 전설을 낳았다고 한다.

들리는 이야기에 의하면, 조지타운에서 해안선을 따라 몇 킬로미터 내려간 곳에 있는 칸제강Canje River에는 호아친과 매너티가 모두 흔하다고 했다. 탐사일정을 고려하면 그곳에서 동물을 수집할 수 있는 기간은 일주일 뿐이었으므로, 우리는 바리마강에서 돌아온 지 이틀 후 다시 — 이번에는 열차편으로 — 칸제강 어귀에 자리잡은 뉴암스테르담New Amsterdam이라는 작은 도시를 향해 출발했다.

가이아나가 대영제국의 일부가 된 것은 19세기 초였으며, 그 이전에는 수백 년 동안 네덜란드의 지배를 받았다. 그래서 우리를 태운 기차가 해안을 따라 덜컹거리며 달릴 때, 네덜란드가 점유했던 흔적이 여전히 완연했다. 예컨대 철도역은 한때 열차의 덕을 톡톡히 봤던 거대한 사탕수수 재배지 — 베테르베르바흐팅Beterverwagting, 벨다트Weldaat, 온베르바호트Onverwagt —의 이름을 따서 명명되었다. 이러한 대부분의 사탕수수 재배지들은 또한 기찻길 왼쪽으로 멀리 보이는 방조제 덕도 봤는데, 그것은 네덜란드가 황량한 염습지salt marsh[1]를 비옥한 농토로 전환하기 위해 건설한 것이었다. 너비가 1킬로미터를 넘는 버비스강Berbice River[2] 어귀의 강변에서 더위에 허덕이고 있는 뉴암스테르담도 사정은 마찬가지였다. 우아하게 흰색 페인트로 마감된 집 몇 채는 현대식 콘크리트 건물, 목조 방갈로와 어우러져 네덜란드 식민지 건축의 품위를 뽐내고 있었다.

탐사여행에 가장 큰 도움이 될 듯한 사람들은 어부일 것 같아, 우리는 기차에서 내리자마자 항구로 내려갔다. 아프리카인과 동인도인들이 부두 옆에 정박한 소형 목선에 앉아 그물을 수리하며 한담을 나누고 있었다.

---

1 바닷물이 드나들어 염분 변화가 큰 습지. - 옮긴이주
2 칸제강은 버비스강의 주요 지류다. - 옮긴이주

우리는 그들에게 다가가, "워터맘마water-mamma —지역에서 매너티를 일컫는 말—를 잡으려고 하는데, 도와줄 사람이 있나요?"라고 물었다. 나서는 사람이 아무도 없었지만, 모두들 '미스터 킹Mr King'이라는 아프리카인이 최고의 적임자라고 생각하는 것 같았다.

그는 팔방미인처럼 보였다. 공식적인 직업은 어부였지만 힘이 장사라서 뉴암스테르담 전역에서 무슨 일—심지어 어느 누구도 제대로 할 수 없는 말뚝박기까지—이 벌어지든 해결사로 불려갔다. 들리는 소문에 의하면, 그의 취미는 '소와 씨름하기'였다. 또한 그는 뛰어난 사냥꾼으로, 그 지역의 야생동물들에 대해 속속들이 알고 있었다. 그러므로 매너티를 생포할 수 있는 사람이 한 명뿐이라면, 그는 두말할 것 없이 미스터 킹이었다. 우리는 그의 행방을 수소문하기 시작했다.

그리고 마침내 어시장에 앉아있는 미스터 킹을 발견했는데, 한 상인과 자신의 어획물을 놓고 옥신각신하고 있었다. 그의 외모는 명성을 뒷받침하기에 충분할 정도로 특이했다. 엄청나게 당당한 체구에 선홍색 셔츠와 검은색 가는 세로줄 무늬 바지를 입었고, 더벅머리 위에는 아주 작은 까만색 홈버그 모자homburg hat[3]를 쓰고 있었다. 우리는 그에게 매너티 1마리를 잡아 줄 수 있느냐고 물었다. "음, 글쎄올시다." 그는 무성한 구레나룻을 어루만지며 말했다. "이 지역에 많이 살고 있지만 잡기는 매우 어려워요. 왜냐하면 워터맘마는 성미가 급한 동물이라서, 그물에 걸리면 갑자기 몸부림을 치며 난동을 부리거든요. 또 힘이 워낙 세서 아무리 튼튼한 그물이라도 갈기갈기 찢어버릴 거예요."

"당신은 그럴 때 어떻게 대처하죠?" 잭이 물었다.

"방법은 하나밖에 없어요." 미스터 킹은 단도직입적으로 말했다. "워

---

3 펠트로 만든 정장용 중절모. - 옮긴이주

터맘마가 맨 처음 그물에 걸렸을 때 그물의 로프를 살살 쓰다듬어 그 진동이 물을 거쳐 워터맘마에게 전달되도록 해야 해요. 만약 제대로 쓰다듬는다면, 그 동물은 환각 상태에 빠져 꼼짝 않고 누워있을 거예요." 마치 황홀경에 빠진 듯, 미스터 킹은 천사 같은 미소를 지으며 야릇한 신음소리를 냈다. "내가 알기로, 그런 일을 할 수 있는 사람은 한 명뿐이에요." 그는 덧붙였다. "그건 바로 나예요."

미스터 킹의 전문지식 과시에 큰 인상을 받아 우리는 즉석에서 그를 고용했다. 우리가 전세 낸 대형 모터보트는 다음날 오기로 되어있었고, 미스터 킹은 아침 일찍 두 명의 조수를 대동하고 그물을 이용해 워터맘마 생포 작전을 시작하기로 약속했다.

보트는 아프리카인 선장과 동인도인 기관사에 의해 운항되었는데, 알고 보니 그 둘 모두 미스터 킹을 그닥 신뢰하지 않고 있었다. 칸제강의 상류로 30분쯤 올라갔을 때, 우리는 나무 높은 곳에서 이구아나iguana 1마리를 발견했다.

"저기 보세요, 미스터 킹." 기관사 랑구르Rangur가 말했다. "저거 한번 잡아 보실래요?"

미스터 킹은 거드름을 피우며, 자기가 이구아나를 잡는 동안 보트를 멈추고 있으라고 당부했다. 그는 육중한 몸을 작은 보트에 실었고, 그의 조수 중 하나가 갈대를 헤치며 나무의 밑동까지 배를 몰고 갔다. 길이 1.2미터의 당당한 도마뱀인 이구아나는 4.5미터 높이의 놀랍도록 가느다란 나뭇가지에 꼼짝하지 않고 엎드려있었고, 초록색 비늘은 햇빛 아래서 반짝반짝 빛나고 있었다. 미스터 킹은 큰 대나무를 자른 후 끄트머리에 올가미를 매달았다. 그러고는 올가미를 들어올려 이구아나의 머리 앞에서 흔들었다.

"뭐 하려고 그러는 거예요, 미스터 킹?" 선장 프레이저Fraser가 근엄한 체하며 물었다. "설마 도마뱀이 나뭇가지를 타고 당신의 손으로 내려올 거라고 생각하는 건 아니겠죠?"

아래에서 벌어지고 있는 일을 감지하지 못한 듯, 도마뱀은 미동도 하지 않고 엎드려있었다. "어이, 미스터 킹!" 랑구르가 비웃었다. "혹시 당신의 이름을 날리려고 어젯밤에 '길든 이구아나'를 나무에 묶어 놓은 거 아니에요?"

그러나 미스터 킹은 그런 무례한 험담에 대응하지 않고, 조수에게 나무 위로 올라가 이구아나의 목에 올가미를 걸라고 지시했다. 이구아나는 그에 반응해, 더 높은 나뭇가지로 느릿느릿 기어올라 갔다.

"내 생각에," 프레이저는 말했다. "저 말썽쟁이 동물이 뛰어내리려고 하는 것 같아요."

미스터 킹은 조수에게 더 높이 올라가라고 재촉했다. 이구아나는 10분 동안 산들바람에 흔들리며, 자기 앞에서 달랑거리는 올가미를 본체만체했다. 코에 닿을 듯 말 듯 하는 밧줄을 딱 한 번 온화하게 핥았지만, 미스터 킹의 애원에도 불구하고 머리를 올가미 안에 들이미는 것을 완강히 거부했다. 마침내 나무 위의 조수가 가까이 다가오자 이구아나의 인내심은 한계에 도달했다. 그는 냉담하게 몸을 돌려 올가미에서 벗어나더니, 우아하게 하늘을 가르며 강물 속으로 뛰어들었다. 우리가 마지막으로 본 것은 갈대숲 한복판에서 일어난 진흙탕의 소용돌이였다.

"내 생각에," 프레이저는 일반론을 피력했다. "그는 본능대로 행동한 거예요."

미스터 킹은 보트로 돌아왔다.

"이구아나는 째고 쎘어요." 그는 말했다. "마음만 먹으면 얼마든지 잡을 수 있다고요."

강둑에는 거대한 무카무카갈대mucka-mucka reed가 높은 장벽을 두르고 줄

　　　　　데이비드 애튼버러의 동물 탐사기

지어 서있었다. 그 줄기는 내 팔뚝만 한 굵기인 데다 구멍이 많고 성기게 짜여있어 마체테를 대충 휘두르는 것으로도 자를 수 있었는데, 수면 위로 4~5미터나 곧장 솟아올라 '화살 모양'의 이파리를 싹 틔우고 있었고, 여기 저기 '파인애플 크기와 모양'의 녹색 열매를 드리우고 있었다. 무카무카의 잎은 호아친이 제일 좋아하는 먹이로 알려져 있었으므로, 쌍안경을 이용해 항로 주변을 애타게 살펴봤다.

시간은 어느덧 정오였다. 햇볕은 우리의 머리 위에 잔인하게 내리쬐었다. 보트 갑판의 금속제 부속품들은 너무 뜨거워져 만질 수가 없었다. 바람 한 점 없었고, 무카무카의 잎은 강 위에서 일렁이는 숨막히는 열기 속에서 꿈쩍없이 매달려있었다. 움직이는 것은 아무것도 없었다.

오후 1시쯤 첫번째 호아친이 나타났다. 무카무카 덤불에서 들려오는 나지막한 꽥꽥 소리가 잭의 주의를 끌었다. 프레이저는 보트를 멈췄고, 우리는 잭의 쌍안경을 통해 무카무카 그늘 속에서 헐떡거리며 앉아있는 커다란 새의 윤곽을 식별할 수 있었다. 우리가 가까이 접근할수록 제2, 제3의 호아친이 모습을 드러냈다. 이윽고 우리는 무카무카 덤불 전체가 작열하는 태양을 피하기 위해 몰려든 새들로 가득 차있다는 사실을 깨달았다.

4시쯤 되어 호아친 1마리가 뚜렷이 포착되었다. 태양이 상당히 기울었으므로 열기는 견딜 만했다. 강굽이를 돌아서자 무카무카잎을 먹고 있는 새 6마리가 발견되었다. 그들은 멋진 밤갈색의 피조물로, 닭만 한 크기에 무거운 몸과 가느다란 목을 갖고 있었다. 머리에는 길고 뾰족한 깃털 관모를 썼고, 반짝이는 빨간 눈은 파란색 맨살로 둘러싸여있었다. 우리가 가까이 다가가자 그들은 먹는 것을 멈추고 우리를 지켜보았다. 그리고는 꽁지를 신경질적으로 위아래로 흔들며, 우리를 향해 거칠고 귀에 거슬리는 울음을 토해 냈다. 그리고는 힘차게 날갯짓을 하며 몇 발자국을 날아가 무카무카 덤불 속 깊은 곳으로 내려 앉았다. 하지만 하를레스가 이미 촬영을 마친 후였다.

희귀하고 아름다운 새들을 보게 되어 신이 났지만, 우리의 주된 관심사는 새끼의 독특한 '기어오르기 행동'을 관찰하는 것이었다. 그래서 우리의 배가 통통거리며 상류로 천천히 올라가는 동안, 잭은 둥지를 찾기 위해 쌍안경으로 갈대숲 사이를 계속 살폈다. 우리는 늦은 오후 무카무카 사이에서 자라는 가시나무 덤불 속에서 둥지 하나를 발견했다. 그것은 수면 위 약 2미터 지점에 얼기설기 매달린 잔가지들로 구성된 조잡한 구조물이었다. 신이 난 우리는 작은 배에 올라, 덤불 속으로 서서히 노 저어 갔다. 깃털도 나지 않은 조그만 새끼 두 마리가 둥지에 쪼그리고 앉아, 가장자리 너머로 우리를 빤히 쳐다보고 있었다. 우리가 가까이 다가갈수록 호기심은 두려움으로 바뀌어, 뼈만 앙상하고 쪼글쪼글한 새끼들은 둥지를 벗어나 가시나무 사이로 비틀비틀 기어올라 갔다. 그들은 다리와 '발톱 달린 날개'를 이용해 나뭇가지를 정신없이 움켜잡았는데, 그것은 경이롭고 전혀 새답지 않은 행동이었다.

새들이 우리의 머리 위에서 흔들리는 가느다란 나뭇가지에 매달려있을 때, 나는 자리에서 일어나 그들에게 살며시 접근했다. 그러자 기어오르는 능력을 완벽히 증명한 데 이어, 그들은 자기들만의 독보적인 고난도 기술을 구사했다. 갑자기 공중으로 몸을 내던지더니 거의 3미터 아래의 물로 솜씨 있게 뛰어든 것이다. 그들은 물을 거의 한 방울도 튀기지 않고 사뿐히 물속으로 들어간 후 수면 아래에서 힘차게 헤엄치더니, 우리가 보는 앞에서 가시나무 덤불 속 깊은 곳으로 유유히 사라졌다.

사진 찍을 기회도 주지 않고 너무 빨리 사라진 그들에게 적잖이 실망했다. 그러나 첫날에 호아친 새끼들을 그렇게 쉽게 발견했으니, 앞으로 더 많은 새끼들을 발견할 수 있을 거라는 자신감을 얻었다. 칸제강에서 보낸 나머지 시간 동안, 우리의 탐사작업은 강도 높게 진행되었다. 우리는 알

데이비드 애튼버러의 동물 탐사기

둥지 속의 호아친

이 있는 둥지를 여럿 발견했으며, 특히 그중 하나는 사진을 촬영하기에 안성맞춤이었다. 우리가 그 둥지로 접근했을 때 어미는 맹렬히 날갯짓하며 도망쳤지만, 금세 돌아와 발가락을 오므리고는 가느다란 나뭇가지 아래로 바싹 다가섰다. 그러고는 알 위에 바짝 자리잡고 앉는 대신 우리가 보기에 왠지 약간 어설픈 자세로 불안정하게 쪼그려 앉았다.

우리는 그 후 며칠 동안 알이 부화했기를 바라며 그 둥지를 여러 번 방문했지만, 조지타운으로 돌아갈 시간이 왔을 때까지 알들은 여전히 부화하지 않고 있었다. 결국 우리가 칸제강에서 관찰한 호아친 새끼는 첫날 우리 앞에 나타났던 2마리가 전부였다.

탐사 첫날 이른 저녁, 우리는 칸제강이 작은 지류와 합류하는 지점에 도착했다. 미스터 킹은 그곳이 매너티를 생포하기에 더할 나위 없이 좋은 장소라고 우리에게 귀띔했다. 30분 후 조류潮流가 바뀌어 지류의 물이 칸제강으로 강하게 밀고 들어오면, 으레 그곳의 무성한 수초를 뜯어 먹던 게으른 매너티가 얼떨결에 떠밀려 오게 되어 있었다. 그렇다면 우리가 매너티를 잡기 위해 할 일은 지류의 어귀에 그물을 쳐 놓고 기다리는 것밖에 없었다. 따라서 미스터 킹은 지류 양쪽 바닥의 진흙에 기둥을 박은 다음, 한쪽에서 다른 쪽으로 그물을 펼쳤다. 그러고는 까만색 홈버그 모자를 쓴 채 작은 배에 앉아, 담배 파이프를 뻐끔뻐끔 빨며 자신의 탁월한 '로프 쓰다듬기' 기술을 선보일 기회를 기다렸다.

그러나 2시간이 지난 후 그는 포기했다. "안 되겠어요." 그는 말했다. "조류가 별로 강하지 않아서 물이 전혀 들어오지 않아요. 나는 오늘밤 매너티를 잡을 수 있는 더 좋은 장소를 알고 있어요."

그물을 갑판으로 끌어 올리고 구명정을 보트의 배꼬리에 묶어 놓은 후, 우리는 상류로 배를 몰았다. 우리는 황혼녘에 한 사탕수수 농장의 선창에 도착했다. 배를 정박하고 있을 때, 농익은 당밀molasses의 속이 느글거리도록 달콤한 냄새가 강가에 흘러넘쳤다. 랑구르는 조리실에서 김이 나는 밥과 새우가 담긴 접시를 들고 나왔다. 저녁 식사를 마친 후, 미스터 킹은 순교자 같은 태도로 우리에게 '발 쭉 뻗고 자라.'라고 하며 설명했다. 자기가 밤새도록 매너티를 잡을 테니, 우리는 아침에 일어나 결과만 확인하면 된다는 것이었다. 그러나 우리는 일의 진행 과정을 알고 싶어, 작업을 시작하기 전에 깨워 주면 안 되냐고 물었다.

"이봐요," 그가 말했다. "아마 일어나기 힘들 거예요. 준비 과정을 거

데이비드 애튼버러의 동물 탐사기

쳐 새벽 2, 3시쯤 일을 시작할 예정이거든요."

우리가 끝까지 떼를 쓰자, 그는 마지못해 선심 쓰는 체하며 우리를 깨우는 데 동의했다.

강가에는 지금껏 본 적 없는 규모로 곤충들이 떼 지어 돌아다녔다. 그 중에는 모래파리, 카보우라파리, 모기 그리고 새로울 뿐만 아니라 커다란 말벌hornet이 포함되어 있었다. 그것들은 선실 출입구를 통해 떼 지어 들어와 등불 주변을 빽빽이 채우며 맴돌았다. 다른 곤충들은 출입구를 찾지 못하고 현창porthole⁴ 바깥에 떼 지어 모여들더니 유리를 완전히 덮어 우중충한 거품을 형성했다. 구급상자를 담당한 하를레스는 그날 밤의 작전을 수행하기 위해 곤충기피연고가 담긴 커다란 통을 꺼냈다. 우리는 모기장을 설치한 후 침상으로 들어가 잠을 청했다.

새벽 2시에 매너티를 잡으러 가자고 우리를 깨운 사람은 잭이었다. 우리는 곤충으로부터 몸을 보호하기 위해 신중하게 긴소매 셔츠를 입고 바짓가랑이를 양말 속에 쑤셔 넣고 마지막으로 손과 얼굴에 연고를 흠뻑 발랐다. 그리고 미스터 킹이 준비되었는지 확인하기 위해 배꼬리 쪽으로 살금살금 기어갔다. 그랬더니 웬걸. 그는 입을 크게 벌리고 코를 심하게 골며 해먹 속에 반듯이 누워있었다.

잭이 살며시 흔들자, 미스터 킹은 그제서야 눈을 떴다.

"왜 이러는 거예요, 이 양반아?" 그는 분개하며 말했다. "지금은 한밤중이에요. 난 곤히 자고 있다고요."

"워터맘마 잡는 일은 어떻게 됐어요?"

"보면 몰라요? 너무 어둡잖아요. 달이 없는데, 어둠 속에서 무슨 수로 워터맘마를 잡겠어요? 안 그래요?" 그는 이렇게 말하고 눈을 감았다.

---

4 채광과 통풍을 위해 뱃전에 낸 창문. - 옮긴이주

어차피 일어나서 옷을 입었으므로, 우리는 미스터 킹이 나오든 말든 독자적으로 약간의 동물을 수집하기로 결정했다. 강에는 카이만이 많은 게 분명해 보였는데, 그 이유는 어두컴컴한 수면에 손전등을 비춰 보니 우리를 향해 되비치는 여러 쌍의 불빛들이 눈에 띄었기 때문이다. 우리는 구명정에 올라타 출항을 위해 밧줄을 풀어 던진 후 하류로 조용히 떠내려갔다. 하를레스와 나는 배꼬리에 앉아 최대한 조용히 노를 저었고, 잭은 손전등을 들고 뱃머리에 쪼그리고 앉았다. 우리는 강둑 가장자리의 갈대숲을 향해 스르르 미끄러져 갔다. 들리는 소리라고는 멀리서 우는 개구리 소리와 간혹 고음으로 왱왱거리는 모기 소리밖에 없었다. 잭은 손전등으로 수면 위를 서서히 훑다가, 갑자기 동작을 멈추더니 갈대숲의 특정한 구역을 지속적으로 비췄다. 그러면서 우리에게 노젓기를 멈추라는 신호를 보냈다.

우리가 노를 조용히 내려놓으니, 구명정은 알아차릴 수 없을 정도로 미세하게 갈대숲으로 점점 더 가까이 다가갔다. 이윽고 우리는 손전등 불빛 속에서, 맞은편 수면 위로 살짝 내민 카이만의 비늘투성이 머리가 반짝이는 것을 알아볼 수 있었다. 손전등으로 카이만의 눈을 계속 비추며, 잭은 뱃머리 너머로 천천히 몸을 기울였다. 그러다 그는 보트 바닥에 놓인 포장용 캔을 발로 건드렸다. 미세한 달가닥 소리가 나자 바로 앞의 수면에서 소용돌이가 일어났다. 잭은 편안히 앉으며 우리를 돌아봤다.

"내 생각인데," 그는 말했다. "그놈이 반응을 보이고 있어요."

다시 노를 젓기 시작하자, 잭은 5분도 채 안 지나 또 다른 카이만을 포착했다. 우리는 다시 그쪽으로 스르르 미끄러져 갔지만, 잭은 약 10미터를 남겨 놓고 손전등의 스위치를 껐다. "저놈은 단념해야 할 것 같아요." 그는 말했다. "눈 사이의 간격으로 미루어 보건대, 길이가 2미터는 족히 되는 것 같아요. 그렇다면 맨손으로 잡는 건 무리예요."

그러나 이윽고, 우리는 세번째 카이만을 발견했다. 우리는 기존의 접근 방법을 반복해, 새까만 유리 같은 강물 위를 미끄러져갔다. 우리의 시선은 잭의 손전등이 만든 '빛의 연못'과 그 한복판에 자리잡은 두 개의 깜박이지 않는 빨간 불빛에 집중되었다.

"누가 이리 와서 내 발 좀 잡아 줘요." 잭이 속삭였다.

하를레스는 조용히 뱃머리로 이동해 잭의 발목을 움켜잡았다. 불빛에 현혹된 카이만을 향해 보트가 서서히 표류하는 동안, 잭은 다시 한 번 뱃전 너머로 몸을 기울였다. 점점 더 가까이 접근하니, 내가 앉아있는 배꼬리에서는 카이만의 눈이 뱃머리 아래로 사라져 보이지 않았다. 그 순간 갑자기 물방울이 튀며, "잡았다!"라는 잭의 승전보가 들렸다. 그는 손전등을 보트에 떨어뜨리고 뱃전에 엎드려 양손으로 카이만과 씨름했다.

"제발 나 좀 꽉 잡아 줘요." 그는 필사적으로 외쳤는데, 하를레스는 이미 잭의 발목 위에 걸터앉아 뱃전 너머로 목을 길게 빼고 있었다. 엄청난 물보라와 끙끙거림 끝에, 잭은 마침내 배 안으로 몸을 다시 기울이며 활짝 웃었다. 그의 손에서는 길이 1.2미터의 카이만이 딱딱 소리를 내며 몸부림치고 있었다. 그는 카이만의 목덜미를 오른손으로 잡고 비늘로 덮인 기다란 꼬리는 겨드랑이에 끼웠다. 카이만은 맹렬하게 쉭쉭거리며, 가공할 만한 턱을 벌려 노랗고 울퉁불퉁한 주둥이의 내부를 드러냈다.

"카이만을 운반하는 데 유용할 것 같아 당신의 배낭을 허락도 없이 가져왔어요." 잭이 내게 황급히 설명했다. "사용해도 괜찮을까요?" 왈가왈부할 시간적 여유가 없는 것 같아 나는 그러라고 했다. 내가 배낭의 입구를 벌리고 있는 동안, 잭은 카이만을 조심스레 집어넣은 다음 끈을 바짝 죄었다.

"음, 어쨌든 미스터 킹에게 보여줄 게 생겼네요." 그가 말했다.

우리는 매너티를 잡기 위해, 미스터 킹, 그의 조수들과 함께 칸제강을 3일 동안 더 돌아다녔다. 밤에도, 낮에도, 비가 올 때도, 해가 쨍쨍 비칠 때도, 썰물 때도, 밀물 때도 그물을 쳤지만, 각각의 조건이 필수적이라는 미스터 킹의 주장에도 불구하고 매너티의 징후는 눈곱만큼도 보이지 않았다. 마침내 물품이 바닥나는 바람에 더 이상 버틸 수가 없게 되자, 우리는 눈물을 머금고 뉴암스테르담으로 회항했다.

"음, 실망하지 말아요." 미스터 킹은 보수를 받으며 달관한 듯 말했다. "한마디로 운이 없었던 것 같아요."

우리가 부둣가를 터덕터덕 걷고 있을 때, 한 동인도인 어부가 우리에게 달려왔다.

"워터맘마를 찾는 사람이 당신들인가요?" 그가 물었다. "실은 내가 사흘 전에 한 마리를 잡았거든요."

"지금 어디에 있는데요?" 우리가 흥분해서 물었다.

"교외의 조그만 호수에 풀어놓았어요. 만약 당신들이 원한다면 손쉽게 다시 잡을 수 있어요."

"당연하죠." 잭이 말했다. "지금 당장 가서 잡아주세요."

동인도인은 왔던 곳으로 달려가 손수레 위에 그물을 싣고 그를 도울 3명의 친구들과 함께 돌아왔다.

우리의 작은 행렬이 붐비는 거리를 누비며 지나갈 때, 사람들이 우리를 가리키며 "워터맘마를 잡으러 가나 보다."라고 숙덕이는 소리가 들렸다. 우리가 교외에 도착해 호수가 있는 초원에 접근했을 즈음에는 대규모 군중이 우리의 뒤를 따르며 환호했다.

호수는 넓고 질펀거렸지만 다행히도 깊지는 않았다. 모든 사람들이 둑

데이비드 애튼버러의 동물 탐사기

에 쪼그리고 앉아 인어의 위치를 알리는 징후를 찾기 위해 수면을 조용히 응시했다. 갑자기 누군가가 이상하게 움직이는 연잎을 가리켰다. 그것은 구겨지며 수면 아래로 사라졌고, 몇 초 후 갈색 주둥이가 물 위로 떠올라 2개의 커다란 콧구멍으로 공기를 내뿜고는 사라졌다. "저기 있다. 저기 있어." 모두가 소리쳤다.

어부 나리안Narian이 자신의 병력을 집결시켰다. 그는 3명의 조수들과 함께 물 속으로 뛰어들었다. 그는 먼저 조수들에게 기다란 그물을 나눠 잡게 했다. 그런 다음 조수들을 일정한 간격으로 배치해, 매너티가 나타 났던 수로를 가로지르게 했다. 가슴까지 차는 물속에서, 그들은 둑을 향 해 천천히 전진했다. 그들이 접근하는 동안, 매너티는 호흡을 하기 위해 물 위에 떠오름으로써 자신의 위치를 다시 한 번 드러냈다. 나리안은 그 물의 양쪽 끝에 있는 조수들에게 '그물이 직선이 아니라 둥글게 호를 이 루도록 재빨리 제방으로 걸어 올라가'라고 소리쳤다. 이제 완전히 고립된 매너티는 수면에 더욱 가까이 올라와 몸을 회전하며, 자신의 전매특허인 거대한 회갈색 옆구리를 선보였다.

군중 속에서 놀라움과 즐거움이 교차하는 '헉' 소리가 터져 나왔다.

"거대하다! 와, 괴물 같다!"

일부 구경꾼들의 열광적인 도움에 힘입어, 강둑에 있는 나리안의 조수 들은 흥분에 사로잡혀 손을 옮겨가며 그물을 미친 듯 잡아당기기 시작했 다. 왁자지껄 소란스러운 가운데, 아직 호수에 있는 나리안이 사납게 소리 쳤다.

"당기는 걸 멈춰!" 그는 소리쳤다. "너무 빠르면 안 돼."

그의 경고에 귀 기울이는 사람은 아무도 없었다.

"이 그물은 100달러짜리에요." 나리안이 외쳤다. "만약 당기기를 멈 추지 않으면, 그녀가 갈가리 찢어 버릴 거라고요."

그러나 매너티의 옆구리를 한 번 더 구경한 후, 군중은 그것을 가능한 한 빨리 육지로 끌어 올려야 한다는 욕망에 사로잡혔다. 그래서 매너티가 둑 바로 밑에 도착할 때까지 그물은 계속 당겨졌다. 정말로 거대했지만, 마냥 구경만 할 수는 없었다. 왜냐하면 매너티가 갑자기 몸을 웅크리더니, 엄청나게 큰 꼬리를 휘둘러 모든 사람들을 진흙탕 속에 빠뜨렸기 때문이다. 그와 동시에 그물을 찢고 탈출해 물속으로 사라졌다.

화가 머리 끝까지 난 나리안은 강둑까지 단숨에 달려가, 근처의 사람들에게 그물의 수리비를 물어내라고 요구했다. 뒤이은 갑론을박 과정에서, '우리의 인어는 유난히 열정적이므로, 다음번 그물에 걸렸을 때는 로프를 쓰다듬어 그녀를 진정시킬 수 있도록 미스터 킹씨를 찾아와야 한다.'라는 얼토당토않은 제안이 나왔다. 논쟁이 계속되는 동안 매너티의 행방에 관심을 두는 사람은 아무도 없었다. 그러나 잭만은 예외였다. 그는 둑을 따라 걸으며, 수면의 소용돌이에 기반해 그녀의 도주경로를 추적했다.

마침내 소동이 가라앉았을 때, 잭은 나리안에게 '매너티를 마지막으로 관찰한 지점'을 알려줬다. 나리안은 긴 밧줄을 들고 걸으며 큰 소리로 투덜댔다. "이게 다 그 미친 놈들 때문이에요." 그는 경멸적으로 말했다. "그놈들이 내 그물을 망가뜨렸으니, 워터맘마의 가격은 100달러 인상되었어요. 이번에는 물속으로 들어가 그녀의 꼬리에 밧줄을 묶으려고 해요. 그럼 도망칠 수 없을 거예요."

그는 호수로 다시 들어가, 매너티를 발로 더듬기 위해 진흙탕 속을 이리저리 헤치고 걸었다. 마침내 매너티가 호수 밑바닥에 굼뜨게 누워있는 것을 발견하고, 그는 밧줄을 손에 쥔 채 턱이 수면에 닿을 때까지 몸을 구부렸다. 그는 그 자세를 몇 분 동안 유지하며 물속을 손으로 더듬었다. 잠시 후 똑바로 일어났을 때, 손에 쥔 밧줄이 맹렬히 흔들리며 그를 잡아당기는 바람에 몸이 기우뚱하며 얼굴이 수면에 닿았다. 그는 몸을 간신히

데이비드 애튼버러의 동물 탐사기

일으켜 균형을 잡고 입에 들어간 흙탕물을 뱉으며 밧줄 끄트머리를 만족스럽게 휘둘렀다.

"그녀는 아직 나에게 붙잡혀있어요." 그는 외쳤다.

얼떨결에 꼬리를 밧줄에 묶인 매너티는 이제서야 자신이 위험에 처했음을 깨달았다. 그녀는 수면으로 올라와 물을 튀기며 도망치려고 애썼다. 그러나 이번만큼은 단단히 대비하고 있었던 나리안이 매너티를 능숙하게 둑으로 유도했다. 자신에게 혼난 조수들이 매너티를 다시 한 번 그물로 에워싸자, 나리안은 밧줄을 들고 재빨리 둑 위로 올라갔다. 조수들이 그물을 끌어당기고 나리안이 밧줄을 잡아당기자, 인어는 꼬리부터 천천히 호숫가로 끌려 나왔다.

육지에 올라온 그녀의 용모는 결코 아름다워 보이지 않았다. 머리는 뭉툭한 나무등걸 같았고, 거대하고 두꺼운 윗입술 위에는 광범위하지만 성긴 콧수염이 얹혀있었다. 또한 작은 눈은 볼살 속에 푹 파묻혀있었으므로, 만약 살짝 곪지 않았다면 거의 알아볼 수 없었을 것이다. 따라서 두드러진 콧구멍을 제외하면 표정을 지을 만한 이목구비를 전혀 갖고 있지 않았다. 코에서부터 거대한 주걱 모양의 꼬리 끝까지 매너티의 길이는 2미터가 넘었다. 노(櫓) 모양의 앞지느러미발이 2개 있지만 뒷다리는 하나도 없었고, 뼈가 도대체 어디에 있는지 의문이었다. 왜냐하면, 물의 부력을 상실하고 나니 거대한 몸이 마치 젖은 모래 자루처럼 폭삭 주저앉았기 때문이다.

매너티는 우리의 탐지봉에 전혀 무관심해 보였으며, 저항하려고 꿈틀거리는 기색조차 없이 우리가 뒤척이는 대로 뒤집어졌다. 반듯이 누워 지느러미발을 밖으로 늘어뜨린 채 꼼짝 않고 있는 걸 보고, 나는 '생포되는 과정에서 다쳤는지 모른다.'라는 생각이 들어 나리안에게 이렇게 물었다. "아무 문제 없을까요?" 그는 껄껄 웃으며, "그런다고 죽지 않아요."라고

매너티와 함께 있는 나리안

말하며 그녀에게 물을 조금 뿌렸다. 그러자 매너티는 몸을 웅크리며 꼬리로 땅바닥을 친 후, 다시 부동자세로 복귀했다.

매너티를 조지타운으로 운반하는 문제는 뉴암스테르담 시의회가 살수차를 대여해줌으로써 해결되었다. 우리는 그녀의 꼬리와 지느러미발에 인양 밧줄을 묶었고, 나리안과 3명의 조수들은 호이스트hoist[5]를 이용해 매너티를 땅에서 들어 올린 다음 초원을 가로질러 살수차가 주차된 곳으로 옮겼다.

매너티는 인양 밧줄 사이에서 축 늘어진 채 편안해 보였지만, 흐느적거리는 지느러미발과 넓은 콧수염 밑에서 조금씩 흘러내리는 액체는 인어

---

5 · 비교적 소형의 화물을 들어 옮기는 장치. - 옮긴이주

데이비드 애튼버러의 동물 탐사기

의 매력이라고 보기는 어려웠다. "만약 어떤 선원이 그녀를 인어로 착각했다면," 하를레스는 말했다. "장담하건대 너무나 오랫동안 바다에 머무른 탓에 눈높이가 낮아졌기 때문일 거예요."

9. 귀환

우 리의 가이아나 동물 탐사는 대단원의 막을 내렸다. 잭과 팀이 수집된 동물들을 배편으로 런던에 데려오기로 했지만, 하를레스와 나는 영상화 작업을 시작하기 위해 항공편으로 즉시 돌아가야 했다. 우리가 출발하기 전에 잭은 커다란 정사각형 꾸러미를 전달했다. "이 속에는," 그는 말했다. "몇 종의 멋진 거미와 전갈, 한두 마리의 뱀이 들어있어요. 그들은 모두 미세한 공기구멍이 뚫린 깡통 속에 들어있으므로 도망칠 가능성은 전혀 없어요. 하지만 감기에 걸리지 않도록 객실에 고이 보관해야 해요. 그리고 이 긴코너구리^{coatimundi} 새끼도 가져가실래요?" 그는 이렇게 덧붙이며, 마음에 쏙 드는 — 밝은 갈색 눈망울, 기다란 고리 무늬 꼬리, 뾰족하고 호기심 어린 주둥이를 가진 — 털북숭이 동물 1마리를 내게 건넸다. "얘는 아직 젖을 먹기 때문에, 돌아가는 길에 서너 시간마다 한 번씩 젖병을 물려야 해요."

하를레스와 나는 꾸러미와 긴코너구리가 들어있는 조그만 여행 바구니를 들고 비행기에 탑승했다. 새끼 너구리는 커다란 관심의 대상이었다. 우리가 카리브제도 상공을 비행할 때 한 여자가 다가와 그를 쓰다듬었다. 그녀가 계속 관심을 보이며 무슨 동물인지, 어떻게 구한 건지 꼬치꼬치

데이비드 애튼버러의 동물 탐사기

캐묻는 바람에, 우리는 결국 "동물 수집을 위한 탐사여행을 마치고 돌아가는 중이에요."라고 설명할 수밖에 없었다. 그러자 그녀는 내 발 옆에 놓인 상자를 쳐다봤다.

"내 짐작인데," 그녀는 미소를 지으며 말했다. "저 속에는 뱀과 징그러운 벌레들이 가득할 것 같아요."

"사실을 말하자면," 나는 음침한 어조로 말했다. "맞아요." 우리 모두는 그런 우스꽝스러운 상황에 어이없어하며 배꼽을 잡고 웃었다.

긴코너구리는 초반에는 고분고분하게 굴었지만, 유럽을 향해 북쪽으로 날아가기 시작할 때부터 젖병 물기를 거부했다. 나는 그가 감기에 걸릴까 봐 걱정되어 내 셔츠 속에 밀어 넣었고, 그는 내 팔 아래서 코를 비비며 평화롭게 잠들었다. 나는 리스본과 취리히에서 그에게 젖을 먹이려 노력했는데, 젖을 따뜻하게 데우고 심지어 으깬 바나나와 받침 접시에 담은 크림으로 유혹했음에도 그는 완강히 거부했다. 우리는 새벽 1시에 암스테르담에 도착해서, 아침 6시에 런던으로 출발할 예정이었다. 하를레스와 나는 공항 로비의 긴 가죽 소파에 앉아 기다렸다. 새끼 너구리는 36시간 동안 식음을 전폐한 상태였으므로, 우리는 그의 건강을 크게 걱정했다. 우리는 긴코너구리가 가장 좋아하는 음식이 무엇인지 생각해 내기 위해 기억을 더듬었지만, 자연사 책에서 읽은 '잡식성'이라는 말밖에 떠오르지 않았다.

하를레스는 갑자기 묘안이 떠올랐다며 "벌레를 좀 주면 어떨까요?" 하고 말했다. "꿈틀거리는 예쁜 벌레들이 그를 유혹할지도 몰라요." 나는 그의 아이디어에 동의했지만, 암스테르담에서 새벽 4시에 벌레를 구하는 방법에 대해서는 둘 다 속수무책이었다. 우리는 불현듯 '꽃을 자랑하는 네덜란드인 만큼, 비행장이 온통 아름다운 꽃밭으로 둘러싸였을 것'이라는 생각이 떠올랐다. 나는 새끼 너구리와 하를레스를 남겨 두고 비행장으로 나와, 투광 조명등의 환한 불빛 속에서 남몰래 꽃밭으로 들어갔다. 몇 미터 이내에서 공항 직원들이 활보하는 가운데 손가락으로 부드러운 흙을 파헤쳤지만, 어느 누구도 나의 돌발행동을 눈치채지 못했다. 5분후, 나는 10여 마리의 꿈틀거리는 분홍빛 벌레를 손에 넣었다. 나는 개선장군처럼 로비로 돌아왔고, 우리는 벌레들을 탐욕스럽게 먹는 새끼 너구리를 보고 탄성을 질렀다. 식사를 마친 후, 그는 입술을 핥으며 더 달라는 시늉을 했다. 우리는 그가 만족할 때까지 네 번 더 튤립 꽃밭을 다녀왔다. 그로부터 여섯 시간 후, 활기차게 발길질하는 긴코너구리 새끼를 런던 동물원에 인계했다.

한편 조지타운에는 동물들을 런던으로 운반하는 오랜 항해를 위해서 준비해야 할 일들이 무척 많이 남아있었다. 하지만 마지막 몇 주 동안 잭

긴코너구리 새끼들

　　　　　　　　　　　　데이비드 애튼버러의 동물 탐사기

의 건강이 악화됨에 따라 우리의 탐사여행에 암운이 드리웠다. 그가 매우 심각한 마비성 질환에 걸렸다는 심증이 점차 굳어졌고, 우리가 떠난 지 며칠 후 조지타운의 의사는 그에게 '가능한 한 빨리 런던으로 날아가 전문가의 치료를 받으라.'라고 권고했다. 런던 동물원의 조류 큐레이터 존 옐란드John Yelland가 급히 조지타운으로 날아와 잭의 업무를 넘겨받고, 팀 비날을 도와 수집한 동물들을 배편으로 런던으로 데려왔다.

그것은 몹시 힘들고 복잡한 일이었다. 매너티의 안락한 여행을 보장하기 위해, 그들은 갑판의 한 구석에 특별한 간이 수영장을 지어줬다. 그리고 동물들의 엄청난 식성을 감당하기 위해, 상추 3,000파운드, 양배추 100파운드, 바나나 400파운드, 녹색 풀 160파운드, 파인애플 48개를 배에 실었다. 또한 19일 동안 동물들의 청결과 영양상태를 유지하기 위해 팀과 존은 동틀 때부터 땅거미가 질 때까지 끊임없이 일해야 했다.

그로부터 몇 주 후, 나는 그 동물들을 다시 만나기 위해 런던 동물원을 방문했다. 자신을 위해 아쿠아리움에 특별히 마련된 유리로 된 투명한 풀pool에서, 매너티는 이곳저곳으로 한가로이 헤엄치고 있었다. 그녀는 이제 길이 잘 들어서, 내가 몸을 숙여 물에 양배추잎을 내밀면 헤엄쳐 와서 입으로 넙죽 받아먹었다. 쿠쿠이강에서 얻은 새끼 앵무새[1]는 날 수 있을 만큼 완전히 성장해 거의 알아볼 수 없었지만, 나는 그가 나를 알고 있다고 확신했다. 왜냐하면 내가 말을 걸면 몇 달 전 내가 '씹은 카사바 빵'을 먹였을 때와 똑같은 행동 —머리를 위아래로 빠르게 움직이기— 을 했기 때문이다. 아름다운 벌새들은 특별한 온실에서 자라는 열대식물 사이로 쏜살같이 날아다니거나 허공을 맴돌았다. 퍼시라는 이름의 나무타기호저[2]는 나뭇가지 구석에 웅크리고 잠들어있는데, 여전히 찡그린 표정을 짓고

---

1 105쪽 참조. - 옮긴이주

2 153쪽 참조.. - 옮긴이주

있어서 한눈에 알아볼 수 있었다.

내가 카피바라를 발견했을 때, 그들은 런던 동물원의 협력 동물원 휩스네이드 동물원Whipsnade zoo[3]으로 이주하려던 참이었다. 바리마강에서 그랬던 것처럼, 그들은 야단스럽게 휘파람 소리를 내고 킥킥거리고 내 손가락을 빨았다. 개미핥기는 저민 날고기와 우유를 먹으며 무럭무럭 자라고 있었고, 곤충 전시관을 방문해 보니 아라카카에서 잡은 거미는 런던에 도착한 지 며칠 후 수백 마리의 새끼를 낳아 대가족을 거느리고 있었다.

다른 어떤 동물보다도 우리를 애먹였던 후디니[4]를 찾는 데는 다소 시간이 걸렸다. 마침내 그를 발견했을 때, 그는 커다란 여물통에 머리를 박은 채 사료를 우적우적 씹고 있었다. 내가 울타리 너머로 몸을 기울여 여러 번 불렀지만 그는 나를 본체만체 했다.

---

3 영국 잉글랜드 베드퍼드셔주Bedfordshire의 휩스네이드에 있는 동물원. – 옮긴이주
4 아메리카대륙에 서식하는 소목 페커리과 동물의 총칭인 패커리에 붙여준 이름. 106쪽 참조.
   – 옮긴이주

데이비드 애튼버러의 동물 탐사기

2부

인도네시아 동물 탐사

10. 인도네시아로

궁극적으로 '탐사'라는 명목하에 그럴싸한 모양새를 갖추게 되는 프로젝트의 준비는 원칙적으로 수 개월에 걸친 세부계획을 수반한다. 세부계획에는 전체 일정과 인허가, 비자와 방문지 목록과 각종 일람표, 신중히 꼬리표를 붙인 대량의 짐 및 장비와 수송망이 포함된다. 수송망에서 맨 앞에 위치하는 것은 대형 화물선이고, 맨 뒤에 위치하는 것은 맨발의 짐꾼들이다. 그러나 우리는 그런 세부계획도 없이 인도네시아 여행길에 올랐다. 하를레스 라구스와 함께 런던 공항에서 호주머니에 자카르타Jakarta행 비행기표를 넣고 비행기에 올랐을 때, 나는 그에게 "사전에 세부계획을 세울 걸 그랬어요."라고 실토했다.

우리는 극동Far East 지방에 가 본 적이 한 번도 없었고 말레이어를 할 줄 몰랐으며 인도네시아에 아는 사람이 하나도 없었다. 설상가상으로 우리는 몇 주 전에 많은 물품을 휴대하지 않기로 결정했는데, 그 이유는 간단했다. '10명의 탐사대원이 가면 굶어 죽을지 몰라도, 2명이 가면 어떻게든 먹고 살 수 있다.'라는 거였다. 그와 비슷한 논리로, 우리는 향후 4개월 동안 어디서 어떻게 숙박할 것인지에 대해 아무런 사전준비를 하지 않았다. 사실 우리는 런던 주재 인도네시아 대사관을 방문한 적이 있었다.

데이비드 애튼버러의 동물 탐사기

대사관 직원들은 우리에게 매우 친절하게 대하며, 인도네시아 당국에 편지를 보내 우리의 탐사여행을 알리고 필요한 도움을 요청하겠다고 약속했다. 그러나 출발하기 바로 전날 대사관을 다시 방문했을 때, 대사관 직원들이 날짜를 착각하는 바람에 편지를 아직 보내지 않은 것으로 밝혀졌다. 한 직원이 말한 것처럼, 그 상황에서 가장 쉬운 방법은 우리가 편지를 직접 휴대하고 출발한 후 인도네시아에 도착해 우체통에 넣는 것이었다.

인도네시아는 적도가 가로지르고 있으며 서쪽의 수마트라Sumatra에서 동쪽의 뉴기니New Guinea 서반부西半部에 이르기까지 4,800킬로미터로 미국 — 4,500킬로미터 — 만큼 길다. 이 나라는 자바Java섬, 발리Bali섬, 술라웨시Sulaweshi섬, 보르네오Borneo섬의 대부분, 사이사이에 흩어진 수백 개의 자잘한 섬들을 포함한다. 우리의 대략적인 계획은 이 섬들을 두루 여행하며 동물뿐만 아니라 사람과 그들의 일상생활을 촬영하는 것이었다. 그러나 우리의 궁극적인 목표는 인도네시아 군도의 거의 한복판에 자리잡은 작은 섬 — 길이 35킬로미터, 너비 20킬로미터의 코모도섬Komodo — 에 도착하는 것이었다. 그곳에서 우리는 현존하는 가장 주목할 만한 동물 중 하나를 찾을 예정이었는데, 그건 바로 세계에서 가장 큰 도마뱀이었다.

이 괴물의 존재가 과학적으로 확인되기까지 수년 동안, 코모도섬에 용처럼 생긴 어마어마한 동물이 산다는 소문이 퍼져있었다. 전하는 말에 의하면 그것은 거대한 발톱, 무시무시한 이빨, 중무장한 몸, 불타는 듯한 노란 혀를 갖고 있었다. 이런 이야기는 토착 어민과 진주조개를 채취하는 잠수부들에 의해 유포되었는데, 그들은 그 당시 무인도였던 코모도섬을 둘러싸고 있어 인도네시아 군도 전역에서 가장 접근하기 어려운 섬 중 하나로 만들었던 위험한 암초들 사이를 항해한 유일한 사람들이었다. 그러던 중 1910년, 네덜란드 식민지 보병대의 장교 하나가 코모도섬을 탐사했다. 그는 소문이 사실임을 확인하고, 그것을 증명하기 위해 두 마리의 거대한 도마뱀을 사살한 후 가죽을 자바섬으로 가져와 네덜란드 동물학자 아우언스Ouwens에게 보여줬다. 아우언스는 이 놀라운 동물에 대해 최초로 기술하여 발표하면서 학명을 바라누스 코모도엔시스*Varanus Komodoensis*라고 지었다. 전 세계 사람들은 발 빠르게 그것을 코모도왕도마뱀Komodo dragon이라고 불렀다.

뒤이은 탐사에서, 코모도왕도마뱀은 코모도섬에 풍부한 야생 돼지와 사슴을 먹고 사는 육식동물로 밝혀졌다. 그들은 두말할 것 없이 죽은 동물의 썩어 가는 고기를 먹었지만 먹잇감을 활발히 사냥하기도 했는데, 주특기는 거대한 근육질 꼬리를 휘둘러 사냥감을 살해하는 것이었다. 코모도왕도마뱀은 코모도섬뿐만 아니라, 이웃한 린자섬Rintja과 인근의 플로레스섬Flores 서단西端에서도 발견되었다. 그러나 세계의 다른 곳에서는 코모도왕도마뱀을 찾아볼 수 없는데, 이런 제한된 분포는 수수께끼로 여겨진다. 이 거대한 도마뱀은 훨씬 더 큰 선사시대 도마뱀의 후손임이 거의 확실시되는데, 조상들의 화석은 지금껏 오스트레일리아에서 발견되었고, 가장 오래된 조상들이 살았던 시기는 약 6,000만 년 전으로 추정된다. 그러나 이상하게도, 코모도섬은 비교적 근래에 생겨난 화산섬이다. 그렇다면 그들은 왜 코모도섬에만 존재하며, 어떻게 코모도섬에 도착하게 되었을까? 그건 아직 해결되지 않은 의문이다. 하를레스와 내가 비행기에 몸을 싣고 동쪽으로 날아가고 있을 때, '우리 자신은 어떻게 코모도에 도착할 것인가?'도 그와 거의 마찬가지로 해결되지 않은 의문이었다. 런던에는 우리에게 답을 줄 수 있는 사람이 아무도 없었으므로, 우리는 자바섬에 있는 인도네시아의 수도 자카르타에서 답을 찾을 수 있기를 바랐다.

자카르타의 건물들은 전혀 동양적이지 않았다. 깔끔한 흰색 기와를 얹은 방갈로의 행렬, 철근콘크리트로 지은 호텔, 괴기스럽고 석화石化된 풍선처럼 보이는 야한 영화관, 간간이 보이는 네덜란드 식민지 시대의 유물

　데이비드 애튼버러의 동물 탐사기

인 듯한 소박하고 고전적인 포르티코portico[1]를 가진 오래된 건물…. 이 모든 것들은 세계의 다른 지역에서 볼 수 있는 현대식 열대 도시와 매우 흡사했다. 그러나 자카르타의 사람들은 건축물과 달리 서구화되지 않은 것 같았다. 상당수의 남자들은 사롱sarong[2]을 입었고 핏지pitji라는 모자를 썼다. 핏지란 까만색 벨베틴velveteen[3]으로 만든 작업모를 말하는데, 본래 무슬림 복장의 일부였지만 신생 공화국에 의해 국민통합의 상징으로 의도적으로 채택되고 장려되어, 모든 인도네시아인들에 의해 인종과 종교를 불문하고 애용되었다.

거리를 메운 군중의 대다수는 의심할 여지없이 가난했다. 배수로를 따라 종종걸음을 치는 행상인들은 길고 탄력 있는 막대기를 어깨에 메고, 양쪽 끝에 엄청나게 무거운 짐을 매달았다. 짐의 내용물은 천 꾸러미, 그릇 무더기, 종종 시뻘건 화로였는데, 행상은 화로를 이용해 사테saté — 대꼬챙이에 꿴 후 잘 익힌 고기 조각 — 를 즉석 요리해 고객에게 제공하곤 했다. 소규모 교통수단은 벳작betjak — 인력거의 세발자전거 버전 — 으로, 대로변에 줄지어 서있거나 시끌벅적한 미국산 자동차와 땡그랑거리는 전차 사이에서 요리조리 위험천만하게 달렸다. 모든 벳작은 화려한 풍경화와 무시무시한 괴물 그림으로 장식되었으며, 좌석 밑에는 '2개의 못으로 당겨진 고무줄'이 달려있어서 고속으로 달릴 때 바람이 통과하며 크고 유쾌한 경적 소리가 났다. 대부분의 중심가들은 네덜란드가 모든 식민지에 강제로 건설하게 한 듯한 운하를 따라 조성되어 있었다. 여자들이 운하의 둑에 줄지어 앉아 과일을 씻거나 빨래를 하거나 목욕을 했고, 어떤 사람

---

1 건축의 앞면, 혹은 앞면의 출입구 부분에 설치된 열주랑列柱廊의 부분. - 옮긴이주
2 미얀마, 인도네시아, 말레이 반도 등지에서 남녀가 허리에 두르는 민속의상. 말레이어로 '통형筒型의 옷'이라는 뜻이다. - 옮긴이주
3 첨모직물(한쪽 면 또는 양면에 보풀이 있는 직물의 총칭)의 하나로, 보풀에 면사를 사용한 면벨벳을 말한다. - 옮긴이주

들은 물속에 들어가 수영을 했으며, 또 다른 사람들은 염치없게도 운하를 화장실로 사용했다.

간단히 말해서 자카르타는 시끄럽고 붐비고 부산했으며, 이곳저곳이 지저분했고 어디를 가든 매우 매우 더웠다. 우리는 자카르타에 도착하는 순간부터 그곳을 떠날 순간을 손꼽아 기다렸다.

───

런던 대사관의 편지만 믿고, 우리는 앞길이 비교적 순탄할 거라고 낙관하고 있었다. 심지어 가장 비관적인 시나리오를 가정하더라도, 자카르타에서 일주일 이상 머무르지 않아도 될 듯싶었다. 지금 생각해 보니, 우리가 직면했던 어려움은 예견된 일이었다. 1945년 일본의 패망과 동시에 탄생한 인도네시아 공화국은 영토 전체에서 시작된 혁명에 직면했으며, 9개월도 채 지나지 않아 그것은 공공연한 내란으로 비화했다. 우리는 외국인으로, 불과 6개월 전 양측이 참혹한 희생을 치른 독립전쟁을 통해 식민지에서 축출된 네덜란드와 매우 비슷한 입장이었다. 우리는 필름 카메라와 기록장치를 자카르타의 공무원들조차 듣도 보도 못한 인도네시아의 오지에 반입하도록 승인해 달라고 요청했다. 더욱이 우리는 시간이 많지 않았는데, 이것이 아마도 가장 큰 약점이었던 것 같다. 찌는 듯한 더위 속에서, 우리는 하루도 빠짐없이 정부기관을 순회했다. 장비를 통관하기 위해 우리 중 한 명이 일주일 동안 매일 아침 보세창고에 보고서를 제출해야 했다. 우리가 들은 바에 의하면 재정증명서, 군(軍)의 허가서, 경찰의 통행증, 농업산림부의 추천서가 필요했다. 그리고 우리의 계획은 정보부, 내무부, 외무부, 국방부의 승인을 받아야 했다. 우리를 응대한 공무원들은 개인적으로 매우 친절했고 기꺼이 도와주려 했지만, 우리의 신청서를 접수할 때는 '다른 부처 담당자의 허가가 필요하다.'라는 단서를 달았다.

그러나 우리는 매력적이고 호의적인 조력자를 만났으니, 정보부 소속으로 영어에 능통하고 동정심 많은—약간 눈물이 헤픈—여성이었다. 그러나 안타깝게도, 우리는 거의 일주일 동안 골치 아픈 문제와 씨름한 후에야 그녀를 만날 수 있었다. 우리는 원래 한 신청서에 고무인印을 날인받기 위해 그녀를 찾아갔는데, 그녀의 책상에 도달하기 위해 무려 1시간 동안 줄을 서서 기다려야 했다. 그녀는 우리의 서류를 신기하다는 듯이 훑어보고 일단 도장을 찍었다. 그런 다음 신청서를 더욱 꼼꼼히 읽다가 진력이 난 듯 안경을 벗으며 우리를 향해 힘없이 웃었다.

"왜 이 서류가 필요한 거죠?"

"우리는 영국 사람인데요, 방송을 촬영하기 위해 왔어요. 자바섬, 발리섬, 보르네오섬 그리고 궁극적으로 코모도섬을 여행하며 동물을 촬영하고 수집하고 싶어요."

'방송 촬영'이라는 단어를 듣고 그녀의 얼굴에 만연하던 미소는 '여행'이라는 단어에서 사그라들기 시작해서 '동물'이라는 단어가 나왔을 때 완전히 사라졌다.

"아두Aduh[4]," 그녀는 서글프게 말했다. "난 그게 불가능하다고 생각해요. 그러나," 그녀는 환한 표정을 지으며 덧붙였다. "내가 다 알아서 처리해 줄 테니 보로부두르Borobudur로 가세요." 그러면서 그녀는 자신의 머리 위 벽에 부착된 여행 포스터를 가리켰다. 그것은 자바섬 중부의 대형 불교 사찰을 선전하는 포스터였다.

"뇬야Njonja," 나는 기혼녀를 가리키는 인도네시아의 정식 호칭을 사용했다. "그곳은 매우 아름답습니다. 그러나 우리는 사찰이 아니라 동물을

---

4 아아(슬픔, 염려 따위를 나타내는 말). - 옮긴이주

촬영하러 인도네시아에 왔습니다."

그녀는 놀란 듯 보였다. "외국인들은 누구나," 그녀는 진지하게 말했다. "보로부두르를 촬영하거든요."

"아마 그럴 겁니다. 그러나 우리는 동물을 촬영할 예정이거든요."

그녀는 방금 고무인을 날인한 내 서류를 집어 들더니 애석한 표정을 하며 반으로 찢었다.

"내 생각에는," 그녀가 말했다. "처음부터 다시 시작하는 게 좋겠어요. 일주일 후에 다시 오세요."

"그러나 우린 내일 다시 올 수 있어요. 그리고 우리는 자카르타에서 허송세월하고 싶지 않아요."

"내일은," 그녀는 대답했다. "무슬림의 최대 명절 르바란Lebaran이에요. 공휴일의 시작이라고요." "공휴일이 일주일 동안이나 계속되나요?" 하틀레스는 우는 시늉을 하며 물었다.

"아뇨. 그러나 르바란이 끝나는 다음 날은 성령 강림절Whitsuntide인데, 그날도 휴일이에요."

"그러나 분명히 말하지만," 나는 말했다. "이 나라는 기독교 국가가 아니라 이슬람교 국가예요. 모든 종교의 휴일을 꼬박꼬박 챙기는 건 반칙이라고요."

여러 주 동안 협상을 하면서 그녀가 조금이라도 공격적으로 보였던 것은 그때가 유일했다. "왜요? 그러면 좀 어때요." 그녀는 날카롭게 말했다. "드디어 자유를 쟁취했을 때, 우리는 대통령에게 모든 종교의 휴일을 채택해 달라고 요청해서 승락을 받았어요."

━━━

다음주가 끝나갈 무렵 그동안 골치 아팠던 문제 중 일부가 해결됐지만

데이비드 애튼버러의 동물 탐사기

더 큰 문제가 발생했다. 그래서 나는 추가적인 승인을 받기 위해 하를레스에게 일을 떠맡긴 채 자바섬 동쪽의 수라바야Surabaya로 날아가야 했다. 내가 다시 돌아왔을 때, 정보부의 우리 친구는 문제를 처리하기 시작하고 있었다. 하를레스는 우리가 그때까지 봤던 것 중 가장 긴 신청서 양식을 8부 완성해 놓았는데, 각각의 신청서에는 특별히 촬영된 그의 옆모습 및 정면 사진이 첨부되었고, 그의 손도장과 관청의 고무인이 정성스레 날인되어 있었다. 그것을 작성하기 위해 사흘 동안 줄을 섰다고 하니, 하를레스가 흡족해하는 이유를 짐작하고도 남음이 있었다. 나는 양심의 가책을 느꼈다.

"눈야," 나는 말했다. "이건 내가 마땅히 했어야 하는 일이에요."

"아뇨, 아니에요. 이건 허례허식의 대표적 사례예요. 당신도 알겠지만, 이건 겉만 번지르르한 공문서예요. 당신이 자리를 비운 동안 할 일이 없는 것 같아 투안Tuan[5] 라구스에게 일을 조금 시켰어요."

하지만 자카르타에서 3주라는 귀중한 시간을 낭비했는데도, 공식적으로 필요한 당국의 허가를 받는 데 전혀 진전이 없는 것 같았다. 나는 고심 끝에 우리의 조력자에게 모든 비밀을 털어놓기로 결심했다.

"사실," 나는 음모를 털어놓듯 말했다. "우리는 무조건 내일 출발할 거예요. 관청에서 허비할 시간이 없으므로 우린 더 이상 기다릴 수 없어요."

"좋아요," 그녀는 말했다. "당신 말이 옳다고 생각해요. 보로부두르에 가는 데 지장이 없도록 해 줄게요."

"눈야," 나는 말했다. "마지막으로 하는 말인데, 우린 동물학자예요. 우리가 찾는 건 동물이지 사찰이 아니라고요. 우린 보로부두르에 가지 않을 거예요."

---

5 인도네시아어의 외국인 남자에 대한 존칭으로, 영어의 Sir에 해당한다. - 옮긴이주

막무가내로 보로부두르 앞에 섰을 때, 우리는 논야의 설득에 넘어가기를 백번 잘했다는 생각이 들었다. 그녀가 너무 집요했기 때문에, 우리는 대화가 끝날 때쯤 '자카르타의 관료주의적 좌절에서 벗어날 수만 있다면, 그녀의 조언을 받아들이고 싶다.'라는 유혹을 느꼈다. 그녀가 "불기佛紀 2,500년[6]을 맞아 대대적인 축하행사가 벌어질 예정이에요."라고 말했을 때, 우리의 저항은 마침내 진압되었다. "최소한," 우리는 이렇게 자위했다. "그 사찰은 코모도섬을 향해 동진東進하는 경로에 자리잡고 있다."

그러나 다른 한편으로는 이런 생각도 들었다. "인도네시아의 수도에 버티고 있는 장벽이 그렇게 많을진대, 주도州都에 도사리고 있는 장벽도 만만치 않을 것이다." 하지만 우리 앞에 놓인 거대한 사찰의 엄청난 시각적 효과는 우리의 향후 계획을 잠시 잊게 하기에 충분했다. 장엄하고 화려한 피라미드 형태의 조형물 안에서 법당法堂, 벽감壁龕, 탑이 층층이 솟아올라 구릉지를 에워쌌는데, 그중에서 절정을 이룬 것은 거대한 종 모양의 탑이었다. 그 탑의 크기는 다른 모든 것들을 월등히 능가했고, 탑첨塔尖[7]은 하늘을 찌를 듯했다. 탑의 뒤와 아래에 펼쳐진 자바섬의 평원에서는 벼와 야자나무가 초록색 물결을 이루었고, 그 너머의 지평선에서는 파란 원뿔 모양 화산이 청록색 하늘에 자욱한 연기를 내뿜었다.

사찰의 동서남북 4면의 기저부에는 각각 출입구가 뚫려있었다. 우리는 동쪽의 계단으로 올라가, 아치형 입구와 그것이 떠받치고 있는 기괴한 가

---

6 불기佛紀는 말 그대로 불교가 처음 생긴 기원을 헤아리는 횟수를 말하는데 본래 '불멸기원佛滅紀元'을 줄인 말이다. '불멸기원'은 석가모니가 탄생한 해가 아니라 입적入寂한 해를 기준으로 한다. 불기가 세계적으로 통일돼 쓰인 것은 1956년부터이다. 1956년 네팔 카트만두에서 열린 제4차 세계불교도대회에서 불기를 통일하기로 결의하고 1956년을 불기 2500년으로 정하면서, 석가모니의 생존시기를 '기원전 624~544년'으로 공식 채택했다. - 옮긴이주
7 탑 꼭대기의 뾰족한 부분. - 옮긴이주

면의 부릅뜬 눈을 통과했다. 그러자 멀리서 볼 때는 벽돌로 쌓아 속이 꽉 찬 피라미드처럼 보였던 조형물 속에 '일련의 높은 벽으로 둘러싸인 복도들'이 숨어있다는 사실을 알게 되었다. 복도들은 각 테라스의 가장자리를 따라 빙 둘러 이어졌는데 하늘은 뚫려있고 측면에는 높은 난간이 설치되어 있었다. 그러한 회랑의 양옆은 눈부시게 아름답고 섬세한 프리즈frieze[8]가 줄지어 있었고, 조각된 꽃, 나무, 꽃병, 리본으로 장식되어 있었다. 위의 벽감 속에는 가부좌를 튼 채 명상에 잠긴 불상이 놓여있었는데, 손짓은 뭔가를 상징하는 듯했고 시선은 아래를 향하고 있었다. 회랑의 벽들은 매우 높이 솟아있었기 때문에, 우리의 위와 주변에 불쑥불쑥 솟은 석조상들이 우리를 에워싸고 압도했다.

각각의 테라스를 순회하며 계단을 하나씩 차례로 오를 때, 우리의 샌들이 복도의 마모된 판석과 부딪쳐 메아리를 울렸다. 피라미드의 4면에는 불상들이 독특한 자세로 앉아있었다. 동쪽의 불상들은 손으로 땅을 만졌고, 남쪽의 부처들은 높은 곳에 앉아 세상에 축복을 내렸고, 서쪽의 부처들은 가부좌를 틀고 명상에 잠겼고, 북쪽의 부처들은 왼손을 무릎 위에 얹고 오른손을 들어 평화를 기원했다. 가장 낮은 테라스의 벽을 장식한 프리즈에는 석가모니의 초년기 인생이 담겨있었는데, 그는 왕과 조신朝臣, 전사戰士, 아름다운 여자들의 영접을 받은 것으로 묘사되었다. 저층의 테라스를 담당한 조각가들은 많은 석판의 배경과 구석을 매력적인 동물들—공작, 앵무새, 원숭이, 다람쥐, 사슴, 코끼리—로 채워 넣었다. 그러나 고층으로 올라갈수록 테라스를 담당한 조각가들은 점점 더 근엄해져, 세속적인 장면들을 배제하고 부처의 설법과 명상 같은 종교적인 면모를 다뤘다.

---

8 그림이나 조각으로 띠 모양의 장식을 한, 방이나 건물의 윗부분. - 옮긴이주

우리는 마지막 층인 5층의 테라스에서 계단을 통해 3단 원형 기단의 첫번째 층으로 올라갔다. 그러자 분위기가 완전히 달라졌다. 프리즈는 사라졌고, 나침반의 방위를 가리키던 회랑의 각진 모퉁이는 원형 테라스의 부드러운 곡면曲面으로 대체되었다. 우리는 비교적 어두웠던 깊은 복도를 떠나, 사방이 탁 트인 공간으로 발을 내디뎠다. 거대한 중앙탑 주위에는 72개의 돌로 만든 종이 빙 둘러서 있었다. 종 내부는 텅 비어있었고, 측면에 숭숭 뚫린 구멍들이 격자를 형성했다. 그 결과, 설법하는 자세를 형상화한 석가모니상을 에워싼 각각의 종들은 부처의 모습을 절반만 드러내는―달리 말하면 절반을 은폐하는―형국이 되었다. 그러나 단 하나의 종이 사라지는 바람에 부처가 드러나서 보호받지 못하고 있었다. 기단의 맨 마지막이자 가장 높은 층에서, 마지막 탑은 광활하고 평온하며 평범한, 사찰 전체의 중심이자 핵심이자 천정인 하늘을 향해 솟아올랐다.

보로부두르는 8세기 중반에 건축되었으며, '불교 건축이 가장 세련됐던 시기의 최고 걸작'으로 일컬어진다. 그 구조의 모든 세부 묘사는 석가모니 세계의 원형을 돌로 형상화한 것으로 간주된다. 우리는 가장 아래층 테라스를 관람하지 못했는데, 그 이유는 사바세계娑婆世界[9]의 손이 닿지 않는 곳에 파묻혀있기 때문이다. 일설에 의하면, 사찰의 건축자들은 최저층이 파괴되어 외부로 밀려나는 것을 방지하기 위해 어마어마한 무게의 돌로 덮었다고 한다. 그러나 파묻힌 부분들을 조금씩 발굴해 본 결과 욕정과 갈등이 뒤섞인 아수라장을 묘사한 것으로 밝혀져, 오늘날에는 '사찰의 상징적 설계의 일환으로, 의도적으로 지하에 건설된 것 같다'는 설이 힘을 얻고 있다. 그러므로 불교 순례자들은 보로부두르에 입장하기 전에 같은 방식으로 자신의 세속적인 욕정과 욕망을 파묻고 억눌러야 한다. 그

---

9 불교에서 우리가 살고 있는 세계를 일컫는 말. - 옮긴이주

　　　　　　　　　　　　데이비드 애튼버러의 동물 탐사기

런 다음, 회랑을 따라 펼쳐진 기념비적인 건축물을 에워싼 계단을 올라갈 때, 부처의 삶을 상징적으로 재연하며 자신의 영혼에서 세속적인 것들의 찌꺼기를 제거해야 한다. 그렇게 하면서 내세*世를 향해 올라가면 위층의 테라스에 도착할 때에는 영적 단순함에 다가갈 수 있으며 마지막으로 도착한 거대한 탑에서 궁극적인 합일에 도달하게 된다.

보로부두르가 완성된 것은 불교가 힌두교에 의해 국교의 자리에서 쫓겨나기 직전이었다. 그로부터 600년 후, 힌두교는 자바섬에서 쫓겨나 오늘날 명맥을 유지하고 있는 발리섬으로 피신했다. 그 후 인도네시아는 이슬람교 국가가 되어 오늘날에 이르고 있다. 그 결과 오늘날 이 거대한 사찰은 낯선 땅의 언덕에 자리잡게 되어, 순례자들에게 외면 받고 있는 실정이다. 그러나 오늘날 자바섬에서 불교가 거의 사라졌음에도 불구하고, 보로부두르는 여전히 회랑을 걷는 관람객들이 모두 느끼게 되는 영향력을 발휘하며 존재감을 과시하고 있다. 보로부두르 주변에 사는 향토민들은 아직까지도 그 사찰을 바라보며 옷깃을 여민다. 꼭대기 층 테라스의 노출된 불상에는 아직도 방문객들이 끊이지 않는데, 그 앞에는 제물을 바치는 바구니가 놓여있으며 불상의 손 위에는 늘 꽃잎이 놓여있다.

불기 2,500년 기념식은 예정대로 그날 밤 거행되었다. 저녁이 다가옴에 따라 시끌벅적한 군중이 위층 테라스로 올라 노출된 불상 주위에 모여들었다. 뒤이어 머리를 삭발하고 노란색 법복을 입은 2명의 승려가 나타나, 불상 옆에 서서 열띤 논쟁을 시작했다. 군중 속의 한 사람에게 들은 바에 의하면, 나이 든 승려는 타이Thailand에서 행사를 진행하러 온 전문가인데 정확한 진행 절차를 놓고 다른 승려와 다투고 있었다. 결국에는 독경讀經하는 수도승들이 앞장선 행렬이 테라스 순례를 위해 자리를 떴다. 군중 속의 사람들은 물병을 꺼내 불상의 발 아래에 일렬로 세워 놓았다. 군중은 사리탑 위에 무례하게 올라가고, 종 위에 주저앉고, 첨탑 위에 걸터

앉아 웃고 떠들었다. 인도네시아의 한 카메라맨은 깔끔한 영상을 얻기 위해 렌즈 앞에서 얼쩡거리는 사람들에게 저리 비키라고 고함을 질렀다. 여기저기서 플래시가 터졌다. 수도승 중의 한 명이 격노해 군중들에게 '성스러운 사리탑에서 내려오라.'라고 호통쳤지만 아무런 소용이 없었다. 불상 앞에 있던 한 무리의 독실한 관람객들은 계속 불경을 외웠다. 책상다리를 하고 앉아 명상을 하던 다른 승려가 일어나 군중에게 일장연설을 했다. 나는 한 관람자에게 그 승려가 무슨 말을 하는 거냐고 물었다.

"첫째로," 그가 대답했다. "그는 석가모니의 삶에 대해 이야기했어요. 이제 그는 자신을 시가지로 태워 줄 사람을 찾고 있어요."

불자佛者들의 명상은 밤새도록 이어질 기세였다. 우리는 시끄러운 군중과 함께 거의 자정까지 머물렀다. 외로운 불상은 등유 램프의 창백한 불

보로부두르의 꼭대기 층 테라스 위에 노출되어 있는 불상

데이비드 애튼버러의 동물 탐사기

빛 속에 외따로 고립된 채 앉아있는데, 그의 발 아래에는 한 무더기의 다 타버린 향과 값싼 광천수 병들이 놓여있었다. 군중은 거칠게 떠밀고 킥킥 거리며 수다를 떨었다. 우리는 그들의 시끌벅적한 명상을 뒤로하고 일어 섰다.

11. 믿음직한 지프

우리는 보로부두르 방문을 계기로 '자카르타 관료집단의 얽어매는 규제'에서 해방되어, 동물을 찾아 자바섬의 이곳저곳을 자유롭게 누비기 시작했다. 첫번째 필수품은 이동 및 운반 수단이었으므로, 우리는 차량 1대를 장만하기 위해 기차를 타고 자바섬 동부의 최대 도시 수라바야로 갔다. 그곳에 도착했을 때, 우리는 승용차 구하기가 사실상 불가능하다는 것을 알게 되었다. '또 한 번 몇 주라는 귀중한 시간을 낭비하겠구나.'라며 실의에 빠져 있을 때, 우리는 엄청난 행운을 거머쥐었다. 그것은 한 중식당에서 단과 페히 휘브레흐트Daan and Peggy Hubrecht 부부를 만난 것이었다. 우리는 제비집 수프와 게 집게발 튀김을 먹다가 네덜란드어, 영어, 말레이어를 모두 잘하는 단이라는 인물을 만났다. 그는 영국에서 네덜란드 출신 부모의 슬하에 태어났으며, 그 당시 수라바야에서 몇 킬로미터 떨어진 곳에서 설탕공장 2곳을 운영하고 있었다. 그는 범선 조종, 칼 갈기, 동양음악 그리고 우리와 마찬가지로 탐험에 대한 남다른 열정을 지니고 있었다. 우리가 설명한 계획에 대한 그의 즉각적인 반응은, 호텔에서 자기의 집으로 거처를 옮기고 베이스캠프를 구축하라고 강권한 것이었다. 그의 아내 페히도 남편의 계획을 전폭적으로 지지했고, 그 다음날에는 "썰렁하던 집에 카메라, 기록장치, 필름 뭉치, 지저분한 옷 더미가 넘쳐나고 두 명의 식구가 추가되었네."라고 중얼거리며 만면에 희색이 가득했다.

그날 저녁 단은 지도 1장을 가져와 항해 일정과 시간표를 작성하고, 우리를 도와 자세한 활동계획을 세웠다. 그의 말에 의하면, 자바섬의 동쪽 끝은 인구밀도가 비교적 낮고 우거진 숲이 많아 우리가 찾는 동물을 발견할 가능성이 높았다. 게다가 자바섬의 맨 끝에 자리잡은 조그만 마을 반주왕이Banjuwangi에서는 3킬로미터 거리에 있는 '마법의 섬' 발리Bali섬을 오가는 연락선이 정기적으로 운항했다.

그는 자신이 만든 시간표를 다음과 같이 설명했다. "앞으로 5주 후에 화물선 한 척이 수라바야에서 보르네오섬으로 출발하는데, 만약 당신들이 자바섬과 발리섬 탐사를 그때까지 끝낼 수 있다면, 화물선에 침상을 예약해 줄 테니 보르네오섬으로 가서 2단계 탐사를 시작하세요." 한 가지 남은 문제는 차량을 구하는 것이었는데, 단은 그 문제를 해결해 줄 좋은 생각을 갖고 있었다. "우리 공장에 고장난 낡은 지프 한 대가 있어요." 그가 말했다. "혹시 그걸 되살릴 수 있는지 알아볼게요."

불과 이틀 후, 새로 닦고 조이고 기름 친 중고 지프가 휘브레흐트의 집 앞에 도착했다. 우리는 다음날 아침 5시에 일어나 모든 장비를 짐칸에 실은 다음 "우리를 위해 모든 걸 마련해 줘 고마워요."라고 휘브레흐트 부부에게 말하고, 미지의 세계를 향해 동쪽으로 차를 몰았다.

중고 지프는 나름대로 뛰어난 성능을 발휘했다. 그것은 한마디로 기계공학적 호기심의 대상이었다. 왜냐하면, 수많은 메이커와 브랜드의 차량에서 유래한 전혀 다른 부품들로 구성된 복합적 창조물이었기 때문이다. 계기판을 구성하는 문자반 중 상당수가 누락되어 있었으며, 설사 존재하더라도 그중 일부는 본래의 설계 목적을 수행하지 않았다. 예컨대 전압제어 미터기에 인쇄된 글자와 눈금을 읽어보니, 원래 냉방장치의 일부였음을 알 수 있었다. 그리고 경적을 울리려면 클랙슨을 누르는 대신 연결된 전선의 벗겨진 말단을 (원활한 연결을 촉진하기 위해 페인트와 먼지를 깨끗이 긁어낸) 조향축steering column[1]의 한 부분에 문질러야 했다. 이러한 임기응변식 장치는 완벽히 효율적으로 작동했음에도 단점이 하나 있었으니, 경적을 울릴 때마다 약간의 전기 충격을 감수해야 했다는 것이다. 타이어는 모두 다른 회사의 제품이었고 크기도 조금씩 달랐지만 하나의 공통점이 있었는데, 트레드tread[2]가 전혀 없었기 때문에 타이어 내부의 섬유가 언뜻언뜻 드러난 한두 곳을 제외하면 완전히 밋밋하다는 것이었다. 그러나 단이 제공한 중고 지프는 힘과 지구력이 좋았으므로, 우리는 흥겨운 노래를 목청껏 부르며 거침없이 달렸다.

어느 화창한 아침, 우리의 오른쪽 지평선에는 자바섬의 산맥을 이루는 화산들이 열을 지어 펼쳐져 있었다. 도로 가까이에서는 커다란 고깔모자를 쓴 농부가 무릎까지 빠지는 다랑이논[3]의 진흙탕 속에서 몸을 구부린 채 모를 심었다. 주변에서는 백로 떼가 흙탕물 속에서 물을 튀기고 있었다. 그 너머에서는 널띠런 간격으로 심은 벼의 어린 잎들이 구름, 화산, 파란 하늘을 반사하는 논물을 뒤덮은 실안개와 어우러졌다.

도로는 아카시아나무 길을 따라 곧게 — 비록 평탄하지는 않았지만 — 뻗어있었다. 간혹 터번을 두른 농부가 모는 커다란 나무바퀴가 달린 우마차가 삐걱대며 지나갔고, 때때로 햇볕에 말릴 요량으로 쌀 낟알을 직사각형으로 반듯하게 널어 놓은 깔개가 나타나는 바람에 핸들을 급히 꺾어야 했다. 우리는 작은 마을들을 많이 통과했는데, 그때마다 다른 곳에서 볼 수 없었던 도로 표지판들을 발견하고 고개를 갸우뚱거렸다. 만약 교통량

---

1   핸들의 조작력을 조향 기어steering gear에 전달하는 축으로, 윗부분에는 핸들이 결합되어 있고 아랫부분에는 조향 기어가 결합되어 있다. - 옮긴이주
2   길바닥에 닿는 바퀴의 접지면으로, 미끄러움을 방지하기 위해 홈을 판다. - 옮긴이주
3   계곡이나 구릉지에 자연적으로 형성된 계단식의 작은 논. - 옮긴이주

데이비드 애튼버러의 동물 탐사기

이 많았다면 그 의미를 파악하느라 신경이 곤두섰겠지만, 시야에 들어오는 차가 1대도 없는 경우가 대부분이어서 크게 동요하지는 않았다.

우리는 약 5시간 동안 용케 무사고 운전을 했는데, 어떤 마을에 진입했을 때 한 왜소한 경찰관이 허리에 커다란 권총을 차고 우리 앞으로 갑자기 뛰어들어 손을 흔들며 맹렬히 호루라기를 불었다. 우리가 차를 멈추자, 그는 열린 차창으로 머리를 들이밀고 빠른 인도네시아어로 장광설을 늘어놓았다.

"대단히 죄송합니다, 경관님." 하를레스는 영어로 대답했다. "그러나 아시다시피, 우리는 인도네시아어를 몰라요. 우린 영국사람이거든요. 혹시 우리가 법이라도 위반했나요?"

경찰관은 계속 고함을 질렀다. 우리는 여권을 제시했지만, 그게 경찰관을 더욱 화나게 만든 것 같았다.

"칸토르 폴리시*Kantor Polisi*⁴. 폴리시! 폴리시!" 그는 소리쳤다.

우리는 그 말을 '경찰서에 함께 가자.'라는 뜻으로 해석했다.

우리는 사방이 하얗게 칠해진 방으로 안내되었는데, 그곳에는 카키색 유니폼을 입은 경찰관 8명이 널빤지로 만든 테이블을 빙 둘러싸고 침울하게 앉아있었다. 가운데에는 허리에 훨씬 더 큰 권총을 차고 어깨에 은색 작대기 2개를 단 상급자가 앉아있었고, 테이블 위에는 서류와 고무인이 수북이 쌓여있었다. 우리는 인도네시아어를 모른다고 다시 하소연하며, 우리가 지닌 공식 문서, 허가서, 통행증, 비자를 모조리 제시했다. 우두머리인 듯한 경찰관은 우리를 한참 동안 노려보다, 그것들을 대충 훑어보기 시작했다. 그는 우리의 여권을 언뜻 스쳐보기만 하고 하를레스의 수많은 손도장들을 무시하더니, 마침내 종이 뭉치에서 편지 1장을 골라 자세히 읽었다. 그것은 런던의 동물학회 회장이 싱가포르의 고위 당국자에

───────────

4 인도네시아어로 경찰서. - 옮긴이주

게 보내는 추천서였다. 추천서의 맨 마지막 문장은 다음과 같았다. "이 추천서를 소지한 사람이 동물을 수집, 관리하도록 편의를 베풀어 주시면, 학회의 무한한 영광으로 여기겠습니다." 높은 경찰관은 이맛살을 찌푸리더니, 맨 위에 인쇄된 명판을 면밀히 검토하고 맨 아래에 적힌 친필 서명을 신중히 살펴봤다. 하를레스와 나는 옆에 앉은 경찰관들에게 담배를 한 개비씩 나눠주고 멋쩍게 웃었다.

높은 경찰관은 우리의 서류들을 테이블 위해 한 장씩 차곡차곡 쌓았다. 그러고는 담배를 꼰나문 채 입술 사이에서 빙글빙글 돌리다 불을 붙이더니, 의자에 기대며 천장을 향해 자욱한 연기를 내뿜었다. 그러다가 그는 갑자기 결정을 내렸다. 그는 자리에서 벌떡 일어나 우리가 알아들을 수 없는 말을 무뚝뚝하게 내뱉었다. 우리를 연행했던 경찰관은 우리를 데리고 문 쪽으로 갔다.

"이제 감옥으로 가나 봐요." 하를레스는 말했다. "도대체 무슨 잘못을 저질렀는지 알고 싶어요!"

"나도 불길한 예감이 들어요." 내가 대답했다. "우리가 일방통행로에서 역주행을 한 것 같아요." 우리는 경찰관을 따라 몇 시간 전 차를 세웠던 곳으로 갔다.

그는 우리를 차에 태웠다.

"슬라맛 잘란*Selamat djalan*[5]." 그는 이렇게 말하며 손을 내밀었다. "안녕히 가십시오."

하를레스는 엉겁결에 그와 악수를 나눴다.

"경관님," 그는 말했다. "친절하게 대해 줘서 고마워요."

그건 진심이 담긴 말이었다.

---

5 작별인사(Good bye). - 옮긴이주

우리는 그날 저녁 늦게 반주왕이에 도착했다. 전쟁이 일어나기 몇 년 전까지만 해도 그 작은 마을은 분주했다. 왜냐하면 그곳의 항구를 드나드는 연락선이 자바섬과 발리섬 간의 주요 교통수단 중 하나였기 때문이다. 비행기의 등장으로 타격을 받았지만, 그 마을은 여전히 원래의 지위를 나타내는 증표인 급유 펌프, 영화관, 관청을 가지고 있었다. 단 하나뿐인 호텔은 중앙광장에 위치한다는 중요성에도 불구하고 지저분하고 꾀죄죄했다. 우리는 작고 눅눅한 객실로 안내되었는데, 회반죽으로 뒤덮인 콘크리트 벽에서 가루가 떨어지고 역겨운 곰팡이 냄새가 났다. 2개의 침대 위에는 나무틀에 금속 철망을 씌운 구조물이 설치되어 있었는데, 투숙객을 모기로부터 보호하기 위해 설계되었다는 의도는 알겠지만 커다란 식육 저장고를 연상시켰다. 객실이 너무 작아 밀실공포증을 느낄 지경이었으므로, 충분한 공간을 확보할 수만 있다면 차라리 모기에 물어뜯기며 자는 게 나을 듯싶었다.

자카르타에서 제출한 서약서와 인도네시아의 법령에 따라, 다음날 지역의 경찰서, 산림부, 정보부를 찾아가 외국인 체류 등록을 마쳤다. 우리가 '동물을 수집하기 위해 인근의 시골 지역을 탐지하려 한다.'라는 계획을 밝히자, 정보부의 공무원은 불안해하는 기색이 역력했다. 우리의 계획을 단념시키는 데 실패하자, 그는 친절하게도 정보부 소속의 가이드 겸 통역자를 파견하겠다고 제안했다. 우리는 그의 제안을 받아들이는 것 말고는 대안이 없었다.

정보부에서 파견된 가이드는 유숩Jusuf이라는 이름의 흐느적거리고 침울한 젊은이로, '한 주 동안 바닷가를 따라 작은 마을들 사이를 정처없이 헤맨다.'라는 계획을 상당히 당황스럽게 받아들였다. 그럼에도 불구하고 그는 다음날 아침 하얀 단색 바지를 입고 거대한 여행가방을 든 채 우중충한 호텔에 도착해, 마치 순교자처럼 비장한 자세로 "탐험가들과 함께 '정글'로 들어갈 준비가 완료되었어요."라고 말했다. 하를레스가 운전대를 잡고 유숩은 조수석에 앉고 나는 다리가 변속 레버와 엉킨 채 둘 사이에 끼어 앉아, 단이 지도상에 '흥미로운 숲이 있는 곳'이라고 표시해 준 지점을 향해 출발했다. 우리는 조그만 마을을 경유할 때마다 잠깐씩 멈춰, 사전과 유숩의 도움을 받아 인근에 야생동물이 풍부한지 여부를 문의했다. 시간이 지날수록 도로 사정은 나빠지고 마을 간의 간격은 넓어지고 미개척지가 늘어나고 지형은 험해졌다. 이른 저녁, 우리는 가파른 고갯길의 꼭대기에 도착했다. 지프의 엔진 덮개가 정상 아래로 살짝 내려갔을 때 우리는 놀람과 환희에 겨워 숨이 턱 막혔다. 그도 그럴 것이, 100미터 아래에서 수목으로 뒤덮인 산기슭이 널따란 만ᵐ으로 변하며 야자나무숲이 경계선을 이루었고, 만의 표면에서는 크림색 쇄파breaker6가 땅끝을 향해 쉼 없이 달려와 산호모래로 이루어진 백사장에 부딪치며 천둥소리를 냈기 때문이다. 우리는 인도양에 도착한 것이었다. 우리의 발 아래에서는 작은 갯마을의 노란색 불빛들이 황혼의 틈새로 윙크를 했다.

그 후 며칠 동안, 우리는 갯마을 뒤에 펼쳐진 숲속을 배회하는 데 많은 시간을 할애했다. 한낮에는 날카로운 고음으로 울어대는 곤충들의 웅웅소리가 진동할 뿐이어서, 숲속에 야생동물이 전혀 존재하지 않는 것처럼 보였다. 날씨는 숨이 막히도록 후텁지근했고 덩굴식물과 간간이 보이는 나무나 바위에 매달린 난초에는 꽃이 만발해 있었다. 그럴 때 숲을 통과하면 마치 심야에 마을을 가로질러 걷는 것처럼 으스스한 느낌이 들었다.

심야의 거리는 인적이 드물지만 온통 쓰레기로 뒤덮여있는데, 쓰레기

---

6 해안을 향해 부서지며 달려오는 큰 파도. - 옮긴이주

는 하찮지만 인간의 활동을 상기시키는 부수적 결과물이다. 그래서 어떤 구덩이의 입구에 깃털, 발자국, 몇 개의 털이 붙어있는 것을 발견하거나, 숲바닥에서 썩어 가는 열매의 껍질에서 갉아먹은 흔적을 발견할 때면, 우리는 '반경 몇 미터 이내에 많은 동물들이 몰래 숨어 잠자고 있구나.'라고 깨닫곤 했다.

하지만 이른 아침의 숲속에는 생명이 가득했다. 많은 야행성 동물이 아직 돌아다녔고, 낮에 활동하는 동물들은 잠에서 깨어나 먹이를 찾기 시작하고 있었다. 그러나 그런 생동감 넘치는 시간은 그리 오래 지속되지 않았다. 해가 중천에 떠올라 기온이 급상승했을 때, 식사를 마친 주행성 동물들은 배부르고 만족스러워 낮잠을 자고 있었고 야행성 동물들은 구덩이와 땅굴 속으로 사라진 지 오래였다.

유숩은 우리와 함께 숲으로 가지는 않았다. 그의 말에 의하면, 그는 정글 속에 들어가면 행복하지 않았다. 그로부터 일주일 후, 한 중국인 고무 재배업자가 반주왕이에 가는 길에 갯마을을 방문했다. 유숩은 그와 함께 돌아가고 싶어 안달이었다. 우리가 아쉬움을 표하면서도 별로 섭섭한 기색을 보이지 않자, 유숩은 재빨리 짐을 챙겨 고무 재배업자의 지프에 올라타 우리만 남기고 반주왕이로 떠나버렸다.

―――

우리가 동물에 대한 관심을 처음 표명한 후, 마을 주민들은 우리가 당장 라이플을 꺼내 호랑이 사냥을 시작하지 않는 데 실망했다. 장담하건대, 그들은 우리가 개미나 조그만 도마뱀처럼 흔하고 별볼일 없는 동물들을 관찰하며 소일하는 것을 보고 혼란에 빠졌을 것이다. 그러나 하루도 빠짐없이 우리를 보러 오는 한 노인이 있었는데, 가끔 작은 도마뱀이나 지네를 가져오곤 했다. 한번은 그가 복어로 가득 찬 그릇을 내놓았는데,

그 속의 복어들은 하나같이 맹렬히 부풀어 올라 크림색의 공 모양으로 변신해 있었다. 우리가 마을을 떠나기 이틀 전, 그는 소규모 대표단을 이끌고 환호성을 지르며 우리가 머무는 오두막집으로 쳐들어왔다.

"슬라맛 파기*Selamat pagi[7].*" 나는 말했다. "좋은 아침이에요."

내 인사에 화답해, 그는 말레이어로 말하는 소년을 내세웠다. 그 어린이는 손짓발짓을 해 가며, 그저께 숲속에서 라탄*rattan[8]*을 채취하던 중 거대한 뱀 1마리를 발견했다고 말했다.

"브사르*Besar[9].*" 그는 말했다. "커요, 커."

소년은 괴물의 크기를 시각적으로 설명하기 위해, 땅바닥에 발가락으로 선 하나를 그린 다음 큰걸음으로 6보 전진하여 또 하나의 선을 그렸다. "브사르." 그는 선 사이를 가리키며 다시 말했다. 우리는 고개를 끄덕였다.

자바섬에 서식하는 뱀 중에서 그렇게 큰 것은 두 가지밖에 없는데, 둘 다 비단뱀이다. 즉, 인도왕뱀*Indian python*은 7~8미터까지 자라며, 그물비단구렁이*reticulate python*는 그보다 훨씬 더 길게 자란다. 역대급 그물비단구렁이의 길이는 9.8미더인데, 그 성도면 세계에서 가장 긴 뱀의 반열에 든다. 만약 그 소년이 봤다는 뱀의 길이가 정말로 5.5미터라면, 정말로 가공할 만한 상대였다. 만약 그놈의 휘감기에 걸려든다면 압살壓殺될 게 불을 보듯 뻔했기 때문이다. 나는 런던 동물원에서 호언장담하던 기억을 떠올렸다. "만약 멋진 대형 비단뱀과 맞닥뜨린다면, 결코 피하지 않을 거예요."

그런 괴물을 생포하는 공인된 방법은 아주 간단하며 실패할 우려가 별로 없다. 최소한 3명의 장정이 필요한데, 되도록 한 명당 1미터씩 담당하는 방안이 권장된다. 열성적이고 용감무쌍한 사냥꾼 삼총사가 뱀과 약간

---

7 아침인사(Good morning). - 옮긴이주
8 야자나무과 칼라무스*Calamus*속에 속하는 덩굴야자류 식물의 줄기로, 가볍고 매우 거친 섬유를 채취해서 의자, 바구니, 두꺼운 밧줄 등을 만드는 데 사용한다. - 옮긴이주
9 크다(big). - 옮긴이주

데이비드 애튼버러의 동물 탐사기

의 거리를 두고 서있는 상태에서, 지도자가 각각의 임무를 할당한다. 한 명은 뱀의 머리를 책임지고 다른 한 명은 꼬리를 책임지며 나머지 한 명은 중간의 휘감긴 부분을 담당한다. 그런 다음 한마디 명령이 떨어지면 3명이 동시에 뱀에게 덤벼들어 각자 맡은 부분을 붙잡는다. 완벽한 성공을 위해서는 최소한 머리 담당자와 꼬리 담당자가 맡은 부분을 동시에 움켜잡는 게 중요하다. 왜냐하면, 만약 뱀이 한쪽 끝을 자유로이 움직일 수 있는 경우, 그것을 이용해 반대쪽 끝 담당자를 칭칭 감은 후 필살기인 조르기를 시도할 수 있기 때문이다. 따라서 비단뱀 생포 비법의 필수 요소는 모든 구성원들 간의 완벽한 상호 신뢰였다.

나는 내 앞에 서있는 터번 두른 사람들을 의혹의 눈으로 바라봤다. 개인적으로 그들의 용기를 의심한 것은 아니었지만, 내가 이러한 계획을 오해의 여지 없이 그들에게 전달할 수 있을지 확신할 수 없었다.

나는 땅바닥에 그림을 그리며 오랫동안 이야기를 나눴다. 15분 후, 5명의 남자들을 충분히 설득해 계획에서 배제했다. 이제 남은 사람은 노인과 소년뿐이었고, 하를레스는 작전의 전개 상황을 촬영하는 임무를 맡았다. 나는 노인과 소년이 각각 꼬리와 중간을 맡고, 나 자신은 머리를 맡는 방안을 제시했다. 언뜻 보면 내가 가장 위험한 임무를 떠맡으려던 것 같지만, 그건 사실 내가 가장 선호한 방안이었다. 비록 물리는 위험을 감수해야 했지만, 비단뱀의 송곳니에는 독이 없으므로 최악의 경우라도 심한 찰과상 정도에 그치기 때문이었다. 그에 반해, 꼬리를 다루는 사람은 훨씬 더 불편한 시간을 보낼 가능성이 있었다. 왜냐하면, 공격을 당한 뱀은 십중팔구 꽁무니에서 특히 지독한 악취가 나는 배설물을 대량 배출하기 때문이었다.

노인과 소년은 나의 계획을 납득하고 도와주기로 했다. 의기가 투합한 우리는 함께 장비를 챙겨 숲속으로 떠났다. 소년이 맨 앞에서 파랑*parang*[10] 을 휘둘러 빽빽한 덤불 사이로 길을 내면, 커다란 배낭을 메고 밧줄을 든 내가 뒤를 따랐다. 내 뒤에서는 일부 사진 촬영장비를 짊어진 노인이, 그 리고 맨 뒤에서는 손에 카메라를 든 하를레스가 따라왔다. 내가 긴장하 지 않은 것은 아니다. 나는 독사 만지기를 워낙 싫어하는 데다 독사를 잘 못 만지면 수 주 동안 극단적인 고통을 겪을 수 있다. 심지어 사망할 수도 있지만, 독이 없는 비단뱀과 보아뱀에 대해서는 상당한 애착을 가지고 있 었다. 그러나 나는 길이 1.2미터 이상의 뱀을 상대해 본 적이 없었고, 나 를 도우러 온 주민들이 '계획이 실행될 때 기대되는 행동'을 숙지하고 있 는지 확신할 수 없었기 때문에, "믄잘란칸*Mendjalankan*"이라고 뇌까리기 일 쑤였다. 그 단어는 내가 휴대한 말레이어 사전에서 발췌한 것으로, 사전 적 의미는 '실행하다'였다. 나는 "닥치고 실행하라!"라는 말이 진리이기 를 간절히 바랐다.

어느새 길이 가팔라졌다. 우리는 기다시피 하며 대나무숲을 통과했다. 삐걱거리는 줄기 사이를 헤쳐나가는 동안 시커먼 먼지와 마른 잎 부스러 기가 소나기처럼 쏟아져 내려 땀이 흥건한 몸에 달라붙었다. 나는 한 공 터를 통과할 때 시선을 잠깐 돌려 아래의 경사면에서 자라는 나무들의 수 관을 넘고 널따란 만을 가로질러, 1.6킬로미터 떨어진 곳에 자리잡은 갯 마을을 언뜻 바라봤다. 앞서가던 소년이 멈춰 서더니 땅바닥을 가리켰다. 잎이 무성한 덩굴식물이 땅을 뒤덮은 가운데, 주변 상황과 전혀 어울리지 않는 녹슨 철사와 깨진 콘크리트 블록의 날카로운 모서리가 튀어나와 있 었다. 그것들을 지나치자마자, 우리는 식물 밑에 거의 완전히 은폐된 콘 크리트 구덩이를 발견했다. 그 근처에서는 움푹 파인 참호가 언덕을 형성

---

10 인도네시아와 말레이시아에서 쓰는 크고 무거운 단도. - 옮긴이주

데이비드 애튼버러의 동물 탐사기

하고 있었다. 나는 중앙아메리카와 인도차이나 반도에서 버려진 후 숲속에 파묻힌 채 발견된 고대의 기념비적 건축물들의 사진을 떠올렸다.

"쾅! 쾅!" 소년이 말했다. "브사르, 오랑 제팡*Orang Djepang*[11]." 우리는 불과 13년 전, 일본인들이 자바섬을 침공하여 완전히 점령했을 때 건설한 포상炮床[12]의 잔해와 마주친 것이었다.

우리는 전쟁의 잔해를 뒤로하고 비탈길의 꼭대기까지 올라갔다. 마침내 소년이 발걸음을 멈추고, 그 근처에서 뱀을 봤다고 말했다. 우리는 짐을 내려놓고 뱀을 찾기 위해 각자 다른 방향에서 덤불을 수색했다. 그것은 가망 없는 작업인 것 같았다. 나는 나뭇가지들을 얽어맨 리아나의 미로를 올려다보며, 설사 뱀이 눈앞에 있더라도 발견할 수 있을지 의문을 품었다. 그때 노인이 갑자기 흥분해 소리를 질렀다. 나는 가능한 한 빨리 그에게 달려갔다. 그는 한 공터의 작은 나무 아래에 서있었다.

내가 현장에 도착하자 그는 머리 위의 나뭇가지들을 가리켰다. 한 나뭇가지 위에서 똬리를 튼 거대한 뱀의 옆구리가 반짝이고 있었다. 그러나 내가 본 것은 그게 전부가 아니었다. '빛과 그늘', '화려한 이파리와 얽히고설킨 덩굴식물'이라는 헷갈리는 배경 속에서, 나는 뱀의 머리와 꼬리를 당최 분간할 수 없었다. 더구나 그것은 특수한 상황이었다. 내가 입수한 비단뱀 생포 방법에는 '나무 위의 뱀'을 다루는 방법이 언급되어 있지 않았기 때문이다. 하지만 나는 두 가지 사실을 분명히 알고 있었다. 첫째, 뱀이 나보다 나무를 더 잘 탄다. 둘째, 나무 위에서 뱀과 레슬링 시합을 하는 건 나의 계획에 포함되어 있지 않다. 그렇다면 유일한 해결책은 그를 나무에서 끌어내린 후 땅바닥에서 나의 '신중히 수립된 계획'을 실행에 옮기는 것이었다.

11　일본 사람들. - 옮긴이주
12　대포를 쏘기 위해 마련한 진지, 또는 포를 설치해 놓은 대. - 옮긴이주

나는 파랑을 손에 들고 나무 위로 올라갔다. 뱀이 몇 개의 고리 모양을 형성한 채 걸치고 있는 나뭇가지는 약 9미터 높이의 허공에 매달려있었다. 가까이 접근해 살펴보니, 뱀은 다행히도 나무줄기에서 멀리 떨어진 길이 3미터 이상의 나뭇가지에 걸쳐있었다. 엄청난 고리 중 하나에서 솟아오른 납작한 삼각형 머리에 박힌 노란 단추 같은 눈이 나를 잔뜩 노려보고 있었다. 부드럽고 반짝이는 몸에 까만색, 갈색, 노란색의 무늬가 풍성하게 아로새겨진, 그야말로 아름다운 피조물이었다. 길이를 가늠하기는 어려웠지만, 내가 볼 수 있는 가장 큰 고리의 둘레는 30센티미터쯤 되는 것 같았다. 나는 내 뒤의 나무줄기에 등을 기댄 채, 나의 파랑을 부리나케 휘둘러 나뭇가지의 기부[13]를 절단하기 시작했다.

그 괴물은 눈 한 번 깜박이지 않고 나를 지속적으로 응시했다. 칼에 맞은 나뭇가지가 흔들리자, 그는 머리를 들고 쉿쉿 소리를 내며 길고 새까만 혀를 날름거렸다. 여러 개의 고리 중 하나가 나뭇가지에서 스르르 미끄러지기 시작했다. 나는 칼 휘두르는 속도를 2배로 올렸다. 나뭇가지가 삐걱거리며 서서히 아래로 기울었고, 칼을 2번 더 휘두르자 완전히 잘라져 비단뱀과 함께 낙하했다. 그것은 쿵 소리를 내며 소년과 노인이 있는 곳 가까이에 떨어졌다.

"믄잘란칸*Mendjalankan*." 나는 포효했다. "닥치고 실행하라!"

깜짝 놀란 그들은 입을 쩍 벌리고 나를 쳐다봤다. 떨어진 나뭇가지 사이에서 뱀의 머리가 나타나 공터의 반대편 대나무숲을 향해 스르르 미끄러졌다. 만약 뱀이 그곳에 무사히 도착해 대나무 줄기의 거대한 기부 사이에서 다시 똬리를 트는 데 성공한다면, 나의 비단뱀 생포 작전은 무산될 게 불을 보듯 뻔했다. 나는 전속력으로 나무에서 기어내려가기 시작했

---

13 나뭇가지가 나무의 몸통과 연결되는 부분. - 옮긴이주

데이비드 애튼버러의 동물 탐사기

다. 그러면서 나는 하를레스와 카메라 옆에 어안이 벙벙한 채 서있는 팀원들에게 필사적으로 외쳤다. "믄잘란칸!"

나는 마지막으로 뛰어내린 후 착지하자마자 자루를 움켜쥐고, 대나무까지 3미터를 남겨둔 뱀을 맹추격했다. 만약 뱀을 꼭 잡고 싶다면, 내 손으로 직접 잡는 수밖에 없었다. 운 좋게도 뱀은 대나무에 도달하는 데 치중한 나머지, 내가 추격하는 데 전혀 신경 쓰지 않고 앞만 바라보며 (큰 덩치를 감안할 때 놀라운 속도로) 꿈틀대고 있었다.

나는 뱀이 머리를 대나무숲에 들이밀기 직전에 따라잡았다. 나는 꼬리를 낚아채어 뒤로 비틀었다. 그런 수모를 당한 데 격분한 뱀은 나를 돌아보며 입을 벌리고 새까만 혀를 날름거리며 공격 자세를 취했다. 나는 자루를 오른손으로 고쳐 잡고, 마치 어부가 그물을 던지는 것처럼 투척해 뱀의 머리에 감쪽같이 덮어씌웠다.

"브라보!" 카메라 뒤에서 하를레스가 소리쳤다.

나는 자루에 달려들어 접힌 곳을 이리저리 더듬은 끝에 뱀의 목덜미를 움켜잡았다. 그러고는 비단뱀 생포 방법을 재빨리 생각해 내어 다른 손으로 꼬리를 움켜잡았다. 나는 의기양양하게 일어섰다. 거대한 뱀은 몸을 비틀고 버둥거리며 몇 개의 고리 모양을 만들었다. 최소한 3.6미터로 추정되는 몸이 얼마나 무겁고 다루기가 힘들었던지, 머리와 꼬리를 내 머리 위로 들어 올렸음에도 불구하고 중간 부분이 땅바닥에 닿을 정도였다.

내가 뱀을 높이 치켜든 순간, 그제서야 정신을 차린 소년이 나를 돕기로 결정했다. 그가 다가오자마자 뱀은 그의 옷에 지독한 냄새가 나는 액체를 내뿜었다. 노인은 땅바닥에 주저앉아 눈물이 나도록 웃었다.

———

우리는 대부분의 시간을 작은 갯마을 근처에서 보냈지만, 해안가의 다

수렁에서 꺼낸 지프

른 마을들을 간헐적으로 방문해 새로운 숲을 탐사하기도 했다. 그러려면 지프를 몰고 험난한 바윗길을 넘고 물이 허브hub[14] 위까지 올라오는 깊은 여울을 건너고 부드러운 진흙이 깔린 진창을 통과해야만 했다. 사정이 이러하다 보니 우리의 지프는 여러 번 수렁에 빠져 바퀴가 헛돌다가, 결국에는 크랭크축과 차축이 수렁의 표면에서 멈춰버리는 신세가 되었다.

어떤 사람들은 자신들이 운전하는 승용차에 이름과 성性을 부여하는 습관이 있다. 나는 기계장치에 이름과 성을 부여하는 것을 왠지 감상적이라고 여겨 왔었지만, 반주왕이 지역의 해안을 탐사하는 동안 생각이 완전히 바뀌었다. 우리의 지프는 강인하고 매우 독특한 개성을 지닌 게 분명해

---

14 자동차 바퀴의 중심. - 옮긴이주

데이비드 애튼버러의 동물 탐사기

보였다. 그녀는 변덕스럽고 신경질적이었지만, 그럼에도 불구하고 늘 강한 충성심을 보였다. 주로 우리가 홀로 있어 사람들의 눈에 잘 띄지 않는 아침에, 그녀는 많은 크랭킹cranking[15]으로 유혹하지 않는 한 출발을 거부하기 일쑤였다. 그와 대조적으로 마을 사람들이 우리를 유심히 관찰하고 있거나, 우리가 지방 공무원들을 방문해야 하는 이유로 '품위 있는 출발'이 필수적일 때는, 시동장치를 만지자마자 어김없이 바로 출발했다. 일단 작동을 개시하면 그녀는 엄청나게 용감했으며, 어떠한 장애물 앞에서도 주저하지 않았다.

그렇다고 해서, 그녀가 노화했다거나 어떤 의미에서 병약했다는 사실마저 부인하려는 것은 아니다. 그녀는 유압유를 브레이크 드럼으로 보내는 배관 중 하나가 조금씩 새는 만성질환에 걸린 적이 있었다. 그 결과 브레이크의 성능이 크게 저하해, 브레이크를 거의 사용하지 않았다. 어쩌다한 번씩 브레이크를 사용할 때마다, 그녀는 미끄러지면서 옆으로 휙 돎으로써 우리를 혼비백산하게 만들었다. 그러나 유압유는 그 무엇으로도 대체할 수 없고, 그것을 완전히 상실할 경우 브레이크가 먹통이 되기 때문에, 브레이크 유압유 배관을 수리하기로 결정했다. 우리가 고심 끝에 생각해 낸 치료법은 너무나 잔인했다. 우리는 고장난 배관을 분리한 다음 2개의 돌멩이로 두드려 벌어진 틈을 메웠다. 외과수술을 받은 후 브레이크의 성능은 몰라보게 향상되어 우리를 놀라게 했다.

그녀는 훨씬 더 긍정적인 방향으로 자신의 충성심을 증명한 적도 있다. 우리가 기계적 숙적인 테이프 리코더와 주기적인 충돌을 벌이는 동안 든든한 지원군으로 활약한 것인데, 자초지종은 다음과 같다. 테이프 리코더는 심술궂기 이를 데 없는 기계로, 인간에게 이로운 일을 하기 위해 만들

---

15 엔진이 자체적인 작동에 의해 회전하지 않고, 단순히 시동 전동기에 의해 회전하는 상태. - 옮긴이주

어졌음에도 불구하고 자신에게 요구되는 특이한 기능에 노골적으로 불만을 표시했다. 우리는 종종 테이프 리코더가 정상적으로 작동하는지를 확인하고, 마이크를 설치한 후 몇 시간 동안 특정한 새소리가 들려오기를 기다리곤 했다. 그러다가 어디선가 새소리가 들리면 의기양양하게 테이프 리코더의 스위치를 켰지만, 릴reel이 회전하기를 거부하곤 했다. 또는, 설사 릴이 회전하더라도 내부의 회로가 적절한 기능을 수행하지 않았다. 이런 심술을 부린 후 새가 사라져 버리면, 기계는 기적적으로 회생해 그날의 나머지 시간 동안 완벽하게 행동하는 것이 상례였다.

그러나 만약에 끝까지 심통을 부린다면, 우리는 두 가지 방법을 이용해 문제를 해결했다. 첫번째 방법은 손바닥으로 세게 때리는 것이었다. 그 방법은 종종 충분했지만, 만약 효과가 없다면 우리는 더욱 가혹한 조치를 취했다. 그 내용인즉, 기계를 가능한 한 신속하게 분해한 후 밸브와 그 밖의 부품들을 바나나잎이나 다른 부드러운 표면 위에 가지런하게 늘어놓는 것이었다. 그런다고 해서 고장난 부분이 발견되는 경우는 거의 없었지만, 중요한 건 그게 아니었다. 단순히 분해된 부품들을 이전처럼 다시 조립하기만 하면 기계는 마치 아무 일도 없었던 것처럼 잘 돌아갔으니 말이다.

그런 전투에서 지프가 우리를 도운 경우는 딱 한 번, 리코더의 내부에서 구조적 고장이 발견됐을 때였다. 그때 우리는 특히 당황스러웠다. 왜냐하면 마을 주민 전체가 우리를 위해 노래를 부르려고 집합해 있었기 때문이다. 내가 화려한 몸짓으로 리코더의 스위치를 켰는데, 마이크를 톡톡 건드려도 아무런 반응을 보이지 않았다. 손바닥으로 때리기가 실패로 돌아간 후, 나는 칼 끄트머리를 드라이버로 사용해 리코더를 분해했다. 그 결과 놀랍게도, 내부의 전선이 어떤 알 수 없는 이유로 끊어진 것으로 나타났다. 설상가상으로 그 끊긴 전선은 그다지 길지 않았기 때문에, 2개의 끊어진 말단을 포갠 후 꼬아서 연결할 수도 없었다. 우리의 수중에는 여분의 전선이 하나도 없었다.

촌장에게 자초지종을 이야기하고 콘서트를 취소하려던 순간, 나의 시선은 주변에 주차해 놓았던 지프에 꽂혔다. 그녀의 앞바퀴 차축 밑에, 평소에는 보이지 않던 기다랗고 노란 전선이 대롱대롱 매달려있는 게 아닌가! 나는 곧바로 달려가 그것을 자세히 살펴봤다. 그 전선이 어디에 붙어있는지는 알 수 없었지만 끝부분이 자유로이 매달려있는 것만은 분명했다. 나는 칼을 이용해 15센티미터를 잘라냈다. 테이프 리코더의 부품에 연결하기가 쉽지는 않았지만, 그럭저럭 연결하고 다시 조립해 보니 완벽하게 작동하는 것으로 밝혀졌다. 나는 '리코더가 지프의 자기희생적 행동에 감명해 마음을 고쳐먹었나 보다.'라고 생각했다.

이러한 경험을 통해 지프를 무한히 신뢰하게 되었으므로, 우리는 친구들에게 작별인사를 하고 갯마을을 떠날 시간이 왔을 때 '그녀가 우리와 장비를 반주왕이로 돌려보내 주는 것은 물론 발리섬에도 데려다줄 거야.'라고 믿어 의심치 않았다. 그러나 웬걸. 그녀는 출발한 지 1시간도 채안 지나 갑자기 휘청거리며 흔들리기 시작했고, 길가 쪽 앞바퀴가 애처롭게 진동했다. 우리는 차를 세웠고, 하를레스가 그녀의 밑으로 기어들어가 상황을 점검했다. 그는 잠시 후 기름과 먼지로 범벅된 채 나타나 슬픈 소식을 전했다. 그 내용인즉, 울퉁불퉁한 도로를 반복적으로 주행한 혹사가 누적되어 조향봉steering rod을 앞바퀴에 연결하는 볼트 4개가 마침내 결딴났다는 거였다. 각각의 볼트는 반토막이 나있었다.

상황이 심각했다. 앞바퀴를 움직일 수 없다면 좌회전이나 우회전을 할수가 없어 여행을 계속할 수 없었기 때문이다. 가장 가까운 마을은 16킬로미터 떨어진 곳에 있었고, 우리가 알기로 가장 가까운 차량 정비소는 반주왕이에 있었다. 우리의 놀라운 기계가 풍부한 자원을 가졌음을 다시한 번 증명한 것은 바로 그때였다. 기름기 묻은 금속 파편을 손에 들고 땅바닥에 주저앉았을 때, 하를레스는 차대chassis[16]의 하부에서 '결딴난 볼트와 비슷한 지름을 가진 볼트'를 여러 개 발견했다. 그는 그중에서 4개만 골라 풀었다. 우리가 보기에 그것들은 별다른 기능을 수행하지 않는 것 같았고, 그것들을 제거한 후에도 지프는 아무런 반응을 보이지 않았다. 하를레스는 그 볼트들을 손에 들고 앞바퀴 차축 밑으로 기어들어갔다. 수많은 끙끙거림과 망치질이 있은 후 그는 미소를 지으며 다시 나타났다.

차대 하부의 볼트는 '조향봉과 앞바퀴'의 구멍에 정확히 들어맞는 것으로 밝혀졌다. 우리는 다시 시동을 걸고 출발해 다음 모퉁이를 천천히 조심스레 돌았다. 앞으로 나아갈수록 자신감이 늘었고, 마침내 그날 저녁 늦게 전속력으로 달려 반주왕이에 도착했다. 우리 앞에는 발리섬이 있었는데, 거기에 가려면 멀고 험난한 도로들을 통과해야 했다. 그러나 우리의 '늙었지만 경이로운 기계'가 잔인한 치료에 시달린다고 불평할 만한 사건은 더 이상 일어나지 않았다.

---

16 자동차의 차체를 받치며 바퀴에 연결되어 있는 철로 만든 테 - 옮긴이주

데이비드 애튼버러의 동물 탐사기

12. 발리섬

발리섬을 이웃의 섬들과 크게 달라지게 만든 요인이 뭘까? 그중 상당 부분에 대한 설명은 발리섬의 역사에서 찾아볼 수 있다. 지금으로부터 1,000년 전, 힌두교를 믿는 왕들이 자바섬, 수마트라섬, 말레이 반도, 인도차이나 반도를 지배했다. 그런데 그들의 수도는 자바섬에 있었기 때문에, 그들의 세력이 흥망성쇠를 거듭하면서 발리섬의 지위는 자바섬의 속국과 독립국 사이를 왔다 갔다 했다. 15세기에 이르러 모조파힛 Modjopahit 왕조의 황제들이 그 섬들을 통치했다. 그들의 치세가 막을 내릴 즈음 무함마드 포교사들이 자바섬에 새로운 신앙인 이슬람교를 전파하기 시작했다. 그러자 지역의 약소국 군주들이 이슬람교로 개종한 후 '힌두교를 믿는 모조파힛으로부터 독립했다.'라고 선언했다. 이윽고 섬들이 내전에 휩싸였고, 전하는 이야기에 의하면 힌두교 사제가 마지막 황제에게 '앞으로 40일 후, 모조파힛의 지배는 끝날 것'이라고 예언했다.

40일째 되던 날, 황제는 지지자들에게 자신을 산 채로 불태우라고 명령했다. 그의 어린 아들인 황태자는 무슬림 백성들의 광신을 두려워한 나머지 황족과 신하들을 대동하고 마지막 식민지 발리섬으로 피신했다. 그때 자바섬의 가장 세련된 음악가, 무용가, 화가, 조각가들이 동반 이주함으로써 발리섬의 예술과 문화에 심오한 영향을 미쳤으며, 오늘날 발리섬의 사람들이 예술에 탁월한 재능을 지니고 있는 것도 아마 그 때문인 것으로 사료된다. 분명한 것은, 인도네시아인 중에서 유독 발리인들만이 아직까지 추종하고 있는 힌두교 신앙이 발리섬의 구석구석에 스며들었기 때문에, 그들의 존재에서 거의 모든 측면 ―마을의 설계에서부터 의복의 양식, 심지어 일상적 행동에 이르기까지 ―이 힌두교에 의해 지배되고 수정된다는 것이다. 더욱이 발리섬의 힌두교는 이슬람이라는 장벽에 의해 인도의 힌두교로부터 고립되어, 매우 특이한 형식의 힌두교로 진화했다. 그러므로 발리인들은 사실상 독특한 종교의 신도라고 할 수 있다.

차를 몰고 '멋진 마을과 비옥한 들판'을 가로지르고 '야자와 바나나 농장'을 지나치는 동안, 우리는 발리섬을 방문한 모든 여행자들과 마찬가지로 '이상적인 열대 섬에 대한 모든 이의 꿈'이 구현된 낙원의 섬에 도착했다는 느낌이 들었다. 주민들은 아름답고 평화를 사랑하고, 땅이 매우 비옥하여 과실수가 많은 잡초와 함께 자라며, 햇빛이 세상을 끝없이 내리비추고 마침내 인간이 풍부하고 너그러운 자연과 조화를 이룬 곳이기 때문이다.

우리가 이러한 경로를 통해 발리섬에 접근한 것은 행운이었다. 많은 방문자들은 부득불 항공편을 통해 발리섬 최대의 도시 덴파사르Denpasar에 도착한다. 그러나 그날 밤 늦게 도착한 덴파사르는 '낙원의 섬'의 전형적 사례와 거리가 멀어도 한참 멀었다. 그곳에는 영화관, 승용차, 거대한 호텔, 기념품점이 넘쳐났다. 그리고 호텔 외부에 건립된 콘크리트 공연장에서, 방문자들은 고리버들 의자에 편안히 앉아 소다수를 곁들인 위스키 한잔을 마시며 특별히 준비된 전통춤 공연을 관람했다.

우리가 덴파사르를 방문한 주된 이유는 다른 것 외에도 외국인 체류 등록을 포함해 우리에게 요구되는 모든 등록 업무를 처리해야 할 웬만한 관청 지부들이 다 모여있었기 때문이다. 그러나 우리는 덴파사르에서 큰 행운을 누렸다. 왜냐하면 마스 수프랍토Mas Soeprapto라는 사람의 안내로 모든 절차를 신속하게 마칠 수 있었기 때문이다. 우리는 자카르타에 도착한 지 며칠 만에 무선국radio station의 공무원인 그를 만난 적이 있었다. 비록 발리섬에서 출생하지는 않았지만, 그는 발리섬의 전통음악 및 춤에 상당한 전문지식을 보유하고 있었으며 그즈음 월드투어 공연을 한 발리섬 전통무용단의 비즈니스 매니저로 활동한 적이 있었다. 따라서 그는 서양인과 동양인의 차이를 예리하게 인식하고 있었으며, 우리가 만난 인도네시아인 중에서 '외국인이 관료집단의 미루는 버릇을 얼마나 혐오하는지'를 잘 아는 몇 안 되는 사람 중 하나였다. 그가 우리에게 '만약 발리섬를 방문할 계획이라면 가이드로 나서겠다.'라고 제안했을 때, 그리고 덴파사르에서 그를 다시 만났을 때 우리는 우리가 엄청난 행운아임을 깨달았다.

나는 마스의 첫번째 행동이, 우리를 덴파사르의 혼종문화에서 끌어내 발리섬의 전원 지역으로 안내하는 것이라고 예상했다. 그러나 그는 첫날 밤에 우리를 데리고 도심의 네온사인을 지나 조용하고 후미진 곳의 한 상류층 인사의 집을 방문했다. 그는 다음날 거행될 성대한 파티가 준비되는 곳으로 우리를 안내했다. 그 집의 별채에는 사람들이 들끓었다. 여자들은 야자잎을 이용해 아름다운 레이스 장식을 만든 다음, 그것들을 줄줄이 엮어 얇은 대나무 조각으로 능숙하게 고정하고 있었다. 황록색 바나나잎으로 만든 냅킨의 기다란 행렬 위에는 피라미드형의 떡 — 어떤 것은 흰색이고 어떤 것은 분홍색이었다 — 이 가지런히 놓여있었다. 지붕의 처마에는 화환이 매달려있었고, 조상신을 모신 사당 주변에는 풍성한 예식용 천이 드리워져 있었다. 별채 사이에서는 6마리의 살아있는 거북들이 꿈틀거렸는데, 그들의 앞다리는 잔인하게도 구멍이 뚫린 채 1다발의 라탄 줄기로 묶여있었고, 말라비틀어진 머리는 축 처진 채 땅바닥을 향하고 있었다. 웃으며 떠드는 군중이 휩쓸고 지나갈 때, 천천히 끔벅이며 군중을 응시하는 그들의 피곤한 눈에는 눈물이 그렁그렁했다. 그들은 그날 저녁 도축될 운명이었다.

다음날, 마스는 우리를 그 집으로 다시 안내했다. 집의 안마당은 전날 밤보다 더 많은 사람들로 빽빽이 메워져 있었다. 모든 사람들은 제일 좋은 옷을 입고 있었는데, 남자들은 사롱, 튜닉tunic[1], 터번 차림이었고 여자들은 꼭 끼는 블라우스와 롱스커트 차림이었다. 그 집의 주인은 왕족이었는데, 조그만 단 위에 책상다리를 하고 앉아 귀빈들과 잡담을 하며 소량의 커피를 홀짝이고 대나무 꼬치에 꿴 거북이 고기를 먹었다. 그의 앞에서는 한 소년이 앉아 나무망치를 이용해 덜시머dulcimer[2]처럼 생긴 악기를 연주했는데, 그것은 5개의 청동 건반을 가진 타악기로서 딸랑거리는 듯한 소리가 났고 곡조는 단조로웠다.

마스의 설명에 따르면 그 잔치의 목적은 치아 갈기 의식을 축하하는 것이었다. 발리인들 사이에서는 들쭉날쭉하고 삐뚤빼뚤한 치아가 짐승과 악마의 특징으로 간주된다. 그러므로 모든 남녀는 성년이 되면 치아를 갈아 불규칙성을 모조리 제거함으로써 매끄럽고 곧은 치아를 가져야 한다. 오늘날 그 의식은 옛날만큼 널리 시행되지 않는다. 그럼에도 의식을 치르지 않고 사망한 사람이 있다면 화장을 하기 전에 친척들이 시신의 치아를 갈아 준다. 왜냐하면, 짐승 같은 치아를 가진 사람들의 넋은 영계靈界에 들어갈 수 없기 때문이다.

정오 무렵 가족 전용 별채에서 작은 행렬이 나왔는데, 행렬의 선두에 선 사람은 '치아 갈기 대상자'인 소녀였다. 그녀의 상반신은 황금색 꽃무늬가 잔뜩 그려진 빨간색 천으로 칭칭 감겨있었다. 그녀는 한쪽 어깨에

---

1 고대 그리스나 로마인들이 입던, 소매가 없고 무릎까지 내려오는 헐렁한 웃옷. - 옮긴이주
2 유럽의 민속악기로, 공명상자에 금속선을 치고 조그마한 해머로 쳐서 연주하는 현악기. 같은 계통의 것으로는 아라비아의 산투르santur, 한국이나 중국의 양금이 있다. - 옮긴이주

데이비드 애튼버러의 동물 탐사기

(상반신에 감은 천과 비슷한 재료로 만든) 기다란 띠를 두르고, 머리에는 황금색 이파리와 프랜지파니frangipani[3] 꽃으로 만든 화려하고 정교한 왕관을 쓰고 있었다. 여러 명의 나이 든 여자들—소녀보다 덜 화려한 옷차림이었다—이 짧은 기도문을 읊조리며 그녀와 동행했다. 그 행렬은 붐비는 군중 사이를 헤치고 바틱 천batik cloth[4]이 주렁주렁 매달린 별채로 들어갔다. 별채의 계단에서는 하얀 옷을 입은 사제가 소녀를 기다리고 있었는데, 그녀는 그의 앞에 멈춰 서서 두 손을 내밀었다. 사제는 대나무로 엮은 깔때기를 들고 있다가, 성직자다운 몸짓으로 그 속에 물을 부어 소녀의 손가락으로 흘러내리게 했다. 그가 의식을 행하는 동안 그의 입술이 움직였지만, 그의 말소리는 덜시머 같은 악기 소리와 나이 든 여자들의 기도 소리에 묻혀 들리지 않았다.

사제는 깔때기를 옆으로 치운 후 소녀를 데리고 별채로 들어갔다. 별채 안에서 그녀는 침상에 누워, 특별히 직조된 천—엄청난 마술적 의미가 있다—으로 덮인 기다란 베개를 베었다. 사제는 자신의 도구에 축복을 내린 후 소녀의 얼굴 위로 상체를 굽혀 치아 갈기 작업을 시작했다. 그녀와 동행한 여자들은 더욱 크게 기도문을 외웠다. 소녀가 정신을 가누지 못하는 동안 그들 중 한 명은 그녀의 발을 잡았고 다른 두 명은 그녀의 손을 잡았다. 설사 사제가 치아를 가는 동안 소녀가 소리를 지른다 해도 기도문 외는 소리 때문에 비명소리는 들릴 리 만무했다. 사제는 10분마다 작업을 멈추고 거울을 내밀어 그녀에게 작업의 진행 상황을 확인하게 했다. 30분 후 치아 갈기 작업은 종료되었다. 소녀는 침상에서 일어나 나이 든 여자들과 함께 별채 밖으로 나오다, 모든 이들이 자신을 쳐다볼 수

---

3 열대 아메리카 원산 협죽도과의 관목. - 옮긴이주
4 염색이 안 되게 할 부분에 왁스를 발라 무늬를 내는 인도네시아 전통 염색법인 밀랍 염색batik을 한 천. - 옮긴이주

치아 갈기 의식

가믈란

데이비드 애튼버러의 동물 탐사기

있도록 계단 위에 잠시 멈춰 섰다. 그녀의 눈에서 눈물이 흘러넘쳤고, 머리에 썼던 화려한 왕관은 엉망진창이 되어 후줄근해져 있었다. 왜냐하면 소녀를 동행했던 여자들이 황금색 이파리 중 일부를 뽑아내 자신들의 머리에 꽂았기 때문이다. 소녀의 작은 손에는 장식된 코코넛 껍질이 쥐어져 있었는데, 그 속에는 그녀가 뽑어 낸 치아 부스러기가 들어있었다. 소녀는 다시 별채를 거쳐 사당으로 갔는데 거기서 조상의 위패 뒤에 자신의 치아 부스러기를 묻도록 되어 있었다.

다음날 덴파사르를 떠날 때 우리는 소스라치게 놀랐다. 덴파사르와 그 공항을 통과하는 국제적인 교통량이 엄청남에도 불구하고, 서구의 영향력은 그 도시의 경계를 거의 벗어나지 않았다는 사실을 알게 되었기 때문이다. 지프에서 내려 좁은 비포장 도로를 따라 조금 걸어가니 논이 나왔는데, 그 논을 지나니 현대문명의 영향을 전혀 받지 않은 마을이 나타났다. 마스수프랍토의 안내에 따라 발리섬의 이곳저곳을 돌아다니는 동안, 밤낮을 불문하고 날마다 마을이나 사찰에서 축제 또는 의식이 열리고 있었다.

발리인들은 음악과 춤을 열정적으로 사랑하는 사람들이었다. 모든 사람들은 —왕족이든 가난한 농부든— 마을의 합주단이나 무용단에서 활동한다는 포부를 가지고 있었으며, 그럴 만한 재능이 부족한 사람들은 의상이나 악기 구입비를 기부하는 것을 특권으로 여겼다. 아무리 가난하고 작은 마을이라도 가믈란*gamelan*을 공동으로 가지고 있었다. 가믈란이란 발리섬의 전통적인 합주단으로, 악기의 대부분을 차지하는 것은 금속 타악기 —공중에 매다는 대형 징, 받침대 위에 수평으로 배열된 소형 징들, 아주 작은 심벌즈, 덴파사르에서 봤던 덜시머처럼 생긴 악기의 다양한 변형— 였다. 그 밖에도 아랍에서 들어온 2개의 현을 가진 악기 레밥*rebab*과 대나무 플루트가 추가되기도 했으며, 2개의 북은 빠지지 않았다.

지금까지 언급한 악기 중 대부분은 가격이 엄청나게 비쌌다. 발리섬의

가믈란의 어린 연주자들

대장장이들도 덜시머의 청동 건반을 만들 수 있지만, 가장 청아한 소리가 나고 가장 음악적인 징을 만드는 비결을 아는 사람들은 자바섬 남부의 작은 마을에 사는 장인들밖에 없었다. 그러므로 좋은 징은 보배로운 재산으로 어마어마한 금전적 가치를 지니고 있었다.

가믈란이 빚어내는 음악은 기가 막히게 아름다우며 미묘한 타악기의 리듬과 애조 띤 파문과 완벽한 화음으로 가득하다. 나는 '가믈란의 음악이 너무나 이질적이고 이국적이어서, 나에게 실질적인 즐거움을 선사하지 못할 것'이라고 지레짐작했다. 그러나 그건 잘못된 선입견이었다. 연주자들의 매우 열정적이고 확신에 찬 헌신적인 연주, 짜릿한 흥분과 차분한 명상을 수시로 넘나드는 음악으로 인해 우리는 황홀경에 빠졌다.

완전한 가믈란을 구성하려면 20~30명의 연주자가 필요하며, 그들은 유

데이비드 애튼버러의 동물 탐사기

럽의 어느 오케스트라에도 뒤지지 않는 정밀하고 정확한 연주력을 자랑한다. 복잡한 악보는 지금껏 작성된 적이 단 한 번도 없으며, 오로지 그들의 기억 속에만 존재한다. 게다가 모든 합주단의 레퍼토리는 매우 광범위하기 때문에 그들은 여러 시간 동안 한 곡도 겹치지 않게 계속 연주할 수 있었다.

이처럼 고도로 전문적인 기량은 고된 연습을 통해서만 연마될 수 있다. 마을의 연주자들은 매일 저녁 땅거미가 질 때 공연장에 모여 리허설을 시작했다. 가믈란의 타악기 소리와 낭랑한 합주 소리가 마을에 울려 퍼지는 동안, 우리는 마스와 함께 리허설을 하는 공연장을 찾아내 자리를 잡고 앉아 감상했다. 가믈란의 지휘자는 북 치는 사람인데 그는 북의 비트를 통해 합주단의 템포를 조절했다. 그러나 그는 대체로 모든 악기를 능수능란하게 연주할 수 있으므로, 종종 연주를 멈추고 덜시며 연주자 중 한 명에게 다가가 '특정 테마를 정확히 연주하는 법'을 시범 보였다.

소녀 무용수들이 발리섬의 전통춤 중에서 가장 아름답고 우아한 레공 legong을 추는 장면을 처음 감상한 것도 바로 리허설장에서였다. 3명의 무용수 중에서 6살이 넘는 사람은 한 명도 없었다. 소녀들은 정사각형의 공연장에서 수업을 받고 있었는데, 공연장의 3면에는 가믈란의 악기가 배치되어 있었다. 소녀들의 선생님은 나이 든 회색 머리 여자로, 그래 봬도 어린 시절에는 잘나가는 레공 무용수였다. 그녀의 교수 방법은 거의 무자비할 정도로 예리해서, 생도들의 머리와 팔과 다리가 정확한 위치에 있지 않으면 가차없이 불호령을 내렸다. 시간이 흐름에 따라 음악은 계속되었고, 소녀들은 선생님의 엄한 눈초리를 받으며 떨리는 손가락과 긴장한 눈빛으로 발을 구르고 몸을 빙글빙글 돌렸다. 마침내 음악이 끝난 것은 자정 무렵이었다. 무용수들은 수업이 끝나자마자 '무표정한 스핑크스 같은 모습'에서 '웃는 개구쟁이 어린이'로 돌변해, 킥킥대고 와자지껄하며 각자의 집으로 돌아갔다.

13. 발리섬의 동물들

우 리가 참고한 책에는 "발리섬에는 한두 가지의 새를 제외하고 관심을 끌만한 동물이 전혀 없으며, 그곳에 서식하는 동물들은 자바섬에서 얼마든지 볼 수 있는 것들이다."라고 적혀있었다. 그러나 그 책의 저자는 가축을 전혀 언급하지 않았는데, 마지막 2주 동안 발리섬의 한 마을에 머물렀을 때 우리는 춤과 음악만큼이나 색다른 가축들이 많이 있음을 알고 뛸 듯이 기뻐했다.

그 마을에서는 매일 아침, 눈처럼 새하얀 오리들이 줄지어 뒤뚱뒤뚱 걸어나갔다. 우리가 전에 봤던 오리들과 달리, 그들의 뒷머리에는 동그랗게 말린 작고 매력적인 깃털들이 몽글몽글 달려있었다. 그 깃털 다발 덕분에, 그들은 마치 동화책에 나오는 동물―카니발에 참가하기 위해 쫙 빼입은 동물―처럼 화려하고 약간 요염한 자태를 뽐냈다. 각각의 오리 떼 뒤에서는 한 명의 남자나 소년이 가늘고 긴 대나무를 들고 걸었는데, 그가 대나무를 오리들의 머리 위에 수평으로 쭉 뻗었으므로 '대나무의 끄트머리에 부착된 흰색 깃털 다발'이 선두에 있는 오리의 눈앞에서 오르락내리락했다. 오리들은 알에서 나올 때부터 대나무 끝의 깃털을 따르도록 훈련받았으므로, 그 미끼를 따라 좁은 길을 줄지어 행진해 최근 수확하거나 쟁기질

데이비드 애튼버러의 동물 탐사기

한 논에 도착했다. 목동은 논 바닥의 진흙에 대나무를 비스듬하게 꽂았고, 그 끝에 매달린 깃털 다발은 미풍 속에서 살랑살랑 춤추며 오리 떼의 시선을 끌었다. 오리 떼는 하루 종일 논에 머물며 진흙탕에서 행복하게 첨벙거리면서도 최면을 거는 듯한 깃털 다발에서 절대 멀리 벗어나지 않았다. 저녁이 되어 목동이 돌아와 장대를 뽑으면 들뜬 듯 꽥꽥거리는 행렬이 오르락내리락하는 깃털을 따라 수로를 통해 마을로 무사히 귀환했다.

마을의 소는 매력적인 가축이었다. 이 동물은 검붉은 코트를 입고 무릎까지 올라오는 하얀 스타킹을 신었으며 엉덩이에는 말끔하게 하얀 기저귀를 찼는데, 이는 동남아시아의 숲속에서 아직도 발견되는 들소 — 반텡 banteng — 가 가축화된 후손이기 때문이었다. 발리섬에서는 이 품종이 아직도 순종으로 남아있기 때문에, 가축화된 소들 중 대부분은 자바섬의 취미 사냥꾼들이 기를 쓰고 추격해서 사냥하는 아름다운 야생 들소와 구별하기 어렵다.

그러나 마을에서 기르는 돼지의 기원과 조상은 아무리 생각해 봐도 불가사의했다. 왜냐하면 다른 어떤 품종 — 야생이 됐든 가축이 됐든 — 과도 닮지 않았기 때문이다. 우리가 처음 사육 돼지와 마주쳤을 때, 나는 그게 기형적인 괴물이라고 생각했다. 그도 그럴 것이, 어깨와 궁둥이 사이에서 함몰된 등뼈가 거대한 배 — 모래 자루처럼 축 늘어져, 움직일 때마다 땅바닥에 스쳐 흙먼지를 일으켰다 — 의 무게 때문에 주저앉은 것처럼 보였기 때문이다. 알고 보니 그 못생긴 모습은 특정 개체만이 가진 기형이 아니라, 발리섬의 모든 돼지들이 가진 공통된 형질이었다.

마을에는 개들이 우글거렸는데, 그들의 독특한 특징을 하나 꼽는다면 우리가 만나 본 개 중에서 가장 혐오스럽게 생긴 잡종견이라는 것이다. 그들은 모두 굶주리고, 대부분 소름 끼치는 질병에 걸려있었다. 궤양으로 뒤덮인 피부 사이로 갈비뼈와 척추가 애처로울 정도로 뚜렷하게 드러나 있었다. 그들은 음식물 쓰레기를 먹고 살았는데, 주종을 이룬 것은 가정의 쓰레기통을 뒤져 얻은 것이었고 부수적으로는 발리섬 주민들이 신에게 바치는 제물로 매일 사당, 대문, 별채의 앞에 놓아두는 쌀이었다. 그런 비참한 동물 중 대다수는 차라리 사살하는 게 더 자비로워 보였지만, 마을 사람들은 개들이 자유롭게 번식하도록 방치했다. 그들은 낮 동안 개들이 배회하는 것을 참을 뿐만 아니라 심지어는 밤중에 개들이 끊임없이 울부짖는 것을 반겼다. 왜냐하면 그런 소음이 (밤중에 마을을 돌아다니면서 집에 침입해 잠자는 사람들을 사로잡으려고 노리는) 악령과 악마를 쫓아버린다고 믿었기 때문이다.

우리가 기거하는 별채 바로 옆을 야간 초소 삼아서 특히 야단스러운 커다란 개 1마리가 버티고 있었다. 그곳에서 보낸 첫날 밤 새벽 3시, 나는 개가 울부짖는 소리를 더 이상 참을 수 없었다. 나는 모든 점을 감안해, 남은 밤 시간을 악마와 함께 보내는 것이 무례한 수호자와 함께하는 것보다 낫다는 결론을 내렸다. 그래서 돌멩이 하나를 집어 들어 개 소리가 나는 쪽으로 던지며, '네 임무를 다른 곳에서 수행하라.'라고 중얼거렸다. 그러나 웬걸. 무례한 수호자의 '구슬프게 울부짖는 소리'가 '맹렬하게 짖어 대는 소리'로 바뀌는 바람에, 마을의 다른 개들이 모두 깨어나 먼동이 틀 때까지 고막을 터뜨릴 듯한 합창을 계속했다.

내가 보기에, 발리인들은 동물의 복지에 별로 관심이 없는 것 같았다. 그들은 '걸어 다니는 병든 피부와 뼈 덩어리'의 방황을 아무렇게나 방치했을 뿐만 아니라, 귀뚜라미싸움과 닭싸움을 노골적으로 부추겼다.

귀뚜라미싸움은 비교적 가벼운 스포츠였다. 발리인들은 평소에 대나무로 만든 조그만 케이지에서 귀뚜라미를 기른다. 그러다가 귀뚜라미싸움 대회가 열리면, 땅바닥에 바닥이 평평한 원형 구멍 2개와 구멍을 연결하는 터널 1개를 판다. 각각의 구멍에 귀뚜라미를 1마리씩 넣은 후, 귀뚜

데이비드 애튼버러의 동물 탐사기

라미 임자들은 그 옆에 앉아 바늘로 콕콕 찔러 귀뚜라미를 자극한다. 궁극적으로 둘 중 하나가 터널을 통해 다른 구멍으로 기어 들어가면, 바늘에 찔려 극도로 화가 난 귀뚜라미가 다른 귀뚜라미를 공격한다. 2마리는 상대방의 다리를 턱으로 문 채 데굴데굴 구르며 죽기 살기로 싸운다. 마침내 어느 한쪽이 적의 다리 하나를 떼어 내면 승자로 선언된다. 불구가 된 패자는 버려지고, 승자는 찌르르르 소리를 내며 케이지로 돌아가 다음 싸움을 기다린다.

닭싸움은 훨씬 더 중대한 문제였다. 1년 중 특정한 시기에 닭은 의례를 위한 필수품이다. 왜냐하면 발리섬의 신은 발리인들에게 주기적으로 신선한 피를 제물로 바치라고 요구하기 때문이다. 그러나 닭싸움은 커다란 스포츠 행사이기도 해서, 그 결과를 둘러싸고 거액의 판돈이 걸린다. 들리는 이야기에 따르면, 한 남자는 자신의 싸움닭을 무한히 신뢰한 나머지 자신의 집을 비롯해 전재산을 담보로 수백 파운드에 상당하는 판돈을 자기의 싸움닭에 걸었다. 그러나 판돈이 워낙 컸기 때문에 아무도 그의 내기 제안을 받아들이지 않았다.

마을의 번화가에는 쪼갠 대나무로 만든 종 모양의 케이지가 줄지어 있는데, 그 속에는 젊은 수탉이 들어있다. 나이 든 남자들은 하루 종일 길가에 앉아 닭을 어루만지고, 가슴뼈를 움켜잡고, 땅에서 위아래로 뛰게 하고, 목깃을 부풀리게 하며 닭의 살상력을 평가한다. 닭의 모든 특징 —색깔, 볏의 크기, 눈의 밝기— 은 의미가 있으며, 닭 임자들은 그것에 기반해 자신의 닭과 싸울 상대의 유형을 결정한다.

어느 날 아침, 마을 장터에서 큰 소동이 일어났다. 꼬치 고기 판매상과 야자술 및 발리인들이 좋아하는 분홍색 음료를 제공하는 여자들은 조그만 가판대를 세웠다. 대대적인 닭싸움 축제를 위한 준비작업이 진행되었다. 경기장은 공동체 모임이 자주 열리는 커다란 초가집 안에 마련되었

귀뚜라미싸움

발리섬의 싸움닭들

데이비드 애튼버러의 동물 탐사기

고, 닭싸움 무대의 링 경계는 흙바닥에 꽂은 대나무 살로 표시되었다. 링 주변에는 야자잎으로 엮은 높이 30센티미터의 펜스가 설치되었고, 구경꾼들은 그 너머에 둘러앉도록 준비되었다.

축제가 열린 날, 수 킬로미터 떨어진 곳에 있는 작은 마을의 남자들이 싸움닭을 갖고 마을에 속속 도착했다. 모든 닭들은 야자잎으로 만든 조그만 가방 속에 들어있었는데, 가방 뒤쪽의 벌어진 틈을 통해 꽁지깃을 내밀고 있었다. 한 무리의 시끌시끌한 군중이 링 주변으로 모여들었다. 심판인 나이 든 남자가 가리개 옆에 책상다리를 하고 앉아있었다. 그의 왼쪽에는 물 1그릇이 놓여있었는데, 그 속에는 코코넛 껍데기 반쪽이 떠있었고, 코코넛 껍데기 밑바닥에는 작은 구멍이 뚫려있었다. 물그릇은 심판의 시계로, 그는 '코코넛 껍데기에 물이 흘러 들어가, 그릇 밑바닥에 가라앉는 데 걸리는 시간'을 단위로 경기 시간을 측정했다. 심판의 왼손에는 조그만 징이 놓여있었는데, 그것은 라운드의 시작과 끝을 알리기 위한 것이었다.

10여 명의 남자들이 자신들의 닭을 데리고 가리개 너머에 앉아있었다. 수많은 뜀뛰기와 깃털 부풀리기 끝에, 싸움 상대를 정하고 대결 순서가 정해졌다. 링이 정리되고, 남자들은 닭의 한쪽 다리에 며느리발톱 — 이것은 천연 박차인데, 오래 전에 제거되었다 — 대신 길이 15센티미터짜리 예리한 전투용 칼날을 묶었다. 완전 무장한 첫번째 대전 상대들이 링에 올라왔다. 서로 마주 본 그들은 흥분해서 목깃을 과시하고 꼿꼿이 세움으로써 공격성을 드러냈다. 그것은 예비적 과시로, 군중들은 닭의 자질을 판단하고 도박꾼들은 판돈을 걸도록 하는 절차였다. 심판이 징을 울리자 싸움이 시작되었다. 닭들은 부리를 맞대고 빙글빙글 돌며 깃털을 세웠다. 그러다가 꼬끼오 하고 울며 공중으로 날아올라 강철 박차를 살벌하게 휘둘렀고, 칼날이 광채를 뿜었다. 둘 중 하나가 전의를 상실하고 링에서 도망치려고 했다. 그럴 때마다 군중은 재빨리 흩어졌는데, 그 이유는 버둥거리는 닭의 다리에 매달린 칼날에 베일 경우 닭뿐만 아니라 사람도 매우 심각한 부상을 입을 수 있었기 때문이다. 닭 임자는 도망치는 닭을 수차례 조심스레 잡아 링에 다시 집어넣었다. 마침내 한 닭의 날개 밑 깃털에서 검붉은 액체가 뿜어져 나왔는데, 그것은 심각한 부상을 입었다는 증거였다. 그 닭은 도망쳤지만, 다시 잡혀 링에 들어가 잔혹한 공격자와 직면해야 했다. 그러나 심한 부상을 입은 닭은 상대편에 맞서지 않으려 했지만 어느 한쪽이 죽을 때까지 닭싸움은 끝나지 않는다. 심판이 징을 울리더니 지시를 내렸다. 종 모양의 케이지 하나가 링으로 들어왔고, 2마리의 닭은 그 아래에 놓였다. 케이지 안에서 더 이상 도망칠 수 없는 부상당한 닭은 결국 도살되었다.

두번째 대결은 더욱 혐오스러웠다. 왜냐하면 2마리가 모두 용감했기 때문이다. 둘은 라운드를 거듭하며 싸워 서로의 육수wattle[1]와 목깃을 찢었고, 둘 다 피를 뿜을 때까지 칼날을 반복적으로 휘둘렀다. 라운드 사이사이에 각각의 주인들은 닭의 부리에 입을 대고 폐에 공기를 불어넣음으로써 소생시키려고 안간힘을 썼다. 한 사람은 닭의 피를 자신의 손가락에 묻혀 닭에게 맛보게 했다. 이윽고 둘 중 하나가 출혈로 약해지고 부상으로 비틀거리다 치명적인 상처를 입었다. 그는 숨을 제대로 쉬지 못하고 땅바닥에 쓰러졌다. 승자는 죽은 닭의 육수를 계속 잡아챘고, 이미 게슴츠레해진 눈을 부리로 쪼려고 하다가 마침내 주인에게 제지되었다.

그날 낮에 수많은 닭들이 죽었고 엄청난 돈의 주인이 바뀌었다. 그날 밤에는 많은 가정에서 쌀밥을 곁들여 닭고기를 먹었다. 과연 발리섬의 신들이 노여움을 풀었으려나?

---

1   칠면조와 닭 등의 목 부분에 늘어져 있는 붉은 피부. - 옮긴이주

데이비드 애튼버러의 동물 탐사기

연락선을 타고 서쪽의 자바섬으로 돌아가기 전, 발리섬에서의 마지막 밤을 덴파사르에서 보내야 했다. 우리는 덴파사르의 한적한 곳에 있는 로스멘*losmen*[2]에 방을 잡고 짐을 푼 후, 우리를 도와줬던 공무원들을 방문해 작별인사를 했다. 자정이 다 되어 여관에 돌아갔더니, 주인이 초초해하며 우리를 기다리고 있었다. 그는 "마을에서 온 대형트럭의 운전기사가 꼭 전달해 달라고 부탁했어요."라며 쪽지 하나를 건넸다. 쪽지에 적힌 내용은 긴급하고 중요한 사안임이 분명했지만, 안타깝게도 우리가 모르는 언어로 적혀있었기 때문에 한 단어도 이해할 수 없었다. 여관 주인은 매우 곤혹스러워하고 있었다. 그는 인상을 찌푸리며 격정적으로 말했다. "클레시, 클레시, 클레시*Klesih, Klesih, Klesih*." 그 의미를 짐작조차 할 수 없었지만 주인의 표정이 워낙 절박해 보였으므로, 우리는 50킬로미터나 떨어져 있는 마을로 차를 몰고 되돌아가 문제를 해결하는 수밖에 없다고 느꼈다. 다음날 아침 발리섬을 떠나야 했으므로, 만약 그날 밤 안으로 다녀오지 않는다면 마을에서 우리를 기다리던 긴급 사항이 무엇인지 알아낼 도리가 없었기 때문이다.

마을에 도착하니 새벽 1시였다. 여러 주민들을 단잠에서 깨운 후, 우리는 마침내 쪽지를 보낸 주인공을 찾아냈다. 그는 우리가 머물렀던 적이 있는 가정의 어린 아들 알릿*Alit*이었는데, 운 좋게도 영어를 조금 할 줄 알았다.

"옆마을에," 그가 머뭇거리며 말했다. "클레시 한 마리가 있어요."

내가 클레시가 뭐냐고 물었더니, 그는 최선을 다해 설명했다. 설명을 듣고 일종의 동물이라는 건 알았지만, 그의 설명만으로는 정확한 정체를

---

2 여관. - 옮긴이주

파악할 수 없었다. 유일한 확인 방법은 직접 가서 보는 것이었다. 알릿은 어디론가 사라졌다가 야자잎에 불을 붙인 횃불을 높이 들고 다시 나타나, 우리와 함께 들판으로 나갔다.

1시간쯤 걸으니 아주 작은 마을의 윤곽이 어렴풋하게 보였다.

"부탁인데," 알릿이 말했다. "공손하게 행동하세요. 이곳은 산적들의 마을로, 매우 험악한 아저씨들이 살거든요."

우리가 마을에 들어섰을 때, 집을 지키는 개들이 울부짖으며 요란하게 짖어대는 소리로 공포 분위기가 조성되었다. 나는 매우 험상궂은 남자들이 칼을 휘두르며 뛰어나올 거라 예상하고 바짝 긴장했지만 아무도 나타나지 않았다. 아마도 마을 사람들은 '늘 그렇듯, 방황하는 악령의 무리를 본 개들이 울부짖는 게로군.' 하고 대수롭지 않게 생각한 것 같았다.

알릿은 우리를 데리고 버려진 거리를 통과해, 마을 한복판의 조그만 집 앞으로 갔다. 그가 큰 소리로 문을 두드리자, 한참 후 헝클어진 머리를 한 남자가 잠이 덜 깬 듯 눈을 비비며 문을 열어줬다. 알릿은 그에게 클레시를 구경하러 왔다고 설명했다. 그 남자는 우리를 불신하는 듯했지만, 결국에는 알릿의 설득을 받아들여 우리와 함께 안으로 들어갔다. 그는 자기의 침대 밑에서 끈으로 꽁꽁 묶인 커다란 나무상자 하나를 꺼냈다. 그가 끈을 풀러 뚜껑을 열자 매캐한 흙냄새가 실내에 진동했다. 나무상자 안에 들어있던 것은 축구공만 한 크기의 동글동글한 꾸러미로, 삼각형의 갈색 비늘로 뒤덮여있었다. 그건 바로 천산갑pangolin이었다.

알고 보니, 클레시란 그 지역 사람들이 천산갑을 부를 때 사용하는 지역명이었다. 그 남자가 몸을 웅크린 천산갑을 마룻바닥에 조용히 내려놓으니, 양쪽 옆구리가 서서히 위아래로 들썩거렸다.

몇 분 동안 조용히 기다렸더니, 동그랗게 말려있던 것이 천천히 풀리기 시작했다. 제일 먼저 풀린 것은 기다란 '감는꼬리'였다. 뒤이어 뾰족하고

내가 꼬리 끝을 잡고 있는 동안, 자신의 몸을 말아 올리는 천산갑

촉촉한 코가 나타났는데, 그 뒤에는 조그맣고 호기심 어린 얼굴이 숨어있었다. 그 조그만 동물은 근시안적으로 주변을 둘러보며, 새까맣고 영롱한 눈망울을 깜박이고 숨을 헐떡였다. 우리는 꼼짝 않고 부동자세로 서있었다. 천산갑은 데굴데굴 구른 후 대담하게 다리를 딛고 일어서, 마치 조그만 갑옷공룡armoured dinosaur처럼 방 안을 느릿느릿 돌아다니기 시작했다. 그러다가 벽의 밑부분에 도착하자, 앞발톱을 부지런히 놀려 바닥에 구멍을 파기 시작했다.

"아두!" 남자는 이렇게 말하며 살금살금 다가가, 꼬리 끝을 잡아 들어 올렸다. 그 순간 천산갑은 자신의 몸을 마치 요요처럼 말아 올려 다시 공 모양이 되었다. 남자는 천산갑을 다시 상자 안에 넣었다. "100루피아

rupiah[3] 내세요." 그가 말했다.

나는 고개를 절레절레 흔들었다. 개미핥기 중 일부는 평소에 먹던 먹이 대신 다진 고기, 농축 우유, 날달걀을 줘도 받아먹지만, 천산갑은 특정한 종류의 개미만 먹고 살았다. 그러므로 천산갑을 런던으로 데려가기는 어려울 것 같았다.

"만약 구입하지 않는다면, 저 사람은 클레시를 어떻게 처리할까?" 나는 알릿에게 물었다.

그는 씩 웃으며 손바닥으로 자기 입술을 톡톡 쳤다. "물론 잡아먹죠." 그는 말했다. "아주 맛있거든요!"

나는 나무상자를 바라봤다. 천산갑은 앞발과 턱을 모서리에 대고 밖을 내다보며, 아마도 개미가 먹고 싶은 듯 길고 끈끈한 혀를 날름거렸다.

"20루피아밖에 없어요." 나는 단호하게 말했다. 천산갑을 놓아주기 전에 최소한 사진이라도 몇 장 찍을 수 있다면, 그 정도의 낭비는 용납할 수 있었다. 남자는 상자의 뚜껑을 닫은 후 나에게 순순히 넘겼다.

알릿은 또 다른 야자잎에 불을 붙여 머리 위로 높이 든 채 우리를 이끌고 마을을 통과해 논길로 나왔다. 나는 한쪽 팔로 상자를 꼭 부여안고, 일행과 횃불 빛에 약간 뒤처져 걸었다. 노란 보름달이 밤하늘을 환하게 비췄다. 별이 가득한 까만 벨벳 같은 하늘을 배경으로, 깃털로 장식된 듯한 야자나무들이 흐느적거렸다. 허리까지 올라온 벼 사이의 좁은 진흙길을 따라 걷는 동안, 벼 위에서는 춤추는 반딧불이들이 뿜어내는 기이한 녹색 형광이 아른거렸다. 한 사찰 입구의 복잡미묘한 실루엣을 지나칠 때, 따뜻한 공기는 프랜지파니의 은은한 향내로 가득 차있었다. 귀뚜라미의 날카로운 울음소리와 수로를 통과하는 물소리 위로, 밤새도록 진행되는 축

---

3 인도네시아의 화폐 단위로, 줄여서 Rp라고 한다. - 옮긴이주

제에서 연주하는 가믈란의 음악소리가 아련하게 들려왔다.

이게 발리섬에서의 마지막 밤이라니, 그저 아쉬울 뿐이었다.

14. 화산과 소매치기

수라바야에 도착하니, 단Daan Hubrecht은 우리에게 3가지 선물이 담긴 보따리를 내놓았다. 첫번째 선물은 영국에서 온 편지 뭉치, 두번째 선물은 냉음료 무제한 리필, 세번째 선물은 약간의 희소식이었다. 그는 사마린다Samarinda — 보르네오섬 동해안의 작은 마을 — 로 가는 화물선의 침상을 어렵사리 예약해 놓았을 뿐만 아니라, 최소한 2주 동안 우리와 동행하며 통역사로 활동하려고 마음먹고 있었다. 사실 그 화물선은 5일 후에나 출발할 예정이었지만, 하를레스와 나는 일정이 지연된 데 아쉬움을 표하기는커녕 은근히 쾌재를 불렀다. 왜냐하면 우리는 몇 주 동안의 여행에 지쳐 휴식이 필요하다고 느꼈기 때문이다. 촬영된 필름들을 모두 상자에 넣은 후 밀봉하고 모든 장비의 점검을 마치자마자, 단과 페히는 수라바야 외곽의 언덕에 있는 별장으로 우리를 안내했다.

수라바야 주변의 후텁지근한 평야는 집약적으로 경작되고 있었다. 우리는 타마린나무tamarind tree가 죽 늘어선 거리를 벗어나, 물을 가득 댄 논과 키다리 사탕수수가 넘실대는 들판을 한참 동안 지나갔다. 언덕을 올라갈수록 공기는 더욱 차갑고 상쾌해졌다. 케이폭나무kapok 농장이 산비탈을 뒤덮었는데, 키 큰 나무에 가득 매달린 꼬투리에는 하얗고 푹신푹신한 섬

데이비드 애튼버러의 동물 탐사기

유가 터질 듯 부풀어올랐다. 우리가 머물게 될 트레테스Tretes라는 마을은 피라미드형의 장관을 이루는 화산군群 중 하나인 왈리랑Walirang의 측면 해발 600미터 지점에 자리잡고 있었다.

자바섬은 수마트라섬 남쪽에서 동쪽으로 달려 자바섬, 발리섬, 플로레스섬에 도착한 후 북쪽으로 방향을 틀어 필리핀과 연결되는 어마어마한 화산대의 일부를 이룬다. 이 화산대에 속한 화산들은 역사상 가장 맹렬하고 처참한 분출 중 일부의 장본인이었다. 1883년 자바섬와 수마트라섬 사이의 바다에 있는 작은 화산섬 크라카타우Krakatoa가 무지막지하게 폭발하여 17세제곱킬로미터의 암석을 날려버렸다. 광활한 바다가 부석pumice[1]으로 뒤덮였고, 거대한 해일이 일어나 인근의 해안 저지대가 침수되고 36,000명의 사람들이 익사했다. 그 초대형 화산 폭발의 소리는 거의 5,000킬로미터 떨어진 오스트레일리아에까지 들렸다.

자바섬 한 곳에만 125개의 화산이 있는데, 그중 19개는 계속적으로 활동하며 때로는 단지 연기만 뿜기도 하지만 때로는 맹렬히 폭발해 엄청난 사상자를 내기도 한다. 후자의 대표적인 사례는 1931년 폭발한 메라피Merapi 화산으로, 1,300명의 목숨을 앗아갔다. 화산이 자바섬과 그 주민들에게 미치는 영향을 최소화하기는 여간 어렵지 않다. 아름답지만 불길한 느낌을 주는 원뿔 모양 화산은 섬의 풍경을 지배하며, 수만 년 동안 쏟아져 나온 용암과 화산재는 전 세계에서 가장 비옥한 토양 중 하나를 선사했기 때문이다. 그리고 활화산에 대한 공포감은, 자바섬의 신화에서 화산이 강력한 신의 집으로 묘사되는 배경으로 작용했다.

왈리랑 화산은 휴화산이었지만, 트레테스에 있는 별장의 정원에서 바라보니 해발 2,400미터의 정상에서 가느다란 연기가 피어올랐다. 차갑

---

1 화산이 폭발할 때 나오는 분출물 중에서 지름이 4밀리미터 이상인 다공질의 암괴. - 옮긴이주

고 상쾌한 공기가 수라바야의 찌는 듯한 더위로 인한 피로를 날려버린 지 오래였으므로, 나는 정상으로 올라가 분화구를 구경하기로 결심했다. 상당한 높이까지 말을 타고 올라가는 것이 가능한 것으로 밝혀졌음에도 하를레스는 나의 열의에 공감하지 않았다. 그래서 나는 관리인에게 다음날 아침에 이용할 말 1마리만 주선해 달라고 부탁했다.

다음날 새벽 동트기 직전, 한 허풍쟁이 노인이 별장 앞에 나타났다. 그의 옆에는 작고 앙상한 체격의 말이 침울한 표정으로 고개를 숙인 채 서 있었다. 노인은 씩 웃으며 말의 옆구리를 손바닥으로 찰싹 때렸는데, 웃을 때 드러난 치아 밑동은 빈랑나무 열매betel nut²를 많이 씹은 듯 시커멓게 변색되어 있었다. 그는 트레테스에서 제일 힘세고 민첩한 말을 데려왔다고 말하며, 지불하기로 약속한 금액이 하나도 아깝지 않을 거라고 호언장담했다.

말 등에 올라타니, 말이 너무 작아 등자stirrup³가 땅바닥에 닿을 듯 말 듯했다. 나는 그렇게 허약한 말의 도움을 받는다는 게 부끄러워 고개를 들지 못할 정도였다. 노인이 말의 옆구리를 손가락으로 세게 찌르니, 말은 달팽이처럼 느릿느릿 걷기 시작했다.

이윽고 길이 점점 더 가팔라졌다. 말은 눈앞의 경사로를 슬픈 눈으로 바라보다 의미심장하게 방귀를 뀌고는 멈춰 섰다. 마부 겸 가이드인 노인이 미소를 지으며 힘껏 말고삐를 당겼지만, 말은 움직이기를 거부했다. 내 밑에서 부르릉 소리가 계속 들리는 걸 보니, 불쌍한 말은 심각한 소화불량에 걸린 게 분명했다. 내가 양심의 가책을 느껴 말에서 내리자마자

2   빈랑나무는 야자나무의 일종으로, 태평양 연안, 동남아시아, 동아프리카 등에서 자란다. 열매는 중국에서 냉증, 장운동 등에 효과적인 것으로 알려져 약재로 널리 사용되어 왔다. 중화권과 동남아시아에서는 식후에 이 열매를 씹어 졸음을 퇴치하는 문화도 있다. 최근 중국에서는 구강암의 원인으로 알려져 사용 금지령이 떨어졌다. - 옮긴이주

3   마구馬具의 일종으로, 안장에 연결한 다음 양쪽에 하나씩 내려뜨려 기수騎手가 발을 걸게 한 장치. - 옮긴이주

말은 빠르고 민첩하게 비탈길을 올랐다. 800미터 가량 걸어 평탄한 지역에 이르자 노인은 다시 말에 오르는 게 좋겠다고 말했다. 처음에는 괜찮았지만 10분이 지나자 말은 발걸음을 늦추다 다시 멈춰 섰다. 노인이 또 다시 힘껏 고삐를 당겼지만, 이번에는 너무 세게 당기는 바람에 고삐가 끊어지고 말았다. 이제 말을 조종하는 것이 사실상 불가능해졌으므로, 나는 어쩔 수 없이 말에서 내렸다. 그런데 내가 말에서 내려올 때 뱃대끈girth[4]이 풀어졌다. 그 순간 갈팡질팡하는 말을 보고 나는 말에 올라타고 싶은 마음이 완전히 사라졌다. 그래서 나는 걷기 시작했는데 진척이 매우 더뎠다. 왜냐하면 30분마다 멈춰 고가高價의 말과 노인이 따라올 때까지 기다려야 했기 때문이다.

잠시 후 우리는 생전 처음 보는 종류의 숲을 통과했다. 그곳에는 난초가 풍부하고 나무고사리tree fern가 많이 자랐는데, 나무고사리의 줄기는 가지를 치지 않고 곧게 자라 맨 꼭대기에서 거대한 깃꼴겹잎pinnate compound leaf[5]을 사방으로 드리웠다. 우리는 더욱 높이 올라가 목마황casuarina tree숲으로 들어갔는데, 외견상 소나무숲을 닮았지만 나무줄기들은 간격이 매우 넓고 얽어매는 덩굴식물로부터 자유로웠으며, 나뭇가지에는 길게 늘어진 바늘잎이 돌려나고 스페인이끼Spanish moss[6] 다발이 마치 수염처럼 매달려있었다. 그로부터 5시간 후, 나는 낮은 초가집들이 모여있는 캠프장에 도착했다. 초가집의 뗏장벽에는 고리버들 바구니가 기대어 세워져 있었고, 바구니 속에서는 유황 가루가 반짝이고 있었다. 초가집에서 여러 명의 남자들이 나와 우리를 물끄러미 바라보았다. 그들은 키가 작고 얼굴빛이 검은 사람들로, 맨발에 해진 셔츠와 사롱 차림이었으며, 낡은 펠트 모자에서부

---

4 말에게 안장이나 짐을 얹을 때 배에 걸쳐서 졸라매는 끈. - 옮긴이주
5 작은 잎 여러 장이 잎자루의 양쪽으로 나란히 줄지어 붙어서 새의 깃털처럼 보이는 겹잎. - 옮긴이주
6 파인애플과의 여러해살이풀. 수염틸란드시아라고도 하며, 나무에 착생着生하여 생활한다. - 옮긴이주

터 찢어진 핏지_pitji_와 단순한 터번에 이르기까지 다양한 쓰개_headgear_를 착용하고 있었다.

나는 길가에 앉아 약간의 샌드위치를 먹기 시작했다. 노인은 말과 함께 몇 분 후 도착했다. 그의 설명에 따르면, 분화구까지는 앞으로 1시간밖에 안 남았지만 길이 더욱 가팔라지기 때문에 말에게는 부적절했다. 그러므로 그는 마구를 수리하고 말의 피로를 회복시키기 위해 말과 함께 그곳에 남아있겠다고 했다.

내가 식사를 마치는 동안, 유황을 채취하는 사람들이 노인에게 다가와 낮은 목소리로 말하며 나를 의심의 눈초리로 바라보기 시작했다. 마침내 그중 6명은 텅 빈 바구니를 들고 좁은 오솔길을 따라 목마황숲으로 들어갔다. 그들의 달갑잖은 표정에도 불구하고 나는 그들의 후미에 바짝 붙어 걸었다. 우리는 숲을 벗어나 작은 관목이 드문드문 자라는 거친 화산암을 기어오르기 시작했다. 해발 2,700미터 지점에 도달하니 공기가 희박하고 기온이 매우 낮았다. 옅은 안개가 주기적으로 산의 측면을 휘감으며 우리를 에워쌌다. 우리가 묵묵히 걷는 동안 앞서가는 남자들은 나의 존재를 무시했다. 30분 후 그 중 한 명이 고음의 가성으로 노래를 부르기 시작했다. 곡조는 구슬펐고, 가사는 —내가 이해할 수 있는 범위 내에서— 지금 벌어지고 있는 일에 대해 즉흥적으로 흥얼거리는 것이었다.

"오랑 이니_Orang ini_," 내 짧은 실력으로 알아들을 수 있는 소절의 가사는 이러했다. "아다 잉게리스_ada Inggeris_, 티닥 오랑 벨란다_tidak orang Belanda_."

그 가사의 의미는 "이 남자는 영국인이지, 네덜란드인이 아니다."였다. 내가 그의 노래에 등장하므로, 나는 즉흥적으로 내 자신의 노래를 부르기로 결정했다. 나의 제한된 어휘력에서 몇 개의 단어를 골라 엮어 약간의 의미를 부여하는 데 몇 분이 걸렸다. 그리고 앞 사람의 노래가 끝나자마자, 나는 과감하게 자작곡을 불렀다.

데이비드 애튼버러의 동물 탐사기

"오늘 아침에," 나는 그의 곡조를 모방해서 노래했다. "나는 쌀밥을 먹었다. 오늘밤에 나는 쌀밥을 먹는다. 슬프게도, 나는 내일도 쌀밥을 먹는다."

내 노래가 재치 있는 것도 아니고 특별히 화제가 될 만한 것도 아님을 나는 잘 알고 있었다. 그럼에도 그 결과는 놀랄 만했다. 남자들은 걸음을 멈추더니 바위 위에 주저앉아 눈물이 나도록 웃었다. 그들이 정신을 차리자, 나는 담배 1갑을 내놓고 함께 담배를 피웠다. 우리는 대화를 시도했지만, 솔직히 말해서 그들이 내 말을 이해했을지 의문스러웠다. 그리고 나도 사전이 없었기에 그들이 말하는 내용을 겨우 어렴풋이 알아들었을 뿐이다. 그럼에도 불구하고 그들의 냉랭한 태도는 사라진 지 오래였고, 이윽고 자리에서 일어났을 때 우리는 단일팀이 되어있었다.

우리는 함께 정상까지 올라갔다. 주요 분화구는 절벽으로 에워싸인 수

유황을 채취하는 사람들

직 갱도로, 생명이 살지 않는 것 같았다. 그리고 60미터 아래의 바닥은 황량한 암석이었다. 그러나 왈리랑은 절대 사화산이 아니었다. 왜냐하면 하얀 연기 기둥이 분화구 위로 요동치며 올라갔기 때문이다. 우리는 연기가 나는 쪽으로 기어가 자세히 살펴봤다. 그 결과 연기는 하나의 원천에서 나오는 게 아니라, 100여 개의 흩어진 분출구에서 나오는 것으로 밝혀졌다. 각각의 분출구는 으르렁 소리와 쉭쉭 소리를 내며 공기 중으로 연기를 내뿜었으므로, 마치 거대한 산불이 산비탈을 집어삼킨 것처럼 보였다. 대기가 매캐한 유황 연기로 가득 차 숨을 쉬기가 어려웠고, 내 발 밑의 땅에는 유황 가루가 두껍게 쌓여있었다.

흔들리는 유황 연기 사이로 지옥불의 한복판에서 일하는 사람들의 모습이 언뜻언뜻 보였다. 그들이 주요 분기공fumarole들을 암석으로 차단했으므로, 연기는 대기로 직접 뿜어져 나가는 대신 일련의 방열관radiating pipe를 통해 배출되었고, 그 과정에서 연기가 냉각되어 유황 입자가 응결되었다. 일부 방열관은 이미 유황이 가득 차 메워졌기 때문에, 작업자들은 쇠지렛대로 방열관을 뜯어 유황을 꺼냈다. 다른 작업자들은 쉭쉭대는 분출구의 입구에서 유황을 수집하고 있었다. 그곳에서는 흠뻑 젖은 종유석에 유황이 응결되었는데, 응결체의 색깔은 뜨거운 중심부에서는 진한 빨간색이고 주변부에서는 샛노란색이었다.

나의 동료들은 끊임없는 으르렁 소리 속에서 서로에게 소리치다, 바구니를 가득 채우기 위해 소용돌이치는 연기 속으로 사라졌다. 놀랍게도, 그들은 숨막히는 연기에도 끄떡없는 것 같았다. 잠시 후 그들은 유황이 수북이 쌓인 바구니를 들고 활짝 웃으며 나타나, 잠시도 쉬지 않고 바로 캠프를 향해 가벼운 발걸음을 내디뎠다. 나는 그들을 따라 내려가며, 신선한 공기 속으로 탈출한 것을 천만다행으로 여겼다. 하늘에는 구름 한 점 없고 공기도 매우 깨끗해, 수천 미터 아래의 녹색 평야에서부터 자바

데이비드 애튼버러의 동물 탐사기

해Java Sea까지 한눈에 들어왔다. 동쪽에는 또 하나의 산맥이 솟아있었고 그 위에는 구름이 걸려있는 것 같았는데, 알고 보니 그건 구름이 아니라 왈리랑의 화산 연기보다 훨씬 더 커다란 화산 연기였다. 나는 동료 중 하나에게 그것을 가리키며 이름이 뭐냐고 물었다. 그는 손으로 햇빛을 가리며 내가 가리키는 곳을 바라보았다.

"브로모Bromo 화산이오." 그가 말했다.

───────

까마득히 먼 연기구름이 나의 호기심을 자극하던 차에, 그날 저녁 단에게서 "자바섬의 모든 화산 중에서 가장 아름답고 유명한 것이 브로모 화산이에요."라는 말을 듣고, 하를레스와 나는 그곳을 방문하기로 결정했다.

우리는 다음날 지프를 타고 트레테스를 떠나 해안의 평야를 따라 동쪽으로 달렸다. 도로에서 바라본 브로모 화산은 별로 인상적이지 않고 평범한 산인 것처럼 보였다. 왜냐하면 훨씬 더 커다란 화산의 잔해 사이에 거의 숨어있는 것처럼 보였기 때문이다. 이 거대화산은 수천 년 전 폭발해, 크라카타우와 마찬가지로 피라미드형 산의 대부분을 날려버렸다. 지금은 그 밑부분만이 고리 모양의 산으로 남아, 직경 8킬로미터의 우묵한 부분을 에워싸고 있다. 그러나 그 어마어마한 분출에도 불구하고 화산의 에너지가 완전히 소진되지는 않았다. 왜냐하면 얼마 안 지나 칼데라caldera 내부에 새로운 분출구들이 열려, 재를 내뿜으며 혼자 힘으로 새로운 원뿔들을 형성했기 때문이다. 그러나 그중에서 칼데라를 에워싼 벽보다 높이 성장한 것은 하나도 없으며, 지금까지 활동하고 있는 것은 브로모 화산밖에 없다. 그러므로 해안의 평야에서 접근하는 여행자에게 보이는 것은 폭발한 분화구가 아니라, 그것을 둘러싼 절벽들의 들쭉날쭉한 윤곽일 뿐이다.

바위투성이 길을 달려 칼데라 바깥 비탈의 높은 곳에 자리잡은 작은 마을에 도착했을 때는 땅거미가 지고 있었다. 앞의 산봉우리들은 구름으로 덮여있었고, 우리가 묵은 여관의 주인에게 물어보니 화산이 옅은 안개에서 벗어나는 기간은 이른 아침 몇 시간 동안이 고작이었다. 그래서 우리는 다음날 새벽 3시 30분에 일어났다. 아직 깜깜하고 몹시 추운 가운데, 몇 명의 마을 사람들이 사롱 차림으로 말 옆에 모여 앉아있었다. 그 산사람들은 유황을 채취하는 사람들과 마찬가지로 땅딸막한 체격에 짙은 피부를 갖고 있었으며, 평야에서 봤던 호리호리한 사람들과 사뭇 달랐다. 멋진 콧수염을 가진 남자가 우리에게 2필의 말을 빌려주고 분화구에 도착할 때까지 가이드 노릇을 하는 데 동의했다.

왈리랑에서 호된 경험을 했던 터라, 나는 새로 빌린 말이 에너지가 충만하고 패기가 넘친다는 사실을 알고 놀라움과 기쁨이 교차했다. 그 남자는 맨발로 뒤따라오며, 간혹 말의 궁둥이를 회초리로 세게 때렸다. 나는 그를 말리려고 노력했다. 그도 그럴 것이, 내가 탄 말은 보다시피 힘이 넘쳤으므로 굳이 때릴 필요가 없었기 때문이다. 그러나 그건 내가 걱정할 일이 아니었다. 말은 채찍질에 전혀 반응하지 않았고, 주인이 옆으로 다가와 귀에 대고 "워이"라고 소리칠 때만 갑자기 전속력으로 달렸기 때문이다.

동이 틀 즈음, 우리는 풀로 뒤덮인 칼데라의 가장자리에 도착했다. 우리의 아래에는 달 표면을 연상케 하는 적막한 풍경이 펼쳐져 있었다. 우묵한 부분의 밑바닥은 성긴 구름에 의해 부분적으로 가려져 있었다. 대략 1.6킬로미터 아래 한복판에는 바톡Batok의 봉우리가 솟아올라 있었는데, 삭막하고 대칭적인 피라미드 형태였고 가파른 회색 경사면을 따라 협곡과 도랑이 파여있었다. 브로모 화산은 그 왼쪽에 있었는데, 비록 바톡만큼 반듯하지 않고 낮은 봉우리였지만 더욱 극적이었다. 왜냐하면 둥근 정상에서 어마어마한 연기 기둥이 뿜어져 나왔기 때문이다. 이른 아침의 햇

데이비드 애튼버러의 동물 탐사기

화산활동을 멈춘 바톡의 피라미드형 봉우리 옆에 서있는 짐꾼들

빛 속에서 어렴풋이 보였지만, 칼데라의 가장자리를 형성한 들쭉날쭉한 벽이 바톡과 브로모 화산의 정상을 멀리서 내려다보고 있었다. 우리는 경이로움에 휩싸여 몇 분 동안 꼼짝 않고 서있었다. 그동안 브로모 화산의 계속되는 으르렁 소리 외에는 아무것도 들리지 않았다.

"워이!" 칼데라 바닥으로 향하는 가파른 모랫길을 내려가기 위해, 남자는 말의 귀에 대고 소리쳤다. 태양이 떠오르며, 우리의 머리 위로 꾸역꾸역 솟아오르는 화산 연기가 음침한 분홍빛으로 물들었다. 공기가 따뜻해지면서 성긴 구름이 자취를 감추자, 브로모 화산과 바톡의 기슭에서부터 무미건조하게 죽 펼쳐진 널따란 평야가 드러났다. 네덜란드인들에 의해 생생하지만 왠지 부정확하게 명명된 '모래바다'는 회색 화산 먼지로 구성되어 있었다. 그것은 분출구에서 뿜어져 나온 후 바람과 비에 의해 확산되어, 칼데라의 우묵한 부분을 서서히 채워 가고 있었다. 하와이의 화산들과 달리, 브로모 화산 주변에서는 흘러내리는 용암류lava flow를 찾아볼 수 없었다. 왜냐하면 자바섬의 화산에서 나오는 용암은 점성이 매우 높아 비교적 낮은 온도에서 굳기 때문이다. 자바섬의 화산 폭발이 참혹하리만큼 맹렬한 것도 바로 그 때문인데, 자초지종은 다음과 같다. 지각의 깊은 용광로 속에 들어있는 용융된 용암이 화산의 목구멍으로 올라오며 서서히 냉각되어 굳으며 분출구를 막는다. 이 마개 아래의 압력은 계속 증가하다가, 결국에는 최고조에 이르러 화산 전체가 폭발하게 된다.

우리를 태운 말은 황량한 벌판을 힘차게 가로질러 마침내 보로모 화산의 기슭에 도착했다. 우리는 말에서 내려 분화구를 향해 가파르고 질척질척한 비탈길을 기어올라 갔다. 드디어 분화구의 가장자리에 서서 가마솥 안을 내려다봤다. 90미터 아래의 분화구 밑바닥에서 입을 떡 벌린 구멍이 엄청난 양의 연기를 뿜어내고 있었는데, 그 기운이 얼마나 맹렬한지 발 아래의 땅이 흔들렸다. 연기는 쏜살같이 공기 속으로 들어가 크림빛 회색 기둥을 형성하여, 부풀어오르고 비틀리며 수직으로 상승하다가 마침내 우리와 비슷한 높이에 도달했다. 그 순간 바람이 연기를 낚아채어 한쪽으로 밀어붙이자, 뜨거운 회색 먼지가 소나기처럼 쏟아져 내리며 분화구의 안쪽 면에 잿빛 흔적을 만들었다.

우리는 위험을 무릅쓰고 잿더미를 디디며 15미터쯤 걸어 내려갔다. 그런데 한 곳에 발을 딛는 순간 조그만 사태가 일어나, 잿더미가 스르르 미끄러져 내려갔다. 화산에서 나오는 압도적인 굉음 속에서, 발 밑에서 무너져 내린 잿더미는 우리의 간을 콩알만 하게 만들었다. 뒤를 돌아보니, 기겁한 노인이 우리를 향해 돌아오라고 손짓하고 있었다. 허공에는 보이지 않는 맹독성 가스의 기류가 여기저기 도사리고 있었다. 만약 그중 하나로 들어간다면, 영원히 돌아오지 못할 수 있었다.

분화구에서 촬영하는 하를레스 라구스

지역 주민들은 수 세기 동안 브로모 화산에 제물을 바쳐 왔는데, 그 목적은 갑작스러운 화산 폭발로 인해 주변의 마을들이 전멸하는 것을 막는 것이었다. 전하는 말에 의하면 과거에는 사람을 희생제물로 바쳤다고 하지만, 오늘날 지옥의 구멍에 투척되는 것은 동전 몇 닢, 닭 몇 마리, 옷감 몇 필뿐이다.

우리가 브로모 화산을 방문한 지 불과 몇 주 후 그런 의식이 실제로 거행되었다. 나중에 들은 이야기에 의하면, 군중들이 제물을 바치기 위해 분화구의 가장자리에 모여들었다. 그런데 미신을 믿지 않는 뻔뻔스러운 사람들이 신의 목구멍에서 제물을 가로채기 위해 우리가 그랬던 것처럼 분화구 안으로 기어내려갔다. 비교적 값어치가 나가는 제물 중 하나를 두고 앞다투어 내려가는 동안, 그 중 한 명이 발을 헛디디는 바람에 가파른 경사면으로 굴러 떨어졌다. 모여든 군중은 그가 떨어지는 것을 봤지만 아무도 그를 구조하려 들지 않았다. 그 결과 그의 몸은 마치 망가진 장난감처럼 분화구의 깊은 곳에 꼼짝 않고 누운 채 방치되었다.

'한 집단을 멸망시킬 능력을 지닌 신을 진정시켜야 한다.'라는 미신적 풍습은 쉽게 폐기되지 않는다. 아마도 '인신 공희human sacrifice[7]가 필요하다.'라는 믿음이 지역민들의 마음에서 아직도 완전히 사라지지 않은 것 같다.

우리는 다음날 수라바야로 돌아왔다. 단의 차고에 우리의 지프가 들어갈 공간이 없어서, 창밖의 자갈길에 임시로 주차해 놓았다. 차가 도난당할 우려는 거의 없었다. 왜냐하면, 차가 움직이지 못하도록 엔진의 핵심 부품을 떼어뒀기 때문이다.

그 다음날 아침, 우리는 시내로 들어가기 위해 지프에 올랐다. 엔진은 시동이 걸렸지만, 기어를 넣었을 때 뒷바퀴가 움직이지 않았다. 차에서 내려 조사해 보니, 간밤에 웬 도둑이 하프 샤프트half-shaft의 나사를 풀어 허브에서 떼어가는 바람에 바퀴와 주축의 연결이 끊어진 것으로 밝혀졌다. 우리는 공포영화급 참사로 받아들였지만, 단은 언짢아하면서도 크게 동요하지 않고 약간 놀랄 뿐이었다.

"이런 세상에!" 그가 말했다. "한때 앞유리 와이퍼를 훔쳐가는 게 유행이었지만, 사람들이 떼어 놓았다가 비 올 때만 장착하니까 이젠 하프 샤프트를 노리나 봐요. 누군가가 자신의 승용차를 수리하기 위해 도둑 시장thieves' market[8]에 부품을 주문했을 수도 있어요. 내일 아침 일찍 정원사를 도둑 시장에 보내 볼게요. 어쩌면 거기에 있을지도 몰라요. 원래 주인에게 자신의 물건을 되살 기회를 주는 게 그 바닥의 룰이거든요."

---

7 사람의 몸을 희생 공물로 바치는 제사 의식. - 옮긴이주
8 중고품이나 장물 따위를 판매하는 노점 상가. - 옮긴이주

데이비드 애튼버러의 동물 탐사기

하프 샤프트는 다음날 아침에 돌아왔지만, 수백 루피아를 비용으로 지불해야 했다.

─────

드디어 보르네오섬으로 출발할 날이 왔다. 지프의 하프 샤프트 때문에 곤욕을 치른 후, 우리는 장비의 안전성에 대한 노이로제에 걸려있었다. 왜냐하면 우리는 20개의 짐 상자를 가지고 있었는데, 그중에는 값어치가 수백 파운드를 넘는 카메라가 들어있는 것도 있었기 때문이다. 그것들을 지프에서 내려, 세관창고를 경유해 선착장으로 옮기고, 부두를 통과해서 자물쇠가 잠긴 선실의 안전구역으로 운반한다는 것은 어마어마하고 위험하기 짝이 없는 작업이었다. 단의 말에 따르면, 어느 것 하나라도 처음부터 끝까지 옆에서 지켜보지 않는 것은 소유권을 포기하는 것이나 마찬가지였다. 그래서 우리가 생각해 낸 방법은, 단과 하를레스와 내가 역할을 분담하는 것이었다. 먼저, 단은 1차 장치장의 개찰구에 머물며 세관원과의 협상을 담당하기로 했다. 나는 선박에 올라가 우리의 선실을 미리 확인하고, 짐이 도착하는 대로 자물쇠를 잠그기로 했다. 그러는 동안, 하를레스는 짐 상자를 운반하는 짐꾼들을 따라다니며 면밀히 지켜보기로 했다. 우리의 계획은 완전무결해 보였다.

처음 시작은 좋았다. 우리는 붐비는 군중을 뚫고 세관창고까지 가서, 모든 상자를 개찰구 옆에 산더미같이 쌓아 놓았다. 다음으로, 단이 세관원과 협상을 하는 동안 나는 티켓과 여권을 흔들며 선착장으로 들어갔다. 마침내 우리가 타야 할 선박 —꽤 먼 부두에 정박해 있는 대형 화물선— 을 발견했다. 그러나 나는 부두에 게시된 공지사항을 보고 당황했다. 그 내용인즉 당초 일정보다 3시간 늦은 4시간 후에 출항한다는 것이었다. 선박에서 내려온 현문사다리는 하나도 없었고, 주변을 아무리 둘러봐도 선적 담당자는 눈에 띄지 않았다. 승선 경로는 측면의 조그만 출입구와 연결된 좁은 널빤지 하나밖에 없었는데, 그 출입구는 하갑판lower deck과 연결된 것처럼 보였다. 출입구는 드나드는 짐꾼과 선원들로 북새통을 이루었다. 세관창고로 돌아가 모든 작업을 연기할 것인지 말 것인지 향후 대책을 고민하며 서있는데, 먼 발치에서 우리의 짐을 싣고 부두로 다가오는 손수레가 보였다. 만약 그것들을 받아들일 준비를 하지 않는다면, 우리가 신중히 수립한 계획은 도로아미타불이 되어 버릴 판이었다.

나는 짐꾼들의 행렬에 가담하여, 널빤지를 따라 화물선으로 올라갔다. 선박 내부는 어둡고 참을 수 없을 만큼 더웠으며, 반라에 때가 꼬질꼬질한 짐꾼들의 체취로 가득 차있었다. 주변에 짐꾼들이 너무 붐볐으므로, 나는 한 발자국도 앞으로 나아가기 힘들었다. 그때 갑자기 '내 전 재산 ― 돈, 만년필, 여권, 티켓 ― 이 셔츠의 가슴 주머니에 들어있다.'라는 생각이 퍼뜩 들었다. 나는 손을 내 주머니에 갖다 댔다. 그런데 천이 아니라 누군가 다른 사람의 손이 만져지는 것이 아닌가! 나는 가능한 한 강하게 그 손을 움켜잡아 서서히 뒤로 젖히며 나의 지갑을 빼앗았다. 그 손의 임자는 땀에 흠뻑 젖은 반라의 남자로, 이마에 더러운 띠를 두른 채 사나운 눈빛으로 나를 노려보고 있었다. 한술 더 떠서, 그는 나에게 몸을 밀착한 상태에서 나지막한 목소리로 욕설을 퍼부었다. '이런 상황에서는, 보복적인 분노로 맞대응하기보다 점잖게 꾸짖는 것이 낫겠다.'라고 나는 판단했다. 그러나 내가 생각해 낼 수 있는 단어는 고작 "티닥Tidak!9" 밖에 없었다. "그러지 말아요."

소매치기는 내 말을 듣고 약간 겸연쩍게 웃었다. 이에 용기를 얻어, 나는 쿵쿵거리는 심장을 안고 가능한 한 점잖게 그를 떠밀고 나아가 철계단

---

9 안 돼요(No). - 옮긴이주

데이비드 애튼버러의 동물 탐사기

을 거쳐 상갑판^{upper deck}에 도착했다.

그 순간 하를레스는 아래의 부두에서 수레와 짐을 감시하며 서있었다.

"무슨 일이 있더라도 하갑판을 통해 올라오면 안 돼요." 나는 그를 향해 소리쳤다. "내가 방금 소매치기 당했거든요."

"뭐라고요? 안 들려요." 덜커덩거리는 크레인과 왁자지껄하는 군중의 소음 속에서 하를레스가 대답했다.

"방금 소매치기 당했다고요." 내가 다시 소리쳤다.

"짐을 어느 쪽에 실을까요?" 나의 고충을 그에게 알리려는 시도를 포기하고, 나는 갑판을 힘차게 가리킴으로써 그의 질문에 대답했다. 그는 내 손짓을 겨우 이해했다. 나는 밧줄을 발견해 그에게 던진 다음, 짐을 하나씩 차례대로 잡아당겨 갑판 위에 내려놓았다. 마지막 상자가 난간을 넘어왔을 때 하를레스가 사라졌다. 2분 후 그가 상갑판에 나타났는데, 왠지 마음이 산란하고 숨이 거칠어 보였다.

"믿지 않겠지만," 그는 숨을 헐떡였다. "나 방금 소매치기 당했어요."

그로부터 1시간 후, 우리와 모든 짐이 선실에 안전하게 집결했다. 그 경험은 교훈 하나를 남겼다. 군중을 헤치고 나아갈 때는 한 손으로 지갑을 단단히 단속하고, 다른 손으로는 주먹을 불끈 쥐고 자신을 방어할 준비를 해야 한다는 것을. 그런 습관은 우리의 몸에 완전히 배어, 나중에 ─ '자카르타 시장'을 방문할 때부터 '런던의 혼잡한 인파'를 통과할 때까지 3일 동안 ─ 효자 노릇을 톡톡히 했다. 피커딜리 서커스^{Piccadilly Circus10}에서 한 낯선 사람이 나를 거칠게 밀쳤을 때, 나는 내 턱을 향해 날아온 주먹질을 아슬아슬하게 피했다.

---

10 영국 런던 도심부에 있는 원형 광장. 가운데에 에로스 상像이 있다. - 옮긴이주

15. 보르네오섬에 도착하다

우리는 나흘 동안 잔잔하고 푸른 자바해를 건너 사마린다^{Samarinda}의 작은 마을에 도착했다. 사마린다는 보르네오섬 동해안의 마하캄강 Mahakam 어귀에 자리잡고 있는데, 이 강은 보르네오섬에서 가장 큰 강 중 하나다. 우리는 마하캄강을 거슬러 올라가 다약족^{Dyaks}의 마을에 도착해 동물을 수집할 계획이었으며, 우리를 도와줄 두 사람의 이름을 갖고 있었다. 한 명은 사마린다의 중국계 상인 로벙룽^{Lo Beng Long}이고, 다른 한 명은 사냥꾼 겸 동물 수집가 사브란^{Sabran}이었다. 로벙룽은 단이 보낸 편지를 받고 우리를 기다리고 있었고, 사브란은 사마린다에서 마하캄강의 상류 쪽으로 몇 킬로미터 올라간 곳에 살고 있었다.

닷새째 되는 날 새벽, 배는 항구에 도착했다. 로벙룽은 부두에서 우리를 맞이했고, 그날 하루 종일 우리를 승용차에 태우고 시내의 이곳저곳을 돌며 내륙 여행과 관련된 각종 승인을 담당하는 공무원들을 소개해줬다.

로벙룽은 우리를 위해 발동기선^{motor launch1}을 이미 예약해 놓은 상태였다. 배의 이름은 크루윙^{Kruwing}이었는데, 부두에 묶인 채 항구의 쓰레기투

---

1 내연 기관의 모터를 추진기로 사용하는 선박. – 옮긴이주

데이비드 애튼버러의 동물 탐사기

성이 물 위에서 조용히 흔들리고 있었다. 배는 길이가 뱃머리에서 배꼬리까지 12미터였고, 디젤엔진에 의해 구동되었으며, 중심부의 조타실과 전방의 선실을 갖추고 있었다. 누더기 캔버스로 지붕을 얹었고, 안색이 창백한 '파Pa'라는 이름의 노인이 5명의 선원을 이끌고 있었다.

시무룩한 선장을 재촉해 다음날 출발한다는 약속을 받아낸 후, 우리는 부리나케 마지막 과제 — 한 달 동안 배 위에서 독립적으로 살아가는 데 충분한 물품 구입하기 —를 완수했다. 우리는 그날 저녁 시장에서 취사도구, 쌀, 후춧가루, 바나나잎으로 깔끔하게 감싼 팜 슈거palm sugar2, 말린 문어를 잔뜩 구입해 돌아왔다. 말린 문어는 하를레스의 요청에 의한 것이었다. 왜냐하면 그가 일주일 동안 쌀밥만 먹은 후 '뭔가 자극적인 식단 변화가 필요하다.'라고 강력히 주장했기 때문이다. 또한 다약족과 물물교환을 하기 위해 원염crude salt3과 파랗고 빨간 구슬을 대량으로 구입했다.

우리는 첫날 밤 텡가롱Tenggarong에 정박했는데, 그곳은 강의 왼쪽 둑을 따라 대략 1.6킬로미터에 걸쳐 늘어선 지저분한 판자촌이었다. 나는 그날 밤 내내 항해하기를 바랐는데, 그 이유는 한시라도 빨리 다약족 마을에 도착하고 싶었기 때문이다. 그러나 '어둠 속에서 항해할 경우, 강에 둥둥 떠다니는 통나무나 항해등을 갖추지 않은 다른 배와 충돌할 위험이 있다.'라는 선장의 주장을 받아들여 마음을 바꿨다.

한 무리의 사람들이 부두에 모여들어 우리를 쳐다보자, 단이 배에서 내려 그들과 이야기를 나눴다. 듣자 하니 사냥꾼 사브란은 한때 그 마을에 살았지만, 단은 그 마을에서 사브란의 행방을 아는 사람을 한 명도 발견하지 못했다. 사람들은 우리가 식사하는 모습을 지켜보다가, 흥밋거리가 사라지고 어둠이 내리자 뿔뿔이 흩어졌다.

---

2 야자나무 꽃에서 추출한 수액으로 만든 감미료로, 설탕의 대체품으로 활용된다. - 옮긴이주
3 알이 굵고 거친 천일염. - 옮긴이주

선실에는 우리 셋이 잠잘 공간이 있었지만, 첫날밤인지라 아무렇게나 늘어놓은 짐들이 자리를 차지하고 있었다. 그래서 나는 간이침대를 들고 배에서 내려 통풍이 잘 되는 부두에서 홀로 잠을 청했다. 낮의 열기에 시달린 터라 나는 시원한 곳에서 쾌적함을 느끼며 금세 잠들었다. 얼마 지나지 않아 나는 소스라치게 놀라 잠에서 깨어났다. 내 얼굴에서 불과 몇 발자국 떨어진 곳에서 수염 난 커다란 쥐가 웅크리고 앉아 야자 열매를 갉아먹고 있는 게 아닌가! 그뿐만이 아니었다. 그 뒤에서는 여러 마리의 다른 쥐들이 먹이를 찾기 위해 으스름한 달빛 속에서 부두의 쓰레기 더미를 뒤지고 있었다. 그리고 또 한 마리는 기다란 비늘투성이 꼬리를 질질 끌며 정박용 밧줄이 연결된 계선주bollard[4] 주변을 맴돌고 있었다. 나는 '크루윙의 갑판 위에 저 혐오스러운 동물들을 끌어들일 만한 게 남아있지 않았으면 좋겠다.'라고 간절히 바랐다. 나는 내 주변에서 옥신각신하는 그들을 오랫동안 지켜봤지만, 아무런 행동도 하고 싶지 않았다. 왜냐하면 '맨발로 그들 사이에 선다.'라는 생각만 해도 소름이 오싹 돋았고, 논리적이지는 않지만 '무기장 속에 머물러있는 동안에는 매우 안전하다.'라고 느꼈기 때문이다.

나는 마침내 다시 잠들었지만, 잠들자마자 다시 깨어났다. 이번에는 내 귀에 대고 "투안, 투안"이라고 소곤대는 음성 때문이었다. 눈을 떠 보니, 자전거 탄 젊은 남자가 내 옆에 서있었다. 시계를 들여다보니 새벽 5시도 채 안 된 시간이었다.

"사브란이에요." 그 남자가 자신의 가슴을 가리키며 말했다.

나는 침대를 박차고 나와 벌거벗은 몸을 사롱으로 감싸며, 가능한 한 반갑게 들리는 목소리를 내려고 최선을 다했다. 나는 큰 소리로 단을 불

---

4 배의 밧줄을 매는 말뚝. - 옮긴이주

데이비드 애튼버러의 동물 탐사기

러냈고, 그는 선실의 문 틈으로 헝클어진 머리를 내밀었다. 사브란의 설명에 따르면, 지난밤에 웬 낯선 사람들이 자신을 찾는다는 소식을 들었다고 했다. 혹시 우리가 떠날까 봐, 그는 자전거를 타고 수 킬로미터를 달려 동트기 전에 부두에 도착했다. 나중에 알게 된 사실이지만, 그런 열정과 끈기는 사브란의 전매특허였다. 진취적 성격을 타고난 그는 20대 초반의 나이인 수년 전, 사마린다에서 많이 들어 봤던 대도시에 진출하겠다는 일념으로 수라바야로 가는 상선商船에서 뱃삯 대신 일한 적이 있었다. 그 결과 수라바야에서 돈 잘 버는 직종에 잠시 종사했지만, 대도시에 만연한 빈곤과 불결함에 회의를 느껴 '귀향해서, 적은 돈을 받더라도 태어나 자란 숲에서 일해야겠다.'라고 결심했다. 이제 그는 텡가롱에서 동물 사냥을 대신해주며 수수료를 받아 어머니와 두 명의 누이를 부양하고 있

사브란

었다. 우리에게 큰 보탬이 될 게 분명했으므로, 그에게 우리 팀에 합류할 것을 제안했다. 그는 즉시 동의한 후 집으로 돌아갔다가 우리가 아침 식사를 마칠 때쯤 장비가 들어있는 조그만 여행가방을 짐칸에 싣고 다시 나타났다. 그러고는 어느 틈에 배꼬리로 자리를 옮겨 지저분한 접시를 닦고 있는 것이 아닌가! 사브란은 우리의 값진 자산임이 분명해 보였다.

아침 식사가 끝난 후, 우리는 사브란과 마주 앉아 향후 계획을 논의했다. 내가 관심 있는 동물들의 그림을 그리면, 그가 그들의 지역명과 서식처를 말해주는 식이었다. 우리는 특히 코주부원숭이proboscis monkey를 보고 싶어 했는데, 그것은 보르네오섬 해안의 습지에서만 서식하는 희귀동물이었다. 나는 코주부원숭이를 쉽게 그렸는데, 그 이유는 다른 원숭이들과는 다르게 수컷의 코가 아래로 축 늘어져 있기 때문이다. 사브란은 나의 어설픈 스케치를 단박에 알아보고, 상류로 몇 킬로미터 올라간 곳의 서식처까지 안내해주겠다고 말했다.

우리는 그날 저녁 그곳에 도착했다. 선장이 엔진을 끄자, 배는 강물의 흐름을 타고 서서히 표류하며 강둑에 죽 늘어선 커다란 나무들의 숲으로 접근했다. 사브란은 뱃머리에 앉아 강둑을 유심히 살펴보다가, 마침내 신바람이 나서 100미터 앞에 있는 강둑의 한 지점을 가리켰다. 그곳을 바라보니, 물가의 울창한 수풀에 앉은 코주부원숭이들이 나무에서 잎과 꽃을 따서 자신들의 입 안에 욱여넣고 있었다. 머릿수를 헤아려 보니 20마리쯤 되는 것 같았다. 태연자약하던 그들은 우리를 발견하고 진지하게 바라보기 시작했지만, 두려워하는 기색은 전혀 찾아볼 수 없었다. 대다수는 새끼와 암컷이었고, 하나같이 빨간색이었다. 우리는 수컷들의 기다란 코를 보고 박장대소했는데, 그도 그럴 것이 서커스의 어릿광대를 연상시켰기 때문이다.

그런데 무리를 이끄는 나이 든 수컷의 모습은 훨씬 더 우스꽝스러웠

데이비드 애튼버러의 동물 탐사기

다. 그는 나무의 높은 가랑이에 걸터앉아, 자기의 꼬리를 마치 종 당김줄처럼 흔들고 있었다. 그의 빨간색 털가죽은 허리에서 끝났고, 골반은 꼬리와 마찬가지로 하얀색 털로 뒤덮여있었다. 게다가 다리는 우중충한 회색이었으므로, 마치 빨간 스웨터와 하얀색 사각팬티를 입은 것처럼 보였다. 그러나 그의 가장 경이로운 특징은 축 처진 코로, 얼굴에 대롱대롱 매달려있는 것이 영락없는 빨간색 으깬 바나나였다. 크고 축 늘어진 코는 그에게 엄청난 부담으로 작용하는 것 같았다. 코가 입을 가로막고 있다 보니, 그는 먹이를 손으로 잡은 후 코를 우회해 입 안에 넣을 수밖에 없었다. 우리가 점점 더 가까이 접근하자, 겁을 집어먹은 원숭이들은 큰 몸에 어울리지 않게 민첩하게 몸을 놀려 숲속으로 사라졌다.

그 비범한 원숭이는 완전한 채식동물이다. 지금껏 열대 지방 밖에서 오랫동안 살아남은 코주부원숭이는 단 1마리도 없었는데, 그 이유는 그들이 먹고 사는 특정한 나뭇잎을 대체할 수 있는 먹이가 발견되지 않았기 때문이다. 그래서 우리는 그들을 생포하려는 시도를 하지 않았지만, 며칠 동안 강둑을 따라 상하류로 이동하며 그들의 생태를 촬영했다.

코주부원숭이는 매일 아침과 저녁에 먹이를 먹기 위해 강가로 나왔지만, 무더운 시간에는 숲 그늘 속 보이지 않는 곳에서 잠을 잤다. 그러므로 우리는 대낮에는 다른 동물들, 특히 식인 악어를 찾았다. 사마린다에서 들은 바에 의하면 그들은 강에 우글거렸지만, 실망스럽게도 그들의 흔적을 전혀 찾지 못했다. 그러나 숲에는 아름다운 새들이 수두룩했는데, 그 중에서도 특히 많은 것은 코뿔새hornbill였다. 우리는 코뿔새에 큰 흥미를 느꼈는데, 그 이유는 가장 특이한 번식 습성을 가진 조류 중 하나이기 때문이었다. 그들은 나무 구멍에 둥지를 마련한 후, 암컷이 알을 품기 위해 구멍에 들어가면 수컷이 진흙으로 둥지의 입구를 막는다. 그런 다음, 수컷은 막힌 입구의 한복판에 조그만 창을 내고 그리로 먹이를 넣어 준다.

암컷은 둥지를 꼼꼼하게 청소하고 배설물을 매일 배출하며, 새끼들이 알에서 나와 성장할 때까지 둥지 속에 머문다. 새끼들이 날아갈 준비가 되면, 암컷이 장벽을 부수고 나와 모두 둥지를 떠난다.

우리는 경작지가 이따금씩 나타나는 지역을 떠나, 아직 강변에 키 큰 나무들이 우거진 지역에 들어섰다. 닷새째 되는 날 작은 마을에 도착했다. 강은 낮았고 위로 보이는 강둑의 야자나무까지는 100미터쯤 되는 갈색의 질퍽한 진흙땅을 통과해야 했다. 우리는 물에 떠있는 나무둥치로 만든 작은 선창에 배를 정박한 후, 발을 디딜 수 있도록 홈을 파낸 통나무를 잇따라 디디며 진흙땅을 가로질렀다.

첫번째 다약족 마을은 강둑 위에 자리잡고 있었으며, 야자나무와 대나무로 둘러싸여 있었다. 마을은 롱하우스^{longhouse5}라는 1채의 집으로 구성되어 있었는데, 이 집은 나무널을 얹은 단층 목조 가옥으로, 땅에서 높이 3미터의 기둥 위에 지어져 있었고 길이가 무려 150미터에 달했다. 집의 앞 베란다는 우리의 도착을 지켜보는 마을 사람들로 가득 차있었다. 우리는 발을 디딜 수 있도록 홈을 파 놓은 가파른 막대를 타고 집으로 올라가 근엄한 노인의 영접을 받았는데, 그가 바로 프팅기^{petinggi6}였다. 단이 말레이어로 문안인사를 하고 우리가 자기소개를 하자, 프팅기는 우리를 조용한 장소로 안내했다. 우리는 그와 함께 자리에 앉아 담배를 피우며 우리의 계획을 설명했다.

우리는 건물의 좌우에 죽 늘어선 커다란 경질 목재 기둥을 따라 걸어

---

5 한 동棟의 가옥을 벽으로 막아, 다수의 가족들이 독립된 생계를 영위하면서 공동으로 주거하는 단층 연립 주거 형식. - 옮긴이주

6 촌장(headman). - 옮긴이주

갔다. 그중 상당수의 위쪽 끝부분은 목공예품으로 장식되어 있었는데, 자세히 살펴보니 '고통으로 몸부림치는 짐승'을 묘사한 것이었다. 목공예품 위에는 대나무 막대기가 묶여있었는데, 막대기의 한쪽 끝에는 틈이 벌어져 있어 혼령에게 바칠 달걀과 떡을 끼울 수 있었다. 서까래에는 쇠쇠 달린 접시와 시든 잎사귀 다발이 매달려있었는데, 접시에는 제물이 놓여있었고, 갈라지고 찢어진 잎 사이로 인간 두개골의 누렇게 변한 이빨이 드러나 있었다.

기둥 사이의 독특한 선반에는 기다란 북이 놓여있었다. 복도 바닥에는 커다란 널빤지가 깔렸고, 복도의 한쪽에는 베란다가, 다른 쪽에는 나무벽이 배치되었으며, 나무벽 너머의 개실private room[7]들은 각각 한 가족의 생활공간이었다.

그러나 그 장엄한 건축물은 쇠퇴해 가고 있었다. 곳곳의 지붕이 무너져 있었고, 그 아래의 방에는 아무도 살고 있지 않았다. 상당수의 북은 가죽이 갈라졌고, 일부 마루판은 썩은 데다 흰개미가 구멍을 숭숭 뚫어 놓았다. 집의 양쪽 끝에서는 바나나와 대나무의 새순 사이에 서있는 기둥들이 아무것도 받치지 않고 있었는데, 이는 그 집이 한때 훨씬 더 길었음을 의미했다. 베란다에 앉아 지나가는 우리를 지켜보던 주민 중 대부분은 다약족의 전통적인 복장을 버리고, 러닝셔츠와 반바지를 입고 있었다. 그러나 외부세계에서 그런 패션을 받아들였을망정, 나이 든 사람들은 젊은 시절에 경험한 고대의 풍습이 여전히 남아있는 의식儀式의 흔적을 완전히 떨쳐 버릴 수 없었다. 대부분의 여자들은 귓불에 피어싱을 했는데, 어린 시절부터 무거운 은고리를 매다는 바람에 이제는 귓불이 늘어날 대로 늘어나 어깨에 닿을 정도였다. 그녀들의 손과 발은 타투 장식 때문에 시퍼렇

---

7 · 숙박 시설에서 한 사람이 사용할 수 있도록 설계된 방 - 옮긴이주

게 물들어있었다. 남녀 모두 빈랑나무 열매를 씹었기 때문에, 입 안이 적 갈색으로 물들었을 뿐만 아니라 치아가 침식된 나머지 새까만 밑동만 남 아있었다. 복도 바닥에는 빨간 별 모양의 얼룩이 만연했는데, 이는 빈랑 나무 열매를 씹던 사람들이 그로 인해 분비가 촉진된 침을 많이 뱉었음을 시사한다. 젊은 사람들 중에는 빈랑나무 열매를 씹는 사람들이 별로 없었 지만, 그 대신 사마린다에서 유행하는 스타일을 좇아 치아에 금을 씌우는 사람들이 많았다.

프팅기의 말에 따르면, 로마 가톨릭교회의 선교사들이 인근 지역에 정 착해 교회와 학교를 지었다. 새로운 신앙을 받아들임에 따라, 마을 사람 들은 전쟁에서 얻어 대대손손 숭배해 왔던 인간 두개골을 내던지고 자신 들의 벽에 기독교 성화聖畵 인쇄물을 붙이게 되었다. 그러나 20여 년에 걸 친 선교사들의 노력에도 불구하고, 주민들 중에서 기독교로 개종한 사람 의 비율은 50퍼센트 미만이었다.

그날 저녁 우리가 크루윙의 갑판에 앉아 식사를 하고 있을 때, 한 다약 족 주민이 통나무 길을 능숙하게 디디며 진흙길을 가로질러 달려왔다. 배 에 올라탄 그의 손에는 흰 닭 1마리가 들려있었는데, 그는 날개를 퍼덕이 는 닭의 다리를 움켜쥐고 있었다.

"프팅기가 이걸 보냈어요." 그는 진지하게 말했다.

그는 프팅기의 전갈도 전했다. 그 내용인즉, 그날 밤 부족원의 결혼식 을 축하하기 위해 롱하우스에서 노래와 춤이 공연되는데, 우리를 초대한 다는 것이었다.

우리는 그에게 감사의 뜻을 표하며, 프팅기에게 보내는 답례품으로 약 간의 소금을 전달했다.

마을 사람들은 롱하루스의 베란다에 커다란 원을 그리고 모였다. 달걀 형 얼굴에 까맣고 윤기 나는 머리칼을 뒤로 당겨 넘긴 아름다운 신부는

데이비드 애튼버러의 동물 탐사기

눈을 내리깐 채 자신의 아버지와 신랑 사이에 앉아있었다. 그녀는 주홍색 구슬로 장식된 족두리를 쓰고, 화려하게 수놓은 치마를 입고 있었다. 그녀의 앞에서는, 나이 든 두 여자가 깜박이는 코코넛 기름 등불 아래서 우아한 춤을 추며 빙빙 돌고 있었다. 그녀들이 착용한 조그만 구슬 장식 모자에는 호랑이 이빨로 된 술fringe이 매달려있었고, 그녀들의 손에는 큰코뿔새rhinoceros hornbill의 기다란 흑백 꽁지깃이 들려있었다. 그녀들의 반대편에는 허리까지 노출된 한 남자가 앉아, 받침대 위에 놓인 6개의 징을 끊임없이 반복되는 선율로 연주하고 있었다. 우리가 들어가자, 프팅기가 일어나 우리를 자기 옆의 귀빈석으로 안내했다. 그는 내가 가져간 녹색 상자를 무척 궁금해했는데, 나는 그게 소리를 녹음할 수 있다고 설명하느라 애를 먹었다. 그는 여전히 혼란스러워했다. 나는 마이크를 켜고 몇 분 동안 징 연주를 녹음한 다음 막간을 이용해 작은 스피커로 재생해 그에게 들려줬다.

프팅기는 자리에서 벌떡 일어나 춤을 중단시켰다. 그러고는 징 연주자를 무대의 한복판으로 불러 "새롭고 좀 더 흥겨운 곡조를 연주하라."라고 지시하고, 내게는 "그 소리를 녹음해 주시오."라고 부탁했다. 새로운 반전反轉에 흥분한 어린이들이 너무나 크게 재잘거렸으므로, 음악 소리가 거의 들리지 않았다. 나쁜 음질이 프팅기를 실망시킬까 봐 걱정되어, 나는 어린이들을 조용히 시킬 요량으로 내 입술에 손가락을 갖다 댔다.

녹음은 매우 성공적이었으므로, 재생이 끝났을 때 롱하우스 전체에 왁자지껄한 웃음소리가 메아리쳤다. 프팅기는 그 퍼포먼스를 개인적인 승리로 간주하고 기획자의 역할을 자임하고 나섰다. 그리하여 마이크에 대고 노래하고 싶어 하는 지원자들을 모집하기 시작했다. 프팅기가 엉뚱한 일에 열중하는 동안 외면받고 있는 신부를 발견하고, 나는 갑자기 혼인 잔치를 망친 내가 부끄러워졌다.

다약족의 롱하우스에서 노랫소리를 녹음하는 장면

"안 되겠어요." 내가 말했다. "기계가 지쳐서 이제 더 이상 작동하지 않아요."

몇 분 이내에 춤이 다시 시작되었지만 하객들은 별로 성의가 없어 보였다. 모든 이의 눈이 내 옆의 기계에 집중되어 또 다른 기적을 기다리고 있었기 때문이다. 이래서는 안 되겠다 싶어 나는 녹음기를 배에 갖다 두고 왔다.

잔치는 다음날 아침 계속되었다. 이제는 남자들의 순서였다. 그들은 롱하우스 앞에서 북과 감부스*gambus* —3개의 현을 가진, 기타와 비슷한 악기 — 연주에 맞춰 춤을 췄다. 대부분의 무용수들은 허리에 둘러 입는 전통 복장인 기다란 로인 클로스 차림에 방패와 검을 들고 느린 동작으로 의기양양하게 나아가다 가끔씩 괴성을 지르며 공중으로 뛰어올랐다. 그들 중

데이비드 애튼버러의 동물 탐사기

에서 특별히 인상적인 한 인물이 있었는데, 머리에서부터 발까지 야자잎을 뒤집어쓴 채 하얗게 칠해진 나무탈을 쓰고 있었다. 기다란 코는 콧구멍이 들리고, 긴 송곳니가 삐져나오고, 2개의 동그란 눈 구멍이 뚫려있는 가면이었다.

'우리가 주민들의 사생활을 너무 심하게 침해할지도 모른다.'라는 나의 걱정은 기우였다. 왜냐하면 다약족 자신도 우리가 그들에게 그랬던 것처럼 우리의 일거수일투족에 호기심을 품고 엿보기를 좋아했기 때문이다. 그들은 매일 저녁 우리의 배에 올라와 갑판에 버티고 앉아, 우리의 이상한 식사 방법 ― 나이프와 포크 사용하기 ― 을 지켜보는가 하면 우리의 장비를 넋 놓고 바라보기도 했다. 급기야 어느 날 저녁에는 리코더를 분해해 내부를 들여다봤고, 다른 날 저녁에는 카메라를 멋모르고 만지다가 플래시를 터뜨렸다.

이에 용기를 얻은 우리는 롱하우스 뒤에 있는 그들의 가족 공간인 개실로 들어갔다. 몇몇 개실에는 더럽고 찢어진 모기장을 씌운 낮은 침대가 놓여있었지만, 대부분의 사람들은 쪼갠 라탄 줄기로 만든 돗자리를 마룻바닥에 깔아 그 위에서 먹고 앉고 잠을 잤다. 어른들은 아무런 불편을 느끼지 않는 것 같았지만, 이런 열악한 상황의 최대 피해자는 아기들인 듯했다. 그 해결책으로, 다약족 엄마들은 아기를 기다란 고리 모양의 헝겊으로 묶은 다음 천장에 매달아 놓았다. 아기들은 곧바로 선 자세로 잠들었고, 자다가 깨어 울음을 터뜨리면 엄마가 달려와 살짝 떠밀면 그만이었다. 그러면 아기들은 시계추처럼 천천히 왔다갔다하다 다시 잠들었다.

━━━

우리는 사람들을 만날 때마다 '동물을 잡아다 주면 후히 사례하겠다.'라고 말했다. 다약족 사냥꾼 중에서 가장 서툰 사람일지라도, 우리가 한 달 동안 잡을 동물을 일주일 만에 잡을 수 있었기 때문이다. 하지만 안타깝게도, 우리의 제안에 관심 있는 사람은 단 한 명도 없는 것 같았다. 그러던 중 롱하우스의 개실 중 하나에서, 보르네오섬에서 가장 아름답고 화려한 새로 알려진 청란argus pheasant의 기다란 날개깃 더미를 발견했다.

"새는 어디에 있나요?" 내가 슬퍼하며 물었다.

"저기요." 그 집 여자가 이렇게 말하며, 깃털이 뽑히고 큼지막하게 잘린 채 조롱박 속에 들어있는, 요리되기 직전의 청란의 사체를 가리켰다.

나는 신음하듯 말했다. "저런 새를 잡아다 주면 아주 아주 많은 구슬을 드릴 수 있는데…."

"우린 배고파요." 그녀는 간단명료하게 말했다.

'살아있는 동물을 영국 사람들에게 갖다 주면 엄청나게 많은 보상을 받는다.'라는 말을 곧이곧대로 믿는 사람은 아무도 없는 것 같았다.

하루는 하를레스와 함께 숲속에서 촬영하고 돌아오는 길에 한 노인을 만났다. 그는 크루윙을 정기적으로 방문하는 사람 중 하나였다.

"슬라맛 시앙Selamat siang[8]." 내가 말했다. "안녕하세요. 혹시 저를 위해 동물을 잡아주실 수 있나요?"

노인은 고개를 절레절레 흔들며 웃었다.

"이걸 잘 보세요." 나는 이렇게 말하고, 호주머니에서 숲속에서 수집한 물건을 하나 꺼냈다. 언뜻 보기에 그것은 오렌지색과 까만색 줄무늬가 있는 크고 반짝이는 대리석 같았다. 하지만 갑자기 뒤집히더니 매우 멋진 거대한 노래기로 변신했다. 그리고는 수많은 다리를 이용해 내 손바닥을 끊임없이 느릿느릿 가로지르며 까맣고 울퉁불퉁한 더듬이를 조심스레 흔들었다.

---

8   낮인사(Good day). - 옮긴이주

데이비드 애튼버러의 동물 탐사기

"우리는 크든 작든 다양한 동물들을 많이 원해요. 만약 이런 동물을 잡아 주면," 나는 노래기를 가리키며 말했다. "한 마리당 담배 한 개비씩 드릴게요."

노인은 눈이 휘둥그래졌다.

그런 미물微物에게 담배 1개비는 지나쳤지만, 나는 우리가 모든 종류의 동물을 간절히 원한다는 점을 강조하고 싶었다. 우리는 노인이 기절초풍하는 것을 보고 득의의 미소를 지었다.

"만약 운이 좋다면," 나는 하를레스에게 말했다. "저 분이 우리 동물 채집팀의 첫번째 구성원이 될 것 같아요."

다음날 아침, 사브란이 나를 흔들어 깨웠다.

"한 사람이 수많은 동물을 가져왔어요." 그가 말했다.

나는 들뜬 마음으로 침대에서 뛰쳐나와 부리나케 배의 갑판으로 달려갔다. 노인은 커다란 바가지를 마치 보물단지인 양 들고 있었다.

"그게 뭐예요?" 나는 기대에 부풀어 물었다. 대답 대신, 노인은 바가지의 내용물을 갑판 위에 조심스레 쏟았다. 그것은 줄잡아 200~300마리의 조그만 갈색 노래기로, 런던의 내 정원에서 발견할 수 있는 것과 별로 다르지 않았다. 하지만 나는 실망스러움에도 불구하고 결코 미소를 잃지 않았다.

"아주 좋아요." 나는 말했다. "모두 합해서, 담배 다섯 개비를 드릴게요. 하지만 그 이상은 안 돼요."

커다란 보상을 받을 것이라는 기대는 사라졌지만 노인은 어깨를 으쓱해 보였다. 대가를 지불한 후, 나는 갑판 위에서 기어 다니는 노래기들을 정성스레 긁어모아 바가지에 다시 담았다. 그날 저녁, 나는 마을에서 먼 숲속으로 가서 노래기들을 모두 놓아줬다.

다섯 개비의 담배는 훌륭한 투자였던 것으로 밝혀졌다. '동물을 잡아

주면 정말로 보상을 받는다더라.'라는 소식이 삽시간에 퍼져 나가자, 며칠 후 다약족 주민들은 너도나도 동물을 잡아 우리에게 갖다 주기 시작했다. 우리는 모든 사람들에게 적절한 보상을 지급했고, 그러다 보니 물방울이 모여 홍수가 되었다. 그리하여 우리는 많은 동물들 ― 작은 녹색 도마뱀, 다람쥐, 사향고양이, 관모를 쓴 메추라기, 야계jungle fowl ―을 보유하게 되었지만, 뭐니뭐니해도 가장 매력적인 것은 사탕앵무hanging parakeet였다. 그것은 주홍색 턱받이와 엉덩이, 오렌지색 어깨, 이마에 푸른 별을 가진 선명한 진녹색의 새로, 말레이어로는 부룽 칼롱burung kalong ― 박쥐새 ―이라고 불린다. 박쥐새는 매우 적절한 기술記述이다. 왜냐하면 그들은 나무에 거꾸로 매달린 채 쉬는 희한한 습성을 갖고 있기 때문이다.

우리는 새로운 동물 우리를 만드는 한편 모든 동물들을 먹이고 청소하느라 매우 바빠졌다. 그리고 동물이 점점 더 불어남에 따라, 크루윙 앞갑판의 우현starboard⁹을 동물 우리가 차양에 닿을 때까지 쌓인 작은 동물원으로 개조할 수밖에 없었다. 다른 어떤 동물보다도 과중한 업무를 초래한 것은 마지막으로 추가된 동물이었다. 그것은 어느 날 아침 강둑 위에서 라탄 바구니를 높이 들고 서있던 다약족 주민이 가져온 것이었다.

"투안," 그는 소리쳤다. "이거 베루앙beruang¹⁰이에요. 가질래요?"

나는 그에게 갑판으로 오라고 했다. 그는 나에게 바구니를 건넸다. 나는 바구니 안을 들여다보며, 까맣고 부드러운 털가죽을 살짝 잡아당겼다. 그건 아주 작은 곰이었다.

"숲속에서 우연히 이걸 발견했는데요," 사냥꾼은 말했다. "주변을 아무리 살펴봐도 어미는 없었어요."

눈을 아직 감고 있는 것으로 보아, 아기곰은 생후 일주일이 채 안 된 것

---

9 배꼬리에서 뱃머리를 향해 오른쪽에 있는 뱃전. 왼쪽은 좌현port이라고 한다. - 옮긴이주
10 곰(bear). - 옮긴이주

데이비드 애튼버러의 동물 탐사기

아기곰 벤저민에게 우유를 먹이는 장면

같았다. 그는 커다란 발의 분홍빛 발바닥을 공중에 흔들며 누워있다가 갑자기 구슬프게 울기 시작했다. 하를레스는 배꼬리로 황급히 달려가 약간의 연유를 젖병에 넣어 묽혔고, 나는 사냥꾼에게 대가로 소금을 주었다. 비록 아기곰은 커다란 입을 갖고 있었지만, 젖병의 젖꼭지를 통해 우유를 빨아 먹지 못하는 것 같았다. 우리는 따뜻한 우유가 흘러나올 때까지 젖꼭지의 구멍을 더 크게 뚫었는데, 그러다 보니 아기곰의 입에 젖꼭지를 갖다 대기도 전에 우유가 줄줄 흘러 그의 입술에 떨어졌다. 그럼에도 불구하고 아기곰은 우유를 한 모금도 삼키지 않았다.

이제 아기곰은 배가 너무 고파 맹렬하게 울었다. 초조해진 우리는 젖병을 집어던지고, 잉크 스포이트를 이용해 우유를 먹이려고 애썼다. 내가 아기곰의 머리를 잡고 있는 동안, 하를레스는 '이빨 없는 잇몸' 사이에 잉크 스포이드를 넣고 목구멍 깊숙이 우유를 뿜었다. 아기곰은 우유를 삼켰지만, 곧바로 딸꾹질을 하며 몸을 비틀었다. 우리는 아기곰의 몸을 토닥거리고 볼록 나온 분홍빛 배를 쓰다듬었다. 그랬더니 아기곰은 딸꾹질을 멈췄고, 우리는 다시 우유 먹이기를 시도했다. 1시간의 사투 끝에, 15밀리리터 정도의 우유를 먹이는 데 성공했다. 보채다 지친 아기곰은 마침내 잠이 들었다.

그로부터 1시간 반 후 아기곰은 우유를 더 달라고 울었는데, 이번에는 우유를 먹이기가 좀 더 수월했다. 이틀 후에는 젖병의 우유를 스스로 빨기 시작했으므로, '이제는 아기곰을 키울 수 있겠구나.'라고 느끼게 되었다.

우리는 당초 계획했던 것보다 많은 시간을 그 마을에서 보냈으므로 이제 떠날 시간이 되었다고 생각했다. 다약족은 부잔교landing-stage[11]까지 내려와 손을 흔들었고, 우리는 아쉬움을 남기고 임시 동물원과 함께 강의 하류로 항해했다.

벤저민Benjamin —아기곰에게 붙인 이름—은 손이 많이 가는 새끼여서, 밤낮을 가리지 않고 3시간마다 한 번씩 우유를 달라고 졸라 댔다. 만약 조금이라도 기다리게 된다면 난폭하게 변해, 온몸을 부르르 떨며 난동을 부리고 작은 코와 입은 분노로 인해 보랏빛으로 변했다. 아기곰에게 우유를 먹이는 것은 고역이었다. 왜냐하면 아기곰은 긴 바늘처럼 날카로운 발톱을 갖고 있었는데, 우유를 빨아 먹으려고 자세를 잡을 때마다 자신을 잡고 있는 우리의 손을 발톱으로 찔렀기 때문이다.

아기곰은 결코 아름다운 동물이 아니었다. 머리는 불균형적으로 크고, 다리는 안짱다리이고, 새까만 털은 짧고 꺼칠꺼칠했기 때문이다. 아기곰의 피부는 작은 딱지로 뒤덮여 있었는데, 딱지마다 하얗고 꿈틀거리는 구

---

11 선박의 계류를 위해 물 위에 띄워 만든 구조물. - 옮긴이주

데이비드 애튼버러의 동물 탐사기

더기가 숨어있어, 우유를 먹일 때마다 소독을 하고 상처의 감염을 치료해야 했다.

아기곰은 몇 주 후 걷기 시작했는데, 그때부터 성격이 변하는 것 같았다. 비틀거리고 흔들리며 이리저리 걷는 동안 모든 것의 냄새를 맡고 혼자서 옹알거렸는데, 자세히 살펴보니 더 이상 '보채는 심술꾸러기'가 아니라 '해보려고 애쓰는 풋내기'인 것 같았다. 그래서 우리 모두는 그를 끔찍이 사랑하게 되었다. 마침내 우리가 수집한 동물들을 런던 동물원에 넘기게 되었을 때 벤저민은 여전히 젖병에 든 우유가 필요했으므로, 하를레스는 그를 다른 동물들과 함께 동물원에 보내는 대신 자신의 아파트에서 좀 더 보살피기로 결정했다.

이제 벤저민은 처음 만났을 때보다 4배나 커졌고, 커다랗고 하얀 이빨이 났기 때문에 자신을 스스로 지킬 수 있었다. 그는 대부분의 경우 온순하고 평화적이었지만, 간혹 탐색이나 놀이 과정에서 방해를 받을 경우 불같이 화를 내며 발톱으로 마구 할퀴고 사납게 으르렁거리기도 했다. 리놀륨으로 된 바닥을 찢고 카펫을 물어 뜯고 가구를 긁었지만, 하를레스는 접시의 우유를 핥아먹는 요령을 익혀 더 이상 젖병에 의존하지 않을 때까지 그를 보살폈다. 결국 그렇게 되었을 때 벤저민을 동물원으로 보냈다.

16. 오랑우탄 찰리

보르네오섬에 서식하는 모든 동물 중에서 내가 꼭 발견하고 싶었던 것은 오랑우탄이라는 늠름한 유인원^{ape}이었다. 말레이어로 된 이름을 직역하면 '숲속의 사람'인 이 멋진 유인원은 보르네오섬과 수마트라섬에서만 발견되며, 심지어 그 섬들에서도 비교적 좁은 지역에 국한된다. 보르네오섬 북부에서는 이미 거의 사라졌고, 우리가 보르네오섬 남부에서 만난 사람들이 하나같이 '아직은 풍부하다.'라고 주장했음에도 불구하고 실제로 오랑우탄을 본 사람은 극소수인 것 같았다. 우리는 마하캄강에서의 마지막 날들을 '강도 높은 탐사활동'에 쏟아붓기로 결정하고, 하류로 서서히 항해하며 커다란 마을뿐만 아니라 작은 마을과 오두막집까지도 방문하며 최근 오랑우탄을 목격한 사람을 수소문했다.

운 좋게도, 우리는 그다지 멀리까지 여행할 필요가 없었다. 하류로 내려가며 탐사를 시작한 첫번째 날, 강둑에 묶인 부잔교^{浮棧橋} 위의 조그만 판잣집을 방문했다. 집주인은 사마린다에서 중국 상선에 실려 온 상품과 숲속의 다약족이 만든 악어가죽 및 라탄 줄기의 물물교환을 중개하며 생계를 이어가고 있었다. 우리가 지나가는 동안 상당수의 다약족 주민들이 부잔교 위에 서있었다. 그들은 험상궂은 남자들로, 눈썹 위까지 내려오도록

데이비드 애튼버러의 동물 탐사기

자른 까만 앞머리가 이마를 뒤덮었고, 로인 클로스 외에는 아무것도 입지 않았으며, 술^{tassel}이 달린 나무 칼집 속에 기다란 파랑*parang*을 넣고 있었다. 그들은 지난 며칠 사이에 오랑우탄 무리들이 자기들의 롱하우스 주변에 있는 바나나 농장을 습격했다고 말했다. 그것이야말로 우리가 기다리던 소식이었다.

"당신의 마을까지 가려면 시간이 얼마나 걸리나요?" 단이 물었다.

다약족 주민 중 한 명이 우리를 유심히 쳐다보더니 말했다.

"다약족에게는 2시간, 백인들에게는 4시간이오."

우리는 그곳에 가기로 결정했고, 부족원들은 안내인 겸 짐꾼으로 일하는 데 동의했다. 우리는 촬영장비와 여분의 옷과 약간의 식량을 다약족의 라탄 줄기로 만든 바구니에 실었다. 사브란은 크루윙에 남아서 벤저민과 나머지 동물들을 돌보기로 했고, 우리는 부족원들을 따라 강둑으로 올라가 숲으로 들어갔다.

다약족이 '백인은 다약족만큼 빨리 걸을 수 없다.'라고 생각한 이유를 우리는 금세 알아차렸다. 왜냐하면, 오랑우탄이 사는 곳에 가려면 습지림을 통과한 후 일련의 늪을 건너야 했기 때문이다. 우리는 얕은 늪은 그럭저럭 건넜지만, 깊은 늪을 건널 때는 종종 흙탕물의 표면에서 30센티미터쯤 잠겨있는 가늘고 미끄러운 통나무를 밟으며 어렵사리 균형을 잡아야 했다. 다약족은 그런 장애물에 직면했을 때도 속도를 거의 늦추지 않고, 마치 큰 길을 가듯 성큼성큼 걸었다. 그에 반해 우리는 균형을 유지하느라 애를 먹으며, 물속에 잠긴 통나무에 조심스레 발을 디뎌야 했다. 만약 발을 헛디딘다면 깊은 물속에 빠진다는 사실을 잘 알고 있었기 때문이다.

우리는 3시간 후 롱하우스에 도착했다. 그 집은 우리가 첫번째로 방문했던 롱하우스보다 더욱 형편없었다. 마룻바닥은 널빤지가 아니라 가늘게 쪼갠 대나무 조각으로 만들어져 있었고, 내부는 각 가족이 사용하는 개실이 전혀 없이 몇 개의 엉성한 칸막이로 대충 나뉘었을 뿐이다. 다약족 안내인은 우리를 데리고 번잡한 집 안을 요리조리 통과해 소지품을 보관하고 잠도 잘 수 있는 구석자리로 안내했다. 때는 이미 저녁이었으므로, 우리는 주변의 돌난로에 남은 작은 불꽃을 이용해 쌀밥을 지었다. 식사를 마치고 나니 어두컴컴한 밤이었다. 우리는 부시 재킷^{bush jacket}[1]을 둘둘 말아 머리 밑에 넣고 잠을 청했다.

나는 웬만하면 딱딱한 널빤지 위에서도 잠을 잘 잔다. 그러나 그러려면 어느 정도 조용해야 하는데, 롱하우스에는 소음이 가득했다. 개들은 아무 공터에서나 배회하며, 마치 누군가의 발길에 차인 것처럼 깽깽거렸다. 싸움닭들은 벽에 고정된 닭장 속에서 푸드덕거리며 꼬꼬댁거렸다. 숙소에서 멀지 않은 곳에서는 한 무리의 남자들이 도박을 했는데, 양철판 위에서 팽이를 돌리다 코코넛 반쪽으로 재빨리 덮으며 큰 소리로 내기를 걸었다. 바로 옆 공터에서는 한 무리의 여자들이 서까래에 매달린 커튼으로 가려진 이상한 직사각형의 구조물 주위를 맴돌며 기도문을 읊조렸다. 몇몇 마을 사람들은 그 소리에 구애되지 않고, 어떤 사람들은 쭉 뻗은 채 누워서, 어떤 사람들은 등을 벽에 기댄 채 앉아서, 어떤 사람들은 몸을 웅크리고 무릎을 세운 채 머리를 팔뚝에 얹고서 어수선하게 떼 지어 잠들어 있었다.

소음을 차단하기 위해 나는 여분의 셔츠를 머리에 뒤집어썼다. 그것은 약간의 소음을 잠재웠지만, 베개를 통해 들려오는 소리에 주의력을 집중시켰다. 내 바로 밑에서는 여러 마리의 악취 나는 돼지들이 꽥꽥대고 꿀꿀거렸는데, 그들은 롱하우스의 각주^{脚柱} 사이에 버려진 음식물 쓰레기를 파헤치고 있었다. 마을 사람들의 몸이 바닥에 가볍게 닿을 때마다, 탄력 있는 대나무 마룻바닥에서 삐걱거리는 소음이 발생했다. 누군가가 내 가

---

1 밀림이나 수풀에서 사냥하는 사람들을 위해 디자인된 재킷. - 옮긴이주

데이비드 애튼버러의 동물 탐사기

까이로 접근할 때마다 내 몸은 약간씩 튀어 올랐고, 누군가가 20미터쯤 걸어가는 동안에는 마룻바닥이 요란하게 삐걱대는 바람에 마치 그가 내 머리 위에서 뛰는 것 같았다. 내가 이런 느낌을 잘 아는 것은, 내가 엎드려 있을 때 누군가 내 몸을 밟고 간 경험이 너무 많았기 때문이다.

하지만 운 좋게도 깽깽거리는 소리, 푸드덕거리는 소리, 와자지껄하는 소리, 고함치는 소리, 기도문 읊조리는 소리, 꽥꽥대는 소리, 꿀꿀거리는 소리가 합쳐져 지속적이고도 일정한 소리를 형성한 덕분에, 궁극적으로 단조로운 배경 소음이 되어 잠을 이루는 데 아무런 어려움이 없었다.

다음날 아침 나는 하를레스, 단과 함께 찌뿌듯하고 개운찮은 몸을 이끌고 집에서 100미터쯤 떨어진 작은 하천으로 목욕하러 갔다. 그곳은 이미 나체로 물장구치는 사람들로 북적이고 있었다. 남자들은 깊은 웅덩이에서, 여자들은 그로부터 몇 미터 떨어진 하류에서 함께 멱을 감고 있었다. 우리는 나무판자 위에 앉아 따뜻한 햇볕을 쪼이며 반짝이는 개울에 발을 담갔다. 우리의 안내인도 목욕을 한 후 함께 롱하우스로 돌아왔다.

돌아오는 길에 새로 지은 초가집 1채를 지나쳤는데, 그 집의 지붕은 니파야자^{atap}의 잎으로 덮여있었다. 그런데 나는 기단^{基壇2}에 박힌 기다란 갈색 나무기둥의 끝부분에 사람의 형상이 새겨져 있는 것을 발견했다. 그리고 가까운 곳에 커다란 물소 한 마리가 밧줄로 묶여있었다.

"저것 좀 보세요." 나는 그 기둥을 가리키며 물었다. "무엇에 쓰는 거죠?"

"롱하우스에서 사람이 죽었어요." 안내인이 말했다.

"롱하우스의 어디에서요?"

"이리 와 보세요." 그를 따라 초가집 안으로 들어갔다.

"여기에요." 그는 커튼으로 가려진 대^臺를 가리켰는데, 알고 보니 간밤에

---

2 건물을 건립하기 위해 지면에 흙이나 돌을 쌓고 다져서 단단하게 만들어 놓은 곳. - 옮긴이주

한 무리의 여자들이 기도문을 읊조리며 맴돌던 바로 그것이었다. 나는 불과 몇 미터 안에 사람의 시체가 있는 줄도 모르고 잠을 자고 있었던 것이다.

"그 사람이 언제 죽었죠?" 내가 물었다.

안내인은 잠시 생각에 잠겼다. "2년 전이오." 그는 대답했다.

그의 말에 의하면, 다약족에게 장례는 매우 중요한 행사다. 장례식은 자손들에 의해 치러지며, 살아생전에 부유했던 사람일수록 장례식은 더욱 공들여 길게 해야 한다. 그 집에서 죽은 남자는 중요한 인물이었지만, 자손들이 가난했기 때문에 고인의 명성에 걸맞은 장례를 치를 비용을 마련하는 데 꼬박 2년이 걸렸다. 그동안 시신은 높은 나무에 수장樹葬되어, 태양과 바람과 시체를 갉아먹는 곤충과 썩은 고기를 먹는 새들에게 노출되었다.

이제 성대한 장례식을 치를 때가 되었으므로, 나무 위에 있던 유골이 수습되어 단 위에 놓인 채 최종적인 매장埋葬을 기다리고 있는 상태였다. 그날 저녁 마을의 악사들이 롱하우스에 있는 징을 가져와 30분 동안 연주했다. 그러는 동안 한 무리의 조문객들이 고인을 추모하기 위해 공터에 세워 놓은 기둥 주위를 맴돌며 춤을 췄다. 그것은 짧고 별로 인상적이지도 않은 의식이었다.

"장례식이 끝난 건가요?" 나는 안내인에게 물었다.

"아뇨, 저 의식이 끝난 후 물소를 잡을 거예요."

"언제쯤요?"

"아마 20~30일 후가 될 거예요."

그 의식은 한 달 동안 불철주야로 계속되며, 날이 갈수록 빈도와 지속 기간이 증가할 것이다. 그리고 마지막 날, 최종적인 음주가무 행사가 진행되는 동안 모든 마을 사람들이 파랑을 들고 롱하우스에서 내려와 물소 주위를 맴돌다가, 춤이 절정에 이르렀을 때 물소에게 접근해 칼을 꽂을 것이다.

데이비드 애튼버러의 동물 탐사기

우리는 '누구든 야생 오랑우탄을 보여주면 대가를 지불하겠다.'라고 공언했는데, 첫번째 인물이 다음날 아침 5시에 우리를 깨웠다. 하를레스와 나는 카메라를 챙겨, 그 남자를 따라 종종걸음을 쳐 숲속으로 들어갔다. 그가 오랑우탄을 봤다는 장소에 도착했을 때, 깨문 지 얼마 안 된 두리안durian의 열매 껍질을 발견했다. 그것은 오랑우탄이 제일 좋아하는 먹이로, 숲바닥에 흩어져 있었다. 그 위의 나무에서, 오랑우탄이 지난밤에 잠을 잔 것으로 추정되는 부러진 나뭇가지로 이루어진 커다란 덕대³를 발견했다. 그러나 1시간 동안 샅샅이 뒤졌음에도 불구하고 오랑우탄 자체는 발견되지 않았다. 실망한 우리는 마을로 돌아왔다.

그날 아침에 3번 더 헛걸음을 했고 다음날에도 4번이나 헛걸음을 했는데, 그만큼 마을 사람들 사이에서는 소금과 담배를 보상으로 받으려는 열기가 고조되어 있었다. 세번째 날, 한 사냥꾼이 와서 '방금 전 오랑우탄 한 마리를 봤다.'라고 하기에, 우리는 잽싸게 그를 따라 깊은 진흙탕을 건너고 가시나무 덤불을 헤치며, 오랑우탄이 멀리 가기 전에 발견 장소에 도착하기 위해 달려갔다. 앞서 가던 사냥꾼이 깊은 개울의 양끝에 걸쳐 있는 쓰러진 나무줄기 위를 걸을 때, 나는 무거운 카메라 삼각대를 어깨에 메고 필사적으로 쫓아갔다. 나는 통나무를 밟을 때 균형을 잡기 위해 나뭇가지 하나를 붙잡았다. 그러나 그 순간 나뭇가지가 부러지는 바람에, 다른 손으로는 삼각대를 움켜잡고 있었던 나는 균형을 잃고 2미터 아래의 개울로 추락하며 가슴을 나무둥치에 세게 부딪쳤다. 나는 개울에서 겨우 일어났는데, 숨을 쉬기가 어려웠고 오른쪽에 심한 통증을 느꼈다. 내

---

3 · 널이나 막대기 따위를 나뭇가지나 기둥 사이에 얹어 만든 시렁이나 선반. - 옮긴이주

가 개울둑으로 기어올라 가기도 전에 사냥꾼이 내 옆에 와있었다.

"아두, 투안, 아두*Aduh, tuan, aduh*!" 그는 이렇게 중얼거리며, 가슴 따뜻한 동정심으로 나를 감싸 안았다. 숨을 쉴 수 없는 상태에서, 내가 할 수 있는 것은 약하게 신음하는 것밖에 없었다. 그는 나를 부축해 개울에서 나와 둑으로 올라갔다. 충격이 얼마나 강했던지, 오른쪽 겨드랑이에 끼고 있던 쌍안경이 두 동강 나있었다. 가슴을 만져 보니, 부은 상태와 통증이 심각한 것이 갈비뼈 2개는 부러진 것 같았다.

내가 호흡 기능을 회복한 후, 우리는 천천히 앞으로 나아갔다. 잠시 후 사냥꾼이 오랑우탄의 울음소리를 흉내내기 시작했는데, 그것은 쉽게 말해서 끙끙 앓는 소리와 맹렬한 꽥꽥 소리의 조합이었다. 이윽고 오랑우탄의 대답 소리가 들려 위를 쳐다보니, 한 우람하고 시뻘건 털북숭이 동물이 나뭇가지에서 좌우로 서서히 왔다갔다하고 있었다. 내가 나무둥치에 기대어 아픔을 달래는 동안, 하를레스는 신속히 장비를 설치해 촬영을 하기 시작했다. 오랑우탄은 우리의 머리 위에 매달려, 싯누런 이빨을 드러내며 사납게 꽥꽥거렸다. 키는 거의 1미터 20센티미터에 달했고 몸무게는 65킬로그램 정도로 보였는데, 내가 동물원에서 봤던 어떤 오랑우탄보다도 컸다. 그가 가느다란 나뭇가지의 꼭대기로 기어오르자, 체중 때문에 나뭇가지가 휘어지며 이웃 나무 쪽으로 구부러졌다. 다음으로, 그는 기다란 팔을 뻗어 이웃 나무로 건너갔다. 가끔 작은 나뭇가지들을 꺾어 우리에게 힘껏 던졌지만, 굳이 도망칠 필요성을 느끼지 않는 것 같았다. 잠시 후 다른 주민들이 합세해 우리가 오랑우탄을 따라가는 동안 장비 운반을 돕는 한편, 잔가지들을 열심히 잘라 내 선명한 시야를 확보했다. 우리는 몇 분마다 한 번씩 멈춰야 했는데, 그 이유는 우리가 작업하는 열대우림에 거머리가 득실거렸기 때문이다. 우리가 한 장소에 오랫동안 머물 경우, 그놈들은 조그만 벌레들처럼 덤불의 잎으로 기어올랐다. 그러다가 우리의 몸

데이비드 애튼버러의 동물 탐사기

에 닿으면, 다리 위로 기어올라 머리를 살에 박은 다음 자기 몸이 여러 배로 부풀어 오를 때까지 피를 빨았다. 우리는 오랑우탄을 관찰하는 데 정신이 팔린 나머지, 사려 깊은 사냥꾼이 발견해 칼로 제거할 때까지 눈치채지 못하기 일쑤였다. 사정이 이러하다 보니, 우리가 오랑우탄을 촬영한 장소에는 잔가지뿐만 아니라 잘린 채 피를 흘리는 거머리들이 수두룩했다.

마침내 우리는 '필요한 촬영을 모두 끝냈다.'라고 결론을 내리고, 짐을 꾸리기 시작했다.

"다 끝났나요?" 다약족 주민 중 한 명이 물었다.

우리는 고개를 끄덕였다. 그와 거의 동시에 내 뒤에서 고막이 터질 듯한 폭음이 들려 뒤돌아보니 한 남자가 어깨에 멘 총에서 연기가 나고 있었다. 안전한 곳으로 멀리 달아난 것으로 보아, 오랑우탄은 큰 타격을 입지 않은 것 같았다. 그러나 나는 너무 화가 나서 잠시 할 말을 잃었다.

"왜? 왜?" 나는 버럭 화를 냈다. 인간과 비슷한 동물에게 총을 쏘는 것은 살인이나 마찬가지라고 생각했기 때문이다.

다약족 주민들은 어리둥절해했다.

"하지만 그놈은 백해무익해요. 내 바나나를 먹고 내 쌀을 훔쳐간단 말이에요. 그래서 총을 쏜 거라고요."

나는 할 말이 없었다. 숲속에서 생계를 이어가야 하는 사람은 내가 아니라 다약족이었기 때문이다.

그날 밤 롱하우스의 마룻바닥에 누워있을 때, 숨을 쉴 때마다 갈비뼈가 쿡쿡 쑤시고 머리가 아파 오기 시작했다. 갑자기 오한이 엄습하며 온몸이 걷잡을 수 없이 떨리고 치아가 심하게 덜덜거려 말을 제대로 할 수 없었다. 그것은 말라리아의 전형적인 증상이었다. 하를레스가 준 아스피린과 말라리아 치료제인 퀴닌quinine을 복용했음에도 힘든 밤을 보냈고, 며칠째 계속되는 장례식에서 들려오는 통곡 소리와 징 소리가 상황을 더욱 악화시켰다. 다음날 아침 일어났을 때, 나의 몸 상태는 최악이었고 옷은 땀에 흠뻑 젖어있었다.

정오쯤 되었을 때, 나는 배로 돌아가도 될 만큼 기력을 회복했다. 이 마을에 왔던 이유인 오랑우탄을 촬영한다는 목표를 달성했기에 이제는 돌아가야 했다. 우리는 롱하우스의 숙소에서 짐을 챙겨 배가 정박된 강가로 향했다. 도중에 여러 번 휴식을 취하긴 했지만, 마침내 크루웡에 도착했을 때 나는 무척 안도했다. 나는 비교적 편안한 배의 침상에 누워 휴식을 취하며 건강을 완전히 회복했다.

▬▬

우리가 오랜만에 크루웡에 합류했을 때 승무원들은 왠지 속마음을 드러내지 않았고, 선장 외에는 우리에게 말을 걸려 하지 않았다. 설상가상으로, 나는 첫날 저녁 "밤새도록 배를 타고 이동해야 한다."라고 이야기해서 선장을 분개하게 만들었다. 내가 느끼기에, 그들은 우리를 해가 되지는 않지만 무지막지한 미치광이쯤으로 간주하는 것 같았다.

그러나 몇 주가 지나는 동안 그들의 태도가 변하여 본래의 다정한 모습을 되찾았다. 선장은 도움이 될 만한 제안을 많이 했는데, 예컨대 눈앞의 숲에서 뭔가가 움직이는 것을 발견하면 자진해서 속도를 반으로 줄인 후 우리에게 다가와 자기가 방금 포착한 동물을 촬영하지 않겠느냐고 물었다. 그에 반해 마시니스*masinis*[4] —크고 건장한 남자로, 기술자들이 입는 파란색 작업복만 입었다 —는 염치없는 도시 사람이었다. 그는 정글에 매료되지 않았고 다약족의 롱하우스에도 관심이 없었으므로, 강기슭에 발을 거의 디디지 않고 기관실 위의 갑판에 처량히 앉아 족집게를 이용해 까칠

---

4 기관사(engineer). - 옮긴이주

데이비드 애튼버러의 동물 탐사기

까칠한 턱수염을 뽑았다. 그가 할 줄 아는 농담은 단 하나뿐이어서, 강둑에 정박할 때마다 이런 말만 반복했다. "티닥 바익*Tidak baik*, 비오스콥 티닥 아다*Bioskop tidak ada[5]*."

널따란 강줄기를 따라 하염없이 내려가는 동안, 우리의 주요 소일거리 중 하나는 농담을 주고받는 것이었다. 그것은 많은 노력과 시간을 요하는 힘든 과정이었다. 그도 그럴 것이, 새로운 농담을 준비하는 데 몇 시간이 걸렸기 때문이다. 먼저 농담을 고안해 낸 후, 나는 약 15분 동안 사전을 뒤져 말레이어로 번역했다. 그러고는 선원들이 커피를 끓이고 있는 배꼬리로 가서 나의 서투른 농담을 어렵사리 전달했다. 하지만 그들은 으레 멍하니 바라봤으므로, 나는 대체 문구를 찾아내기 위해 뱃머리로 돌아오기 일쑤였다. 나는 종종 서너 번 만의 시도 끝에 의미를 전달하는 데 성공했지만, 내가 생각하기에 선원들이 배꼽을 잡고 웃은 건 '농담 자체가 웃겨서'가 아니라 '화자話者의 노력이 가상해서'인 것 같았다. 그러나 일단 해독解讀되고 나면, 농담은 폐기되지 않고 모든 선원의 레퍼토리에 편입되어 며칠 동안 재탕 삼탕을 거듭하곤 했다.

이등기관사 히둡Hidup은 좀처럼 눈에 띄지 않았는데, 그 이유는 기관사의 지시에 따라 대부분의 시간을 기관실에서 보냈기 때문이다. 그러나 어느 날 저녁에는 갑판에 나타나 삭발을 하고 있었다. 그가 갑판에 앉아 맨머리를 매만지며 부끄러워하고 자조적인 웃음을 짓는 동안, 기관사는 우리에게 자초지종을 설명했다. 그 내용인즉, 히둡의 머리카락에서 이가 낳은 서캐nit가 발견됐다는 것이었다.

갑판원 둘라Dullah는 주름살 많은 노인으로, 대부분의 시간을 우리에게 말레이어를 가르치며 보냈다. 유럽 최고의 교육자들과 마찬가지로, 그는

---

5 저 마을은 별로예요. 영화관이 하나도 없거든요(No good. There is no cinema). - 옮긴이주

'학생들에게 하나의 언어를 가르치는 최선의 방법은 모국어를 일절 사용하지 못하게 하는 것이다.'라고 믿었다. 그러므로 그는 우리 곁으로 다가와 앉아, 과장된 억양과 느린 속도로 자신의 머리에 떠오르는 주제 — 인도네시아 의복의 명칭, 쌀의 다양한 품질 등 — 에 대해 끈질기게 이야기했다. 그러나 늘 장황하고 지나치게 상세했기 때문에, 우리는 몇 분 후 절망과 혼란에 빠져 고개를 연신 건성으로 *끄덕*이며 "예, 예!"를 연발했다.

다섯번째 선원 마납Manap은 갑판장으로, 아마도 우리에게 가장 많은 도움을 준 선원이었을 것이다. 그는 젊고 잘생긴 남자로 평상시에는 감정을 잘 드러내지 않았다. 그러나 그가 배의 타륜을 잡았을 때 숲속에서 동물이 발견된다면, 우리는 그에게 모든 것을 맡길 수 있었다. 그는 어느 누구보다도 숙련되고 대담한 선원으로, 위험천만한 얕은 물을 안전하게 지나 강둑에 가까이 접근했기 때문이다.

그러나 갑판에서 가장 활기 넘치는 사람은 뭐니뭐니해도 사브란이었다. 그는 수집한 야생동물의 청결과 급식이라는 중책을 맡았을 뿐만 아니라 대부분의 요리를 담당했고, 더러운 옷이 눈에 띌 때마다 우리에게 묻지도 않고 세탁해줬다. 어느 날 저녁, 나는 그에게 "나중에 보르네오섬을 떠날 때, 동쪽으로 이동해서 왕도마뱀의 고향 코모도섬에 갈 예정이에요."라고 말했다. 그랬더니 그는 신이 나서 눈을 반짝였으며, 내가 함께 갈 수 있냐고 물었을 때는 내 손을 꼭 잡고 위아래로 흔들며 감격스럽게 말했다. "좋아요, 투안. 좋아요."

━

어느 날 아침, 사브란이 우리에게 잠시 멈추자고 이야기했다. 왜냐하면 근처에 과거에 그를 도와 동물을 잡으러 다닌 다르모Darmo라는 다약족 친구가 살고 있었기 때문이다. 어쩌면 그가 최근에 잡은 동물 중에 우리에

데이비드 애튼버러의 동물 탐사기

게 양도할 만한 것이 있을지도 몰랐다.

다르모의 집은 각주로 떠받쳐진 작은 오두막집으로 더럽고 지저분했다. 다르모 자신은 번드르르한 머리칼을 등에 늘어뜨린 노인으로, 단정치 않은 앞머리를 이마에 드리운 채 집밖 기단 위에 앉아 나무를 깎고 있었다. 우리가 그를 향해 다가가고 있을 때, 사브란이 큰 소리로 "동물 잡아 놓은 거 있나요?"라고 물었다. 다르모는 우리를 바라보며 심드렁한 목소리로 말했다. "자, 오랑우탄 아다*Ja, orangutan ada*[6]."

나는 막대기에 홈을 파 만든 계단을 한 번에 3계단씩 건너뛰어 올라갔다. 다르모는 대나무 조각으로 어설프게 빗장 지른 나무상자를 가리켰다. 그 속에는 잔뜩 겁먹은 새끼 오랑우탄이 쪼그리고 앉아있었다. 내가 조심스레 손가락을 집어넣어 등을 긁었더니, 그는 꽥 소리를 내며 돌아서서 나를 물려고 했다. 다르모의 말에 의하면, 그 오랑우탄은 며칠 전 그의 농장을 습격하던 중 붙잡혔다. 잡는 과정에서 그는 손을 심하게 물렸고, 오랑우탄은 무릎과 손목에 찰과상을 입었다.

사브란은 우리를 대신해 협상을 시작했고, 다르모는 결국 우리 수중에 남은 소금과 담배 전부와 교환하는 데 동의했다.

오랑우탄을 크루윙으로 운반하기 전에 할 일은, 그를 원래의 우리에서 '더 크고 좋은 우리'로 옮기는 것이었다. 2개의 우리를 마주보게 하고 원래 우리의 빗장을 엶과 동시에 새로운 우리의 문을 연 후, 1다발의 바나나를 이용해 오랑우탄을 새로운 우리로 유인했다.

새끼 오랑우탄은 생후 2년 정도 된 수컷이었고, 우리는 그를 찰리Charlie라고 부르기로 했다. 처음 만난 후 이틀 동안, 그가 새로운 우리에 적응할 수 있도록 혼자 내버려뒀다. 사흘째 되는 날, 나는 우리의 문을 열고 조심

---

6 그래, 오랑우탄 있어(Yes, orangutan exists). - 옮긴이주

스레 손을 집어넣었다. 처음에 찰리는 내 손가락을 잡아채고, 노란 이빨을 드러내며 물려는 몸짓을 했다. 내가 인내심을 갖고 계속했더니, 마침내 서서히 접근해 자신의 귀와 토실토실한 배를 간질이는 내 손을 받아들였다. 나는 약간의 가당연유로 그의 호의에 보답했다.

그날 오후 동일한 과정을 반복해 보니 찰리의 호응이 좋았으므로, 나는 내 집게손가락 끝에 약간의 연유를 묻혀 과감히 그에게 내밀었다. 찰리는 커다란 입술을 씰룩이며 입맛을 다시다가, 마침내 끈끈한 연유를 요란스럽게 빨아 먹으면서도 내 손가락을 전혀 깨물지 않았다.

나는 거의 하루 종일 찰리의 우리 옆에 앉아 다정하게 말을 걸고, 우리 앞창살 사이로 손을 넣어 그의 등을 긁어줬다. 저녁이 되니 나에 대한 믿음이 두터워져, 팔과 다리에 난 상처를 살펴볼 수 있게 되었다. 내가 그의 손을 살며시 잡아당겨 손목의 찰과상 부위에 약간의 항생제 연고를 바르고 잘 문지르는 동안, 찰리는 나를 진지한 눈빛으로 바라보며 아무런 저항도 하지 않았다. 그러나 연고의 겉모양이 연유와 매우 흡사했으므로, 찰리는 내가 연고를 다 바르자마자 모두 핥아먹었다. 나는 충분한 양의 연고가 상처 부위에 남아 약간의 효과라도 발휘하기를 간절히 바랐다.

찰리의 신속한 적응은 우리 모두를 깜짝 놀라게 했다. 그는 이윽고 내가 쓰다듬는 것을 수동적으로 받아들일 뿐만 아니라 능동적으로 재촉하게 되었다. 만약 내가 아무 말없이 자신의 우리를 지나치면, 큰 소리로 꽥꽥거리며 난동을 부렸다. 만약 내가 그의 옆에 있는 다른 우리 속에서 재잘거리는 새들을 보살피고 있으면, 길고 앙상한 팔이 창살 사이로 미끄러져 나와 내 바짓가랑이를 잡아당겼다. 그는 매우 집요했으므로, 나는 어쩔 수 없이 한 손으로 새들에게 모이를 주며 다른 손으로 찰리의 새까맣고 울퉁불퉁한 손가락을 움켜쥐었다.

나는 그가 가능한 한 빨리 우리에서 나와 운동하기를 바랐으므로, 어

데이비드 애튼버러의 동물 탐사기

차를 마시는 찰리

느 날은 오전 내내 우리의 문을 열어 놓았다. 그러나 찰리는 우리에서 나
오기를 완강히 거부했다. 그는 우리를 감옥이 아니라 집으로 여기고, 혼
란스럽고 낯선 갑판보다 익숙한 우리를 좋아하는 것 같았다. 그래서 그런
지, 짙은 갈색 얼굴에 침통한 표정을 지은 채 노란 눈꺼풀을 끔벅거리며
우리 안에 앉아있었다.

　나는 찰리가 매우 좋아하는 따뜻하고 달콤한 차가 가득한 깡통으로 그
를 유인해 내기로 결정했다. 그는 깡통을 보자마자 기대에 부풀어 벌떡
일어났지만, 내가 그것을 건네주지 않고 우리의 열려있는 문밖에 놓자 짜
증을 내며 꽥꽥거렸다. 그는 잠시 후 문 앞까지 나아갔지만, 조심스레 내
다보기만 하고 문밖으로 나가지는 않았다. 내가 깡통을 그의 손이 미치지
않는 곳으로 옮겼더니, 결국 문간으로 나와 문을 붙잡고는 몸을 기울여

깡통 속의 차를 홀짝거렸다. 그러고는 차를 다 마시자마자 몸을 휙 돌리며 우리 속으로 다시 들어갔다.

다음날 내가 우리의 문을 열어 놓았더니, 찰리는 자진해서 문밖으로 나왔다. 그는 잠깐 동안 우리 꼭대기에 앉아 나와 함께 놀았다. 내가 겨드랑이를 간질였더니, 그는 편안히 앉아 이빨을 드러낸 채 황홀경에 빠졌다. 몇 분이 지난 후, 그는 싫증이 난 듯 몸을 날려 갑판으로 내려왔다. 그는 먼저 모든 동물들을 샅샅이 조사하며, 깊은 생각에 잠겨 우리의 창살을 손가락으로 쿡쿡 찔렀다. 벤저민이 들어있는 상자의 천을 들어 올렸을 때, 아기곰이 먹을 것이 왔다고 생각한 듯 침을 질질 흘리며 으르렁거리자 찰리는 황급히 뒤로 물러났다. 그는 사탕앵무 쪽으로 이동해서, 내가 손을 쓰기도 전에 구부러진 집게손가락을 이용해 약간의 쌀을 훔치는 솜씨를 발휘했다. 다음으로 그는 갑판 위에 흩어져 있는 다양한 소품들에 관심을 돌려, 하나씩 차례로 집어 들어 입 위로 올리고 작고 뭉툭한 코에 대고 누르면서 냄새를 맡음으로써 먹을 수 있는 것인지를 평가했다.

나는 그를 우리로 돌려보낼 때가 왔다고 판단했지만, 찰리는 그러고 싶지 않은 듯 나의 사정거리 밖에서 맴돌았다. 갈비뼈의 부기와 통증이 아직 가라앉지 않았으므로, 나는 고작해야 찰리와 비슷한 속도로 움직이며 신경전을 벌일 뿐이었다. 내가 느린 동작으로 찰리를 뒤쫓으며 '우리 안으로 들어가라.'라고 타이르는 듯한 장면을 보고, 기관사는 손뼉을 치며 웃었다. 나는 뇌물을 이용해 간신히 목적을 이루었다. 즉, 달걀 하나를 찰리에게 보여준 후 우리 안에 놓았다. 그랬더니 찰리는 우리 안으로 점잖게 기어들어가, 달걀 껍데기의 맨 위를 살짝 깨물더니 내용물을 쪽쪽 빨아먹었다.

그날 이후, 찰리가 오후에 갑판 위를 거니는 것이 일상으로 자리잡았다. 선원들은 그를 좋아했지만 늘 세심한 주의를 기울였다. 만약 찰리가 잘못을 저지르기 시작하면, 그들은 그를 엄히 다루지 않고 우리에게 도움을 요

데이비드 애튼버러의 동물 탐사기

갑판으로 나와 한가한 오후를 즐기는 찰리

청했다. 그래서 마침내 우리가 사마린다에 입항했을 때, 찰리는 마치 추가로 채용된 선원처럼 조타실에 들어가 선장의 팔꿈치 위에 앉아있었다.

우리의 보르네오섬 탐사는 막을 내렸다. 우리는 대형 상선 카라톤 *Karaton*에 침상을 예약했는데, 그 배는 다음날 수라바야로 떠날 예정이었다. 하를레스, 사브란, 나는 모든 동물과 짐을 카라톤으로 운반할 계획을 세웠다. 우리가 알기로, 크루윙의 선원들에게 짐꾼으로 일해 달라고 요청하는 것은 그들의 품위를 손상시키는 모욕이었다. 그런데 그날 저녁 갑판장 마납이 우리에게 다가와 무뚝뚝하게 "선장이 항구의 관계자들에게 요청해, 크루윙을 카라톤 옆에 정박해도 좋다는 허락을 받아냈다."라고 말했다. 만약 우리가 원한다면 그와 선원들이 우리의 장비를 옮겨주겠다고 덧붙였을 때, 우리는 크게 감동했다.

그들은 최선을 다해 모든 짐을 카라톤 측면의 가파른 철판 너머로 끌어올렸으며, 그 과정에서 우리 안의 동물들에게 정다운 작별인사를 했다. 모든 짐이 선적된 후 사브란의 보살핌을 받는 동물들은 갑판 위의 조용한 구석에 배치되었고, 우리의 짐들은 모두 자물쇠가 채워진 선실의 안전 구역으로 옮겨졌다. 마지막 순간이 왔을 때, 선원 일동 ―파, 기관사, 히둡, 둘라, 마납―은 우리의 선실 밖에 줄지어 서서 작별을 고했다. 그들은 한 명씩 차례로 우리와 따뜻한 악수를 나누며 "슬라맛 잘란."이라고 말했다. 우리는 그들과 헤어지는 것이 너무나 아쉬웠다.

17. 위험천만한 여행

어떻게 코모도섬에 갈 것인가라는 문제는 수라바야에 사는 어느 누구도 쉽게 해결할 수 없는 문제인 것 같았다. 그 섬은 자바섬에서 뉴기니를 향해 동쪽으로 1,600킬로미터에 걸쳐 늘어선 열도의 다섯번째 섬으로, 자바섬에서 800킬로미터 떨어진 곳에 있었다. 우리가 아는 공무원 중에서 방법을 알려준 사람이 아무도 없었으므로 스스로 궁리하기 시작했다.

해운회사 직원에게서 '코모도라는 섬 이름을 처음 들어본다.'라는 말을 듣고, 우리는 그의 지도에서 2개의 커다란 섬인 숨바와섬Sumbawa과 플로레스섬Flores 사이의 코딱지만 한 섬 위에 인쇄된 글자를 가리켰다. 지도에는 그가 근무하는 회사의 선박들이 운항하는 경로인 까만 곡선들 중 대부분이 어찌된 일인지 코모도섬을 의도적으로 회피하는 것처럼 보였다. 다만 열도를 따라 동쪽으로 뻗어나간 항로 중 하나가 실낱 같은 희망을 주는 것 같았다. 그것은 숨바와섬의 작은 항구로 살짝 내려갔다가 굽이쳐 올라, 플로레스섬으로 다시 내려가기 전에 코모도를 스쳐 지나갔다. 숨바와섬과 플로레스섬의 기항지port of call[1]들은 모두 코모도섬에서 적당한 거

---

1 선박이 목적지로 가는 도중에 잠시 들르는 항구. - 옮긴이주

리에 자리잡고 있었다.

"이 배는," 나는 그 까만 곡선을 가리키며 물었다. "언제 떠나죠?"

"다음 배는," 직원은 선선히 대답했다. "두 달 후에 출발해요."

"두 달 후라면," 하를레스가 말했다. "우리가 영국에 도착한 지 3주 후네요."

"혹시," 나는 하를레스의 비관론을 묵살하며 물었다. "수라바야에서 코모도섬까지 직접 운항하는 소형 전세 선박은 없나요?"

"없어요." 직원은 잘라 말했다. "그리고 설사 전세를 내더라도 운항할 수 없을 거예요. 전세 선박은 엄청난 말썽의 소지가 있어서, 경찰이나 세관과 군대에서도 허락하지 않을 테니 말이에요."

항공회사 직원의 조언은 다소 도움이 되었다. 우리는 그의 도움에 힘입어, '북쪽으로 날아가 술라웨시섬Sulawesi의 마카사르Macassar로 가면 2주에 한 번씩 티모르섬Timor으로 운항하는 소형 항공기가 있는데, 그게 플로레스섬의 마우메레Maumere라는 곳을 경유한다.'라는 사실을 알게 되었다. 플로레스섬은 길이가 320킬로미터에 달하는 바나나 모양의 섬인데, 마우메레는 그 섬의 동쪽 끝에서 65킬로미터 이내의 거리에 있고, 코모도섬은 서쪽 끝에서 8킬로미터가 좀 넘는 곳에 있었다. 지도를 살펴보니 플로레스섬을 횡단하는 도로가 개설되어 있었다. 만약 마우메레에서 그 도로를 따라 우리를 데려다 줄 승용차나 화물차를 빌릴 수 있다면, 골치 아픈 문제가 해결될 듯싶었다.

우리는 마우메레에 대해 들어 봤다는 수라바야 주민들을 여럿 만났지만, 그곳에 가봤다는 사람은 단 한 명도 없었다. 가장 믿을 만한 소식통은 '마우메레에서 상점을 운영하는 먼 친척'이 있다는 중국인이었다.

"그곳에 자동차가 많나요?" 내가 중국인에게 물었다.

"물론이죠, 널린 게 자동차예요. 내 친척인 센Sen에게 전보를 쳐 줄게

데이비드 애튼버러의 동물 탐사기

요. 그가 모든 것을 준비해 줄 거예요."

우리는 그에게 깊은 감사를 표했다.

"참 수월하네요." 나는 그날 저녁 단에게 말했다. "먼저 마카사르로 날아가, 비행기를 갈아타고 마우메레에 도착해, 중국인 친구의 처남(또는 동서나 매부)을 만나서 화물차를 빌리고, 320킬로미터를 달려 플로레스섬의 서쪽 끝까지 가서, 카누 등을 섭외하여 8킬로미터의 해협을 건너면 코모도섬에 도착할 수 있어요. 마지막으로 남은 일은 왕도마뱀을 잡는 거예요."

━━━━

알고 보니 마카사르는 사면초가에 몰린 도시였다. 술라웨시섬의 대부분은(산악지대의 본거지에서 간헐적으로 도시 외곽지역으로 진출해 도시와 공항 사이를 오가는 화물차를 습격하기도 하는) 반란군의 지배하에 있었다. 암록색 전투복을 착용하고 스텐 기관단총sten-gun과 권총으로 무장한 군인들이 공항의 이곳저곳에 진을 치고 있었다. 우리는 출입국 관리 공무원들에게 정밀 조사를 받은 후, 무장 군인의 삼엄한 호위하에 도시로 나가 하룻밤을 보냈다.

다음날 하를레스, 사브란 그리고 나는 공항으로 돌아와 12인승 비행기로 갈아타고 다시 남동쪽으로 향했다. 비행기 밑으로 조그만 섬들이 꼬리에 꼬리를 물고 지나갔는데, 각각의 섬은 바싹 마른 갈색 풀로 뒤덮고, 녹색 야자나무가 점점이 박히고, 새하얀 산호 모래사장으로 둘러싸인 조그만 땅덩어리에 불과했다. 파도가 넘실대는 섬 주변의 얕은 바다는 산호 때문에 드문드문 연두색으로 물들었지만, 수심이 갑자기 깊어지면서 산호가 사라지는 바람에 바다의 색깔은 짙은 청록색으로 바뀌었다. 우리의 뒤로 하나둘씩 멀어지는 섬들은 모두 똑같아 보였고, 코모도섬과 사실상 구별할 수 없었다. 그러나 이 섬들에는 왕도마뱀이 없었다. 전 세계에서 왕도마뱀이 사는 곳은 코모도섬과 그 주변의 섬뿐이었다.

우리는 황옥색黃玉色 태양과 바다 사이 구름 한 점 없는 하늘을 계속 비행했다. 2시간 후, 눈앞의 수평선에는 우리가 방금 본 것들보다 큰 산이 나타났다. 그것은 플로레스섬이었다. 고도를 낮추는 동안, 우리의 발밑에서는 '산호가 카펫처럼 깔린 바다'가 점점 더 빠른 속도로 미끄러졌다. 잠시 후 뾰족한 화산이 보였다. 우리는 해안선과 하얀색 대형 교회 주변에 모여있는 초가집들을 죽 훑어보며, 풀이 무성한 활주로에 착륙했다.

우리가 착륙한 풀밭이 공식 활주로임을 알려주는 유일한 표시는 흰색으로 페인트칠된 건물이었다. 한 무리의 사람들이 건물 앞에 서서 우리가 도착하는 광경을 지켜보고 있었다. 그리고 건물 옆에는 대형트럭 1대가 서있었고 — 우리는 트럭을 보고 안도감을 넘어 가슴이 벅차올랐다 — 2명의 남자가 앞범퍼 위에 앉아있었다. 우리는 다른 탑승객들과 함께 조종사와 부조종사를 따라 건물로 들어갔다. 건물 안에서는 사롱 차림의 남자 10여 명이 우리를 무덤덤한 표정으로 바라보고 있었다. 신체 조건으로 볼 때, 그들은 우리가 아는 — 왜소한 체격과 직모直毛를 가진 — 자바인이나 발리인과 확연히 달랐다. 그들은 곱슬머리와 벌름한 코를 갖고 있었으며, 인도네시아인보다는 뉴기니나 남태평양 사람들과 더 비슷해 보였다. 한 소녀는 약모forage cap[2]와 기묘한 타탄tartan[3] 치마를 입고 있었는데, 추측하건대 항공사 직원인 듯했다. 그녀는 비행기 승무원들과 함께 즉시 양식을 작성하기 시작했다. 우리를 마중하러 나온 사람은 아무도 없었다. 우리의 수하물은 카트에 실린 채 도착해서 건물 바닥에 내려졌다. 탓 센That Sen이 수하물에 붙은 라벨을 보고 우리의 신원을 확인하기를 바라며, 우리는 짐

2　작업을 할 때 쓰는 모자. - 옮긴이주
3　색色창살 무늬 및 그런 무늬의 직물. - 옮긴이주

데이비드 애튼버러의 동물 탐사기

주변에서 서성거렸다.

"안녕하세요." 나는 앞의 사람들을 향해 인도네시아어로 크게 말했다. "투안 탓 센*Tuan That Sen*?"

벽에 기대선 소년들이 걱정스런 눈빛으로 우리의 장비, 하를레스, 나를 번갈아 쳐다봤다. 그중 한 명이 킥킥거렸다. 타탄 스커트 차림의 소녀가 활주로로 황급히 달려나가며 자신의 서류를 휘둘렀다.

우리를 무덤덤하게 바라보던 남자들 중 한 명이 정모正帽를 쓰며 자신이 세관원임을 밝혔다. 그는 우리의 수하물을 가리켰다. "당신들 건가요, 투안?" 나는 헤프게 웃으며, 비행기 안에서 혼자 예행연습했던 인도네시아어 문장을 구사하기 시작했다. "우리는 런던에서 온 영국 사람이에요. 안타깝게도 우리는 인도네시아어를 거의 못해요. 우리는 방송사에서 촬영하러 왔어요. 우리는 많은 서류를 갖고 있어요. 자카르타의 정보부에서 받은 서류, 싱가라자*Singaraja*의 소순다열도*Lesser Sunda islands* 주지사에게서 받은 서류, 런던 주재 인도네시아 대사관에서 받은 서류, 수라바야의 영국 영사에게서 받은 서류."

나는 각각의 당국을 언급할 때마다, 관련된 승인서나 통행증을 제시했다. 마치 맛있어 보이는 식사를 제공받은 굶주린 사람처럼, 세관원은 내가 내미는 서류를 넙죽넙죽 받았다. 그가 서류들을 소화하는 동안, 열린 출입구를 통해 뚱뚱한 중국인 한 명이 비지땀을 흘리며 바삐 들어왔다. 그는 우리를 향해 두 손을 내밀고 활짝 웃으며, 속사포 같은 인도네시아어를 목청껏 쏟아냈다.

나는 처음 몇 문장을 이해했지만, 속도가 워낙 빨라 이어지는 말을 도저히 따라잡을 수 없었다. 나는 2차례에 걸쳐 몇 개의 문장("우리는 런던에서 온 영국 사람이에요. 안타깝게도 우리는 인도네시아어를 거의 못해요.")으로 '말의 홍수'를 막으려 애썼지만 아무 소용이 없었다. 그래서 그가 이해할 수 없는 말을 늘어놓는 동안, 나는 넋을 놓고 그를 응시했다. 그는 꼬깃꼬깃하고 헐렁한 카키색 바지와 셔츠를 입고 있었으며, 말하는 동안 빨간 점박이 손수건으로 자신의 이마를 연신 훔쳤다. 가장 흥미로운 것은 그의 이마였는데, 그 이유는 두피의 앞 부분을 8센티미터쯤 깨끗이 밀었기 때문이다. 그로 인해 자연이 준 것보다 훨씬 더 넓은 이마를 갖게 되었으므로, 나는 그의 원래 모습을 재구성하려고 노력하는 데 여념이 없었다. 장담하건대, 까맣고 칫솔모처럼 뻣뻣한 그의 머리칼과 무성한 눈썹 간의 거리는 원래 1인치 미만이었을 것이다. 그의 말이 끝남과 동시에 나는 부질없는 망상을 멈추고 재빨리 현실로 돌아왔다.

"우리는 영국 사람이에요." 나는 서둘러 말했다. "런던에서 왔고요, 안타깝게도 인도네시아어를 거의 못해요."

그즈음 세관원은 우리의 서류 더미에 대한 정밀 검토를 완료하고, 우리의 수하물에 분필로 마구 휘갈겨쓰고 있었다. 탓 센은 씩 웃으며, "로스멘"이라고 외쳤다. 내가 알아듣지 못했음을 알고, 그는 '상황 파악 못하는 외국인'을 다루는 영국인들의 고전적 방법과 마찬가지로 나를 귀머거리 취급하기로 작정한 듯했다.

"로스멘!" 그는 내 귀에 대고 소리질렀다.

나는 그제서야 단어의 뜻—여관—을 기억해 내고, 하를레스, 사브란과 함께 우리의 짐을 끌고 건물 밖으로 나가 탓 센의 것으로 추정되는 대형트럭에 실었다. 트럭이 덜컹거리며 시가지에 진입하는 동안 우리는 조용히 앉아있을 수밖에 없었다. 왜냐하면 화물차에서 나는 소음 때문에 말을 할 수가 없었기 때문이다.

로스멘은 우리가 익히 아는 인도네시아의 여느 게스트하우스와 비슷했다. 시멘트로 지은 일련의 객실 앞에 기다란 베란다가 있고 각각의 객실에는 직사각형의 널빤지가 깔려있는데, 널빤지의 한쪽 끝에는 얇은 두루

데이비드 애튼버러의 동물 탐사기

마리 매트리스가 놓여있어서 침대로 사용할 수 있었다. 우리는 짐을 내려놓고 탓 센에게 돌아갔다.

우리는 사전을 이용한 대화를 통해 1시간 만에 상황을 파악했다. 탓센의 트럭은 마우메레에서 정상적으로 작동하는 유일한 차량이었으며, 도로 주행에 적합하도록 제작되었으므로 도로 여건이 양호한 라란토차 Larantocha에 수시로 다녀와야 했다. 라란토차는 마우메레에서 코모도섬과 정반대 방향인 동쪽으로 32킬로미터 떨어진 곳에 있었으며, 일주일은 지나야 돌아올 수 있었다. 그의 트럭이 없으면 플로레스섬 동부의 수송 시스템이 마비되므로, 코모도섬 여행을 빌미로 그것을 서쪽으로 징발하는 것은 상상조차 할 수 없었다. 탓 센은 웃으며 나의 등을 두드렸다. "트럭 걱정은 하지 말아요." 하를레스, 사브란, 나는 우울한 표정으로 서로를 마주봤다. "아무 걱정 말아요." 탓 센은 다시 말했다. "내게 좋은 생각이 있어요. 플로레스섬에는 색색 가지 호수가 있어요. 아주 유명해요. 게다가 매우 아름다워요. 그러니 왕도마뱀일랑 잊고 호수를 촬영하세요."

우리는 탓 센의 제안을 한 귀로 흘려들었다. 코모도섬으로 가는 또 다른 방법은 배를 타는 것이었다. "마우메레 항구에 가면 소형 모터보트를 구할 수 있지 않을까요?"라고 탓 센에게 물었더니, 어림도 없다는 대답이 돌아왔다. "그렇다면, 고기잡이용 소형 프라우선prau⁴은 어떨까요?" 탓 센은 반신반의하는 듯한 표정을 지었다. 그러더니 우리가 그의 친절과 인내에 감사하기도 전에, 프라우선을 알아보겠다며 털털거리는 트럭을 몰고 나갔다.

그는 그날 저녁 늦게 다시 나타났다. 트럭에서 내려 이마의 땀을 닦고는 만면에 미소를 지으며 말했다. "모든 일이 잘 해결되었어요." 그는 이

---

4 인도네시아 지방의 쾌속 범선. - 옮긴이주

렇게 덧붙였다. "모든 어선들이 바다에서 조업 중이었는데, 운 좋게도 한 척의 프라우선이 아직 항구에 정박하고 있지 않겠어요? 그래서 선장님을 직접 모셔 왔으니, 코모도섬 탐사계획을 의논해 보세요." 선장은 왠지 구린 데가 있어 보이는 남자로, 사롱을 입고 까만색 핏지*pitji*를 머리에 쓴 차림이었다. 그는 긴 말을 하지 않고, 탓 센이 하는 말에 고갯짓 ─끄덕끄덕 또는 도리도리 ─ 으로만 응수했다. 그의 시선은 대체로 바닥에 고정되어 있었다.

우리가 알기로, 마우메레에서 코모도섬을 향해 무역풍이 불고 있었다. 그래서 우리는 "만약 코모도섬에 데려다주면, 왕도마뱀을 생포한 후 무역풍을 등에 지고 서쪽으로 계속 항해해서 숨바와섬에 도착한 다음 비행기로 갈아타고 싶다."라고 제안했다. 선장은 고개를 끄덕였다. 이제 남은 문제는 운임밖에 없었다. 우리는 흥정할 입장이 아니었다. 왜냐하면 탓 센과 선장 모두 '세 사람은 코모도섬에 가기로 결정했으며, 선장의 배가 없다면 그곳에 도착할 수 없다.'라는 사실을 잘 알고 있었기 때문이다. 최종적으로 합의된 금액은 극단적으로 높았으며, 선장은 흐뭇한 표정으로 다음날 떠나자고 말하며 자리를 떴다.

우리는 할 일이 많았다. 마우메레 경찰서를 방문하고, 항구의 세관원을 달래고, 왕복 항공권을 취소해야 했기 때문이다. 마지막으로 우리는 여행용품을 구입하기 위해 탓 센의 가게에 전화를 걸었다. 선장이 요구한 운임이 대부분의 예산을 집어삼켰으므로, 우리는 약간의 예비비를 남기기 위해 물품 구입을 자제해야 했다. 자바섬으로 돌아가기 전에 재정 위기가 닥치지 말란 보장이 없었기 때문이다. 우리는 몇 가지 사치품 ─ 콘비프 corned beef[5] 통조림, 연유, 말린 과일, 마가린, 초콜릿 ─ 을 구입했지만, 주

---

5 소금물에 절인 소고기 - 옮긴이주

데이비드 애튼버러의 동물 탐사기

요 구입품은 쌀 1포대가 전부였다. 선장이 항해하는 동안 신선한 물고기를 많이 잡아 줄 테니, 쌀만 있으면 몇 주 동안 배불리 먹을 수 있다는 탓 센의 말을 철석같이 믿었기 때문이다.

다음날 늦은 오후, 우리는 구입한 물품을 모두 챙겨 항구에 도착했다. 선장은 그곳에 없었지만, 탓 센이 2명의 선원 — 핫산Hassan과 하미드Hamid — 을 우리에게 소개해줬다. 그들은 모두 14살짜리 소년이었고, 선장과 마찬가지로 직모에 뚜렷한 이목구비를 가지고 있었다. 그들은 체크무늬 사롱을 입고 있었는데, 우리를 도와 짐을 실을 때 주홍색 블루머bloomer[6]가 언뜻 드러났다.

프라우선은 우리가 예상했던 것보다 훨씬 더 작아 길이 7.5미터에 돛대가 하나인 범선이었다. 대나무로 만든 아래활대에서 삼각형의 주돛 mainsail이 흔들리고 있었고, 아래활대의 하단 모퉁이에는 조그만 앞돛foresail이 달려있었다. 돛대 바로 뒤에는 용마루가 낮은 지붕을 얹은 선실이 있었다. 갑판에서 지붕 꼭대기까지의 높이가 90센티미터를 넘지 않았으므로, 무릎을 꿇고 기어가지 않으면 선실에 들어갈 수 없었다. 선실 바닥에는 3개의 널빤지 위에 대나무 돛자리가 깔려있는데, 말려 올라온 돛자리 밑으로 쩍 갈라진 널빤지가 드러났다. 우리는 장비를 들고 선실을 통과해 선창hold[7]으로 들어간 다음, 선저船底[8]에 쌓인 산호석coral rock 더미 위에 내려 놓았다. 산호석 더미는 선저에서 밸러스트ballast[9]의 역할을 수행했을 뿐만 아니라, 장비를 선저에 고여 찰랑거리는 오수汚水 위로 떠받치는 받침대 구실을 톡톡히 했다. 선창에는 악취가 진동했는데, 그 주범은 '오래된 소금

---

6 여성·아동용 짧은 바지 - 옮긴이주
7 배의 갑판 밑에 있는 짐칸. - 옮긴이주
8 배의 밑바닥. - 옮긴이주
9 선박의 균형을 잡기 위해 바닥에 놓는 중량물. - 옮긴이주

물, 콜라나무 열매, 부패한 소금에 절인 생선'의 혼합물이었다. 우리는 모든 짐을 적재한 후 안도의 숨을 내쉬었다.

선장은 늦은 저녁이 되어서야 다시 나타났다. 셴은 부두에 서서 여전히 이마의 땀을 닦고 있었다. 우리가 셴에게 두 번 세 번 감사하는 동안, 핫산과 하미드는 돛을 올렸고 선장은 키의 손잡이를 잡고 있었다. 우리는 출항을 위해 밧줄을 풀어 던졌다.

저녁 날씨는 쾌청했다. 신선하고 강한 바람에 힘입어, 작은 배는 파도가 일렁이는 바다를 가르며 쏜살같이 나아갔다. 하를레스는 자원해서 앞갑판에서 잠을 청했고, 사브란과 나는 선실의 대나무 돛자리 위에서 핫산, 하미드와 함께 잠자리에 들었다. 하를레스는 소나기 때문에 잠에서 깨어날 위험을 감수해야 했다. 설상가상으로, 앞돛이 바람을 받을 때마다

프라우선에서 밥을 짓고 있는 사브란

　　　　　　　　　데이비드 애튼버러의 동물 탐사기

그의 얼굴 위 30센티미터 지점에서 흔들리는 아래활대가 그의 머리를 강타할 수도 있었다. 그는 그 대가로 신선한 공기를 들이마실 수 있었는데, 그 기쁨은 선창에서 나는 썩은 생선 냄새로 가득 찬 선실 내부에서 새우잠을 자는 사람들이 상상조차 할 수 없는 것이었다. 그러나 우리 중에서 투덜대는 사람은 아무도 없었다. 그도 그럴 것이, 방법이야 어찌됐든 목적지를 향해 가고 있었기 때문이다.

이상한 소리에 놀라 잠에서 깨어났을 때, 나는 배가 천천히 움직이는 것을 보고 바람이 약해졌음을 직감했다. 선실의 출입구를 통해, 나는 구름 한 점 없는 하늘에서 반짝이는 남십자성을 볼 수 있었다. 잠시 후, 나를 잠에서 깨웠던 소음이 다시 한 번 들렸다. 그것은 끔찍한 으드득 소리로, 배를 떨리고 휘청거리게 만들었다. 출입구를 더듬으며 갑판으로 나갔더니, 하를레스가 이미 잠에서 깨어나 배의 측면을 유심히 살펴보고 있었다.

"우리 배가," 그는 담담하게 말했다. "산호초에 걸렸어요."

나는 키의 손잡이 위에 엎어져 있는 선장에게 고함을 질렀다.

그는 어찌된 일인지 꿈쩍도 하지 않았다. 나는 배꼬리 쪽으로 신속히 기어가 그를 흔들었다. 그는 눈을 뜨더니, 책망하는 눈빛으로 나를 바라봤다. "아두, 투안." 그는 말했다. "그러지 말아요."

"저기 좀 보세요." 배가 또 한 번 으드득 소리를 내며 흔들렸을 때, 나는 배의 측면을 가리키며 기를 쓰고 소리쳤다.

선장은 자신의 오른쪽 귀를 톡톡 두드렸다. "이쪽 귀가 신통치 않아서," 그는 불만스럽게 말했다. "잘 들리지 않아요."

"우리가 암초에 걸렸다고요." 나는 필사적으로 그의 왼쪽 귀에 대고 소리쳤다.

"그쪽 귀도 마찬가지예요."

선장은 신경질을 내며 일어나 핫산과 하미드를 깨웠다. 둘은 배의 측면에 놓인 기다란 대나무 막대기를 꺼내서 암초를 떠밀기 시작했다. 달빛이 충분히 밝아, 해수면 아래 몇 미터 깊이에 있는 산호의 납작한 부분과 튀어나온 부분을 분간할 수 있었다. 바닷물에서는 인광燐光이 번득이고 있었는데, 배가 반작용에 의해 밀려나며 산호와 마찰될 때마다 으스스한 초록색 빛이 퍼져 나왔다.

10분에 걸친 사투 끝에, 배는 부드럽게 흔들리며 깊은 물로 접어들었다. 소년들은 선실로 돌아가 누웠고, 선장은 키 손잡이 옆에 웅크리고 앉아 사롱을 뒤집어쓴 채 다시 잠들었다.

이 사건은 하를레스와 나를 불안하게 만들었다. 수심 깊은 바다를 항해할 때는 아무런 위험이 없었지만, 암초가 많은 구역을 통과할 때는 신경이 곤두섰다. 그리고 나는 선장에 대한 신뢰가 무너져 노이로제에 걸렸다. 다시 잠을 이루기가 어려워졌으므로, 우리는 갑판 위에 앉아 두런두런 이야기를 나눴다. 그러기를 몇 시간, 멀리 수평선 위로 커다란 섬의 형태가 어슴푸레하게 떠올랐다. 우리의 머리 위에서는 돛이 한가하게 펄럭였고, 배는 큰 너울에 휩싸여 오르내림을 반복했다. 어딘가에서 나타난 조그만 집도마뱀붙이chi-chak gecko가 돛대로 기어올라가 갑자기 소리를 질렀다. 그런 악조건 속에서도 우리는 마침내 다시 잠들었다.

얼마 후 눈을 떴을 때, 간밤에 보였던 섬은 6시간 전과 정확히 동일한 위치에 있었다. 배가 그동안 조금도 움직이지 않은 것이었다. 우리는 그날 하루 종일 정지한 채, 푸른 유리 같은 바다 위에서 천천히 맴돌았다. 우리는 앉아서 담배를 피우며 담배꽁초를 뱃전 너머로 연신 던졌으므로, 그날 저녁이 되자 우리가 머물고 있던 잔잔한 바닷물은 온통 담배꽁초로 뒤덮였다. 우리는 눈앞의 섬을 노려봤고 핫산과 하미드는 계속 잠만 잤다. 선장은 키 손잡이 옆에 등을 대고 누워, 두 손으로 머리를 받치고 멍하니 하늘만 쳐다봤다. 그는 간혹 아무 생각 없이 팔세토(가성) 창법으로 요란한 소리를 내질렀다. 나는 그게 일종의 노래라고 생각했지만, 몇 시간이 지난 후 짜증내는 소리에 불과하다는 사실을 알게 되었다. 그렇게 하루를 보내고, 두번째 밤을 맞이했다.

다음날 아침에도 섬은 정확히 같은 위치에 그대로 있었다. 우리는 그 섬이 꼴 보기 싫어졌다. 우리는 하루 종일 갑판 위에 누워, 한 줄기 바람이 불어와 삭구rigging[10]에 힘없이 매달린 돛을 흔들어주기만을 기다렸다. 전날 버린 담배꽁초들은 우울하게도 겨우 몇 발자국 떨어진 곳에 떠있었다. 작열하는 태양 아래서, 하를레스와 나는 발을 뱃전 너머로 뻗어 미지근한 물에 담근 채 누워있었다. 사브란은 요리에 열중하고 있었다. 배의 유일한 민물은 커다란 사기병에 담겨, 선실의 나무 벽에 밧줄로 묶여있었다. 주둥이에 뚜껑이 씌워져 있었음에도 불구하고, 병 속에는 꿈틀거리는 모기 유충이 가득했다. 우리가 꼼짝 않고 누워있는 동안, 병은 햇볕에 달궈지는 바람에 만지기도 어려웠거니와 그 속에 들어있는 물은 뜨뜻미지근해서 청량감을 기대할 수 없었다. 사브란은 섭씨 100도로 가열하고 몇 알의 멸균용 알약을 넣은 다음 설탕과 분말커피를 추가해 그 물을 위생적이고 마시기 좋게 만들었다. 운 좋게도 더위가 갈증을 일으켰으므로, 그가 준 커피의 맛에 아무런 이의를 제기하지 않았다. 그러나 사브란이 4번 연속해서 평범하고 간소한 쌀밥을 내놓았을 때, 나는 급기야 입맛을 잃고 말았다.

나는 배꼬리 쪽으로 기어가 배꼬리에 누워 발작적으로 한바탕 노래 부르고 있는 선장에게 말을 걸었다.

"선장님," 나는 말했다. "우리는 몹시 배가 고파요. 혹시 물고기를 잡아 줄 수 있나요?"

---

10 배에서 쓰는 로프나 쇠사슬 따위를 통틀어 이르는 말. - 옮긴이주

프라우선의 갑판에서 영상을 촬영하는 하를레스

"안 돼요." 선장이 대답했다.

"왜요?"

"낚싯바늘도 없고 낚싯줄도 없어요."

나는 분개했다. "그러나 투안 탓 센은 당신이 어부라던데!"

선장은 코를 훌쩍이며 오른쪽 입꼬리를 올렸다.

"아니에요." 그가 말했다.

그것은 우리의 식재료 준비에 큰 타격을 준 폭탄 발언일 뿐만 아니라 불가사의한 발언이었다. 만약 어부가 아니라면 뭘까? 나는 추가적인 질문으로 그를 추궁했지만, 더 이상의 정보를 얻을 수가 없었다.

나는 하를레스의 곁으로 돌아가, 평범하고 간소한 쌀밥 한 냄비를 나눠 먹었다.

데이비드 애튼버러의 동물 탐사기

식사를 마친 후, 하를레스와 나는 뜨거운 태양을 피해 선실로 들어갔다. 딱딱한 대나무 조각 위에 반라로 누워 땀을 흘리는 게 여간 불편하지 않지만 달리 대안이 없었다. 그때 멀리서 들려온 분수공blowhole을 통해 숨을 들이쉬고 내쉬는 소리가 나를 무기력감에서 해방시켰다.

밖을 내다보니, 300미터 밖에서 대규모 돌고래 떼가 뛰놀고 있었다. 활력에 넘쳐 물결 속에서 뛰어올라 허공을 가르는 돌고래들의 몸짓이 축구장만 한 크기의 바다를 새하얗게 물들였다. 활력이 부족한 일부 돌고래들은 이마로 해수면을 가르며, 분수공으로 들이쉬고 내쉬는 커다란 콧바람(방금 나를 무기력감에서 해방시킨)으로 폐를 깨끗이 했다. 처음에 선실에서 움직이지 않고 조용히 누워서 바라봤을 때는 우리를 지나치는 것 같았지만, 우리가 쳐다보자 돌고래 떼는 눈에 띄게 진로를 바꿔 우리를 탐색하러 왔다. 그들은 불과 수 초 만에 우리를 완전히 에워쌌다. 우리는 뱃전에 매달려, 시시각각 색조가 변하는 반투명한 초록빛 물보라 사이로 뱃머리 주위에서 신이 나서 뛰노는 돌고래들을 관찰했다. 그들은 매우 가까이 다가와 물속을 헤집고 다녔으므로, 그들의 몸 구석구석 ─부리 같이 생긴 입, 이마에 뚫린 크고 시커먼 분수공, 우리를 짓궂게 바라보는 유머러스한 눈─을 자세히 관찰할 수 있었다.

돌고래들은 약 2분 동안 우리 주위에서 생기발랄하게 뛰놀았다. 그리고는 분수공으로 물방울을 내뿜고 물살을 가르며 수평선상의 섬을 향해 멀어져 갔다. 우리는 아쉬운 시선으로 그들을 좇으며 바다의 고요함을 다시 한 번 원망했다. 저녁이 되자 우리의 돛은 조금씩 펄럭였다. 배 밖에서는 배꼬리에서 시작된 담배꽁초의 행렬이 꼬리에 꼬리를 물고 이어졌다. 이윽고 미풍이 강풍으로 바뀌었고 태양이 수평선에 가까이 내려감에 따라, 배는 거칠어지는 바다에서 요동치고 물살을 맞으며 앞으로 나아가기 시작했다. 커다란 파도가 뒤쫓아와 우리를 덮치기 시작했다. 파도에 한 번 뒤덮일 때마다 조그만 배의 배꼬리가 높이 치솟았는데, 그 여파로 뱃머리 쪽의 제1사장bowsprit[11]이 물속 깊숙이 잠기곤 했다. 파도가 지나가고 나면, 배가 제자리로 돌아오며 물에 젖은 앞돛을 다시 치켜올렸다. 그날 밤 선실에서 잠자려고 누웠을 때, 육중한 아래활대가 흔들리면서 돛대를 옥죄어 술 취한 트롬본 연주자 같은 시끄러운 소리를 냈다. 그건 내가 오랫동안 들어 봤던 소음 중에서 가장 달콤했다.

바람은 다음날 하루 종일 강하고 순조로웠다. 좌현을 바라보니, 플로레스섬의 해안이 수평선을 따라 마치 기다란 리본처럼 펼쳐져 있었다. 때마침 날치 떼가 뱃머리를 가로질러 갔다. 그들은 파도를 타고 오르다, 파도가 부서지기 전에 물마루crest[12]를 박차고 나와 파랗고 노란 가슴지느러미를 펼쳐 하늘을 훨훨 날았다. 날치 떼는 한 번에 20미터까지 활공했는데, 재빨리 방향을 바꾸며 파도 사이에서 곡예비행을 했다. 대규모 날치 떼가 지나갈 때, 이 아름다운 피조물의 잽싸고 굽이치는 경쾌한 비행 덕분에 움직이는 파도의 골은 마치 살아 꿈틀거리는 것처럼 보였다.

우리는 '항해 장면을 필름에 담아야 한다.'라는 양심의 소리에 귀를 기울였다. 하를레스는 선창으로 기어내려가 카메라를 조립했다. 이때 선장은 갑판에 웅크리고 앉아 키 손잡이에 무기력하게 기댄 채, 직사광선으로부터 머리를 보호하기 위해 사롱을 뒤집어쓰고 있었다. 프라우선이 파도 속에서 요동칠 때마다 거품투성이 바다가 그의 뒤에서 출렁거렸다. 그는 사진 촬영에 딱 알맞은 피사체였다.

"선장님," 내가 말했다. "사진 한 장 찍어 드릴까요?"

그는 깜짝 놀라며 활기를 띠었다.

"아뇨, 안 돼요!" 그는 강력하게 말했다. "사진 찍지 말아요. 난 사진을

---

11 앞돛대의 밧줄을 묶도록 배의 앞부분으로 돌출시킨 장대. - 옮긴이주
12 파도의 최고점. 최저점은 골trough이라고 한다. - 옮긴이주

데이비드 애튼버러의 동물 탐사기

싫어해요."

선장의 성격을 둘러싼 의문은 더욱 깊어졌다. 우리가 만난 인도네시아 사람 중에서 사진 찍기를 마다한 사람은 그가 처음이었다. 우리가 요령 없이 행동했을 수도 있지만, 그의 사진 촬영 거부는 납득하기 힘들었다. 나는 실례—만약 실례한 게 있다면—를 만회하기 위해 그에게 아양을 떨었지만, 하를레스는 다른 피사체로 눈을 돌렸다.

"순풍을 만났네요." 나는 구름 한 점 없이 파란 하늘을 배경으로 하얗게 부푼 돛을 바라보며 의례적으로 말했다.

선장은 앓는 소리를 내더니, 눈을 가늘게 뜨고 앞을 똑바로 쳐다봤다.

"이 정도의 바람이라면 내일 코모도섬에 도착할 수 있겠죠?" 내가 물었다.

"아마도." 선장이 대답했다.

그는 잠시 멈췄다 코를 킁킁대더니, 자신의 십팔번인 팔세토 창법으로 함성을 질러댔다. 나는 그것을 '이야기 다 끝났으니 정상 업무로 복귀합시다.'라는 핀잔으로 받아들였다.

그날 밤은 바다에서 맞이한 네번째 밤이었다. 나는 코모도섬으로 다가가고 있다고 확신했고, 다음날 아침에 일어났을 때 '코모도섬이 보인다.'라는 소식을 들을 수 있으리라 기대했다. 그러나 웬걸. 애타는 마음으로 수평선을 훑어봤지만 눈앞에 보이는 것은 남쪽 수평선에 길게 늘어선 플로레스섬의 울퉁불퉁한 윤곽선밖에 없었다.

선장은 선실 옆 갑판 위에 놓인 통나무 카누 속에서 졸고 있었다.

"선장님," 내가 말했다. "코모도섬까지 몇 시간 남았나요?"

"알 수 없어요." 그는 볼멘소리로 대답했다.

"코모도섬에 가 본 적 있어요?" 나는 성의 있는 답변을 이끌어낼 요량으로 다그쳐 물었다.

"벨룸*Belum*." 선장이 말했다.

벨룸은 생전 처음 듣는 단어였으므로 나는 선실로 기어들어가 말레이어 사전을 뒤졌다. 사전에는 다음과 같이 적혀있었다. "*Belum*: 아직 ~하지 않다." 끔찍한 회의감이 내 마음을 엄습했다. 내가 선실 밖으로 기어나왔을 때 선장은 다시 잠들어 있었다.

나는 그를 살살 흔들어 깨웠다. "선장님, 코모도섬이 어디에 있는지 아세요?" 나는 물었다.

그는 자세를 바꿔 더욱 편한 자세로 누웠다. "난 몰라요. 투안이 잘 알잖아요."

"여보세요," 나는 크고 단호하게 말했다. "난 모른다고요."

그는 순식간에 앉은 자세로 전환했다. "아두!"

나는 선실로 돌아가 지도 모음집을 뒤짐과 동시에, 돛에 심취해 예술작품 뺨치는 클로즈업 사진을 촬영하던 하를레스를 불러들였다. 우리가 지닌 코모도섬에 관한 지도는 2장뿐이었다. 하나는 해운회사에서 얻은 대형 인도네시아 전도全圖로, 코모도섬의 관점에서 보면 간략한 버전일 수밖에 없었다. 그 지도에서 코모도섬은 '약 3밀리미터'보다 작은 미세한 점으로 표시되어 있었다. 다른 하나는 코모도섬 자체에 대한 매우 자세한 지도였다. 그것은 내가 과학 논문에서 복사한 것으로, 코모도섬과 그 주변의 작은 섬들이 매우 자세히 표시되어 있었다. 그러나 거시적으로 보면 플로레스섬의 끄트머리에 불과하므로, 두번째 지도는 코모도섬이 우리의 시야에 들어올 때까지 사실상 무용지물이었다.

우리는 선장에게 인도네시아 전도를 보여줬다.

"선장님이 생각하기에 우리는 지금 어디에 있나요?"

"몰라요."

"독도법讀圖法을 모르는군요." 하를레스가 말했다.

데이비드 애튼버러의 동물 탐사기

나는 지도 위의 섬들을 하나씩 손가락으로 짚으며 이름을 댔다.

"이해하겠어요?" 나는 상냥하게 물었다.

선장은 격하게 고개를 끄덕이며 보르네오섬을 손가락으로 짚었다.

"이게 코모도섬이에요." 그는 서슴없이 말했다.

"아니에요." 나는 슬픈 어조로 말했다. "아니길 천만다행이에요."

━━━━

그날은 하루 종일 약한 바람이 불었다. 참다 못한 하를레스와 내가 항법장치를 접수했다. 우리는 최소한 태양의 위치로부터 나방위$^{compass\ bearing}$[13]를 추정할 수 있었고, 밤이 되면 남십자성을 보며 배를 대충 조종할 수 있었다. 우리는 남쪽의 육지에 더욱 가까이 접근했다. 우리가 연안에서 마지막으로 바라보았던 육지의 풍경은 '산세가 매우 험하고, 협곡에는 숲이 우거졌으며, 좁고 평평한 해안은 코코넛야자로 뒤덮여있다.'라는 것이었다. 그러나 지금의 풍경은 사뭇 달라져 있었다. 산은 옅은 갈색 풀로 뒤덮인 낮고 둥그스름한 언덕으로 바뀌었고, 그 위에는 몇 그루의 키 큰 야자나무가 자라고 있어서 마치 여자의 머리에 듬성듬성 꽂혀있는 거대한 황록색 해트핀^{hatpin}[14]들을 보는 것 같았다. 그럼에도 불구하고, 우리는 여전히 그것이 플로레스섬이라고 가정하기로 했다. 우리가 지난밤에 코모도섬을 지나쳐 숨바와섬 앞바다에 진출 — 이건 거의 불가능해 보였다 —한 게 아니라면, 플로레스섬 말고 다른 섬을 상상할 수는 없었다.

정오쯤 되니 무리를 이룬 섬들이 눈앞에 나타나 우리를 당황스럽게 했다. 우현의 북쪽에 보이는 섬들은 성기게 흩어져 있었는데, 그중에서 가

---

13 나침반의 나북$^{compass\ North}$을 기준으로 시계방향으로 360도까지 측정해 모든 방향을 3자리의 숫자로 표시하는 것. - 옮긴이주

14 주로 여성용 모자에 이용하는 여밈 핀. 긴 바늘 모양의 것이 많으며, 머리부분에 장식을 붙여서 머리를 꾸미거나 모자를 머리에 고정하기 위해 사용된다. - 옮긴이주

장 가까운 것은 산호초로 둘러싸인 작은 땅덩어리에 불과했고, 가장 먼 것은 수평선에 돌출한 혹에 불과했다. 그러나 남쪽에 나타난 섬들은 더욱 빽빽이 모여있었다. 안개로 뒤덮인 아련한 해수면 위에, '수직으로 깎아지른 절벽'과 '들쭉날쭉한 원뿔 모양 봉우리'와 '기상천외한 형태를 가진 불규칙한 산맥'이 꼬리에 꼬리를 물고 나타났다. 사정이 이러하다 보니 '하나의 섬이 끝나고 다른 섬이 시작되는 지점'을 알 수가 없었고, 어떤 후미inlet[15]가 '좁고 구불구불한 해협의 어귀'이고, 어떤 후미가 '단순히 깊은 만'인지 여부를 판단할 수가 없었다. 우리는 주먹구구식으로 2개를 골라 하나를 코모도섬의 끝을 의미하는 해협으로, 다른 하나를 코모도섬의 유일한 안전 정박지인 널따란 만으로 통하는 수로로 간주했다.

공교롭게도 우리는 시간이 많아서 성급한 결정을 내리지 않아도 되었다. 왜냐하면 당황스러운 미로에 들어서자마자 바람이 약해지는 바람에, 매끈한 유리 같은 바다에서 꼼짝 말고 머물러야 했기 때문이다.

수심이 얕았으므로, 우리는 왜곡되어 보이는 잔물결을 통해 배 밑에 산호가 우거져 있다는 사실을 알 수 있었다. 하를레스와 나는 안면 마스크와 호흡관을 착용하고 바닷속으로 다이빙했다. 우리는 잠영潛泳을 한 경험이 있었으므로 바닷속 별천지 —규모, 색깔, 소리, 움직임이 전혀 다른 세계—에 들어간 느낌이 생소하지는 않았다. 그러나 산호초의 장관은 우리의 상상을 초월했다. 우리는 수정 같은 물속에 잠겨 육신과 중력의 굴레에서 해방되었다. 우리의 밑에서는 둥글거나 뾰족하거나 빛살 모양의 분홍색, 파란색, 하얀색 산호가 군생群生하고 있었는데, 그중 어떤 것은 조촐한 돌무더기를 연상시켰고 어떤 것은 표면이 뇌의 표면처럼 구불구불하고 울퉁불퉁한 거대한 바위를 연상시켰다. 돌무더기나 바위 모양의 산호

---

15 바다의 일부가 육지 속에 깊숙이 들어간 곳을 말하며, 침식에 의해 기복이 생긴 육지가 침강하면 골짜기 부분에 바닷물이 밀려들어 후미가 만들어진다. - 옮긴이주

군락 사이에는 몇 개의 고립된 자유생장군체free-growing colony들이 마치 하얀색 정찬용 접시들처럼 여기저기 흩어져 있었다.

산호 위에는 자주색 부채꼴산호sea fan[16]가 가지를 치고 있었고 여기저기서 말미잘이 관찰되었는데, 말미잘의 크기는 차가운 바닷속에서만 말미잘을 봤던 사람들은 상상할 수 없을 만큼 컸다. 여러 가지 색을 가진 말미잘의 촉수는 수 피트feet에 달하는 융단을 형성했는데, 해류가 지나갈 때 산들산들 흔들리는 장면은 '바람 부는 옥수수밭'을 연상시켰다.

생생한 군청색의 불가사리들이 빽빽한 산호 사이의 하얀 모래를 울긋불긋하게 장식했고, 악명 높은 대왕조개들은 4분의 3이 모래 속에 파묻힌 채 주름 잡힌 턱[17]을 딱 벌리고 연둣빛의 다육질 외투막을 드러냈다. 내가 막대기로 대왕조개 하나를 건드렸더니 소리 없이 턱을 다물며 마치 바이스vice[18]처럼 막대기를 꽉 움켜잡았다. 대왕조개와 불가사리 사이에는 까만색 바탕에 분홍색 점이 박힌 해삼들이 누워있었다. 그리고 물속에는 물고기가 떼 지어 모여있었다.

처음에는 산호초에 사는 다채로운 생물들이 마구잡이로 분포하는 것처럼 보였지만, 우리는 얼마 지나지 않아 모종의 패턴을 어렴풋이 인식하기 시작했다. 강렬하고 눈부신 파란색이 거의 백열광을 내는 듯한 아주 조그만 물고기는 물고기 중에서 가장 멋진 종류 중 하나로, 성긴 산호 군락 사이의 계곡에만 출몰했다. 그의 이름은 에메랄드패럿피쉬emerald parrotfish로, 턱에는 노란색 정맥이 대리석 무늬처럼 새겨져 있었고, 분홍빛 사슴뿔산호staghorn coral 사이에서만 머물렀다. 그곳에서 그들은 조그만 입을 이용해,

---

16 산호충강 가운데 가장 단순한 군체로, 폴립(산호충)의 아랫부분은 뿌리와 같은 모양이다. 열대와 온대의 얕은 바다에 산다. - 옮긴이주

17 조개껍질의 입처럼 벌어지는 쪽을 묘사한 것으로, 정식 명칭은 전연前緣(앞모서리) 또는 배쪽 가장자리ventral margin다. - 옮긴이주

18 기계공작에서, 공작물을 끼워 고정하는 기구. - 옮긴이주

자신들의 주식主食인 산호충coral polyp을 조금씩 물어뜯었다. 에메랄드패럿피쉬보다 더 작고 우아하게 생긴 그린피쉬green fish는 20마리 넘게 떼 지어 다녔는데, 각각의 무리는 자신들만의 특정한 모래사장을 가지고 그 위에서만 맴돌았다. 그들은 우리가 접근하자 달아났지만, 지나친 후 뒤돌아보니 자신들의 영토에 진지를 다시 구축했다. 에메랄드패럿피쉬보다 조그만 오렌지색 담셀피쉬damselfish는 말미잘 촉수가 숲을 이룬 곳에서만 발견되었다. 불가사의하게도, 담셀피쉬는 촉수에 찔려 죽는 일 없이 자유롭게 움직일 수 있다. 담셀피쉬를 제외하면, 말미잘의 촉수에 감히 접근하는 물고기들은 죽음을 면하기 어려웠다.

얼마 후 바람이 불어오면서 우리의 수중 탐사는 중단되었다. 우리의 조그만 프라우선은 다시 한 번 순풍에 돛을 올리고 서쪽으로 항해하기 시작했다. 그러나 산호초와 너무 빨리 이별하는 게 아쉬웠으므로, 우리는 뱃전 너머로 밧줄 올가미를 던진 다음 해수면 아래로 내려가 밧줄에 매달렸다. 우리는 배에 서서히 끌려가며 발 아래에 펼쳐진 산호 정원coral garden을 감상했다. 1미터 전진할 때마다, 우리가 인식하기 시작한 패턴의 경이로운 변주가 펼쳐졌다. 잠시 후 산호는 우리의 발 밑으로 점점 더 멀어졌고, 진녹색 물이 갑자기 짙은 쪽빛으로 바뀌면서 해저는 보이지 않는 심연 속으로 사라졌다. 깊은 바다에는 상어가 있었기에 우리는 애석한 마음으로 배에 올랐다.

———

우리는 뜨거운 갑판 위에 앉아 코모도섬의 상세 지도를 앞에 놓고, 다양한 형태의 퍼즐 조각들을 우리 주변의 무수한 섬들과 꿰어 맞추려고 애썼다. 선장은 아무런 도움도 되지 못한 채 우리 뒤에 쪼그리고 앉아, 우리의 어깨 너머로 숨을 헐떡이며 비관론과 당혹감을 토로했다.

데이비드 애튼버러의 동물 탐사기

마침내 우리는 우현에 보이는 작은 외톨이 섬 ―군도群島에서 멀리 떨어져 있는 섬 ― 이 상세 지도의 맨 꼭대기에 외따로 표시된 섬과 일치한다는 결론을 내렸다. 물론 '그 섬이 지도의 가장자리 밖에 위치할 수도 있으므로 우리의 결론은 부정확하다.'라는 가능성을 배제할 수 없었다. 그러나 우리는 제한된 자료를 이용해 최선의 결론을 도출했으므로, 그것을 루트 파인딩route-finding[19]의 기준으로 삼기로 했다. 우리는 드디어 코모도섬으로 통하는 수로의 입구로 여겨지는 '두 섬 사이의 틈'을 발견했다. 우리는 선장에게 그 틈으로 들어가도 되냐고 물었다. 그는 손바닥을 위로 해서 손을 내밀고는 어깨를 으쓱하며 말했다. "투안, 가능한 것 같아요. 하지만 잘 모르겠어요."

유일한 해결책은 직접 부딪쳐 보는 것이었다.

향후 3시간 동안 일어난 사건들은 인도네시아 탐사 여정에서 가장 기억하기 싫은 끔찍한 사건들이었다. 만약 우리가 지도를 좀 더 신중하고 현명하게 살펴봤다면 충분히 대비할 수 있었을 것이다. 플로레스섬, 코모도섬, 숨바와섬은 플로레스해Flores Sea를 인도양과 분리하는 수백 킬로미터에 달하는 열도列島의 일부였다. 열도에 존재하는 몇 안 되는 틈은 극도로 맹렬한 조석파tidal race[20]가 일어나는 곳이었다. 우리는 멋모르고 그런 위험천만한 틈새로 들어가고 있었던 것이다.

황혼이 지는 가운데, 우리가 남쪽으로 서서히 항해하는 동안 중간급 강풍이 불어와 돛을 잔뜩 부풀렸다. 우리는 마냥 행복했다. 왜냐하면 그날 밤 코모도만Komodo Bay에 닻을 내릴 거라는 꿈에 부풀었기 때문이다. 그런데 갑자기 돛이 삐걱대기 시작하더니, 출렁대는 파도가 뱃머리를 마구 흔

---

19 등산에서, 등반자가 등반할 코스를 직접 정하는 것. - 옮긴이주

20 기조력起潮力으로 부풀어오른 해수면 사이를 고체 지구가 자전하기 때문에 상대적으로 나타나는, 파장이 매우 긴 해파海波. 빠르게 흐르는 물결이 좁은 틈을 통과하면서 파도와 소용돌이, 위험한 해류의 형성을 일으킨다. - 옮긴이주

들며 위협적으로 울부짖었다. 불과 몇 미터 앞에서는 '남쪽으로 부는 맹렬한 바람'과 '북쪽으로 흐르는 조류' 사이의 갈등 때문에 이미 갈라진 바닷물이 소용돌이치며 꿈틀대고 있었다. 첫번째 소용돌이가 우리의 배를 휘감으며 모든 늑재timber[21]를 뒤흔들자, 배는 진로에서 20도 이상 이탈했다. 선장은 부리나케 뱃머리 쪽으로 달려가 제1사장 위로 뛰어올랐다. 그러고는 삭구를 꼭 붙든 채, 키 손잡이를 잡은 핫산을 향해 포효하는 바닷물 소리에 아랑곳하지 않고 지시사항을 외쳤다. 하를레스, 사브란, 나는 대나무 작대기를 단단히 움켜쥐고, 암초로부터 방어할 태세를 갖추고 서 있었다.

배가 워낙 맹렬히 흔들리고 휘청거렸으므로, 우리가 할 수 있는 일이라고는 마구잡이로 기우뚱하는 갑판에 발을 디디는 것밖에 없었다. 우리가 작대기를 이용해 필사적으로 암초를 떠미는 동안, 강력한 물살은 우리의 손에서 막대기를 낚아채려 했다. 총력전을 펼친 끝에 우리의 작은 배는 강풍에 떠밀려 소용돌이의 마수에서 벗어나 수심이 깊은 해역으로 진입했다. 그곳의 물결은 강력하고 여전히 위험했지만, 항해에 보탬이 되기 위해 우리가 할 수 있는 일은 아무것도 없었다. 그제서야 우리는 비로소 생각을 가다듬으며 공포에 떨기 시작했다. 곰곰이 생각해 보니, 그쯤 되면 뒤로 물러서는 것은 아예 불가능했다. 그도 그럴 것이, 바람이 바로 뒤에서 불고 있었으므로 후퇴하려면 돛을 접고 조석파에 몸을 내맡겨야 하는데, 그건 자살행위나 마찬가지였기 때문이다. 우리는 어쩔 수 없이 전진에 전념해야 했다. 불과 수 초 내에 두번째 소용돌이가 뱃전을 집어삼키자, 우리의 배는 기우뚱하며 걷잡을 수 없이 요동치기 시작했다.

1시간 동안 악전고투하며 우리는 바다에서 한시도 시선을 떼지 않았

---

21 선박의 늑골을 이루는 재료. - 옮긴이주

데이비드 애튼버러의 동물 탐사기

다. 다행스럽게도 우리의 프라우선은 흘수^{draught22}가 매우 얕았으므로 수많은 암초들을 타고 넘을 수 있었다. 해수면에 가까운 암초들이 우리를 파괴할 수 있었지만, 그 위에서 부서지는 크림 같은 파도에 의해 흔적이 드러났으므로, 핫산의 능숙한 조종술에 힘입어 능히 회피할 수 있었다. 강풍은 잠잠해지지 않았는데, 우리는 그 상태가 지속되게 해달라고 간절히 기도했다. 만약 강풍이 잦아든다면, 우리의 배는 밀려드는 조류에 맞서 일보도 전진할 수 없었기 때문이다.

마구 휘도는 바닷물이 우리를 지나쳐 가는 가운데, 팽팽히 부푼 돛은 '쾌속항진하고 있나 보다.'라는 착각을 일으켰다. 그러나 해안을 기준으로 측정한 우리의 전진 속도는 측은할 정도로 느렸다. 우리는 마침내 해협에서 가장 좁은 허리 부분을 통과했다. 눈앞의 수로가 넓어졌고, 소용돌이의 빈도는 줄어든 것 같았다. 그럼에도 불구하고 우리는 감히 해협의 한복판으로 진입하지 못했다. 바야흐로 어두워지고 있었으므로, 더 이상 '크림 같은 파도를 이용한 암초 포착하기'에 의존해 재난을 미리 회피할 수 없었기 때문이다. 선장은 해안에 바짝 붙어있기로 결정했다. 우리는 천천히 갑을 끼고 돌아 연안沿岸으로 들어갔는데, 그곳의 물결도 거칠었지만 방금 통과해 온 엄청난 소용돌이에 비하면 잔잔해 보였다. 모두 탈진해서 대나무 작대기에 기대고 있는 동안, 나는 '결국 오늘밤 코모도만에 도착하게 되겠구나.'라고 낙관했다. 그러나 웬걸. 눈앞에 자리잡은 조그만 갑에서 해안이 완만히 경사져 있었는데, 그곳에 도착하자 물살이 갑자기 거세어졌다. 우리의 배는 불안정한 상태에 놓여, 전진할 수도 후퇴할 수도 없었다. 우리는 온 힘을 다해 다시 한 번 삿대질을 하기 시작했다. 배는 처음에는 1피트(약 30.48센티미터)씩, 다음에는 1인치(약 2.54센

---

22 배가 물 위에 떠있을 때, 물에 잠겨있는 부분의 깊이. - 옮긴이주

티미터)씩 전진했다. 50미터를 남겨 두고 바다가 잠잠해진 것 같았다. 이 조그만 갑만 통과하면 우리의 역경은 끝날 것처럼 보였다. 그러나 이후로도 1시간 동안 더 삿대질을 해야 했다.

결국 우리는 기진맥진하여 삿대질을 포기하고, '조류의 힘'이 '돛에 작용하는 바람의 추진력'을 압도하도록 내버려뒀다. 배는 서서히 험악한 수직절벽이 드리운 작은 만을 향해 후퇴했고 천만다행으로 조류의 본류에서도 벗어났다. 우리는 기회를 놓치지 않고 배 밖으로 닻을 던졌다. 배가 바위 가까이로 표류할 경우를 대비해, 우리 중 둘은 대나무 작대기를 들고 보초를 섰다. 나머지 사람들은 갑판에 드러누워 잠이 들었다. 우리 옆의 섬이 코모도섬인지 아닌지 아는 사람은 아무도 없었다.

데이비드 애튼버러의 동물 탐사기

18. 코모도섬

첫번째 아침 햇살이 온 바다에 퍼져나갈 때, 나는 뻣뻣해진 사지를 펴고 지난밤의 막바지에 겨우 3시간 동안 잠을 이룬 갑판에서 몸을 일으켰다. 아직 보초를 서고 있던 하를레스와 핫산은 대나무 작대기를 든 채 선실의 지붕에 기대어 졸고 있었다. 그러나 조류는 이미 잔잔해졌으므로, 배가 물결에 휩쓸려 간밤에 우리를 위협했던 바위에 부딪힐 위험은 더 이상 없었다. 사브란은 끓이고 멸균한 짭짤한 커피를 주전자째 들고 돌아다니며 모닝커피 서비스를 제공했다. 감사한 마음으로 커피를 홀짝이는 동안, 우리 뒤의 수평선 위로 태양의 테두리가 붉거져 나오며 반쯤 벌거벗은 우리의 몸을 데웠다. 우리 앞에서는 까마득히 멀리 있는 흐릿한 산맥을 가렸던 3개의 들쭉날쭉한 섬들이 눈부신 햇살에 반짝였다. 왼쪽으로 3킬로미터쯤 떨어진 곳에서는, 거의 대칭적인 피라미드형 산으로 식별되는 해안선이 3개의 작은 섬들을 향해 뻗어나갔다. 그러나 해안선은 섬들과 만나기 전에 바닷속으로 들어가며 좁은 틈을 남겼는데, 추측하건대 그 틈은 인도양으로 통하는 관문인 것 같았다. 오른쪽에는 그동안 우리의 피난처였던 육지가 있었는데, 그게 코모도섬이기를 간절히 바랐다. 그 섬을 햇빛 아래서 본 것은 그날이 처음이었는데, 나는 우리의 머리 위로 솟아오른 가파르고 풀이 우거진 산비탈을 살펴보며, 바위 뒤에서 왕도마뱀이 비늘투성이 머리를 내미는 장면을 상상했다.

바람은 전혀 불지 않았다. 우리 모두는 대나무 작대기를 집어 들어, 서서히 삿대질을 하며 만灣에서 벗어났다. 해협의 한복판에서는 여전히 거센 조류가 흘렀고 배가 항해할 원동력이 되는 바람은 전혀 불지 않아 감히 수심이 깊은 곳으로 진입할 엄두를 낼 수 없었다. 그래서 삿대질을 계속하며 천천히 해안을 따라 돌았다. 하를레스와 나는 우리의 지도에 근거해, 작은 섬들의 장막이 코모도섬의 입구를 막고 감추는 게 틀림없다고 확신했다. 작은 섬들에 도착하려면 아직도 1.5킬로미터쯤 남았는데, 수심이 갑자기 얕아지며 배의 용골keel[1]이 바닥에 쓸렸다. 밀물이 되어 다시 띄워 줄 때까지, 배는 더 이상 나아갈 수 없게 되었다.

그러나 3시간 동안 죽치고 앉아 밀물을 기다린다고 생각하니 울화가 치밀어 견딜 수 없었다. 그래서 하를레스를 선장, 선원과 함께 배에 남겨 놓고, 사브란과 나는 조그만 통나무 카누를 타고 노를 저어 나아갔다. 우리의 목표는 작은 섬들 뒤에 만灣이 존재하는지 여부를 확인하는 것이었다.

우리는 해안에 가까이 접근했다. 물밑에는 산호가 두껍게 깔려있었고, 우리의 카누는 종종 불과 몇 센티미터 차이로 산호 위를 지나갔다. 어쩌다 한 번씩 거대한 바위언덕 같은 뇌산호brain coral 무리가 수면 위로 2~3센티미터만큼 드러났다. 만약 거기에 충돌한다면 작은 카누는 뒤집힐 게 뻔했고, 우리는 반라의 상태로 삐죽삐죽한 사슴뿔산호의 숲에 내동댕이쳐질 판이었다. 그러나 사브란은 카누의 달인이었다. 그는 위험을 훨씬 미리 파악하고 노를 잽싸게 저으며 방향을 틀어 안전한 경로로 나아갔다. 우리가 노를 젓는 동안 앞에서는 길이가 30센티미터쯤 되는 기다란 물고

---

1 선체船體의 중심선을 따라 배밑을 선수에서 선미까지 꿰뚫은 부재部材. - 옮긴이주

데이비드 애튼버러의 동물 탐사기

기들이 두세 마리씩 무리 지어 뛰어올라 수면을 따라 경쾌하게 달려갔다. 그들의 몸은 수면과 45도 각도를 유지했으므로, 꼬리만 물속에 남아 빠르게 진동하며 몇 미터를 나아가다 결국에는 앞으로 엎어지며 물속으로 사라졌다.

우리는 드디어 삼형제 섬에 도착했다. 그 중 맨 오른쪽 섬과 본섬 사이를 통과하니, 우리 눈앞에 크고 아름다운 만灣이 모습을 드러냈다. 그곳은 가파르고 삭막한 황갈색 민둥산으로 둘러싸여 있었다. 만의 건너편에는 하얗고 좁은 곡선이 자수정빛 바닷물을 에워싸고 있었는데, 아마도 백사장인 듯했다. 그 위로 솟아오른 언덕의 기슭은 짙은 녹색으로 물들어 있었다. 우리는 그게 야자나무숲일 거라고 추측했는데, 그 뒤에는 아마도 마을이 도사리고 있을 것 같았다. 우리는 부지런히 노를 저어, 만에서 비교적 수심이 깊은 곳을 가로질렀다. 이윽고 우리는 백사장에 놓인 아웃리거 카누outrigger canoe[2]와 야자나무 사이에 자리잡은 몇 채의 회색 초가집을 식별할 수 있었다. 마침내 우리는 '지난 며칠 동안의 항해가 올바르게 이루어졌다.'라는 명백한 증거를 확보했다. 우리는 그 섬이 코모도섬이라고 장담할 수 있었다. 왜냐하면 코모도섬은 주변의 섬 중에서 유일한 유인도이기 때문이었다.

몇 명의 발가벗은 어린이들이 바닷가에 서서, 카누를 끌고 백사장으로 올라오는 우리를 지켜봤다. 우리는 산호와 조개껍데기가 흩뿌려진 바닷가를 가로질러, 바닷가와 가파른 산비탈 사이에 나란히 늘어선 니파야자 잎으로 지붕을 얹은 오두막집을 향해 걸어갔다. 한 나이 든 여자가 오두막집 앞에 쪼그리고 앉아, 바구니에서 쭈글쭈글한 조개를 꺼내어 자기 옆의 모래 위에 놓인 거친 갈색 천 위에 줄줄이 늘어놓고 있었다. 타는 듯한

---

2 배를 안정화하기 위해, 한두 개의 현외장치outrigger를 이용해 선체와 평행을 이루는 나뭇조각을 부착한 카누. - 옮긴이주

태양 아래서 조개를 잘 말리려는 듯 신중을 기하고 있었다.

"좋은 아침입니다." 나는 말했다. "촌장의 집이 어디죠?"

그녀는 주름진 얼굴에서 긴 회색 머리칼을 쓸어 올리며 눈을 찡그리더니, '2명의 낯선 이방인이 마을에 들어왔다.'라는 사실에 대해 전혀 놀라지도 않고, 한쪽 끝의 다른 집들보다 약간 크고 덜 노후한 오두막집을 가리켰다. 우리가 맨발로 뜨거운 모래를 밟으며 그쪽으로 걸어가는 동안, 우리를 쳐다보는 사람은 어린이들과 몇 명의 나이 든 여자들밖에 없었다. 프팅기는 자신의 오두막집 출입구에 서서 우리를 기다리고 있었다. 그는 말끔하고 깨끗한 사롱과 하얀색 셔츠를 입은 노인으로, 이마 위에 까만색 핏지를 반듯이 착용하고 있었다. 그는 치아가 하나도 없는 잇몸을 드러내고 활짝 웃으며 우리 두 사람의 손을 잡고 자기 집으로 안내했다.

그의 집에 들어가 보니, 그 마을이 반쯤 버려진 것처럼 보이는 이유를 알 것 같았다. 방에는 남자들이 북적였는데, 그들은 방바닥을 뒤덮은 라탄 줄기 돗자리 위에 쪼그리고 앉아있었다. 방 자체는 4제곱미터 정도로 매우 비좁았고 가구라고는 화려하게 장식된 커다란 옷장 하나밖에 없었는데, 옷장의 문에는 깨지고 얼룩덜룩한 거울이 붙어있었다. 방의 네 벽 중 3개는 널빤지였고, 문을 마주보는 나머지 하나는 야자잎으로 엮은 칸막이였다. 칸막이의 가장자리에 매달린 더러운 천 조각이 오두막집의 다른 반쪽으로 들어가는 입구를 가리고 있었는데, 나중에 안 사실이지만 그곳은 주방이었다. 커튼 뒤에서는 젊은 여자 넷이 휘둥그런 눈으로 우리를 엿보고 있었다.

프팅기가 방 한복판의 조그만 빈 공간을 가리키며 우리에게 앉으라는 몸짓을 했다. 커튼이 한쪽으로 젖혀지며 한 여자가 느릿느릿 들어와 방바닥에 앉은 남자들 사이로 조심스레 걸었다. 그녀는 몸을 2번 숙임으로써 자신의 머리가 남자들의 머리 아래로 내려가도록 노력했는데, 그것은 전통적인 존경의 표시였다. 그녀는 기름에 튀긴 코코넛 케이크 한 접시를 우리 앞에 내려놓았다. 또 다른 여자가 몇 잔의 커피를 들고 첫번째 여자의 뒤를 따랐다. 프팅기는 책상다리를 하고 앉아, 우리를 바라보며 함께 먹고 마시자고 권했다. 긴 상견례가 끝난 후 나는 최선을 다해 우리의 국적과 이름, 코모도섬을 방문한 이유를 밝혔다. 적당한 말레이어가 생각나지 않을 때는 내 옆에 앉은 사브란에게 도움을 요청했다.

사브란은 내가 말하고 싶어 하는 내용을 거의 모두 예상하고 있었으므로, 그때그때 내가 해야 할 말을 상기시켜 주었다. 그러나 때때로 올바른 단어를 찾아내기 위해, 나는 독창적인 몸짓과 엉터리 말레이어를 동원해 사브란에게 조언을 구해야 했다. 또한 때때로 사브란의 도움 없이 나름대로 습득한 단어나 어구를 구사했는데, 그럴 때마다 사브란은 싱글벙글하며 영어로 "최고예요."라고 속삭였다.

프팅기는 시종일관 고개를 끄덕이며 만면에 웃음을 지었다. 나는 앉아 있는 모든 사람들에게 담배를 돌렸다. 30분쯤 지난 후 실질적인 이야기를 할 때가 되었다고 판단하고, 나는 수 킬로미터 밖의 얕은 바다에서 좌초한 우리의 배를 언급했다.

"투안," 나는 말했다. "남자 한 명을 우리의 프라우선에 보내서, 암초를 헤쳐 나오는 방법을 알려주실 수 있을까요?"

프팅기는 미소를 지으며 동의한다는 뜻으로 고개를 끄덕였다. "물론이죠, 내 아들 할링Haling이 할 거예요."

그러나 그는 긴급 상황이 벌어졌다고 생각하지 않는 듯했다. 왜냐하면 여자들이 커피 몇 잔을 더 내왔기 때문이다.

프팅기는 화제를 바꿨다.

"나는 몸이 아파요." 그는 자신의 왼손을 내밀며 말했는데, 자세히 살펴보니 몹시 부었는데 하얀색 점토가 발라져 있었다. "특효약인 진흙을 발랐는데도 낫지 않아요."

"프라우선에는 좋은 약이 아주 많아요." 화제를 우리의 당면 문제로 되돌릴 요량으로, 나는 이렇게 말했다. 그는 고개를 살며시 끄덕이더니 내 손목시계를 보여 달라고 했다. 나는 시계를 풀어 그에게 건넸다. 그는 시계를 유심히 살펴본 후 다른 남자들에게 차례로 건네주었는데, 그들은 그것을 경탄의 눈으로 살펴보고 귀에 갖다 대기도 했다.

"아주 좋군요." 프팅기가 말했다. "나 이거 갖고 싶어요."

"투안," 나는 대답했다. "이건 드릴 수 없어요. 내 아버지에게서 받은 선물이거든요. 하지만," 나는 시의적절하게 덧붙였다. "프라우선에는 당신께 드리려고 준비해 놓은 선물이 있어요."

그때 주방에 있던 여자들이 두번째 코코넛 케이크를 들고 나왔다.

코모도섬의 남자들과 함께 우리의 프라우선으로 돌아가는 장면

데이비드 애튼버러의 동물 탐사기

"사진을 찍어 줘요." 프팅기가 요청했다. "언젠가 프랑스 사람이 여기 왔었어요. 그가 사진을 찍었는데 아주 좋았어요."

"네, 그럴게요." 나는 대답했다. "그런데 우리 카메라는 프라우선에 있어요. 거기에 갔다 와야만 사진을 찍을 수 있어요."

마침내, 프팅기는 상견례의 지속 시간이 관습의 요건을 충족했다고 판단한 듯했다. 모든 사람들이 바닷가로 가기 위해 오두막집을 나섰다. 그는 모래사장 위에 놓인 아우트리거 카누를 가리켰다.

"저게 내 아들 거예요." 그는 이렇게 말하며, 우리에게 그 카누를 이용하라고 했다.

그러는 동안, 할링은 쪽 빼입었던 사롱을 작업복으로 갈아입고 나왔다. 사브란과 나는 코모도섬에 상륙한 지 2시간 만에, 마침내 할링의 카누를 함께 밀며 바다로 나갔다. 대여섯 명의 다른 남자들이 우리 팀에 합류했다. 우리는 대나무 돛대를 세우고 성기게 엮인 직사각형의 돛을 끌어 올린 후, 제법 강력한 순풍을 타고 파도가 일렁이는 바다를 쾌속항진했다. 우리의 프라우선이 있는 곳을 향하여.

프라우선에 도착해 보니, 하를레스는 빈둥거리며 놀고 있지는 않았다. 우리가 없는 동안 섬의 풍경을 촬영하고 있었던 것이다. 그의 카메라와 렌즈가 앞갑판 위에 흩어져 있었다. 배 위로 기어올라간 코모도섬의 남자들은 그것들을 발견하고, 신기해 하며 이것저것 주물렀다. 나는 황급히 그들에게 다가가, "미안하지만 그럴 시간이 없으며, 가능한 한 빨리 장비를 정리하고 선창에서 모든 짐을 꺼내 배낭 안에 넣어야 해요."라고 설명했다. 그들은 하던 일을 멈추고 배꼬리로 이동했다. 우리가 다시 배꼬리로 가 보니, 그들은 태연히 앉아 선장, 핫산과 이야기를 하고 있었다. 할링은 우리가 애지중지하던 마가린 깡통을 들고 있었는데, 내가 마지막으로 봤을 때 깡통에는 마가린이 4분의 3이나 남아있었다.

그는 손가락으로 깡통의 바닥을 긁어 한 덩어리의 마가린을 꺼내더니, 자신의 길고 새까만 머리칼에 마구 문질렀다. 나는 나머지 남자들을 휘 둘러봤다. 어떤 사람들은 자신의 두피를 마사지하고 있었고, 다른 사람들은 자신의 손가락을 빨고 있었다. 마가린 깡통 속을 들여다보니 텅 비어있었다. '조리용 지방을 모두 잃었으니, 쌀밥으로 볶음밥을 해 먹기는 다 틀렸구나.'라는 생각에 억장이 무너지는 것 같았다.

나는 화가 치밀어 한마디 쏘아붙이고 싶었지만, 이미 엎질러진 물이었다.

할링은 더욱 가관이었다.

"투안," 그는 번들번들한 손가락으로 자신의 두피를 문지르며 말했다. "빗 있어요?"

그날 저녁 우리는 배를 코모도만에 안전하게 정박한 후, 프팅기의 오두막집에 앉아 우리의 계획을 상세히 논의했다. 프팅기는 왕도마뱀을 '땅에 사는 악어'를 뜻하는 부아자 다랏*buaja darat*이라고 불렀다. 그의 말에 의하면 코모도섬에는 왕도마뱀이 수두룩해서, 이리저리 돌아다니다 때때로 마을에 들어와 쓰레기 더미를 뒤지곤 했다. 나는 그에게, 마을 사람들 중에서 왕도마뱀을 사냥해 본 사람이 있냐고 물었다. 그는 고개를 절레절레 흔들었다. "우리 섬에 풍부한 멧돼지와 달리 부아자는 맛이 별로예요. 그러니 누가 그놈을 사냥하겠어요?" 그는 반문하며 이렇게 덧붙였다. "어쨌든, 그놈은 위험한 동물이에요."

프팅기에게 전해 들은 자초지종은 다음과 같았다. 불과 몇 달 전, 한 남자가 덤불 사이로 걷다가 알랑–알랑*alang-alang*이라는 풀 위에 꼼짝 않고 누워 있는 부아자 1마리와 마주쳤다. 그 괴물에게 강력한 꼬리로 얻어맞아 쓰러진 후, 그는 다리가 마비되어 도망칠 수가 없었다. 다음으로, 그놈은 돌아서서 턱으로 그를 물었다. 그는 중상을 입어 동료들에게 발견된 지 얼마 지나지 않아 세상을 떠났다.

우리는 프팅기에게 사진을 촬영하기 위해 왕도마뱀을 유인할 방법을 물었다. 그는 자신만만하게 말했다. "그놈들은 후각이 매우 예민하기 때문에 아주 먼 거리에서도 썩어가는 고기 냄새를 맡고 달려올 거예요. 내가 오늘밤에 염소 두 마리를 잡아서, 내일 아침에 아들을 시켜 부아자가 우글거리는 만^灣의 반대편에 염소 고기를 갖다 놓을게요. 다 잘될 테니 걱정 말아요."

그날 밤은 청명해서, 코모도섬의 밤하늘에서 남십자성이 반짝였다. 우리의 프라우선은 만^灣의 잔잔한 물에 얌전히 정박되어 있었다. 우리는 방금 저녁 식사를 마쳤는데, 엿새 만에 처음으로 쌀을 한 톨도 먹지 않았다. 사브란이 마을에서 20여 개의 조그만 달걀을 어렵사리 얻어 와 거창한 오믈렛을 만들어줬는데, 우리는 시원하고 약간 거품이 나는 코코넛 밀크를 마시며 접시를 깨끗이 비웠다. 하를레스와 나는 앞갑판 위에 손을 베고 누워 하늘에 아로새겨진 낯선 별자리들을 관찰했다. 여러 개의 커다란 유성들이 밤하늘을 가로지르며 눈부시게 밝은 꼬리를 뿜냈다. 마을에서 끊임없이 들려오는 징 소리가 밤바다에 울려퍼졌다. 나는 '다음날 아침 우리를 기다리고 있는 것'에 자꾸 마음이 쏠렸다. 그래서인지 가슴이 벅차 밤늦도록 잠을 이루지 못했다.

━━━

우리는 새벽에 일어나자마자 모든 장비를 바닷가의 카누로 운반했다. 나는 일찌감치 출항하기를 원했지만, 할링이 항해를 준비하고 3명의 짐꾼을 모집하는 데 2시간이나 걸렸다. 우리는 마침내 할링을 도와 길이 4.5미터의 아웃트리거 카누를 밀고 바다로 나갔다. 우리는 카메라, 삼각대, 녹음장비와 함께 기다란 대나무에 매달린 2마리 염소의 사체를 카누에 실었다.

우리가 출발해서 만灣을 가로지를 때, 태양은 이미 눈앞의 갈색 산 위로 떠올랐다. 바닷물이 대나무로 만든 아우트리거에 부딪쳐 하얗게 부서졌다. 할링은 배꼬리에 앉아 직사각형 돛의 한 구석에 부착된 밧줄을 꼭 잡았는데, 그것은 돛의 방향을 변화하는 바람에 맞춰 조절하기 위함이었다. 우리는 이윽고 가파른 바위절벽 아래를 통과했다. 머리 위 높은 바위 턱에서 근사한 물수리fish eagle 1마리가 바다를 노려보는 가운데, 그의 어깨깃을 뒤덮은 밤색 깃털이 햇빛을 받아 번뜩였다.

우리는 풀로 뒤덮인 민둥산에서 내려온, 덤불이 무성한 계곡의 어귀에 상륙했다. 할링은 앞장서서 내륙으로 들어가, 가시나무 덤불을 칼로 베어 길을 트면서 1시간 가량 걸었다. 우리는 간혹 사바나—몇 그루의 무성한 론타르야자lontar palm를 포함하는 탁 트인 풀밭—를 가로질렀는데, 그곳의 야자나무는 9미터까지 가지를 뻗지 않고 가늘고 밋밋하게 자라다가 갑자기 깃털 모양의 잎이 무성하게 돋아나는 것이 특징이었다. 우리는 이곳저곳에서 죽은 나무와 마주쳤는데, 껍질이 벗겨지고 탈색된 나뭇가지들이 태양열에 의해 방사형으로 갈라져 있었다. 곤충들의 울음소리와 우리 앞에서 도망치는 큰유황앵무sulphur-crested cockatoo 떼의 외침 소리를 제외하면 생명의 징후는 전혀 없었다. 우리는 질퍽거리는 석호lagoon를 힘겹게 건넌 후, 덤불을 통과해 계곡의 꼭대기를 향해 나아갔다. 날씨는 숨이 막히도록 더웠는데, 낮게 드리운 구름의 장막이 하늘을 뒤덮는 바람에 달궈진 땅에서 방출되는 열이 차단되어 그런 것 같았다.

우리는 마침내 한 하천의 자갈투성이 바닥에 도착했다. 그곳은 도로만큼이나 널따랗고 평평했는데, 한쪽 편에 얽히고설킨 뿌리와 리아나로 뒤덮인 높이 4~5미터의 둑이 돌출해 있었다. 위에서 자란 키 큰 나무들이 하천 바닥 위로 동그랗게 구부려져, 다른 쪽 둑에서 자라난 나무들의 가

데이비드 애튼버러의 동물 탐사기

왕도마뱀이 나타나기를 기다리는 탐사대

지와 만나 높고 널찍한 터널을 형성했다. 하천 바닥은 그 터널을 따라 계속되다가 방향을 틀어 사라졌다.

할링은 발걸음을 멈추고 짊어지고 가던 장비를 내려놓으며 말했다. "여기예요."

우리의 첫번째 과제는, 바라건대 도마뱀을 유인할 수 있는 냄새를 피우는 것이었다. 더위 때문에 이미 살짝 부패한 염소의 사체는 마치 북처럼 부풀고 팽창해 있었다. 사브란이 염소의 배를 가르자, 악취 나는 가스가 쉭 소리를 내며 빠져나왔다. 다음으로, 그는 약간의 가죽을 도려내어 장작불에 불태웠다. 할링이 한 야자나무 위로 기어올라가 몇 개의 잎을 따서 떨어뜨리자, 하를레스는 그것으로 왕도마뱀을 관찰할 수 있는 은신처를 만들었다. 그러는 동안, 사브란과 나는 염소의 사체를 14미터쯤 떨어진 자갈투성이 하천 바닥에 갖다 놓았다. 첫번째 과제를 끝낸 후, 우리는 야자잎 가리개 뒤에 숨어 무작정 기다리기 시작했다.

잠시 후 비가 내려, 빗방울이 우리를 덮은 야자잎을 살며시 두드리기 시작했다. 할링은 머리를 절레절레 흔들었다.

"다 틀렸어요." 그가 말했다. "부아자는 비를 싫어하기 때문에 자기 굴 속에 머물러 있을 거예요."

셔츠가 더욱 축축해지고 빗물이 등줄기를 타고 흘러내리자, 나는 '전반적으로 볼 때, 부아자는 우리보다 현명한 것 같다.'라고 생각하기 시작했다. 하를레스는 모든 장비를 방수대로 밀봉했다. 썩어가는 염소 고기 냄새가 공기 중에 퍼졌다. 이윽고 비가 그치자, 우리는 빗방울이 뚝뚝 떨어지는 나무 밑의 은신처에서 나와 사방이 탁 트인 하천 바닥의 모래밭에 앉아 몸을 말렸다. 할링은 어두운 표정으로, "햇빛이 다시 비치고 산들바람이 불어와 우리 주변에 정체되어 있는 염소 고기의 썩은 냄새를 널리 퍼뜨릴 때까지 부아자는 자기의 굴에서 나오지 않을 거예요."라고 주장했다. 나는 참담한 심정으로 하천 바닥의 반질반질한 자갈 위에 반듯이 누워 눈을 감았다.

얼마 후 눈을 떴을 때, 나는 내가 깜박 잠들었음을 깨닫고 깜짝 놀랐다. 주변을 둘러보니, 하를레스는 물론 사브란, 할링, 그 밖의 남자들도 자신의 머리를 다른 사람의 무릎이나 장비 상자 위에 얹은 채 곯아떨어져 있었다. 나는 문득 '만약 왕도마뱀이 비를 무릅쓰고 왕림해서 미끼를 모두 먹어 치웠다면, 우리 목숨도 무사하지 못했겠구나.'라는 생각이 들었다. 그러나 천만다행으로 염소들은 모두 제자리에 그대로 있었다. 시계를 들여다보니 오후 3시였다. 비는 그쳤지만 구름이 걷힐 기미를 보이지 않았으므로, 왕도마뱀이 그날 안으로 미끼를 먹으러 올 가능성은 거의 없는 것 같았다. 그러나 시간은 소중했다. 만일을 대비해 우리가 자리를 비운

데이비드 애튼버러의 동물 탐사기

한밤중에 작동할 덫을 놓아야 했으므로, 나는 모든 사람들을 깨웠다.

하를레스와 나는 지난 몇 주 동안 '왕도마뱀을 가장 효율적으로 생포할 수 있는 덫'에 대해 사브란과 함께 종종 논의했다. 최종적으로, 우리는 사브란이 보르네오섬에서 표범을 생포할 때 사용했던 덫으로 결론을 내렸다. 그 덫의 가장 큰 장점은, 길고 튼튼한 끈 외에도 모든 재료를 숲에서 조달할 수 있다는 것이었다.

덫의 본체인 '길이가 약 3미터이고, 지붕이 있는 직사각형 울타리'를 치는 것은 어렵지 않았다. 할링과 다른 남자들이 둑 위에서 자라는 나무에서 단단한 막대기를 잘라내 우리에게 가져왔고, 하를레스와 나는 가장 단단한 막대기 4개를 귀기둥corner post[3]감으로 골라, 커다란 바위를 항타기pile-driver[4]로 이용해 하천 바닥에 단단히 박았다. 그러는 동안 사브란은 높은 론타르야자 위로 기어올라가, '선풍기 날개 모양의 잎' 여러 개를 따서 떨어뜨렸다. 다음으로, 그는 잎의 줄기를 취해 쪼개고 으스러뜨린 후, 바위 위에 올려놓고 두드려 부드럽게 만들었다. 이렇게 하여 섬유가 만들어진 후, 그는 섬유를 꼬아 튼튼하고 쓸만한 끈을 만들어 우리에게 가져왔다. 우리는 그 끈을 이용해, 귀기둥 사이에 기다란 수평막대들을 단단히 묶었다. 그러고는 필요하다고 생각되는 부분에 수직기둥을 첨가하여 울타리의 구조를 강화했다. 30분 후 우리는 한쪽 끝이 열린 기다란 폐쇄형 상자를 완성했다.

이제 낙하형 문을 만들어야 했다. 우리는 무거운 막대기들을 사브란이 만들어 온 끈으로 엮어 문을 만들었다. 수직막대는 끝부분을 날카롭게 해서, 문이 닫혔을 때 땅 속에 깊이 박히도록 했다. 그리고 맨 아래의 수평막대는 덫 내부에서 모퉁이 기둥과 겹치도록 해서, 덫 안에 들어간 왕도

---

3 건물의 네 귀퉁이에 세운 기둥. - 옮긴이주
4 말뚝에 진동을 주어 땅에 박는 기계. - 옮긴이주

왕도마뱀 생포용 덫

마뱀이 — 만약 1마리라도 걸려든다면 — 밀치고 나오지 못하도록 했다. 우리는 리아나를 이용해 무거운 바위를 문에 묶어 놓아, 일단 내려온 다음에는 들어 올리기 어렵도록 만들었다.

마지막 과제는 작동장치를 만드는 것이었다. 첫째로, 덫의 지붕 위로 올라가는 기다란 막대기 하나를 마련해, 막다른 끝 근처의 땅바닥에 수직으로 박았다. 둘째로, 긴 막대기 2개를 더 마련해 문의 좌우에 하나씩 박고, 두 막대기를 문 바로 위에서 교차시켜 끈으로 묶었다. 셋째로, 문의 꼭대기에 끈을 묶은 다음 들어 올려 방금 전 박은 두 막대기의 교차점을 지나 맨 처음에 박은 맨 뒤의 수직기둥에 연결했다. 넷째로, 끈을 수직기둥에 직접 묶음으로써 문을 계속 열어 두는 대신, 그것을 길이 약 15센티미터의 작은 막대기에 묶었다. 그런 다음 그 막대기를 수직으로 세운 채

데이비드 애튼버러의 동물 탐사기

기둥에 가까이 대고, 덩굴식물로 만든 고리 2개로 막대기와 기둥을 ― 하나는 꼭대기 근처에, 하나는 밑동 근처에 ― 감았다. 문의 무게가 끈을 팽팽히 잡아당겼으므로, 고리가 기둥에서 흘러내리는 것을 막아줬다. 마지막으로, 짧은 끈을 아래쪽 고리에 단단히 묶은 다음, 지붕을 통과해 덫 안의 염소 고기에 연결했다.

덫의 성능을 테스트하기 위해, 나는 꼬챙이를 덫의 가로막대 사이로 넣어 미끼를 찔렀다. 그런 다음 꼬챙이를 잡아당겼더니, 아래쪽 고리에 연결된 끈이 당겨지며 고리가 벗겨졌다. 뒤이어 작은 막대기가 수직기둥에서 떨어져 나옴과 동시에 맨 앞에 매달려있던 문이 쿵 소리를 내며 내려왔다. 우리가 만든 덫은 합격점을 받았다.

하지만 확실한 성공을 보장하기 위해 2가지 선결과제를 해결해야 했다. 첫째로, 덫에 갇힌 왕도마뱀이 맨 아래의 수평막대 밑으로 코를 들이밀어 덫을 송두리째 뒤집어엎을 수 있으므로, 덫의 주변에 빙 둘러가며 커다란 돌을 쌓았다. 그리고 미끼가 열린 쪽에서만 보여야 하므로, 막힌 쪽의 틈새들을 야자잎으로 가렸다. 둘째로, 남은 염소 고기를 밧줄로 묶어 나뭇가지에 매달아 놓았다. 그래야만 밤새도록 다른 동물들에게 먹히지 않으면서 냄새가 계곡에 널리 퍼져, 왕도마뱀을 덫으로 유인할 수 있기 때문이었다.

우리는 모든 장비를 챙겨 보슬비를 맞으며 카누로 돌아갔다.

───

그날 밤 프팅기의 오두막집에서 우리를 환영하는 잔치가 열렸다. 우리는 마룻바닥에 쪼그리고 앉아 커피를 마시며 담배를 피웠다. 촌장은 깊은 생각에 잠겨있었다.

"영국에서는" 그가 말했다. "신붓값이 얼마예요?"

나는 뭐라고 대답해야 할지 몰라 머뭇거렸다.

"내 아내는," 그는 애처롭게 덧붙였다. "내게 200루피아를 요구했어요."

"아두! 영국에서는 결혼하는 남자가 신부 아버지에게서 많은 돈을 받는 경우도 있어요."

프팅기는 소스라치게 놀라더니, 잠시 후 짐짓 진지한 체하며 말했다.

"코모도섬 남자들에게는 비밀로 해줘요." 그는 근엄하게 말했다. "만약 그 사실을 안다면, 모두 카누를 타고 영국으로 가 버릴 거예요."

화제는 우리가 코모도섬에 올 때 탄 프라우선, 특히 선장에게로 옮겨졌다. 우리는 프팅기에게 코모도섬에 도착하느라 무진 애를 먹었다고 토로했다.

그는 코웃음을 쳤다.

"그 선장은 엉터리예요. 이 동네 사람이 아니거든요."

"그럼 어디 출신이에요?" 내가 물었다.

"술라웨시섬 사람이에요. 그는 싱가포르에서 총을 밀수입해서 마카사르의 반란군에게 팔아먹었어요. 그리다가 정부군에게 발각되자 플로레스섬으로 도망쳐, 지금까지 돌아가지 못하고 있어요."

그의 설명 덕분에 많은 의문이 풀렸다. 물고기를 잡을 줄 모른다든지, 코모도섬이 어디에 있는지도 모른다든지, 사진 찍기를 꺼린다든지….

"그가 나에게 말하길," 프팅기는 갑자기 생각이 난 듯 덧붙였다. "당신들이 떠날 때 우리 마을 남자들이 배를 태워 줘야 할 거라던데."

"물론이죠. 우리도 그러기를 바라고 있어요." 내가 말했다. "그런데 이 섬 사람들이 숨바와섬으로 가고 싶어 할까요?"

"아뇨," 프팅기가 대수롭지 않다는 듯 말했다. "그러나 선장의 말에 의하면, 당신들이 돈과 귀중품을 많이 갖고 있으므로 당신들을 도와주는 사람은 수지맞을 거라던데."

데이비드 애튼버러의 동물 탐사기

나는 가볍지만 약간 초조하게 웃으며 말했다. "그렇다고 치죠. 그럼 마을 사람들이 우리를 태워 줄까요?"

그는 깊은 생각에 잠겨 나를 쳐다봤다.

"내 생각에는 그렇지 않을 것 같아요." 그가 대답했다. "당신도 알다시피, 우리는 물고기 잡느라 바빠요. 그들은 어지간해서는 집을 떠나려 하지 않을 거예요."

19. 왕도마뱀

다음날 아침 일찍 만灣을 건널 때 하늘은 구름 한 점 없이 맑았다. 할링은 아우트리거 카누의 배꼬리에 앉아, 이미 맹렬히 타오르고 있는 태양을 가리키며 활짝 웃었다.

"좋은 날이에요." 그가 말했다. "날씨가 이렇게 화창하니, 염소 냄새가 널리 퍼져 나가 많은 부아자들이 몰려왔을 거예요."

무저지에 도착한 후, 우리는 가능한 한 빨리 덤불을 가로질렀다. 나는 한시라도 빨리 덫을 놓은 곳으로 돌아가고 싶어 안달이었다. 왜냐하면 지난밤에 왕도마뱀이 덫에 걸려든 게 확실시되었기 때문이다. 우리는 덤불을 부리나케 통과해 탁 트인 사바나 중 한 곳에 들어섰다. 그때 앞서가던 할링이 갑자기 멈춰 섰다. "부아자다!" 그는 신이 나서 소리쳤다. 나는 행여 늦을세라 서둘러 그에게 달려갔다. 50미터쯤 떨어진 사바나의 반대편 가장자리에서, 시커먼 물체 하나가 어슬렁거리다 가시나무 덤불 속으로 부스럭거리며 사라졌다. 우리는 너나 할 것 없이 그곳을 향해 달음박질쳤다.

파충류 동물 자체는 사라졌지만 명백한 흔적을 남겼다. 전날 내린 비가 사바나의 이곳저곳에 얕은 물웅덩이들을 만들었지만, 아침 햇살에 모두 증발해버리고 부드러운 진흙판들만 남아있던 터였다. 그런데 우리가 얼

데이비드 애튼버러의 동물 탐사기

핏 봤던 왕도마뱀이 그중 한 군데 위로 지나가며 완벽한 자취를 남긴 것이었다.

그 놈의 발은 진흙판에 움푹한 자국을 남겼고, 발톱은 깊은 생채기를 남겼다. 발자국 사이에 파인 얕은 골을 살펴보니, 그 짐승이 꼬리를 끌며 어느쪽으로 이동했는지 알 수 있었다. 발자국들이 널따란 간격으로 깊이 새겨졌음을 감안할 때, 우리가 목격한 왕도마뱀은 크고 무거운 몸집을 가졌음이 분명했다. 그 괴물에 대한 시각적 기억은 매우 짧고 단편적이었지만, 우리는 몹시 흥분했다. 그도 그럴 것이, 지난 몇 달 동안 우리의 생각을 지배했던 독특하고 경이로운 동물을 마침내 두 눈으로 똑똑히 봤기 때문이다.

우리는 발자국에 얽매여 시간을 지체하지 않고, 덫이 있는 곳을 향해 빽빽한 덤불 사이를 재빨리 통과했다. 하천 바닥에서 매우 가까운 곳에 있던 것으로 기억되는 커다란 고사목枯死木에 도착했을 때, 나는 단숨에 달려가고 싶은 충동을 느꼈지만 꾹 참았다. 왜냐하면 '덫과 매우 가까운 덤불을 시끄럽게 통과할 경우, 만에 하나 미끼 주변에서 맴돌고 있을 왕도마뱀을 쫓아버리는 잘못을 저지를 수 있다.'라는 생각이 들었기 때문이다. 나는 할링과 다른 남자들에게 기다리라는 신호를 보냈다. 카메라를 움켜쥐고 있는 하를레스, 사브란 그리고 나는 덤불 사이를 조용히 통과하며, 행여 잔가지를 밟아 부러뜨리는 일이 없도록 한 발자국 한 발자국을 신중하고 세심하게 내디뎠다. 곤충들의 울음소리 사이로, 앵무새 1마리의 날카로운 외침 소리가 간간이 들렸다. 그리고 아주 먼 곳에서 더욱 짧고 날카로운 새소리가 되돌아왔다.

"아잠 우탄*Ajam utan*[1]." 사브란이 속삭였다. "야계예요."

나는 덤불에 매달린 나뭇가지들을 손으로 치우고 텅빈 하천 바닥을 훑

---

1 야계野鷄(jungle cock). - 옮긴이주

어봤다. 우리의 덫은 몇 미터 떨어진 저지대에 놓여있었다. 덫의 문은 여전히 높이 들려있었다. 나는 일말의 실망감을 느끼며 주변을 둘러봤다. 왕도마뱀의 흔적은 전혀 보이지 않았다. 나는 조심스레 하천 바닥으로 기어내려가 덫을 면밀히 조사했다. 어쩌면 우리가 만든 작동장치가 먹통이어서 왕도마뱀이 미끼만 먹고 달아났을 수도 있었기 때문이다. 그러나 덫의 내부에는 염소의 뒷다리와 허릿살이 그대로 매달려있고, 파리 떼가 새까맣게 달라붙어 있었다. 덫 주변의 부드러운 모래에는, 우리의 발자국을 제외하면 아무런 자국도 남아있지 않았다.

사브란은 카누가 있는 곳으로 가서, 소년들과 함께 나머지 녹음 및 사진장비를 가지고 돌아왔다. 하를레스는 전날 마련한 은신처를 수리하기 시작했고, 나는 염소 시체의 대부분을 매달아 놓았던 나무가 있는 곳으로 가보았다. 기쁘게도, 나무 아래의 모래는 긁히고 어질러져 있었다. 그것은 두말할 것 없이 전날 밤 또는 그날 아침에 미끼를 낚아채기 위한 모종의 시도가 있었다는 증거였다. 나는 그 이유를 이해할 수 있었다. 왜냐하면 썩은 고깃덩어리가 풍기는 악취가, 덫 속의 조그만 뒷다리와 허릿살 냄새와는 비교가 안 될 정도로 강력했을 것이기 때문이었다. 사체는 멋진 호박색 나비들로 뒤덮였는데, 나비들은 고기를 먹으며 연신 날개를 펄럭였다. 그것은 야생동물에 관한 우리의 낭만적인 환상을 깨뜨리는 자연의 가혹한 현실이었다. 열대우림에서 가장 눈부시게 아름다운 나비들이 자태에 걸맞게 화려한 꽃을 찾아 날아다니는 대신, 죽은 동물의 썩어가는 고기나 똥에서 먹이를 구하다니!

내가 밧줄을 풀어 사체가 내려오자, 나비 카펫은 해체되어 펄럭이는 구름으로 변해, 나의 머리 주변에서 웅웅거리던 검은 파리 떼와 뒤섞였다. 냄새는 나의 인내력을 넘어서는 수준이었다. 커다란 사체는 덫 속의 미끼보다 훨씬 더 강력한 자석임이 분명했으며, 우리의 최우선 과제가 코모도

데이비드 애튼버러의 동물 탐사기

왕도마뱀을 촬영하는 것이었으므로, 나는 그것을 하천 바닥의 포토존 ─ 은신처에 숨어있는 카메라 앵글에 선명하게 잡히는 곳 ─으로 끌고 갔다. 그런 다음, 나는 단단한 말뚝을 땅바닥에 깊숙이 박고 사체와 단단히 연결함으로써, 왕도마뱀이 사체를 끌고 덤불 속으로 사라지지 못하도록 만들었다. 만약 사체를 먹고 싶다면, 왕도마뱀은 포토존 내에 머무를 수밖에 없었다. 일을 마친 나는 하를레스, 사브란과 함께 은신처에 자리잡고 앉아 왕도마뱀이 도착하기를 기다렸다.

강렬하게 이글거리는 태양의 빛줄기가 머리 위 나뭇가지의 틈을 관통해 하천 바닥의 모래에 얼룩을 만들었다. 덤불의 그늘에 가렸음에도 불구하고, 날씨가 너무 더워 땀이 비 오듯 흘러내렸다. 흘러내린 땀방울이 카메라의 뷰파인더에 떨어지지 않게 하려고, 하를레스는 커다란 손수건을 이마에 동여맸다. 할링과 다른 남자들은 우리 뒤에 앉아 잡담을 나눴다. 그중 한 명이 성냥불을 그어 담배에 불을 붙였다. 다른 한 명이 자리를 옮겨 잔가지 위에 앉았는데, 그 순간 나뭇가지가 부러지는 소음이 나에게는 권총을 발사하는 것처럼 크게 들렸다. 나는 신경이 곤두선 채 몸을 돌려 내 입술에 손가락을 갖다 댔다. 그들은 이해할 수 없다는 표정이었지만 이내 조용해졌다. 내가 다시 한 번 간절한 마음으로 은신처의 작은 구멍으로 내다보고 있는데, 그와 거의 동시에 한 남자가 다시 말을 하기 시작했다. 나는 그들에게 몸을 돌려 다급하게 속삭였다.

"떠드는 건 아무런 도움이 안 돼요. 그러느니 차라리 카누로 돌아가는 게 낫겠어요. 우리는 일이 끝나고 갈게요."

그들은 약간 상처를 받은 것 같았다. 왜냐하면, 코모도왕도마뱀의 청력이 매우 약하다는 사실 ─그 당시만 해도 나는 이 사실을 몰랐다─ 을 알고 있었기 때문이다. 그럼에도 불구하고 그들이 내는 소음은 마음을 산란케 했으므로, 그들이 일어서서 덤불 속으로 사라지고 난 뒤 나는 안도감을 느꼈다.

이제 소음은 거의 사라졌다. 멀리서 아잠 우탄 1마리가 '꼬끼오' 하고 울었다. 여러 차례 과일비둘기^{fruit dove} — 위는 적자색, 아래는 초록색이었다 — 가 날개를 펴지도 않은 채 하천의 텅 빈 수로 위를 마치 총알처럼 날아갔는데, 공기를 가르는 휘리릭 소리 외에는 아무 소리도 들리지 않았다. 우리는 카메라에 필름을 장착하고, 여분의 필름을 옆에 놓고, 1벌의 렌즈를 열린 카메라 가방에 넣은 채 움직일 엄두도 내지 못하고 기다렸다.

15분 후 나의 앉은 자세가 극도로 불편하게 느껴졌다. 나는 아무 소리 없이 손으로 체중을 지탱한 채 꼬았던 다리를 풀었다. 내 옆의 하를레스는 카메라 옆에 쭈그리고 앉아있는데, 카메라의 길고 까만 렌즈가 은신처를 둘러싼 야자잎 사이로 돌출되어 있었다. 사브란은 하를레스의 반대쪽에 쪼그리고 앉아있었다. 15미터 앞에 놓인 미끼에서 나는 악취가 우리가 앉아있는 곳까지 진동했다.

30분 이상 아무 소리 없이 가만히 앉아있는데, 바로 뒤에서 부스럭거리는 소리가 났다. 나는 짜증을 내며 "그 남자들이 벌써 돌아왔나 보다."라고 중얼거렸다. 그들에게 '조급해하지 말고 카누로 돌아가라.'라고 타이르기 위해, 나는 아무 소리도 나지 않도록 천천히 몸을 비틀었다. 하를레스와 사브란은 미끼에 시선을 고정한 채 그대로 앉아있었다. 4분의 3쯤 고개를 돌렸을 때, 나는 그 소리의 주인공이 사람이 아니었음을 깨달았다.

4미터가 조금 안 되는 곳에, 왕도마뱀이 웅크린 채 나를 바라보고 있었다. 그놈은 거대했다. 좁은 주둥이에서 기다란 용골형 꼬리 끝까지, 어림잡아 3미터쯤 되는 것 같았다. 너무나 가까이 있어서 거무죽죽한 피부에서 구슬 같은 비늘을 하나하나 분간할 수 있었는데, 마치 너무 큰 옷을 걸친 것처럼 옆구리 피부가 가로로 길게 주름져 있었고, 강력한 목에도 빙둘러가며 여러 개의 주름들이 잇따라 새겨져 있었다. 4개의 굽은 다리로

데이비드 애튼버러의 동물 탐사기

떠받친 육중한 몸과 곧추세운 머리가 가히 위협적이었다. 살벌한 입은 냉소를 머금고 양쪽 끄트머리가 상향곡선을 그렸고, 반쯤 다문 턱 사이로 노르스름한 분홍빛의 2갈래 혀가 들락날락했다. 우리와 그놈 사이에는 잎으로 뒤덮인 땅에서 돋아난 아주 작은 어린나무 몇 그루밖에 없었다. 내가 하를레스를 쿡 찔렀더니, 그는 그제서야 왕도마뱀을 발견하고 사브란을 쿡 찔렀다. 우리 셋은 동시에 괴물을 응시하며 앉아있고, 그놈은 우리를 되쏘아봤다.

불현듯 '저놈은 자신의 주무기인 꼬리를 휘두를 위치에 있지 않다.'라는 생각이 나의 뇌리를 스치고 지나갔다. 게다가 그놈이 사브란과 나를 향해 접근한다면, 우리는 나무에 가까운 곳에 있었으므로 재빨리 기어올라갈 — 꼭 그래야 한다면 — 수 있었다. 그에 반해, 우리 둘 사이에 앉아

가장 큰 왕도마뱀인 코모도왕도마뱀

있는 하를레스는 다소 불리한 입장이었다. 쉴 새 없이 날름거리는 기다란 혀를 제외하면, 왕도마뱀은 마치 포금^{gunmetal2}으로 본 뜬 것처럼 부동자세로 서있었다.

우리 셋은 거의 1분 동안 움직이지도 말하지도 않았다. 그러다가 하를레스가 빙그레 웃었다.

"보다시피," 그는 방심하지 않고 괴물에게 시선을 고정한 채 속삭였다. "저놈은 지난 10분 동안 우리를 조용히 예의주시했어요. 우리가 미끼에게 그랬던 것처럼 말이에요."

왕도마뱀은 큰 한숨을 내쉬더니, 다리의 긴장을 서서히 풀며 간격을 벌려서 거대한 몸을 땅바닥에 내려놓았다.

"쟤가 매우 친절한 것 같아요." 나는 하를레스에게 속삭이듯 대답했다. "이쯤 됐으면, 이 자리에서 사진을 찍는 게 어때요?"

"안 돼요. 내 카메라에 망원렌즈가 장착되어 있어, 이 거리에서 사진을 찍어봤자 오른쪽 콧구멍이 사진을 가득 채울 거예요."

"음, 그러면 쟤를 자극할 위험을 무릅쓰고 렌즈를 교체해야겠네요."

하를레스는 아주 아주 천천히 자기 옆의 카메라 가방으로 다가가, 뭉툭한 광각렌즈를 꺼내어 카메라에 돌려 끼웠다. 그리고는 카메라를 돌려 왕도마뱀의 머리에 신중히 초점을 맞춘 다음 시작 버튼을 눌렀다. 카메라의 부드러운 작동음은 우리의 귀를 멀게 할 정도였다. 하지만 왕도마뱀은 전혀 개의치 않고, 끔벅이지도 않는 시커먼 눈으로 우리를 오만하게 지켜봤다. 자기가 코모도섬의 최상위 포식자임을 자각하고, '섬의 왕으로서 다른 어떤 동물도 두려워하지 않는다.'라고 선포하는 것처럼 말이다.

노란 나비 1마리가 우리의 머리 위에서 펄럭이다 그의 코로 날아가 앉

---

2 청동의 대표적인 것으로, 8~12퍼센트의 주석(Sn)을 함유한다. 본래 대포$_{gun}$의 포신砲身에 사용되었으므로 이런 명칭을 얻었다. - 옮긴이주

앉지만, 그는 나비를 완전히 무시했다. 하를레스는 카메라 버튼을 다시 누른 후, 나비가 하늘로 날아올라 선회하다 왕도마뱀의 코에 다시 내려앉는 장면을 촬영했다.

"이놈은," 나는 약간 크게 중얼거렸다. "약간 멍청한 것 같아요. 우리가 은신처를 괜히 만든 것 같아요."

사브란이 조용히 미소 지었다.

"절호의 기회예요, 투안."

미끼의 냄새가 공기를 타고 우리에게까지 흘러오자, 나는 문득 '우리가 왕도마뱀과 그를 여기로 유인한 미끼를 잇는 일직선상에 앉아있구나.'라는 생각이 들었다.

바로 그때, 하천 바닥 쪽에서 소리가 들려왔다. 뒤돌아 보니, 어린 왕도마뱀 1마리가 모래를 헤치며 미끼를 향해 나아가고 있었다. 그놈의 길이는 불과 90센티미터였고, 우리와 대면한 괴물보다 훨씬 더 밝은 가죽무늬를 갖고 있었다. 꼬리에는 까만색 줄무늬가 고리처럼 감겨있었고, 앞발과 어깨에는 흐릿한 오렌지빛 반점이 박혀있었다. 그놈은 파충류 특유의 걸음걸이로 씩씩하게 걸으며 등뼈를 좌우로 비틀고 엉덩이를 꿈틀거렸으며, 미끼에서 나는 냄새를 음미하며 길고 노란 혀를 연신 날름거렸다. 그게 전부가 아니었다. 하를레스는 내 소매를 당기더니, 아무 말 없이 왼쪽의 하천 바닥을 가리켰다. 그쪽을 바라보니, 또 다른 거대한 도마뱀이 미끼를 향해 전진하고 있었다. 그놈은 우리 뒤의 것보다 훨씬 더 커 보였다. 우리는 3마리의 경이로운 동물에 둘러싸였던 것이다.

우리 뒤의 왕도마뱀은 또 한 번 깊은 한숨을 쉼으로써 우리의 관심을 다시 촉구했다. 그는 벌어졌던 다리를 오므리며 거대한 몸뚱이를 땅에서 들어 올렸다. 그러고는 몇 발자국을 앞으로 내딛다가 방향을 틀어 우리 주변을 서서히 돌았다. 우리의 시선도 그를 따랐다. 그리고는 둑을 향해 나아가더니 하천 바닥을 향해 미끄러지듯 내려갔다. 하를레스는 카메라를 들고 왕도마뱀을 쫓아 주변을 한바퀴 돌면서 원위치에 올 때까지 촬영을 계속했다. 일순간 긴장이 풀리며, 우리 모두는 약속이라도 한 듯 숨죽인 채 환희의 미소를 지었다.

바야흐로 3마리의 파충류 모두가 우리의 눈앞에서 고기를 포식하고 있었다. 그들은 나무에 매달린 염소의 사체를 단숨에 끌어내려 살코기를 난폭하게 찢었다. 가장 큰 짐승은 강력한 턱을 이용해 염소의 다리 하나를 낚아챘다. 그의 덩치가 워낙 컸으므로, 나는 그가 한입거리로 여기고 있는 것이 사실은 '다 큰 염소의 온전한 다리'라는 것을 스스로에게 상기시켜야 했다. 다리를 넓게 벌리고 버틴 채, 그는 몸 전체를 강력하게 뒤로 비틀며 사체를 갈기갈기 찢기 시작했다. 만약 미끼가 나무에 꽉 묶여있지 않았다면, 그가 사체를 통째로 끌고 숲속으로 사라졌을 게 분명했다. 하를레스는 그 장면을 미친 듯이 촬영했으므로, 그의 수중에 있는 필름이 순식간에 바닥나 버렸다.

"스틸 사진은 좀 찍었나요?" 그가 속삭였다.

스틸 사진 촬영은 내 소관 사항이었지만, 내 카메라에는 영상용 카메라만큼 강력한 렌즈가 없었으므로, 멋진 장면을 포착하려면 훨씬 더 가까이 접근할 수밖에 없었다. 그러려면 짐승들을 놀랠 위험을 감수해야 했다. 다른 한편으로, 커다란 염소의 사체가 자신들의 사정거리 내에 있는 한, 덫 속의 조그만 미끼에 유혹될 왕도마뱀은 1마리도 없었다. 그러므로 그들을 생포하려면 어떻게든 미끼를 회수해서 나무에 다시 매달아야 했다. 미끼를 회수하는 최선의 방법은 스틸 사진을 촬영함으로써 그들을 놀래는 것인 듯했다.

나는 벌떡 일어나 은신처 옆으로 발을 내디뎠다. 그러고는 조심스레 2발자국 나아가 1장의 사진을 찍었다. 왕도마뱀들은 내가 있는 쪽을 쳐다보지도 않고 고기를 먹는 데 전념했다. 나는 1발자국 더 나아가 또 1장의 사진을 찍었다. 이윽고 카메라 속의 필름을 모두 소진하고 돌아보니 아무런 은폐물도 없는 하천 바닥 한복판에서 괴물들과 불과 2미터 거리에서 어쩔 줄 모르고 서있었다. 내가 할 일은 은신처로 돌아가 필름을 다시 끼우는 것밖에 없었다. 왕도마뱀들이 고기에 정신이 팔렸음에도, 나는 은신처로 천천히 돌아가는 동안 그들에게 감히 등을 보일 엄두를 내지 못했다.

카메라에 새 필름을 끼운 후 더욱 과감하게 전진해, 2미터 이내의 거리에 접근할 때까지 사진 촬영을 시작하지도 않았다. 조금씩 더 가까이 다가가, 마침내 죽은 염소의 앞다리에 내 발을 대고 서있었다. 나는 호주머니에 손을 넣어 인물 촬영용 보조렌즈를 꺼냈다. 90센티미터 앞에서 염소의 갈비 안쪽을 뜯던 왕도마뱀은 그제서야 1점의 살코기를 입에 문 채 고개를 들었다. 그러고는 벌떡 일어나 턱을 몇 번 발작적으로 움직여, 입 안에 있던 살점을 꿀꺽 삼켜버렸다. 그는 그 자세로 몇 초 동안 카메라를 정면으로 쳐다봤다. 나는 무릎을 꿇고 앉아 그 장면을 촬영했다. 촬영이 끝나자, 그는 다시 한 번 고개를 숙여 또 한 점의 살코기를 베어 물었다.

하를레스와 사브란에게 돌아가 조언을 구했더니, '왕도마뱀은 사람이 가까이 접근해도 놀라지 않는 게 분명하다.'라는 답변이 돌아왔다. 우리는 그들이 소음에 어느 정도 민감한지 알아보기로 하고, 셋이 함께 일어나 고함을 질렀다. 그랬더니 그들은 우리를 완전히 무시하는 것으로 드러났다. 셋이 함께 그들이 있는 곳을 향해 갑작스럽게 달려들어서야, 가까스로 그들의 식사를 방해할 수 있었다. 커다란 왕도마뱀 2마리는 몸을 돌려 둑 위로 느릿느릿 올라간 다음 덤불 속으로 사라졌다. 그러나 조그만 왕도마뱀은 하천 바닥의 저지대를 향해 종종걸음을 쳤다. 나는 그놈을 생포할 요량으로 있는 힘을 다해 추격했지만 역부족이었다. 그놈은 나를 따돌리고 둑의 움푹 패인 부분에 도착하더니, 재빨리 기어올라 덤불 속으로 사라졌다.

나는 숨을 헐떡이며 돌아와 하를레스, 사브란과 함께 염소의 사체를 덫에서 20미터쯤 떨어진 나무에 매달아 놓고 다시 기다렸다. 한 번 놀란 왕도마뱀들이 돌아오지 않을까 봐 걱정했지만, 그건 기우였다. 10분도 채지나지 않아 큰 왕도마뱀 1마리가 건너편 둑에 다시 나타났기 때문이다. 그는 머리를 덤불 속에 파묻은 채 얼어붙은 듯 꼼짝 않고 있었다. 그러다가 몇 분 후 활기를 되찾아 둑을 기어내려왔다. 그러고는 얼마 동안 미끼가 놓여있던 모래밭을 서성이며, 코를 킁킁거리는가 하면 긴 혀를 내밀어 공기 중에 남은 냄새를 음미했다. 그는 혼란스러워 보였다. 빼앗긴 먹이를 되찾으려는 듯 머리를 치켜들고 이리저리 살피다, 하천 바닥을 따라 육중한 몸을 움직이기 시작했다. 그러나 실망스럽게도 우리가 놓은 덫을 휙 지나쳐, 공중에 매달린 미끼 쪽으로 향했다. 그가 미끼에 가까이 접근

미끼를 물어뜯고 있는 왕도마뱀

데이비드 애튼버러의 동물 탐사기

했을 때, 우리는 미끼를 너무 낮게 매달았음을 깨달았다. 왜냐하면 왕도마뱀이 뒷발을 딛고 일어나 엄청난 근육질 꼬리로 균형을 잡으며, 앞발을 휘둘러 염소의 내장을 낚아챘기 때문이다. 그는 그것을 순식간에 먹어 치웠지만, 기다란 창자의 끄트머리가 그의 하악각angle of jaw[3]에 대롱대롱 매달렸다. 그게 불편했는지, 그는 몇 분 후 앞발로 그것을 떼어 내려 안간힘을 썼지만 뜻대로 되지 않았다.

그는 머리를 거칠게 흔들며 느릿느릿 뒷걸음질치다가 본의 아니게 덫이 있는 쪽으로 되돌아갔다. 그러다가 커다란 바위에 이르렀을 때, 멈춰서서 비늘투성이 뺨을 바위에 대고 문지름으로써 턱을 깨끗이 하는 데 성공했다. 이제 그는 덫 가까이에 있었는데, 덫 안 미끼의 냄새가 코를 찌르자 냄새의 근원을 찾기 시작했다. 이윽고 냄새가 나는 방향을 정확히 파악한 그는 덫의 막힌 뒷부분으로 득달같이 달려가더니 흉포하고 안달난 앞발을 휘둘러 야자잎 가리개를 쓸어버리고 가로막대를 드러냈다. 그는 뭉툭한 주둥이를 막대 사이로 들이민 후, 강력한 턱을 이용해 틈새를 벌리려고 했다. 그러나 다행히도, 가로막대를 엮은 리아나가 잘 버텨줬다. 뜻을 이루지 못한 그는 마침내 덫의 열린 문 쪽으로 접근했다.

그는 우리가 안달이 날 정도로 조심스럽게 덫의 내부를 들여다봤다. 그런 다음 3발자국만 전진했으므로, 우리 눈에는 그의 뒷다리와 거대한 꼬리만 보였다. 그는 지루하도록 긴 시간 동안 움직이지 않다가, 마침내 더욱 깊숙이 진입하며 우리의 시야에서 완전히 사라졌다. 그리고는 갑자기 덜커덩 소리가 나며 문에 연결된 밧줄이 헐거워졌고, 무거운 문이 떨어지며 수직막대의 뾰족한 끄트머리가 땅속에 깊이 박혔다.[4]

---

3 아래턱뼈 몸통의 아래 모서리와 뒤 모서리가 둔각을 이루며 교차하는 곳. 일반적으로 귀 아래쪽에서 아래턱으로 꺾이는 부분을 가리킨다. - 옮긴이주

4 https://youtu.be/W6z_PjBppGY - 옮긴이주

사로잡힌 왕도마뱀

우리는 기뻐 어쩔 줄 모르며 달려나가, 덫의 문 앞에 무거운 돌을 수북이 쌓았다. 왕도마뱀은 우리를 거만하게 노려보며 창살 사이로 2갈래 혀를 날름거렸다. 온갖 어려움을 극복하고 마침내 세계에서 가장 큰 도마뱀을 잡는 데 성공하다니! 4개월에 걸친 탐사의 목표를 달성했다는 사실이 믿어지지 않았다. 우리는 모래밭에 앉아 전리품을 바라보며, 감격에 겨워 서로에게 웃음을 보냈다. 하를레스와 나는 승리감을 느낄 만한 이유가 차고 넘쳤지만, 우리와 알고 지낸 지 두 달밖에 안 된 사브란도 우리만큼이나 행복해했다. 나는 그 이유를 알 것 같았다. 왕도마뱀을 생포한 것은 물론이거니와, 우리가 기뻐하는 모습을 바라본다는 게 그에게 기쁨이었던 것이다.

그는 자신의 팔로 나의 어깨를 감싸 안고 그 어느 때보다도 입을 크게 벌리며 활짝 웃었다. "투안," 그는 말했다. "내 생애 최고의 순간이에요."

데이비드 애튼버러의 동물 탐사기

20. 후기

인도네시아 탐사여행에 대해서는 더 이상 말할 게 별로 없다. 탐사여행의 목표 ─ 코모도왕도마뱀의 촬영 및 생포 ─ 를 마침내 달성한 이상, 남은 일은 우리 자신, 필름, 카메라, 동물을 인도네시아에서 반출하기 위해 관료주의와 불가피하게 옥신각신하는 것밖에 없었기 때문이다. 비록 길고 힘들었지만, 그 싸움이 늘 험악한 것은 아니었다. 우리와 담당 공무원은 종종 손을 잡고, 우리 모두를 위협하는 규제와 제약의 압도적인 무게에 맞서 싸우기도 했다.

그중에서 가장 기억에 남는 공무원은 뭐니뭐니해도 숨바와섬에서 만난 한 경찰관이다. 우리는 코모도왕도마뱀을 생포한 후, 어렵사리 배편을 구해 숨바와섬의 한 항구에 도착했다. 그러나 발리섬에서의 엔진 고장으로 인해 항공 서비스가 혼란에 빠지는 바람에 우리는 며칠 동안 그 도시에 고립되었다. 때마침 시내에는 여분의 침대가 있는 여관이 없었기 때문에, 우리는 공항 청사의 바닥에서 잠을 청하는 수밖에 없었다.

우리는 첫번째 날에 경찰서를 방문해, 여권 검사를 담당하는 매우 매력적인 남자의 응대를 받았다. 그는 하를레스의 여권부터 시작해서, "영국 외무부 장관은 다음과 같은 사항을 문의하고 요청합니다."라고 시작되는 필기체의 문구를 읽기 시작했다. 이 일을 마친 후, 그는 모든 비자와 기재 사항들을 꼼꼼하게 읽으며 지저분한 종이 위에 연필로 표시하다가, 마침 내 그동안 하를레스에게 발행된 외환 목록에 이르렀다. 그 내용을 검토하는 데 많은 시간이 걸렸지만, 나흘이라는 시간 여유가 있었기 때문에 우리로서는 전혀 급할 게 없었다. 경찰관은 우리에게 커피를 권했고, 우리는 그에게 담배를 권했다. 그는 마침내 마지막 페이지를 넘긴 후 여권을 하를레스에게 돌려주며 이렇게 말했다. "당신 미국인 맞죠?"

숨바와에서 머문 두번째 날 시내를 산책하다 그 경찰서를 지나가는데, 보초를 서던 경찰관이 착검된 총을 든 채 갑자기 달려들었다. 전날 봤던 경찰관이 우리를 다시 보자고 한 것이었다.

"투안," 그가 말했다. "미안하지만, 당신들의 여권에 인도네시아 입국 비자가 있는지 확인하지 않았어요."

세번째 날에는 그 경찰관이 공항으로 직접 와서 우리를 보자고 했다.

"슬라맛 파기." 그는 명랑하게 말했다. "미안하지만 당신들의 여권을 다시 한 번 봐야겠어요."

"아무런 문제가 없으면 좋겠어요." 내가 말했다.

"아니에요, 투안. 내가 당신들의 이름을 미처 확인하지 못했어요."

네번째 날에는 그가 방문하지 않았으므로, 우리는 '그의 업무가 마침 내 완료되었나 보다.'라고 생각했다. 그러나 다른 곳에서 협상이 난항을 겪는 바람에, 우리는 결국 왕도마뱀을 반출해도 좋다는 승인을 받지 못하게 되었다. 그것은 예기치 않은 커다란 타격이었지만, 다른 동물들 — 오랑우탄 찰리, 곰 벤저민, 비단뱀, 사향고양이, 앵무새를 비롯한 새들, 파충류들 — 은 런던으로 데려가도록 허용되었다.

어떤 면에서, 나는 왕도마뱀을 남겨둬야 했던 게 아쉽지 않았다. 장담하건대, 런던 동물원 파충류관의 크고 따뜻한 울타리에 수용되었더라도 그는 행복하고 건강했을 것이다. 그러나 만약 그랬다면, 그는 코모도섬의 숲속 몇 발자국 앞에서 우리에게 보여줬던 그 당당하고 멋진 모습을 어느 누구에게도 보여주지 못했을 것이다.

3부

파라과이 동물 탐사

21. 파라과이로

1958년, 우리는 아르마딜로armadillo를 찾기 위해 파라과이로 갔다. 혹자는 "딱히 눈에 띄는 매력도 없는 동물을 찾아 그렇게 멀리까지 여행한 이유가 뭐예요?"라고 이의를 제기할지도 모르겠다. 동물이 사람의 마음을 끄는 데는 여러 가지 이유가 있다. 새는 정교한 아름다움이 있고, 대형 고양이과 동물은 우아하고 날렵한 힘이 있고, 큰 뱀은 극적이고 약간 소름끼치는 외모가 있고, 개는 꼬리를 치는 매력이 있고, 원숭이는 짓궂고 사람에 버금가는 지능이 있는데, 이 모든 특징들은 열성적인 애호가들을 사로잡는 무기가 된다. 그러나 아르마딜로는 그런 특징이 전혀 없다. 그들은 색깔이 칙칙한 데다, 동정 어린 눈을 제외하면 특별히 아름다운 신체부위도 없다. 내가 아는 범위에서, 그들은 재미있는 묘기를 부리도록 훈련될 수 없고 ─ 솔직히 말해서, 나는 그들의 지능이 달린다고 생각한다 ─ 사랑스러운 애완동물이 될 수도 없다. 그럼에도 그들은 한 가지 특징을 갖고 있다. 내 생각에 그것은 하나의 동물이 가질 수 있는 매력 중에서 가장 강력한 것으로, 이국적이고 환상적이며 고풍스러움이 혼합되어 있다 ─ 이것을 '묘하다'라는 하나의 단어로 요약하면 왠지 불충분하다는 느낌을 지울 수 없다 ─ 는 것이다.

데이비드 애튼버러의 동물 탐사기

이러한 특징을 정의하기는 쉽지 않다. 사자는 그것이 없는데, 그 이유는 본질적으로 우리에게 익숙한 집고양이의 확대판이기 때문이다. 북극곰도 놀랍거나 기이하지 않은 건 마찬가지인데, 그 이유는 덩치가 좀 클 뿐 반려견과 매우 비슷하기 때문이다. 게다가 그들은 하얀 털가죽 때문에 북극의 눈 속에서 이목을 끌지 못한다. 심지어 기린 같은 신기한 동물도 우리에게 익숙한 패턴에 기반한다. 왜냐하면 그들은 흔한 유럽사슴과 함께 우제류artiodactyla에 속하기 때문이다.

그러나 유럽에서 조금이라도 비슷한 동물을 찾아볼 수 없는 캥거루, 큰개미핥기, 나무늘보, 아르마딜로 같은 색다른 동물의 경우에는 이야기가 다르다. 전반적인 외모에 있어서나 해부학적 구조에 있어서나, 그들은 유럽 대륙에 서식하는 어떤 동물과도 판이하게 다르다. 그들은 특정 분류군의 마지막 종으로, 오늘날의 동물들 중 대부분이 지구상에 아직 나타나지 않았던 과거 지질시대의 생존자들이다. '묘하다'는 단어에 정말로 부합하는 동물은 바로 그들이다.

그들이 생존한 이유를 살펴보면 그 자체로서 매혹적이다. 유대류marsupial에 속하는 캥거루의 조상은 한때 지표면의 상당 부분에 서식했다. 그들이 전성기에 새로 발달시킨 '발달 초기의 작은 새끼를 육아낭 속에서 양육하는 능력'은 그들을 당대 최고의 진보한 동물로 만들었다. 그러나 훨씬 더 고도로 발달한 동물들 — 새끼를 체내의 자궁에 보존할 수 있는 태반 포유류placental mammal — 이 진화함에 따라, 유대류는 졸지에 구형舊型으로 전락해 식량과 생활공간을 다투는 전쟁에서 더 이상 승리할 수 없었다. 그 결과 대부분의 유대류 동물들은 멸종의 길을 걸었다. 일부 — 주머니쥐opossum — 는 남아메리카에서 살아남았지만, 오늘날 유대류 중 대부분은 오스트레일리아에서 발견된다. 왜냐하면 오스트레일리아 대륙은 신형 동물들이 진화하기 전에 세계의 나머지 부분에서 떨어져 나갔기 때문이다. 결과적으로 구형 유대류는 외부경쟁에서 보호받게 되어, 오늘날까지 다양한 형태를 띠며 지속적인 삶을 영위해 왔다. 사실, 오스트레일리아는 살아있는 골동품들의 박물관이다.

남아메리카의 경우, 오스트레일리아보다 더욱 복잡한 지질사 덕분에 주머니쥐는 물론 다른 묘한 골동품 동물들을 보유하고 있다. 즉, 남아메리카는 수백만 년 동안 폭이 넓고 건조한 육교land bridge에 의해 북아메리카와 연결되어 있었지만, 최초의 태반 포유류가 등장한 직후 세계의 나머지 부분들과 분리되었다. 나무늘보, 아르마딜로, 큰개미핥기를 포함하는 빈치류edentate가 남아메리카에서 주도권을 잡은 시기는 그즈음이었다. 남아메리카에 고립되어 있는 동안, 빈치류는 매우 색다른 동물을 아주 많이 진화시켰다. 거의 코끼리만 한 크기의 거대나무늘보giant sloth는 숲에서 나뭇잎을 뜯어 먹었다. 그리고 아르마딜로의 친척으로, 개체에 따라 3.5미터가 넘는 몸 길이에 어마어마한 골질 외피를 가진 글립토돈glyptodon은 끄트머리에 중세의 큰도끼처럼 생긴 거대한 돌기가 달려있는 거대한 꼬리로 무장한 채 사바나에서 느릿느릿 움직였다.

그로부터 1,600만 년 후 다시 북아메리카와 육교로 연결되었을 때, 그런 색다른 동물들 중 일부는 북쪽으로 이동했다. 그들은 북아메리카의 빙하퇴적물 사이에 뼈를 남겼고, 캘리포니아의 피치 레이크pitch lake에 빠졌으며, 한 지역—나중에 네바다주Nevada가 되었다—의 호숫가에 발자국을 남겼다. 그들이 남긴 발자국이 발견된 것은, 지난 세기 말 노동자들이 카슨시티Carson City에 새로운 교도소를 건설하기 위해 사암sandstone을 채취하기 시작했을 때였다.

글립토돈의 친척 중에서 유일하게 살아남은 것이 아르마딜로다. 그들을 바라보면, 묘하고 원시적인 선사시대 동물과의 관계를 떠올리게 된다. 나에게 있어서 그들이 흥미로운 것은 바로 이 때문이다. 그들은 굴 속에서 살고, 숲과 팜파스pampas에서 종종걸음을 치며 뿌리와 작은 곤충과 죽은 짐승의 썩어가는 고기를 먹는다. 그들이 아직까지 살아남은 것은, 부분적으로는 갑옷을 두른 껍데기 때문이다. 사실 그들은 매우 성공적인 동물군이다. 왜냐하면 크기만 봐도 생쥐와 비슷한 아주 작은 피그미아르마딜로pygmy armadillo — 아르헨티나의 모래밭에 굴을 파고 산다 — 에서부터 길이가 1.2~1.5미터에 이르는 왕아르마딜로giant armadillo — 아마존분지의 열대우림을 배회한다 — 까지 수많은 다양한 종들이 존재하기 때문이다.

———

가이아나에서 나무늘보와 개미핥기를 촬영하고 생포하는 동안, 하를레스 라구스와 나는 야생 아르마딜로를 단 한 번도 보지 못했다. 우리의 희망 사항은, 파라과이를 방문해 기필코 아르마딜로를 관찰하는 것이었다. 그에 더하여 다른 조류, 포유류, 파충류도 찾을 예정이었다. 그러나 파라과이 사람들이 방문 이유를 물었을 때, 나는 과장하지 않고 단순하게 "타투tatu를 찾으러 왔어요."라고 대답했다. 내가 알기로, 타투는 과라니어Guarani로 아르마딜로를 의미했다. 과라니어는 스페인어와 함께 파라과이의 공식 언어다.

파라과이인들은 나의 대답에 대해 늘 똑같은 반응 — 와자지껄한 웃음 — 을 보였다. 나는 처음에 '아르마딜로를 찾는 사람은 모든 파라과이인들에게 단연 우스운 사람으로 보이나 보다.'라고 생각했다. 그러나 이윽고 나는 그런 생각이 너무 단순하다고 여기기 시작했다. 나의 대답이 파라과이 국립은행의 고위 관리에게 히스테리에 가까운 폭소를 자아냈을 때, 나는 의문을 풀 기회가 왔다고 느꼈다. 그러나 내가 부연 설명을 하기도 전에 그는 또 하나의 질문을 던졌다.

"어떤 종류의 타투를 의미하는 건가요?" 나는 그 질문에 정확히 대답할 수 있었다.

"파라과이에서는 온갖 다양한 종류의 타투가 발견되죠. 까만색 타투, 털북숭이 타투, 오렌지색 타투, 거대한 타투."

두번째 대답이 첫번째 대답보다 훨씬 더 재미있다고 생각한 듯, 그는 포복절도하며 웃었다. 나는 그가 진정할 때까지 참을성 있게 기다렸다. 나는 그를 친절하고 도움되는 사람으로 여기고 있었다. 그는 완벽한 영어를 구사했으며 우리의 대화는 매우 유용했기 때문이다. 마침내 그가 웃음을 멈췄다.

"일종의 동물을 의미하나 보죠?"

나는 고개를 끄덕였다.

"모르는 모양인데," 그는 설명했다. "과라니어에서 '타투'는 별로 점잖지 않은 단어로도 사용돼요. 음…" 그는 멈칫했다. "특정한 부류의 젊은 여자를 의미하는 단어로 말이에요." '매력적인 동물임에도 불구하고, 아르마딜로의 이름에 그런 색다른 의미가 부여된 이유'가 석연치 않았지만, 나는 마침내 파라과이인들이 내 대답을 듣자마자 박장대소한 이유를 알게 되었다. 그 후로도 몇 달 동안 동일한 질문을 수없이 많이 받았지만, 나는 아예 대놓고 농담조로 답변했다. 목장주, 세관원, 농민, 아메리카 원주민들과의 거리감을 좁히기 위한 재담*談으로 말이다.

그러나 그 농담이 불발에 그친 사례가 몇 번 있었다. 왜냐하면 한두 명의 사람들은 '젊은 여자들을 찾아 파라과이의 오지를 방황하는 외국인'을 으레 그러려니 여긴 나머지, 우리가 "사실은 네발동물인 타투를 찾고 있어요."라고 주장했을 때 전혀 믿지 못하겠다는 태도를 보였기 때문이다. 때때로 우리가 농담의 진의를 밝혔을 때, 어떤 질문자들은 한걸음 더 나아가 아르마딜로에 큰 관심을 갖게 된 정확한 이유를 물었다. 나는 그 점에 대해 속 시원히 해명할 수 없었다. 나의 과라니어 사전에는 글립토돈을 뜻하는 단어가 없었기 때문이다. 하지만 그렇지 않은 것이 어쩌면 다

데이비드 애튼버러의 동물 탐사기

행이었는지도 모른다. 그도 그럴 것이, 만약 그런 단어가 있었다면, '특정한 부류의 젊은 여자' 뺨치는, 그에 대한 보다 일상적인 대화에서 쓰이는 의미가 있었을 수 있겠다는 생각에 소름이 오싹하기 때문이다.

22. 호화 유람선의 몰락

종전에 하를레스와 함께했던 불편하기 짝이 없는 탐사여행에서, 우리는 종종 이상적인 탐사방법—게으르고 호화로운 생활을 영위하면서도 세계에서 가장 아름답고 흥미로운 동물을 발견하는 법—을 궁리하다 보면 아픈 다리나 주린 배에 대한 생각을 잠재울 수 있었다.

뉴기니에서는 수백 킬로미터를 걸어 기진맥진한 상태에서 희귀한 극락조bird of paradise를 발견했다. 그 여행이 끝날 즈음 하를레스는 "내가 생각하는 이상적인 탐사여행의 첫번째 필수조건은 기계를 이용한 이동이에요." 라고 단언했다. 먹을 거라고는 소금에 절인 생선과 쌀밖에 없던 코모도섬 항해에서 나는 "우선적으로 갖춰야 할 것은, 온갖 통조림 식품을 무제한으로 보관할 수 있는 널찍한 식품 저장실이에요."라고 선언했다. 보르네오섬의 유별나게 조잡한 캠프에서 필름과 카메라를 억수 같은 비로부터 보호하려고 사투를 벌일 때, 우리는 이구동성으로 "완벽하게 방수된 거처가 필수적이에요."라고 말했다.

지금까지 언급한 것보다 덜 심각하지만 여전히 불편한 상황에서, 우리는 다른 구체적인 내용을 덧붙임으로써 화난 기분을 스스로 추슬렀다. 나는 초콜릿을 무제한 공급하겠다며 호기를 부렸고, 하를레스는 깨물거나

데이비드 애튼버러의 동물 탐사기

찌르는 곤충 — 딱정벌레, 바퀴벌레, 개미, 지네, 벌, 모기 — 에서 완전히 해방된 곳에서 잠자고 싶다는 희망을 피력했다. 이러한 가상의 탐사는 우리 모두의 피부에 절실히 와 닿았지만, 하를레스도 나도 그게 궁극적으로 실현될 거라고는 상상하지 않았다. 그러나 파라과이에 도착한 지 일주일도 채 안 되어, 아순시온[1]Asunción에 있는 영국의 한 육류 회사가 우리에게 이러한 내역과 거의 일치하는 이상적인 탐사여행을 구현하는 수단을 무료로 제공하겠다고 나섰다.

우리의 꿈을 실현한 것은 카셀Cassel이라고 불리는 선박이었다. 카셀은 디젤 엔진을 장착한 길이 9미터의 널찍한 요트로, 흘수선이 매우 얕아서 우리와 장비와 식량을 싣고 깊은 내륙의 작고 구불구불한 강을 (요트에나 우리에게나) 아무런 어려움 없이 오를 수 있었다. 우리는 깊이 감사하는 마음을 담아 아주 기꺼이 육류 회사의 제의를 받아들였다.

아순시온의 부두를 떠나 널따란 갈색 파라과이강Rio Paraguay의 상류로 올라갈 때, 우리는 카메라와 녹음장비 일체를 선실의 큼직하고 보송보송한 벽장 속에 집어넣었다. 그리고 조리실에는 분말수프, 소스, 초콜릿 꾸러미, 잼이 든 병, 고기 통조림, 놀랄 만큼 다양한 과일을 수북이 쌓았다. 마지막으로 창틀에는 2중 모기장을 설치했다. 나는 내 침상 위에 작은 서재를 구축했고, 하를레스는 소형 라디오 주파수를 아순시온 방송국에 고정함으로써 선실을 잊히지 않을 기타 선율로 가득 채웠다.

호사스러운 숙박 시설에 만족한 것을 넘어, 나는 배꼬리 쪽으로 걸어가 뒤에서 끌려오는 소형 보트를 애정어린 눈빛으로 바라봤다. 그 보트는 35 마력짜리 선외기를 장착하고 있었는데, 우리는 그것을 숭배하는 의미에서 쾌속정이라는 별명으로 불렀다. 우리는 쾌속정에 몸을 싣고 작은 지류

---

1 파라과이의 수도. - 옮긴이주

들 사이를 광범위하게 넘나들며 동물들을 탐사하고, 카셀로 돌아와 휴식을 취하는 장면을 상상하며 흐뭇해했다.

항해 중인 배에서 우리가 할 일은 별로 없었다. 나는 내 침상으로 기어 올라가 긴장을 풀고 누웠다. 우리는 유례없는 안락함을 누리며 거대한 열대림 ─파라과이의 북동쪽에서 시작해서 브라질을 가로질러 아마존분지 너머 오리노코강Orinoco에 이르는 세계 최대의 원시 밀림지대 ─ 의 남쪽 가장자리까지 항해했다. 너무 편안해서 도무지 실감이 나지 않았다.

그러나 거기까지였다. 그로부터 10일도 채 안 지나, 우리는 과거의 어느 탐사여행에서도 경험해 보지 못한 최악의 불편함에 직면하게 된다.

───

우리의 배에는 3명의 동행인이 함께했다. 안내인 겸 통역자는 쉰 목소리에 갈색 머리를 가진 파라과이인으로, 스페인어와 과라니어 그리고 한두 가지 아메리카 원주민어를 유창하게 구사했다. 게다가 놀랍게도, 그는 평생 동안 남아메리카 밖으로 나가 본 적이 없음에도 오스트레일리아식 영어를 사용했다. 그의 이름은 샌디 우드Sandy Wood였다.

파라과이는 외국계 혈통을 가진 사람들로 가득하다. 폴란드계, 스웨덴계, 독일계, 불가리아계, 일본계 사람들이 토지 부족, 종교 박해, 정치적 탄압, 법령을 피해 그 작은 공화국으로 몰려들었기 때문이다. 샌디의 부모는 19세기가 끝나기 직전 약 250명의 다른 오스트레일리아인들과 함께 파라과이로 이주했다. 그 당시 오스트레일리아에서는 비극적인 총파업이 일어나, 오랫동안 이상적인 형태의 사회주의를 전파해 왔던 제임스 레인James Lane이라는 저널리스트가 자신의 사상을 공유했던 농민과 목수를 비롯한 노동자를 규합해서 완벽한 사회를 건설하기 위해 파라과이로 건너왔다. 그들은 파라과이 정부로부터 비옥한 경작지를 제공받아, 노바 아

데이비드 애튼버러의 동물 탐사기

우스트랄리아^{Nova Australia}라는 새로운 공동체를 건설했다. 모든 재산은 공동체가 소유했으므로, 공동체의 구성원들은 모든 돈과 소유물을 공동체의 재무부에 헌납했다. 모든 구성원들은 개별적 임금이 아니라 공공선을 위해 일해야 했다. 공동체에서는 이런 고매한 정치사상을 약간의 청교도주의와 결합해 원주민과의 접촉, 증류주, 음악, 춤을 일절 금지했다.

그 후 1년이 채 안 지나, 그런 숭고한 원칙에 따른 생활의 부작용이 나타나기 시작했다. 예쁘장한 파라과이 소녀들의 매력, 카냐^{caña} ― 발효된 사탕수수 즙 ― 의 맛, 기타를 연주하는 원주민들의 흥겨움에 반한 일부 구성원들이 공동체에서 이탈한 것이다. 공동체의 경제에 나타난 부작용은 더욱 심각해서, 의욕적이지 않은 구성원들은 힘든 일을 다른 사람에게 떠넘기고, (샌디의 표현을 빌리면) 불평불만이나 하며 체념하게 되었다.

콜로니아 아우스트랄리아^{Colonia Australia}는 실패작이었다. 이에 실망한 레인은 원칙에 충실한 소수의 추종자와 새로운 오스트레일리아 이주민을 이끌고 새로운 지역에 두번째 식민지 콜로니아 코스메^{Colonia Cosme}를 건설했다. 그러나 그 모험 역시 구성원들이 떠나기 시작하면서 실패로 돌아갔다. 공동체가 건설된 지역에서 파라과이 혁명이 일어나, 혁명군과 정부군에게 차례로 약탈당했기 때문이다. 그러는 바람에 공동체의 구성원들은 뿔뿔이 흩어졌다. 상당수는 부에노스아이레스^{Buenos Aires}로 내려가 철도역에서 일했고, 일부는 멀리 아프리카로 건너가 농사를 지었다. 일부는 파라과이에 남아 벌목꾼, 농부, 목수로 일하며 생계를 유지했다. 샌디의 부모는 세번째 부류에 속했으며, 샌디는 파라과이에서 태어나 파라과이인으로 성장했다. 그는 다양한 직업을 전전했다. 우리의 여행 목적지인 파라과이강의 상류에서 나무를 베었고, 에스탄시아^{estancia}에서[2] 소를 키웠고,

---

2 아르헨티나와 우루과이 사이의 라플라타강 유역에 펼쳐져 있는 사유지. 소, 양의 방목과 밀, 목초의 재배가 이루어진다. ― 옮긴이주

동물을 사냥했고, 그즈음에는 아순시온의 한 여행사에서 비정규직으로 일하고 있었다. 언어 구사력, 숲에 대한 지식, 차분한 성격을 감안할 때 그는 우리의 이상적인 안내인이었다.

다른 2명의 보조자는 공식적인 승무원이었는데, 둘 중 누가 실제로 선장인지 아리송했다. 둘 중 상대적으로 호리호리한 체격, 큰 키, 명랑한 성격의 소유자 곤살레스Gonzales는 선원용 모자를 쓰고 있었다. 그 모자는 원래 금색 리본으로 멋지게 장식되어 있었지만 그즈음에는 닳고 닳아서, 떨어져 나온 리본이 챙 밑에 아무렇게나 매달려있었다. 그의 주장에 따르면 그 모자는 선장을 상징하며, 그는 선장에게 요구되는 기술을 모두 보유하고 있었을 뿐만 아니라 엔진을 다루는 기술도 수준급이었다. 그러나 선장과 기관장을 겸직할 수는 없는 노릇이었으므로, 그는 카피탄Capitan—선장—이라는 직함을 자신의 동료에게 양보하기로 결정했다. 하지만 그는 그게 어디까지나 예의상 호칭임을 애써 강조했다.

카피탄은 키가 작고 배가 볼록 나온 사람이었다. 그는 습관적으로 종 모양의 커다란 밀짚모자를 썼는데, 챙을 접어 내리고 그 밑에는 까만 안경을 썼다. 그는 저녁 때도 안경을 벗지 않았으므로, 우리는 그가 잠잘 때도 안경을 쓰는지 궁금해 견딜 수 없었다. 그의 입은 늘 비관론을 상징하는 위로 볼록한 반원 모양으로 닫혀있었고, 뺨에는 햇빛과 무관하게 일종의 피부질환으로 인한 푸르스름한 분홍빛 반점이 새겨져 있었다. 그는 틈이 날 때마다 특별한 연고를 반점 위에 발랐는데, 아마 다른 부위에도 그런 반점이 여러 개 있는 것 같았다. 모든 논평, 질문, 관찰에 대한 그의 일관된 반응은 우울한 표정으로 군침을 삼키는 것이었다.

우리가 탐사하기로 한 오지의 숲에 도착하려면 파라과이강의 북쪽으로 120킬로미터쯤 거슬러 올라간 다음, 파라과이강의 거대한 지류 중 하나인 헤후이강Rio Jejui을 따라 동쪽으로 항해해야 했다. 우리의 희망사항은

데이비드 애튼버러의 동물 탐사기

강줄기를 따라 쭉 올라가 아메리카 원주민과 몇 명의 벌목공만 사는 인적 드문 하천 상류에 도착하는 것이었다. 탐사에 소요되는 시간은 최소한 일주일로 추정되었다.

처음 며칠 동안, 우리는 갑판에 엎드려 카셀의 뱃머리가 갈색 강물을 가르고 부유하는 카멜로테camelote 군락을 끊어내는 장면을 관찰하는 데 상당한 시간을 할애했다. 카멜로테란 수상식물인 부레옥잠water hyacinth을 말하는데, 우아한 주걱 모양의 잎이 기부에서 부풀어 부레 같은 공기주머니를 형성했으며, 그 위에는 우아한 연보라색 꽃 무더기가 만발해 있었다. 커다란 군락의 경우에는 가로지르지 않고 피했는데, 그 이유는 뱃머리로 절단할 수도 있었지만 잘라진 줄기에 매달린 뿌리가 배에 엉겨붙을 경우 프로펠러가 망가질 수 있기 때문이었다. 어떤 카멜로테 군락에는 백로, 왜가리 등의 여객이 승선하고 있었다. 그중에서 제일 예쁜 것은 밤색 물꿩lily-trotter으로, 카멜로테 잎 위에 버티고 선 채 멋모르고 자신의 발 밑을 안식처로 선택한 조그만 물고기를 찾기 위해 발—물꿩은 발가락이 매우 긴 것으로 유명하다—을 높이 치켜들었다. 우리가 가까이 다가가자, 물꿩은 엔진 소리에 깜짝 놀라 날아올라 노란색 날개밑을 뽐냈다. 그들은 긴 다리를 흐느적거리며 우리의 머리 위를 맴돌다 카셀의 여파에 휘말려 흔들리는 카멜로테 군락 위에 다시 내려앉았다.

샌디는 배꼬리에 앉아 마테maté—파라과이의 전통차—를 홀짝였다. 곤살레스는 엔진 옆에 쪼그리고 앉아 열정적으로 기타를 튕기며 큰 소리로 노래했지만, 엔진 소리가 그의 목소리를 삼켜버리는 바람에 아무에게도 들리지 않았다. 카피탄은 조타실의 높은 의자에 걸터앉아, 한 손으로 배를 조종하고 다른 손으로는 얼굴에 연고를 발랐다. 날씨가 찌는 듯이 더웠으므로, 하를레스와 나는 더위를 쫓기 위해 아래쪽 선실로 내려가 침상에 누웠다. 그러나 그곳은 훨씬 더운 것 같았다. 왜냐하면 선실에는 땀

헤후이강에서 목재를 뗏목으로 엮어 운반하는 장면

을 식혀 줄 바람이 불지 않았기 때문이다. 이윽고 우리의 시트는 땀에 흠 뻑 젖었다.

갑자기 엔진이 멎더니, 곤살레스와 카피탄의 새된 다툼 소리가 익숙지 않은 고요함을 깨뜨렸다. 우리는 갑판으로 기어올라 갔다. 쾌속정은 온데 간데없었고, 우리 눈에는 하류로 떠내려가는 두 개의 쿠션과 하나의 좌석 만 보였다. 샌디는 냉정하게, 카피탄이 방금 카멜로테 무더기를 피할 요 량으로 급히 방향을 틀었는데 그 여파에 밀려 쾌속정이 전복됐다고 말했 다. 곤살레스는 배꼬리 너머로 몸을 구부려, 계선주繫船柱에 아직 연결되어 있지만 진흙탕에 거의 수직으로 가라앉은 쾌속정의 밧줄을 헛되이 잡아 당겼다. 카피탄은 조타실에 앉아 험상궂은 표정을 한 채 야단스럽게 군침 을 삼키고 있었다.

데이비드 애튼버러의 동물 탐사기

뒤이은 논쟁 과정에서 카피탄도 곤살레스도 수영을 하지 못하는 것으로 밝혀졌다. 두 사람이 서로에 대한 비난을 계속하는 동안, 하를레스와 나는 옷을 벗고 물속으로 뛰어들었다. 운 좋게도 그곳의 수심이 의외로 깊지 않았지만, 아무리 그렇더라도 반쯤 침몰한 쾌속정을 얕은 물로 끌어내어 똑바로 세우고 엔진, 3개의 연료탱크, 장비를 수리하느라 거의 두 시간이 걸렸다. 복구가 완료됐을 때쯤, 쾌속정의 쿠션과 의자는 순항해서 아순시온에 도착한 듯싶었다. 왜냐하면 우리가 2킬로미터쯤 하류로 내려가 봤음에도 그것들을 발견하지 못했기 때문이다. 그것은 대단찮은 사고였지만, 카피탄의 조종술이 신통치 않다는 사실을 깨닫게 한 사건이었다.

그 후 3일 동안은 특별한 사건이 발생하지 않았다. 우리는 파라과이강을 벗어나 동쪽으로 방향을 틀어 헤후이강의 상류로 올라갔다. 몇 킬로미터 올라가 푸에르토-이Puerto-i에서 1시간쯤 머물렀는데, 그곳은 크고 작은 마을을 통틀어 헤후이 강변의 마지막 마을이었다. 그 마을을 떠날 때 카피탄의 습관적인 '우울한 표정'이 눈에 띄게 깊어졌다. 그는 헤후이강의 상류로 더 이상 올라가 본 적이 없었는데, 이제 그래야 하므로 썩 내키지 않는 것 같았다. 그곳은 위험한 수로였으므로, 그는 임박한 재앙을 직감했다. 그리고 그는 네번째 날 아침에 그것에 직면했다. 강은 우리 앞에서 심하게 굽이쳐 흘렀는데, 그 모퉁이 너머에서는 맹렬한 소용돌이가 줄줄이 기다리고 있었다.

카피탄은 단호한 태도로 엔진을 껐다. 일찍이 본의 아니게 기적적인 조종술을 선보인 바 있었지만, 눈앞의 위험은 어찌할 도리가 없다고 판단한 듯했다. 그는 후퇴해야 한다고 고집했지만, 우리의 설득에 따라 쾌속정을 타고 가서 강굽이를 조사했다. 잠시 후 돌아온 그의 표정을 보아하니, 소용돌이를 더욱 가까이서 살펴본 후 최악의 공포를 재확인한 듯싶었다.

그 후 왠지 맥빠진 듯한 논쟁이 진행되었다. 통역을 맡은 샌디가 '양측의 주장에서 당면 문제와 밀접히 관련된 부분만을 전달해야겠다.'라고 작심하고 서로의 인신공격성 발언을 과감히 생략한 것 같았다. 우리가 보기에, 그 강굽이는 까다로워 보이지만 난공불락의 걸림돌은 결코 아니었다. 이미 일주일 이상의 시간을 낭비한 마당에, 아순시온으로 돌아간다는 것은 도저히 상상할 수 없는 일이었다. 게다가 아순시온의 주변 지역에서는 야생동물을 구경하기 힘들었는데, 그 이유는 그곳이 준^準경작지대였기 때문이다. 그러나 카피탄의 결심은 확고했다. "나는 죽고 싶지 않아요." 그는 약간 신파조로 말했다. "당신들도 마찬가지일 거예요." 우리는 경멸조로 대꾸했지만, 샌디는 공손한 어조로 통역했다. 우리가 논쟁을 거듭하는 동안, 지저분한 소형 모터보트 한 척이 고통스러운 노킹knocking[3] 소리를 내며 우리를 지나치더니, 급기야 강굽이 너머로 유유히 사라졌다.

그것을 빤히 바라보는 동안 우리의 분노는 배가^{倍加}되었다. 샌디의 중재를 거치지 않고 우리의 분노를 선장에게 직접 전달할 수 없다고 생각하니 도저히 참을 수 없었다. 우리 모두는 이성을 잃었다. 마침내 스페인어 단어 2개를 내뱉음으로써 선장과의 직접적이고 명확한 의사소통을 확립한 사람은 하를레스였다. 1시간쯤 전 카피탄이 석유 곤로와 씨름하던 중, 그는 "이게 제대로 작동하지 않는 건 유럽 제품이 아니라 '아르헨티나 제품Industria Argentina'이기 때문이에요."라고 말한 적이 있었다. 이제 하를레스는 선장에게 삿대질을 하며, 그가 구사할 수 있는 최악의 독설을 뿜어냈다. "카피탄, 당신은 인두스트리아 아르헨티나예요." 그가 언어적 승리감에 도취한 것을 보고 우리 모두는 배꼽을 잡았다. 위기감을 느낀 샌디는 마테 몇 모금을 더 마시는 척하다 슬그머니 도망쳤다. 그가 없어지자 논쟁은 중단될 수밖에 없었다.

---

3 내연기관의 실린더에서 이상연소에 의해 망치로 두드리는 듯한 소리가 나는 현상. - 옮긴이주

데이비드 애튼버러의 동물 탐사기

하를레스와 나는 샌디에게 달려가 대책을 논의했다. 우리는 논쟁이 가열되는 동안 강굽이 너머로 사라진 소형 선박을 상기했다. 만약 강굽이를 넘어 상류로 올라간 배가 있다면, 우리를 상류로 태워다 줄 배가 또 있을지도 몰랐다. 이러한 실낱 같은 희망으로 위안을 삼으며, 우리는 저녁을 먹고 잠자리에 들었다.

한밤중에 들려온 대형 모터보트 소리가 우리를 잠에서 깨웠다. 갑판으로 뛰어올라가 목이 터져라 외쳤더니, 그 배가 소리를 듣고 우리 쪽으로 다가왔다. 다행히도 샌디는 그 배의 선장 — 카요Cayo라는 이름의 작고 거무스름한 남자 — 과 아는 사이였다. 왜냐하면 몇 년 전 그 지역에서 벌목공으로 일할 때 만난 적이 있었기 때문이다. 두 사람은 손전등으로 카요의 보트와 화물, 카셀, 서로의 얼굴을 비추며 10분 정도 이야기를 나눴다. 하를레스와 나는 손전등 불빛이 비치지 않는 어둠 속에서 참을성 있게 기다렸다.

마침내 샌디가 우리에게 와서 자초지종을 말했다. 카요는 헤후이강의 지류인 쿠루과티강Rio Curuguati의 발원지에 있는 작은 벌목장으로 가던 중이었다. 그곳은 우리가 가고 싶어 하던 곳과 정확히 일치했다. 그러나 카요는 이미 세 명의 승객 — 벌목장에서 일할 벌목공 — 을 태우고 있는 데다 화물을 가득 싣고 있었다. 그래서 우리를 태울 공간은 없었지만, 카요는 우리의 필수 장비와 최소한의 식량을 실어 줄 수 있었다. 우리 자신은 쾌속정을 이용해 여행할 수 있었다.

"나중에 우리는 어떻게 돌아오죠?" 나는 이렇게 중얼거린 후, 그런 소심한 질문을 하는 나 자신이 부끄러워졌다.

"음, 약간의 불확실성이 있는 건 사실이에요." 샌디가 대수롭지 않은 듯 말했다. "만약 수심이 깊다면, 카요는 이곳저곳 돌아보느라 상류에서 여러 날 동안 머물 거예요. 우리는 그동안 상류에 머물며 동물을 수집할 수 있어요. 하지만 수심이 얕다면 그는 즉시 돌아올 텐데, 그렇게 되면 우리는 3~4주 또는 그 이상 발이 묶일 수도 있어요."

카요는 갈 길이 바빴으므로 오래 이야기할 시간이 없었다. 우리는 헛수고할 위험을 감수하기로 결정하고 선금을 지불함으로써 협상을 완료한 다음, 모든 장비를 카요의 모터보트에 신속히 옮겨 실었다.

그로부터 30분 후, 카요는 수천 파운드 상당의 카메라와 녹음장비를 싣고 출발했다. 노란 배꼬리의 불빛이 어둠 속에서 조금씩 작아졌고, 마침내 모터보트가 강굽이를 돌자마자 사라졌다. 하를레스와 나는 새로운 계획에 대한 믿음을 주고받으며 침상으로 돌아갔다. 만약 1~2주 동안 발이 묶인다면, 오히려 재미있는 일이 일어날지도 모른다고 말했다. 사실, 어느 누구도 미래를 장담할 수는 없었다.

다음날 아침 우리는 카피탄과 곤살레스에게 억지 미소를 지으며 작별 인사를 했다. 그러고는 배꼬리에 묶인 쾌속정을 풀어, 우리의 장비를 실은 카요의 모터보트를 따라잡기 위해 굉음을 내며 상류로 올라갔다. 나는 카셀을 마지막으로 잠깐이라도 쳐다볼 여유가 없었다. 우리가 강굽이에서 봉변을 당하지 말란 보장이 없었기 때문이다. 잠시 후 소용돌이가 쾌속정의 선체를 낚아채 우리를 기겁하게 했고, 우리는 조마조마한 마음으로 마치 스케이트를 타듯 수면 위를 미끄러져 갔다. 얼마 후 비교적 완만한 구간에 도착했을 때, 카셀은 우리의 시야에서 사라졌다. 나는 못내 아쉬워했다. 침수浸水와 모기에서 자유로운 선실, 호사스러운 조리실, 조그만 서재, 안락한 침상을 갖춘 모터보트가 눈에 아른거렸다. 그토록 꿈에 그렸던 이상적인 여행을 시작과 거의 동시에 포기하다니…. 강을 거슬러 올라가는 동안, 강둑에 형성된 숲은 우울할 정도로 황량하고 위협적이었다. 눈앞의 하늘에는 거대한 폭풍우를 동반한 구름이 모여들고 있었다. 나는 마치 무방비 상태에 놓인 듯한 처참한 기분을 경험했다.

우리는 이윽고 카요를 따라잡았는데, 그는 우리와 헤어진 이후 쉬지 않고 여행하고 있었다. 그의 모터보트는 성능이 뛰어났지만, 뱃전에까지 짐이 가득 차있어서 3노트(시속 5.5킬로미터) 이상 속도를 낼 수 없었다. 그에 반해 우리의 쾌속정은 18노트(시속 33킬로미터)의 속도로 항진했다. 합리적인 방법은 대형 모터보트 뒤에 매달려 카메라, 식량, 침구와 가까운 거리를 유지하는 것이었지만, 모터보트에는 우리가 머물 공간이 없는 데다 쾌속정이 매달릴 경우 속도가 더욱 저하할 게 뻔했다. 우리는 '눈칫밥 먹기' 대신 '신나는 쾌속 질주'를 선택하기로 결정하고, (촬영할 만한 피사체를 발견할 경우를 대비한) 카메라와 (그날 밤에 모터보트를 다시 만나지 못할 경우를 대비한) 해먹과 세 끼 분 식량만을 챙겼다.

마음이 홀가분해진 우리는 점점 더 구불구불해지는 강의 굽이들을 거침없이 돌았고, 쾌속정에서 나온 거대한 물결은 강둑을 따라 퍼져 나가다가 물가에서 자라는 덤불과 덩굴식물 사이에서 소멸했다.

상류로 올라갈수록 임목^{forest tree}의 크기는 커졌고, 우리는 마침내 드높은 초록색 벽 사이를 질주하게 되었다. 벽 위에서는 거대한 활엽수들 ― 케브라초^{quebracho4}, 라파초^{lapacho5}, 쿠루파이^{curupay6}, 스페인삼나무^{Spanish cedar} ―이 둥근 지붕을 형성하고 있었는데, 그것들이야말로 인간을 그런 오지로 유혹하는 값진 보상이었다. 우리의 으르렁거리는 엔진 소리가 강둑의 새들을 날려 보냈는데, 그중에는 시끄럽기로 소문난 큰부리새^{toucan}, 늘 짝

---

4 · 남아메리카산 옻나무과의 교목, 껍질은 무두질, 물감에 씀. - 옮긴이주
5 · 능소화과에 속하는 나무로 타히보_{taheebo}라고도 하며, 중앙아메리카와 남아메리카의 아열대 우림 지역에서 자생하고, 민간 약재로 사용되어 왔다. - 옮긴이주
6 · 남아메리카 전역에서 자라는 나무로, 껍질은 약용으로 사용되었으며 씨앗에는 환각 성분이 함유되어 있어 수천 년 동안 환각제로 이용되어 왔다. - 옮긴이주

지어 다니는 금강앵무scarlet macaw, 앵무새 떼가 포함되어 있었다. 가장 흔한 새는 주홍색 엉덩이를 가진 까만 찌르레기사촌(류)으로, 강 위로 돌출한 나뭇가지에 무수히 매달린 곤봉 모양의 둥지에서 날카로운 비명을 질렀다.

우리는 다시 한 번 남아메리카의 울창한 숲속에 파묻혔는데, 남아메리카의 열대우림은 전에도 그랬던 것처럼 왠지 음울하고 심술궂어 보였다. 낮게 드리운 초록벽을 쏜살같이 지나치는 동안, 배꼬리에서 흰 거품을 일으키며 솟구쳐 오른 물결이 햇빛에 반짝였다. 이처럼 매우 가까이 있지만 여전히 낯선 세계는, 편안한 요트(카셀)의 실내에 앉아 두꺼운 유리창을 통해 볼 때와 마찬가지로 흥분되고 설레었지만, 그와 동시에 선실의 두꺼운 유리창을 벗어나서 보게 되자 춥고 축축하고 불쾌한 느낌이 들었다. '만약 엔진이 고장나면 어떻게 하나? 만약 물에 잠긴 통나무에 충돌한다면 배 밑바닥에 구멍이 뚫릴 텐데. 지평선에 어렴풋이 보이는 먹구름이 엄청난 폭풍우를 쏟아붓는다면 극단적인 불편함과 재앙에 직면할 텐데.' 나는 카셀의 선실에서 누렸던 안락함과 안도감을 그리워했다.

해 질 무렵 우리는 쿠루과티강의 어귀에 도착했다. 우리는 강둑에서 야영하기로 결정하고 카요를 기다렸다. 그곳은 형편없는 야영지였다. 2개의 강 사이에 위치한 좁은 땅에는 덤불이 베어져 있었고 벌목꾼들이 지은 지저분한 판잣집이 하나 있었다. 내가 알기로, 벌목꾼들은 간혹 그런 곳을 숲으로 들어가 나무를 베기 위한 근거지로 사용하곤 했다. 그 공터는 녹슨 철사, (무거운 목재를 엮은 뗏목을 위한 부유통으로 사용되는) 텅 빈 기름통, (모터보트 사용자들이 배에 기름을 넣을 때 흘린) 경유 얼룩으로 가득 차있었다. 우리가 녹슨 드럼통들 사이에 해먹을 설치하기 위해 지지대를 세우는 동안, 어디선가 나타난 한 아메리카 원주민 소년이 선실 옆에 앉아 뚱한 표정으로 우리를 지켜봤다.

한밤중에 카요의 모터보트가 우리를 향해 통통거리며 다가오는 소리

데이비드 애튼버러의 동물 탐사기

가 들렸다. 그러나 그는 멈추지 않았다. 그가 쿠루과티강으로 진입하는 동안, 우리는 그와 고함을 주고받으며 다음날 아침 쿠루과티에서 다시 만나기로 약속했다. 그러고는 돌아가 잠자리에 들었다. 먼동이 트자 우리는 지체 없이 짐을 꾸려 다시 출발했다.

우리는 번갈아가며 쾌속정의 타륜wheel[7]을 잡았다. 샌디는 맹렬한 속도로 달림으로써 나를 놀라게 했다. 앞챙이 바람에 수직으로 나부끼는 가운데, 그는 모자를 머리에 푹 눌러쓴 채 침착하게 타륜을 돌렸다. 강굽이를 돌 때마다 배는 한쪽으로 기울어 뱃전 너머로 물이 들어올 지경이 되었다. 게다가 배꼬리는 수면 위에서 마구잡이로 미끄러졌다. 배꼬리에 반듯이 누워있던 나는 불안에 떨다 급기야 현기증을 느껴 눈을 감았다.

샌디가 갑자기 외마디 비명을 질러 우리 모두를 긴장시켰다. 배가 나뭇가지들을 세게 들이받았는데, 우지직 소리가 나며 덜컹거리는 바람에 나는 좌석에서 튀어나오고 배는 멈춰 서게 되었다. 뱃머리는 강둑에 반쯤 얹혔고, 선체는 배꼬리를 따라오던 여파에 휩쓸려 불안하게 흔들리고 있었다. 샌디가 급커브를 돌기 위해 타륜을 돌리는 순간 조향 케이블이 끊어지고 만 것이었다. 수리 작업을 할 공간은 한 명밖에 들어갈 수 없었으므로 내가 총대를 멨다. 펜치와 집게 없이 너덜너덜해진 케이블을 잘라내는 것은 불가능했기 때문에, 유일한 방법은 매듭을 지어 묶는 것이었다. 나는 가능한 한 신속히 작업했지만, 케이블을 조향축에 다시 고정하려면 머리를 선수창forepeak[8]에 집어넣은 채 누워야 했으므로 여간 불편하지 않았다. 게다가 선체가 너무 뜨거웠기 때문에 나는 순식간에 땀 범벅이 되었다. 설상가상으로 나는 케이블 가닥에 손을 찔리고 베였으며, 온몸이 기름과 윤활유로 뒤덮였다. 나의 불편함을 가중시킨 것은, 우리가 임시로

---

7 손잡이가 달린 바퀴 모양의 장치. 배의 키를 움직이는 데 쓴다. - 옮긴이주
8 뱃머리 부분에 있는 공간. - 옮긴이주

정박한 장소가 사람을 미친 듯이 계속 물어뜯는 악랄한 모기 떼의 소굴이었다는 것이다. 나는 시종일관 우리의 유일한 식량과 장비를 실은 채 계속 멀어져가고 있는 카요를 떠올렸다. 이것이 바로 내가 두려워하던 그런 종류의 재앙이었다.

우리는 1시간 후 다시 출발할 수 있었다. 우리는 좀 더 진지한 자세로 타룬을 잡고 상류로 올라갔다. 임기응변으로 수리된 조향 케이블은 놀랍게도 잘 작동했지만, 조향축에 묶여있었기 때문에 매듭이 꼬일 위험은 여전했다.

우리는 마침내 카요를 따라잡아 다시 한 번 그를 추월했다. 나는 안도의 한숨을 내쉬었다. 설사 조향장치가 돌이킬 수 없을 정도로 망가지더라도, 그가 우리를 따라잡을 때까지 기다리기만 하면 되었으니 말이다.

이른 오후, 지난 며칠 동안 모여든 음산한 먹구름에서 우렁찬 천둥소리가 들렸다. 굵은 빗방울이 수면에 마마媽媽 자국을 내기 시작했다. 그런 와중에서 엔진이 갑자기 멈춰버렸다. 여러 번에 걸쳐 필사적으로 시동끈을 잡아당겼더니 최악의 폭우가 닥칠 때가 되어서야 엔진은 털털거리며 다시 작동했다.

그날의 나머지 시간은 그야말로 끔찍했다. 비가 억수같이 내리는 바람에, 우리의 시야는 마치 짙은 안개가 낀 것처럼 뿌얘졌다. 엔진이 멈추는 빈도는 갈수록 증가했지만, 우리는 문제의 원인을 찾기 위해 카울링 cowling[9]을 벗길 엄두를 내지 못했다. 왜냐하면, 만에 하나 억수 같은 비가 점화 플러그와 기화기carburettor에 들어갈 경우 엔진이 영원히 멈출 수 있었기 때문이다. 날씨는 지독히도 추웠지만 샌디는 끈덕지게 운전했다. 나는 그의 옆에 앉아 매듭 지어진 조향 케이블을 주의 깊게 감시했다. 하를레

---

9 엔진을 덮은 탈착식 덮개. - 옮긴이주

스는 배꼬리에 기대, 언제라도 엔진이 고장날 경우 시동끈을 잡아당길 준비를 하고 있었다. 그는 엔진이 작동하는 동안에는 오래되어 구멍난 방수포를 온몸에 뒤집어써서 습기와 냉기로부터 자신을 보호하는 성과를 거뒀다. 여행을 시작했을 때, 그는 수염을 기르기 시작했고 챙이 긴 미국식 야구모자를 착용하고 있었다. 샌디와 나는 그런 스타일이 그에게 어울리지 않는다고 생각했었다. 이제 엔진이 멈출 때마다, 그 '염소 수염에 꾀죄죄한 모자'를 쓴 남자는 방수포 밖으로 고개를 내민 채 줄담배를 피웠다. 퍼붓는 비가 얼굴을 타고 내려와 코 끝에서 똑똑 떨어지는 가운데, 웅변조로 매우 진지하게 뇌까리는 그의 모습이 가관이었다.

우리는 폭풍우에 굴하지 않고 항해를 계속했다. 카메라와 필름은 선수창에 잘 보관되어 있었으므로 보송보송할거라 믿어 의심치 않았다. 샌디의 주장에 의하면 우리는 최종 목적지인 오두막집에 가까이 와있었는데, 그 집에는 벌목공과 그의 아내가 살고 있었다. 쾌속정이 강굽이를 돌 때마다 나는 그 오두막집을 간절히 찾았다. 엔진은 덜커덕거리며 멈추기를 반복하다 한참 동안 침묵을 지켰지만, 하를레스가 시동끈을 거칠게 잡아당기자 다시 시동이 걸렸다. 조향 케이블이 2번이나 더 끊어져 다시 잡아매야 했다. 태양은 몇 시간 전부터 구름에 가려 보이지 않았지만, 시커먼 강물로 미루어 보건대 이미 서쪽으로 넘어가고 저녁이 찾아온 게 분명했다. 어느 강굽이를 돌았을 때 거의 캄캄해져 있었는데, 새로운 직선 구간의 끝부분에서 노란 불빛이 깜박였다. 그곳에 도착했을 즈음에는 밤이 이슥해져 있었다. 우리는 작은 절벽의 기슭에 배를 정박하고, 계속된 폭풍우로 인해 폭포가 된 가파르고 좁은 오솔길을 올라 오두막집에 도착했다.

멀리서 깜박였던 조그만 불빛은 작은 직사각형 오두막집의 흙바닥 한복판에서 활활 타는 통나무에서 나온 것이었다. 그 집에는 문이 하나도 없었고, 4명의 사람들 ― 긴소매 블라우스와 바지 차림의 젊은 여자 1명,

30살쯤 된 검은 머리 남자 1명, 아메리카 원주민 젊은이 2명 ─ 이 불 주변에 쪼그리고 앉아있었다. 세찬 비와 외치는 듯한 바람 소리가 발자국 소리를 집어삼켜, 오두막집 거주자들은 우리가 문간에 서서 빗물을 뚝뚝 흘릴 때까지 우리의 존재를 모르고 있었다.

남자가 벌떡 일어나 스페인어로 우리를 환영했다. 그러나 짐과 장비가 밖에서 폭풍우에 휩싸여있어 우리는 길게 설명할 시간이 없었다. 그는 우리와 함께 쾌속정으로 달려가 짐과 장비를 가져왔다.

집주인은 뜨거운 수프를 제공한 후, 우리를 저장실로 안내해 밤을 지내게 했다. 그곳에는 드럼통, 불룩한 자루, 기름칠된 도끼, 녹슨 기계가 가득했는데, 모두 거미줄로 덮여있었다. 커다란 갈색 바퀴벌레들이 번들거리며 흙벽을 뒤덮고 있었고, 박쥐들이 서까래 사이를 휙 스치고 지나갔다. 썩어가는 절인 소고기 냄새가 실내에 진동해 구역질이 날 것 같았다. 그러나 그곳은 건조했고, 밖에서 천둥이 치는 동안 우리는 해먹을 매달 수 있었다. 그리고 해먹에 기어올라가 몇 분 내에 잠이 들었다.

데이비드 애튼버러의 동물 탐사기

23. 나비와 새

폭풍우는 밤 사이에 지나갔고, 아침이 되자 구름 한 점 없이 맑고 눈이 시리도록 푸른 하늘이 펼쳐졌다. 우리가 도착한 정착지의 이름은 이레부–콰Ihrevu-qua로, '콘도르가 사는 곳'을 뜻하는 과라니어였다. 집주인 네니토Nennito와 그의 아내 돌로레스Dolores는 로사리오Rosario라는 도시에 작은 현대식 주택을 소유하고 있었지만, 그곳을 거의 방문하지 않았다. 왜냐하면 네니토가 파라과이 정부로부터 '쿠루과티 강변의 숲에서 목재를 채취할 권리'를 인정받았기 때문이다. 만약 자신의 구역에 있는 나무들을 모두 베어 아순시온의 제재소로 떠내려 보낼 수 있다면 그는 갑부가 될 수 있었다. 그러나 그가 직접 벌목을 하는 것은 아니었다. 엄밀히 말해서 그는 고용주로, 한 팀 — 카요의 모터보트에 승선했던 벌목공들도 여기에 포함되었다 — 을 거느리고 벌목, 견인, 뗏목 운반을 감독했다. 부릴 사람이 하나도 없을 때 — 우리가 도착했을 때가 바로 그런 때였다 — 그가 할 일은 오두막집 밖에 앉아 마테를 마시는 것밖에 없었다.

그가 이레부–콰에 거주하는 이유는 여러 가지가 있었겠지만, 집을 안락하게 만드는 것에는 별로 관심이 없는 것 같았다. 창에는 모기장이 전혀 설치되지 않았고, 집안에 가구도 별로 없었다. 그는 바나나나 파파야

pawpaw도 심지 않았다. 돌로레스는 개방된 장작불에서 요리를 했고 냉장고는 일절 사용하지 않았다. 이처럼 불편한 생활의 혹독함은 그녀의 얼굴에서 볼 수 있는 앙상한 뼈에 이미 드러나기 시작하고 있었다.

그럼에도 그들은 행복하고 명랑한 커플이었으며 매우 친절했다. 그들은 우리가 원한다면 머무는 동안 그들의 집을 마음껏 사용해도 된다고 말했다.

그들의 정착지에는 여러 채의 건물—장작불이 꺼지지 않는 부엌, 우리가 첫날밤을 지냈던 저장실, 네니토와 그의 아내를 위한 침실, 2명의 아메리카 원주민 젊은이를 위한 침실, 우리가 나중에 침실로 사용할 때까지 양계장과 저장실로 사용된 별채—이 있었는데, 모두 지붕 덮인 베란다로 연결되어 있었다. 오두막집에서 강으로 가는 길은 서서히 가팔라지다가, 부드럽고 붉은 사암으로 이루어진 급격한 경사면에 도달했다. 경사면 아래에서는 쿠루과티강의 갈색 물결이 요동쳤는데, 전날 밤의 폭풍우로 인해 물이 불어나있었다. 오두막집 뒤에는 카사바나무와 옥수수가 재배되는 텃밭이 있었고, 숲은 그 너머에서부터 시작되었다.

─────

첫날 아침, 엄청난 나비 떼가 공터를 가득 메웠다. 그것은 정말 놀라운 광경이었다. 얼마나 많았던지, 포충망을 한 번 휘두를 때마다 30~40마리가 잡힐 정도였다. 그들은 아름다운 피조물로, 앞날개는 무지갯빛 청색이었고 뒷날개는 주홍색이었으며 밑면에는 선명한 노란색 상형문자 문양이 아로새겨져 있었다. 내가 아는 바에 의하면, 그들은 카타그람마속 *Catagramma*에 속하는 곤충이었다.

나비들은 엄청난 규모로 떼를 이뤄 먼 거리를 이주하는 것으로 알려져 있다. 미국의 위대한 동물학자 윌리엄 비브William Beebe는 언젠가 안데스의 산길에서, 1초당 1,000여 마리씩 여러 날 동안 끊이지 않고 이주하는 나

데이비드 애튼버러의 동물 탐사기

비 떼를 발견했다고 한다. 다른 많은 여행자와 박물학자들도 동일한 현상을 목격했다. 그러나 이레부-콰의 카타그람마는 이주하지 않는 것 같았다. 왜냐하면 그들은 오두막집 옆의 공터에서만 날아다녔고, 몇 미터 떨어진 숲속이나 하류에서는 1마리도 발견되지 않았기 때문이다. 우리는 이윽고 카타그람마속 나비의 출현을 예측할 수 있게 되었다. 즉, 폭풍우가 지나간 후 하늘이 맑고 햇살이 뜨거워져 강가의 암석을 맨발로 밟으면 고통스러울 정도가 되면 어김없이 나타났다.

그들은 밤이 다가올수록 서서히 사라져, 깜깜해지자 완전히 자취를 감췄다. 만약 다음날 날씨가 무덥지 않다면 그들은 전혀 나타나지 않았다. 아마도 그 지역의 특별한 날씨가 번데기를 자극하고 수만 마리씩 우화羽化하게 해서 나비 떼를 형성하는 것 같았다. 그러나 그 나비들은 밤이 되면

이레부-콰의 카타그람마속 나비 떼

다 어디로 갔을까? 나비의 수명은 짧지만, 그렇다고 해서 그날 밤에 모두 죽었을 리는 만무했다. 그렇다면 숲으로 날아가 키 큰 나무의 잎 아래에 줄줄이 내려앉아 휴식을 취했을까? 난 궁금해 견딜 수 없었다.

카타그람마 말고도 많은 종류의 나비들이 이레부-콰 주변에서 날아다녔다. 나는 다른 어떤 곳에서도 그렇게 많은 나비들을 본 적이 없었다. 그곳에는 나비의 개체수뿐만 아니라 종수도 엄청나게 많았다. 별다른 일이 없을 때 나는 흥미삼아 약간의 나비를 채집하기 시작했다. 그러나 부지런을 떨거나 일부러 시간을 내어 나비를 찾은 것은 아니었다. 나비 연구자들이 그러는 것처럼 덤불을 샅샅이 뒤지거나 늪지를 탐사하지도 않았다. 단지 처음 보는 나비를 발견할 때마다 표본을 수집하려고 노력했을 뿐이다. 그러나 이레부-콰와 그 주변에서 보낸 2주 동안 나는 90여 가지의 서로 다른 종을 수집했다. 만약 내가 인내력과 기술을 가지고 있었다면, 그 작은 지역에서 최소한 180종은 수집했을 것이다. 영국 전체에서 지금껏 발견된 나비가 겨우 65종이라는 점을 감안할 때, 이 숫자는 괄목할 만하다. 내가 수집한 나비 중에는 희귀한 이주종immigrant species도 포함되어 있었다.

내가 발견한 나비 중에서 가장 크고 멋진 종은 숲속에서만 살았다. 그것은 모르포나비Morpho라는 분류군에 속하는 종으로, 다른 모르포나비들과 마찬가지로 날개 윗면에 근사하게 빛나는 파란색 장식을 갖고 있었다. 그리고 왼쪽 날개 끝에서부터 오른쪽 날개 끝까지 10센티미터가 넘었다. 느릿느릿하고 변덕스럽게 날개를 펄럭이며 숲을 가로지르는 모르포나비를 처음 봤을 때, 나는 덤불 사이를 달리다가 가시나무에 걸려 셔츠가 찢어졌음에도 포기하지 않고 끝까지 추적했다. 그러나 그 나비는 몸을 비틀어 방향을 바꾸며 나의 포충망을 가볍게 피했다. 모르포나비는 자신이 쫓기고 있음을 알 때, 더 정확하게 말하면, 위기감을 느낄 때 다르게 행동했다. 즉, 내가 가까운 곳에서 포충망을 휘두르다 실패했을 때, 그들은 즉

데이비드 애튼버러의 동물 탐사기

시 비행경로를 바꿔 빠르게 직진하거나 종종 나뭇가지 사이로 솟구쳐 오름으로써 사정거리에서 멀리 벗어났다. 여러 번에 걸쳐 땀을 뻘뻘 흘리며 헛고생을 한 뒤, 나는 방법을 바꿔야 한다는 사실을 깨달았다.

모르포나비는 나뭇가지나 덤불에 의해 방해받지 않는 탁 트인 공간에서 날아다니는 것을 좋아하는 것 같았다. 그래서 네니토의 인부들이 통나무를 강으로 쉽게 끌고 가기 위해 나무를 벤 숲속의 널찍한 통로를 좋아했다. 그들은 종종 그 길을 따라 내려가다가 한 줄기 햇살을 받아 날개를 반짝였다. 나는 처음에 포충망을 들어 올린 채 그 빛을 향해 다가갔다. 그러나 가까이 접근했을 때 내가 움직이면, 나비들은 깜짝 놀라 날개를 퍼덕이며 울창한 숲속으로 들어가버리기 일쑤였다. 그건 마치 크리켓 경기와 비슷해서, 모르포나비의 순간적인 방향 전환은 투수가 던지는 공만큼이나 헷갈리고 예측 불가능했다. 그보다 나은 방법은 꼼짝 않고 서서 포충망을 들고 있다가 나비가 멋모르고 사정거리 내에 들어왔을 때 단 한 번에 사로잡는 것이었다.

그러나 훨씬 더 쉬운 방법은 따로 있었다. 전문적인 나비 사냥꾼들은 미끼 —통상적으로 설탕과 동물 배설물의 혼합물— 를 이용해 나비를 유혹했다. 하지만 이레부-콰의 숲속에서는 굳이 그럴 필요가 없었다. 그곳에는 쓴 열매가 달리는 야생 오렌지나무가 널려있었는데, 그중 상당수의 오렌지가 땅바닥에 떨어져 썩어가고 있었기 때문이다. 모르포나비들은 거의 항상 짝지어 내려앉아, 발효하고 있는 오렌지즙을 빨았다. 그러나 설사 즙을 빠는 데 정신이 팔렸더라도, 그들을 잡으려면 은밀히 접근해서 정확히 일격을 가해야 했다.

다른 나비들은 입맛이 달랐다. 한번은 숲속을 걷다가, 썩은 냄새가 진동하는 바람에 거의 토할 뻔했다. 나는 냄새의 근원을 추적해서, 부패하고 있는 대형 도마뱀의 사체를 발견했다. 그러나 나는 도마뱀을 식별하는 데 큰 어려움을 겪었다. 엄청난 규모의 나비 떼가 도마뱀을 뒤덮은 채, 검푸른 색깔의 무늬가 아로새겨진 날개를 살랑거리고 있었기 때문이다. 나비들이 역겨운 고기 파티에 워낙 몰두해 있었으므로, 그들을 잡으려면 엄지와 검지로 접힌 양날개를 잡고 도마뱀의 사체에서 떼어내기만 하면 되었다.

카타그람마속과 모르포속을 비롯해 숲속에는 온갖 나비가 지천으로 널렸지만, 그 중 어떤 것도 강의 가장자리에 무더기로 모여있는 휘황찬란한 나비들과는 비교할 수도 없었다.

그런 거대한 집합체를 처음 봤을 때 나는 소스라치게 놀랐다. 나는 습하고 어스름한 숲에서 나와, 풀이 무성하고 작은 야자나무가 점점이 박힌 양지바른 목초지로 들어서던 참이었다. 작은 시내가 한 암갈색 웅덩이에서 나와, 사초sedge[1]와 이끼 군락지를 조용히 흘러 또 다른 암갈색 웅덩이로 들어가고 있었다. 뒤에 있는 숲의 나무그늘에 조용히 멈춰 선 채, 나는 쌍안경을 이용해 목초지를 자세히 살펴봤다. 양지바른 곳에 발을 내디딤으로써 동물들을 놀라게 해 쫓아내기 전에, 목초지에서 풀을 뜯거나 시내에서 물고기를 잡는 동물을 포착하고 싶기 때문이었다. 처음에는 아무것도 없는 것처럼 보였지만, 잠시 후 시내의 먼 쪽에서 모락모락 피어나는 연기를 발견했다. 얼토당토않게, 나는 순간적으로 '온천이나 휴화산의 측면에서 유황 가스를 뿜어내는 분기공fumarole을 발견했나 보다.'라고 생각했다. 하지만 다시 생각해보니 이 지역에 화산 활동이 있을 리가 없었다. 그리로 발걸음을 옮기던 중, 40미터쯤 남겨 둔 곳에서 나는 '상상할 수 없을 정도로 밀집한 나비 떼를 보고 있는 게 분명하다.'라는 결론을 내렸다.

가까이 다가갔을 때, 땅이 조용히 폭발하며 노란색 구름을 사방으로 뿜

---

1 벼목 사초과 사초속 식물의 총칭. 열대에서 한대까지, 건조한 바위틈에서 습지에 이르기까지 널리 분포하지만 특히 온대, 아열대, 열대 지방의 습지에 주로 분포한다. - 옮긴이주

데이비드 애튼버러의 동물 탐사기

시냇가에서 물을 마시는 제비나비

어내는 것처럼 보였다. 그러나 내가 아직 그 자리에 서 있어도 나비들은 다시 땅바닥에 내려앉았다. 그들은 날개를 접고 좌우로 밀착한 채 앉아 있어, 밑에 깔린 모래가 보이지 않을 정도였다. 그로부터 몇 미터 떨어진 '파르르 떠는 노란 카펫'의 가장자리에서는 까만색 아니ani[2]들이 무방비 상태의 나비들을 포식하느라 여념이 없었다. 그 나비들은 새들은 물론 나도 안중에 없었다.

모든 나비들은 주둥이proboscis — 평소에는 머리 밑에, 마치 시계 태엽처럼 돌돌 말려있다 — 를 펼쳐 축축히 젖은 모래를 열심히 더듬었다. 그들은 물을 마시고 있었다. 그러나 아무리 빨리 마셔도, 배의 끝부분에서 미

_____

2 열대 아메리카산 두견의 일종. - 옮긴이주

세한 물줄기가 분출되므로 도로아미타불이었다. 그렇다면 그들은 수분이 부족해서 물을 마시는 게 아닌 듯했다. 그보다 가능성이 높은 것은, 물속에 용해된 염분만 흡수하고 물은 배출하는 것 같았다. 나는 땅바닥에 웅크리고 앉아 자세히 살펴보다가 그들의 돌발적인 행동 덕분에 '염분 흡수를 위한 물 마시기'에 대한 심증을 굳혔다. 왜냐하면, 그들은 내가 움직임을 멈추자마자 나의 팔과 얼굴과 목에 내려앉았기 때문이다. 그리고는 땀이 소금물만큼이나 짭짤하다는 점을 간파하고, 수십 마리씩 내 몸에 달라붙어 땀을 빨아 먹거나 내 머리 주변을 맴돌았다. 날개에서는 마치 바싹 마른 이파리 뭉치처럼 바스락거리는 소리가 들렸다. 나는 잠자코 앉아, 미세한 실 같은 주둥이가 나의 피부를 살며시 더듬고 섬세한 다리가 나의 뒷목 위를 거의 알아차리지 못할 정도로 가볍게 걷는 것을 느꼈다.

땀을 마시는 나비들

데이비드 애튼버러의 동물 탐사기

이런 장면과 경험은 수 주 동안 반복되며 익숙해졌지만, 그 매력은 조금도 감소하지 않았다. 그런 '물 마시는 나비 떼'는 시내와 늪지 주변뿐만 아니라, 이레부-콰 정착지 상류의 은빛 백사장과 모래톱에서 훨씬 더 흔히 발견되었다. 그곳에서 화창한 날마다 어김없이 그런 나비 떼를 발견할 수 있었다. 처음 발견된 노란색 나비 외에도, 그곳에는 여러 종류의 나비들이 종별로 떼 지어 모여드는 경향이 있었다. 제비나비swallowtail 하나만 해도, 나는 10여 가지 상이한 종들을 헤아릴 수 있었다. 그들은 크고 멋진 피조물로, 물을 마실 때마다 날개를 파르르 떨었다. 어떤 종의 날개는 까만색 벨벳 바탕에 암적색 반점이 날개 끝에 찍혀있고, 어떤 종은 노란색 바탕의 날개에 까만색 줄무늬와 반점이 아로새겨져 있으며, 어떤 종은 거의 투명한 바탕의 날개에 미세한 검은 맥이 잔그물처럼 얽혀있었다.

나비들이 종별로 끼리끼리 모이는 이유는, 자기 자신과 비슷한 모습에 끌리기 때문인 것 같았다. 상공을 날던 나비가 자기와 비슷한 색깔의 나비를 발견하고 그 옆에 내려앉으면, 불과 몇 분 내에 40~50마리의 비슷한 나비들이 앞다퉈 내려앉아 무리를 이루는 것으로 나타났다. 그러나 그들이 늘 동일한 건 아니었는데, 이는 그들의 시력이 완벽하지 않았기 때문일 수 있다. 왜냐하면, 나비 떼를 자세히 조사한 결과 다른 종들이 많이 섞여있는데, 그들은 겉보기에는 비슷했지만 전혀 다른 종이었으며 때로는 문양뿐만 아니라 크기까지도 달랐기 때문이다. 처음에는 그것이 개체변이individual variation나 성차sexual difference인가 보다라고 생각했지만, 나중에 과학적으로 분석해 보니 별개의 종이었던 것으로 밝혀졌다.

보트에 몸을 싣고 강의 상류로 여행할 때, 우리 배가 일으킨 여파가 종종 강변의 모래사장에 이르곤 했다. 그것은 물 마시는 나비 떼를 덮쳐 혼비백산하게 만들었다. 물결이 물러간 후, 모래 위에는 흠뻑 젖고 후줄근한 나비의 날개와 몸뚱이가 나뒹굴었다. 그럼에도 그 잔해들은 고유한 색깔과 모양을 유지하고 있었으므로, 날아다니던 나비들이 사체 주위로 이끌려 몇 초 내에 더욱 커다란 나비 떼를 이루었다.

그러나 유감스럽게도, 이레부-콰에 이례적으로 풍부한 곤충은 나비뿐만이 아니었다. 우리는 다양한 악성 해충들의 공격에 직면했다. 그놈들은 내가 경험한 해충 중에서 가장 맹렬할 뿐 아니라 또 하나의 유별난 특징을 갖고 있었다. 그것은 바로 엄격한 교대 근무제를 시행한다는 것이었다.

모기들은 우리의 아침 식사 시간에 근무했다. 이레부-콰에는 다양한 모기들이 있었는데, 그중에서 가장 포악한 것은 독특한 하얀색 머리를 가진 대형 모기였다. 우리는 아침을 장작불 근처에서 먹었는데, 그 이유는 매캐한 연기가 모기의 접근을 막아줄 것이라는 바람 때문이었다. 그러나 일부 모기는 우리의 피를 빨기 위해 장작불 연기를 견뎌냈다. 태양이 중천에 떠올라 공터의 황토를 달궈 먼지를 일으킬 때쯤, 모기들은 절절 끓는 오두막집에서 나와 강이 내려다보이는 나무 밑으로 피신했다. 부주의하게 그리로 내려간 사람들은 여전히 모기에게 물어뜯겼지만, 오두막집에 머무는 사람들은 안전했다.

점심시간에 모기와 임무를 교대한 곤충은 음바라기*mbaragui*였다. 음바라기는 청파리*bluebottle*처럼 생긴 커다란 파리로, 그놈에게 물리면 바늘에 찔리는 듯한 느낌이 들었고 피부 아래에 작은 피멍이 남았다. 그놈은 부지런해서 오후 내내 인정사정없이 우리를 괴롭혔지만, 땅거미가 지면 물러갔다. 그즈음에 몇 마리의 모기가 업무에 복귀했지만 책임 근무자는 폴베린*polverine*이었다.

폴베린은 티끌만 한 크기의 미세한 흑파리로, 장담하건대 그놈보다 더 무례한 곤충은 이 세상에 없을 것이다. 모기와 음바라기는 웬만큼 크므로 잡을 수 있으며, 피부에 주둥이를 박고 있는 놈을 손바닥으로 때리면 불룩한 배가 터지며 그동안 빨아 먹은 피를 피부에 반납했기에 약간의 만족감을 느낄 수 있었다. 그러나 폴베린은 크기가 너무 작고 개체수는 워낙 많았으므로, 설사 손바닥으로 때려 50마리를 죽이더라도 우리의 머리 주변에 얼쩡거리는 어렴풋한 검은 구름에 아무런 영향을 미치지 않는 것 같았다. 설상가상으로 폴베린의 침입을 막는 방법은 전혀 없었다. 우리의 모기장은 제법 촘촘했지만 폴베린은 아무런 어려움 없이 모기장을 통과했다. 그놈들을 차단할 정도로 촘촘한 재료는 통상적인 시트sheet밖에 없었다. 그래서 우리는 시트를 이용해 모기장을 만들려고 해 봤지만, 날씨가 너무 더운 데다 그 안에 들어가면 질식할 것 같아 포기하고 말았다. 그 대신 우리는 시트로넬라citronella³ 오일을 비롯한 곤충 기피제를 몸에 발랐는데, 그중 일부는 역겨운 냄새가 났고 어떤 것들은 피부를 쓰리게 하는가 하면 눈과 입술을 심하게 자극했다. 폴베린은 이런 외용제들을 '음식에 첨가하는 알싸한 드레싱' 정도로 간주하고 밤새도록 우리를 유린했다. 먼동이 트면 그놈들이 퇴근하고 모기들이 출근해서 임무를 교대했다.

악성 해충들의 근무 스케줄을 바꾸는 유일한 요인은 날씨였다. 하늘을 뒤덮은 구름 때문에 후텁지근한 낮이나 휘영청 달 밝은 밤에는 모기, 음바라기, 폴베린이 동시에 근무했다. 하지만 그들을 모두 쫓아내는 기상 조건이 하나 있었는데, 그것은 바로 폭우였다. 이레부-콰에서는 최소한 나흘에 한 번씩 비가 왔는데, 이런 날씨는 우리를 실망시키는 게 보통이었다. 왜냐하면 촬영을 할 수 없었기 때문이다. 그러나 비 오는 날에는 한 가지 큰 이점이 있었으니, 더위가 한풀 꺾이고 해충에서 해방되므로 해먹에 편안히 누워 독서삼매경에 빠질 수 있다는 것이었다.

이레부-콰 정착지에서의 첫날, 우리는 추가로 매우 심각한 걱정거리에 직면했다. 우리의 계산에 의하면, 카요는 우리보다 24시간 늦게 판잣

---

3 방부, 살균, 탈취, 발한, 해열, 살충, 강장에 효과가 있는 식물로, 중남미, 인도, 동남아시아 등에서 재배된다. - 옮긴이주

집에 도착해야 했다. 그러나 그는 도착하지 않았다. 쾌속정에 싣고 온 통조림이 동난 직후, 우리는 네니토에게 음식을 나눠 달라고 손을 벌려야 했다. 우리는 마음이 편치 않았는데, 그 이유인즉 이미 숙소를 제공받고 있어 면목이 없는 데다 그 집의 음식이 단조롭고 맛도 없기 때문이었다. 그도 그럴 것이, 그 집의 음식은 찐 카사바와 오래된 소고기 절임이 전부였으며 어쩌다 시큼한 야생 오렌지 몇 알이 첨가되는 게 고작이었다. 음식은 그렇다 치고, 그는 우리의 쾌속정에 연료를 공급할 수 없었고 연료 탱크는 거의 비어있었다. 상황은 심각했다. 만약 우리와 마지막으로 만난 직후 카요의 모터보트가 고장나서 멈췄다면, 우리는 쾌속정을 몰고 그에게 돌아가는 데 필요한 휘발유를 확보해야 했다. 게다가 엔진에 뭔가 고칠 수 없는 문제가 생기는 바람에 그가 표류와 삿대질을 통해 혜후이강으로 돌아가기로 결정했다면, 우리가 배를 몰고 갈 수 있는 거리에서 벗어났을 것이므로 우리도 그를 뒤쫓아 '길고 배고픈 표류'의 나락에 떨어질 수밖에 없었다.

날이 갈수록 우리의 고민은 깊어졌다. 그러나 닷새째 되는 날 카요는 아무 일 없다는 듯 밝은 미소를 지으며 이레부-콰에 도착했다. 우리가 밧줄을 던져주자, 그는 수 초 내에 모터보트를 정박하고 암석투성이 비탈길을 걸어 올라 오두막집에 도착했다. 나는 오랫동안 강가에 머물며 통조림이 가득 담긴 상자가 하역되는 과정을 지켜본 후, 그를 따라 오두막집으로 돌아왔다.

샌디, 네니토, 카요가 장작불 주위에 빙 둘러앉아 마테를 마시는 동안, 돌로레스는 공손히 빈 잔을 수거하고 새로운 잔을 배달했다. 마테는 마테차나무yerba maté — 관목으로 호랑가시나무holly와 가까운 분류군 — 의 잎을 으깨어 말린 것인데, 파라과이 사람들은 그것을 뿔이나 박gourd에 넣고 뜨겁거나 찬 물을 부어 우려낸 후 봄비야bombilla — 끝부분에 체가 부착된 튜

데이비드 애튼버러의 동물 탐사기

브 —를 이용해 빨아 먹는다. 마테는 달콤쌉싸름하고 톡 쏘는 맛이 있는데, 하를레스와 나도 매우 좋아하기 시작했으므로 그들과 합류했다.

"카요의 엔진에 약간의 문제가 있었다는 군요." 샌디가 우리에게 말해 줬다. "그러나 이제는 다 해결되었대요. 강의 수심이 깊으므로, 그는 상류까지 올라가 벌목할 나무가 어떤 상태인지 확인해야 해요. 만약 수심이 계속 깊은 상태를 유지한다면, 그는 2주 후 돌아올 거예요. 그러나 수심이 낮아지기 시작한다면 그는 서둘러 돌아올 거예요. 사정이 어찌 됐든 그는 우리를 태워서 상류로 올라갔다가 아순시온에 다시 데려다 줄 거예요."

모든 일이 착착 진행되는 것 같았다. 카요는 모자를 쓰고 모든 사람들과 악수한 다음 자신의 배로 돌아갔다. 몇 분 후 그는 우리의 시야에서 총총히 사라졌다.

━━━━

안전한 귀환이 확실시되었으므로, 우리는 이제 동물을 수집하고 촬영하는 데 전념할 수 있었다. 첫번째로 할 일은 몇 명의 도우미를 모집하는 것이었다. 여러 쌍의 눈과 손이 세 쌍의 눈과 손보다 나은 것은 불문가지였고, 그들이 숲과 숲에 사는 동물에 대해 유럽인들보다 잘 아는 아메리카 원주민이라면 금상첨화였다. 네니토는 우리에게, 8킬로미터 떨어진 숲 건너편에 톨데리아*tolderia*라는 아메리카 원주민 마을이 있다고 말해줬다. 나는 샌디를 앞세우고 그 마을로 출발했다.

톨데리아는 아담한 계곡 —널찍하고, 키 큰 나무가 별로 없고, 파릇파릇했다 —에 자리잡고 있었으며, 다 허물어져 가는 초가집들이 모여있는 마을이었다. 그곳에 사는 아메리카 원주민들은 전통적인 생활방식을 대체로 포기하고 있었다. 즉, 그들은 너털너덜한 유럽식 옷을 입은 채, 고기를 얻기 위해 숲속에서 사냥하는 대신 몇 마리의 앙상한 닭과 당장이라도 굶어죽을 듯한 소—갈비뼈가 양옆으로 흉하게 튀어나왔고, 털가죽은 구더기가 우글거리는 고름집투성이었다—를 기르고 있었다.

우리는 그들에게 새와 포유동물, 특히 아르마딜로를 찾고 있다고 설명했다. 그들이 가져오는 동물의 값을 후히 쳐주고, 동물이 사는 둥지와 굴을 보여주는 사람들에게 넉넉히 사례할 예정이었다.

샌디가 자초지종을 이야기하는 동안, 그들은 깊은 생각에 잠긴 채 우리를 바라보며 마테를 마셨다. 우리에게 큰 관심을 보이는 사람이 없는 것 같았지만, 그들을 탓할 수는 없었다. 날씨가 워낙 후텁지근하다 보니, 숲을 돌아다니는 것보다 해먹에 누워있는 게 훨씬 편안했을 테니 말이다. 또한 "톨데리아에는 이레부-콰와 달리 사람을 괴롭히는 곤충이 하나도 없다."라는 말을 듣고 나는 깜짝 놀랐다. 나는 샌디의 말을 가로막고, '모기, 음바라기, 폴베린 때문에 불편을 겪은 적이 있는지' 여부를 물어봐 달라고 부탁했다. 마을 사람들은 고개를 절레절레 흔들었다. 물론, 내가 그런 오지에서 계속 살아야 한다면 얼마나 오랫동안 버틸 수 있을지 나 자신도 궁금했다. 그러나 나를 괴롭히는 곤충이 없고 경쟁사회에서 살아남기 위해 아등바등할 필요가 없다면, 해먹에 누워 닭이 알을 낳고 바나나나무에서 바나나가 열리기를 기다릴 용의가 있었다.

촌장의 부연 설명에 따르면, 나의 부탁은 시기상으로 부적절했다. 그마을에서는 지난 몇 주 동안 '마을 근처의 숲에 자라는 석청wild honey이 있는 나무를 벨 것인지' 여부를 놓고 갑론을박이 벌어졌기 때문이다. 그들은 조만간 결론을 내릴 예정이었으므로, 그 문제가 해결될 때까지 다른 일을 생각하는 사람은 아무도 없었다.

그러나 그는 "누구라도 동물을 만나면 가능한 한 생포해서 당신들에게 알려줄 거예요."라고 말해서 우리를 안심시켰다. 샌디와 나는 이레부-콰로 돌아왔다. 나는 톨데리아 주민들에게서 실질적인 도움을 받을 수 있을

　　　　　　　　　데이비드 애튼버러의 동물 탐사기

거라고 기대하지 않았다.

우리는 하루도 빠짐없이 숲을 훑었다. 그곳은 숨이 막힐 듯하고 약간은 끔찍했다. 영국의 숲은 상냥하고 친절하다. 숲의 경계는 무수한 입구로 인해 사라졌고, 우리는 그런 입구 중 하나를 통과해 햇빛이 어룽거리는 통로를 따라 숲의 심장부로 들어간다. 그러나 이레부-콰를 에워싼 숲은 지독하게 낚아채는 가시나무와 얽히고설킨 덩굴식물을 내세워 출입을 방해했다. 어렵사리 숲속으로 들어간 우리는 물고 찌르는 곤충, 진드기, 거머리 떼와 맞닥뜨렸다. 만약 나침반을 휴대하지 않았다면 방향을 찾을 엄두도 내지 못했다. 왜냐하면 층층이 뒤덮은 나뭇잎의 장막이 태양을 가렸기 때문이다. 우리는 길을 잃지 않으려고 나무둥치에 경로를 표시하기 위해 흠집을 낸 다음, 하얀 상처 ─분비된 수액이 말라붙은 자국 ─를 따라 안전하게 되돌아왔다. 우리 주변에는 미친 듯한 성장, 쇠락, 부패의 징후가 가득했다. 대부분의 식물들은 살아남기 위해 햇빛이 드는 곳까지 성장해야 했는데, 어떤 식물들은 그 과정에서 힘에 부쳐 넘어지는 바람에 땅바닥에서 썩어가고 있었다. 덩굴식물과 리아나는 굳게 선 나무의 몸통에 달라붙어 기어올라 갔고, 이미 목적을 달성한 식물들은 도우미들을 교살絞殺했다. 한 줄기 햇살이라도 숲바닥에 들어오는 곳은 거대한 나무가 쓰러진 곳밖에 없었는데, 그런 곳에서는 한 무리의 작은 식물들이 번성하다가 새로운 어린 나무가 그들 위로 솟아오르게 되면 햇빛을 빼앗기고 종국에는 생을 마감했다. 그런 공터 외에는 꽃을 찾아볼 수 있는 곳이 거의 없었다.

이레부-콰의 숲속에는 대형 동물이 전혀 없었다. 우리가 발견할 것으로 예상한 동물 중에서 가장 큰 것은 재규어jaguar였다. 그들은 희귀하지 않지만, 매우 조용히 움직이고 너무나 완벽하게 위장하기 때문에 여간해서 노출되지 않는다. 그래서 사냥개의 도움을 받지 않는 한 여행자들은 그들을 구경하기 어려웠다. 맨 처음 봤을 때, 습한 공기를 찍찍 소리와 휘파람 소리로 가득 메운 풀벌레들과 나비를 제외하면 이레부-콰의 숲은 버려진 것 같았다.

그러나 동물들은 그곳에 분명히 있었으며, 잎으로 가려진 은신처에 숨어 우리를 지켜보고 있었다. 아메리카너구리racoon 한 마리가 우연히 눈에 띄었지만, 우리가 보는 앞에서 쏜살같이 달아나 부스럭거리는 나뭇잎 속으로 사라졌다. 우리는 그가 남긴 발자국을 조사함으로써, 방금 본 게 무엇이었는지를 확인할 수 있을 뿐이었다. 사실, 숲속의 땅바닥은 일종의 숙박부宿泊簿로, 우리보다 먼저 자리잡고 있다가 우리가 도착하기 직전에 사라진 동물들의 자취가 고스란히 기재되어 있었다. 가장 흔한 자취는 테구도마뱀tegu lizard의 흔적이었는데, 그것은 그가 꼬리로 만든 구불구불하고 비틀린 홈으로, 양쪽 가장자리에 발톱 달린 발자국이 새겨져 있었다. 때로는 그런 자취를 추적해 도마뱀을 발견했는데, 색깔은 포금색gunmetal grey[4]이고 길이는 약 90센티미터였으며 동상처럼 꼼짝 않고 있었다. 그러나 아메리카너구리와 마찬가지로, 테구도마뱀은 우리가 몇 미터 이내로 접근했을 때 전광석화처럼 사라지기 일쑤였다.

숲에 서식하는 동물 중에서 눈에 가장 잘 띄는 것은 새였다. 예컨대 나무 위에서 발견된 트로곤trogon은 뻐꾸기만 한 새로, 가슴은 주홍색이고 부리 주변에 짧고 뻣뻣한 수염을 갖고 있었다. 트로곤은 나무에 매달린 갈색 공 모양의 흰개미집을 둥지용 굴로 사용하는 상습범으로 유명한데, 아니나 다를까 흰개미집이 감싸고 있는 나무에 앉아있었다. 땅바닥에서는 날개가 거의 없는 티나무tinamou — 자고새와 비슷한, 밤갈색의 작은 새 — 가 머뭇거리며 걷다가 은근슬쩍 그늘 속으로 들어갔는데, 때때로 지속적이고 청아한 휘파람 소리로 아름다운 노래를 한 곡조 뽑았다. 한번은 티

---

4 대포의 색깔로, 청색을 띤 진한 회색을 말한다. - 옮긴이주

　　　　　　　　　　　데이비드 애튼버러의 동물 탐사기

나무의 둥지를 발견했는데, 10여 개의 자주색 알 — 마치 당구공처럼 윤이 나고 반짝였다 — 로 가득 차있었다.

일반적인 새들과 달리, 까치어치urraca jay는 자진해서 우리를 찾아왔다. 그들은 탐구심이 너무 강해서, 우리가 가까이 접근하면 날개를 퍼덕이며 나뭇가지 사이에서 나와 우리 쪽으로 깡충깡충 뛰어왔다. 그러고는 우리 주변에 머무르며 비명을 지르고 키득거렸다. 그들은 '크림색의 배'와 '밝은 청색의 등과 날개'를 가진 아름다운 새로, 특이하게도 '깃털이 촘촘히 박힌 머리'를 갖고 있어서 마치 이상한 모자를 쓴 것처럼 보였다. 방울새 bellbird는 거의 볼 수 없었지만 풍부하다는 것을 능히 짐작할 수 있었다. 왜냐하면 우리가 숲을 거닐 때마다 어디선가 경이로운 금속성 울음소리가 들려왔기 때문이었다. 마침내 방울새를 발견했을 때, 우리가 본 것은 가장 높은 나무의 우듬지에 앉아있는 하얀 점이었다. 그들은 숲을 여러 개의 영토로 나눠 분점分占하고, 한 시간 이상 거의 지속적으로 울어댐으로써 자신의 세력권을 선포했다. 때로는 800미터쯤 떨어져 있는 2마리가 노래 대결을 펼치는데, 그들의 울음소리가 널리 울려 퍼져 숲 전체가 방울새로 가득찬 듯한 착각을 일으켰다.

카요의 모터보트에 탄 승객들이 도착함과 동시에 벌목 작업이 시작되었다. 남자들은 매일 아침 둘씩 짝을 지어 거대한 활엽수를 베러 갔는데, 그들이 벤 나무 중에는 길이가 거의 30미터에 달하는 것도 있었다. 다른 남자들은 네니토의 감독과 이레부-콰에 거주하는 2명의 아메리카 원주민 소년들의 도움 아래, 지난 벌목 기간에 벌목해 말려놓은 통나무를 견인하는 고된 작업을 시작했다. 그들은 목재 운반용 이륜차를 이용했는데, 그것은 직경 3미터가 넘는 거대한 나무바퀴와 차축으로 구성되어 있었다. 쇠사슬을 이용해 통나무를 차축 아래에 매단 후, 특별히 훈련되어 조組를 이룬 황소들을 시켜 숲에서 끌어냈다. 통나무들은 오두막집 바로 아래에

이륜차와 황소들을 이용해 통나무를 운반하는 장면

있는 강둑의 공터로 운반되어 쌓였다가, 얼마 후 하나의 뗏목으로 엮일만큼 충분히 모이면 뗏목으로 엮였다. 마지막으로 벌목공들이 뗏목을 타고 아순시온까지 내려갔는데, 그것은 한 달은 족히 걸리는 여정이었다.

그로부터 며칠 후 우리는 아메리카 원주민 소년 한 명을 톨데리아로 보내, 그동안 잡힌 동물들이 있는지 확인하게 했다. 돌아온 그는 흥미진진한 소식을 전했다. 촌장이 큰부리새 1마리, 개미핥기 1마리, 티나무 3마리 그리고 무엇보다도 아르마딜로 1마리를 잡았다는 거였다. 그런데 얼마를 지불한다? 나는 그의 능력을 과소평가한 것이 부끄러웠다. 만약 아메리카 원주민들이 그처럼 정력적인 사냥꾼이라면, 이레부-콰를 떠나 톨데리아에서 야영하며 그들이 생포해 온 동물들을 인수하는 편이 훨씬 더 낫겠다는 생각이 들었다. 그 계곡은 이레부-콰에서처럼 우리를 괴롭히는

데이비드 애튼버러의 동물 탐사기

곤충이 거의 없다는 점을 감안할 때, 그런 생각은 더욱 매력적이었다. 우리는 네니토에게서 2마리의 말을 빌려 우리의 장비를 실었다. "만약 카요가 도착한다면 소식을 전해주세요." 우리는 말했다. "그러면 재빨리 돌아올 테니까요." 우리는 사기가 충천해서 이레부-콰를 떠났다.

우리는 그날 저녁 톨데리아에 도착했다. 그러나 촌장은 그곳에 없었다. 한 남자의 말에 의하면, 그는 숲의 카사바밭을 둘러보기 위해 출타 중이었다.

"아닐 거예요," 나는 유머러스하게 말했다. "촌장님은 우리를 위해 동물을 찾고 있을 거예요."

마을 사람들은 어이가 없다는 듯 웃으며, 우리가 텐트를 치는 동안 손가락 하나 까딱하지 않았다. 다음날 아침 촌장에게서 전령이 왔다.

"촌장님은 발을 다쳤어요." 그가 말했다. "그래서 당신들을 만나러 올 수 없어요."

"그런데 동물은요?" 우리가 말했다. "동물들은 어디에 있어요?"

"내가 물어볼게요." 이렇게 말하고 전령은 떠났다.

그날 저녁에 촌장이 나타났는데 발을 저는 것처럼 보이지는 않았다.

"이분들이 동물 값을 지불하고 싶어 해요." 샌디가 말했다. "아르마딜로는 어디에 있나요?"

"도망갔어요."

"그러면 큰개미핥기는요?"

"죽었어요."

"그러면 큰부리새는요?"

그는 약간 멈칫했다.

"매가 잡아먹었어요." 촌장은 움츠러드는 목소리로 말했다.

"그러면 티나무는요?"

"에," 촌장이 말했다. "사실은 동물을 한 마리도 잡지 않았어요. 하지만 어디에 가면 그놈들을 잡을 수 있는지 알아요. 내가 그놈들을 잡았다고 말한 건, 당신들이 얼마를 지불할 것인지 알고 싶어서였어요."

촌장이 잡지도 않은 동물을 잡았다고 주장한 정확한 이유는 불분명했다. 나는 원시사회의 예절과 체면치레 때문일 거라고 막연히 추측했다. 그러나 하를레스는 더욱 현실적인 추론을 내놓았다.

"내 생각에," 그는 볼멘소리로 말했다. "그는 우리에게 바보 같은 요구를 하지 말라고 훈계하려고 했던 것 같아요."

그럼에도 불구하고, 우리가 주변에 머무른다는 사실이 톨데리아 주민들에게 동물에 대한 관심을 불러일으킨 것 같았다. 실제로 동물 생포에 나서지는 않았지만 그들은 우리가 톨데리아를 방문한 데 공감하며 깊은 관심을 보였다. 그들은 종종 우리의 텐트를 방문해 빈둥거리는가 하면, 마테를 마시며 우리가 '할 수 있는 일'과 '둘러봐야 할 곳'에 대해 유용한 조언을 하기도 했다. 한 사람은 최근 누군가에게서 드하쿠 페티$^{djacu\ peti}$라는 새의 알을 발견했다는 이야기를 들었다고 전했다. 그의 말에 의하면 그 새는 매우 희귀하며, 발견한 사람은 자신이 기르는 암탉에게 그 알을 품게 해서 부화시키는 데 성공했다. 그의 설명에 따르면, 드하쿠 페티는 흰볏구안$^{white\text{-}crested\ guan}$인 것 같았다. 흰볏구안은 닭목 봉관조과^{Cracidae}에 속하는 칠면조 비슷한 새로, 봉관조과에서 가장 멋진 종류 중 하나였다. 우리는 흥미가 동했다. "발견한 사람을 만나려면 어디로 가야 하나요?" 그는 다 알고 있는 듯한 태도를 보였다. "새끼 새를 넘겨받는 대가로 무엇을 얼마만큼 주어야 하나요?" 우리는 한동안 흥정한 끝에, 마릿수, 종류, 건강 상태에 따른 물물교환 기준에 합의했다. 그 아메리카 원주민은 —자기가 얼마나 많은 중개료를 챙겨야 도덕적으로 정당한지를 이미 계산한 듯했다 —발견한 사람에게 가서 새를 받아 오겠다고 했다.

데이비드 애튼버러의 동물 탐사기

그는 우리와 헤어진 지 이틀 후 돌아왔다. 그가 가져온 새끼 새 4마리는 예쁜 솜털 덩어리처럼 생겼으며 노랗고 까만 반점이 새겨져 있었다. 그들이 흰볏구안인지 여부를 알아낼 방법은 없었지만, 우리는 중개인의 말만 믿고 칼 1자루와 맞바꿨다.

그 새끼 새들은 이미 웬만큼 길들여져 있었으며, 날이 갈수록 더욱 길들여졌다. 이윽고 우리 뒤를 졸졸 따라다녔으므로, 밟힐까 봐 걱정되어 즉석에서 만든 새장에 고이 모셨다. 그들은 곡물과 고깃조각을 잘 먹으며 무럭무럭 자랐다. 우리는 '과연 커서 뭐가 될까?'라고 생각하며 그들을 예의주시했다. 시간이 경과함에 따라, 그중 하나는 나머지와 약간 다르다는 심증이 굳어졌다. 그러나 우리가 그들의 정체를 최종 확인한 것은, 몇 주 후 런던으로 데리고 가서였다. 그중 3마리는 진짜 흰볏구안—까만 바

흰볏구안

탕에 하얀 반점이 새겨진 날개, 하얀 깃털로 된 멋진 관모冠帽, 자주색과 주홍색이 뒤섞인 흥수dewlap5를 갖고 있었다 — 이었지만, 네번째 새는 담갈색 기운이 훨씬 더 강해서 흥수만 빨갛고 온통 갈색이었다. 만약 아메리카 원주민들이 다른 둥지에서 발견한 새끼 새를 고의로 끼워 팔았다면 — 즉, 값어치 없는 새라고 생각하고 섞어 팔았다면 — 크게 실수한 것이었다. 왜냐하면 그것은 스클레이터구안Sclater's guan이라는 새로, 런던 동물원의 사육사들조차 거의 본 적이 없는 희귀종이었기 때문이다. 쉽게 말해서, 그것은 4마리 중에서 가장 비싼 새였다.

번쩍이는 칼 한 자루와 조그만 새끼 구안 4마리를 맞바꾸는 장면은 아메리카 원주민들에게 큰 인상을 남긴 것 같았다. 그로부터 이틀 후, 톨데리아의 한 젊은이가 거대한 테구도마뱀 1마리 — 길이가 거의 1미터이고, 목에 올가미가 걸려있었다 — 를 들고 우리 텐트를 방문했으니 말이다. 나는 그놈을 매우 조심스레 다뤄야 했다. 왜냐하면 테구도마뱀은 엄청나게 강력한 턱을 갖고 있어서, 기회만 있다면 내 손가락을 쉽게 절단할 수 있기 때문이었다. 그래서 나는 그놈의 목과 꼬리를 꽉 잡았다. 그놈은 몸을 계속 비틀었는데, 그러다가 갑자기 우지직 소리가 나서 나를 기절초풍하게 만들었다. 그놈의 뒷다리 부근에서 꼬리가 절단되어, 나는 각각의 손으로 반쪽짜리 도마뱀을 잡고 있었던 것이다. 커다란 꼬리는 몸뚱이에 못지 않게 힘차게 꿈틀거렸고, 잘린 부분에서 피는 보이지 않았다. 다만 잘린 부분의 테두리를 따라 근육 조각의 끝이 진홍색으로 뾰족하게 돌출해 있을 뿐이었다. 작은 도마뱀들은 종종 그런 방식으로 자신의 꼬리를 자르고 도망치기는 하지만, 거대한 도마뱀이 그러는 걸 보니 황당하고 불안해서 견딜 수 없었다.

---

5 목 밑에 처진 살. - 옮긴이주

데이비드 애튼버러의 동물 탐사기

그런 자해성 사지절단에도 불구하고 테구도마뱀의 건강에는 아무런 지장이 없어 보였지만, 미적 가치는 다소 손상되었다. 나는 그 젊은이에게 보상을 해주었지만, 도마뱀은 새로운 꼬리를 재생하게 하려고 숲에 놓아주었다.

그 다음날, 똑같은 젊은이가 두번째 테구도마뱀을 가져왔다. 그놈의 크기는 첫번째 도마뱀과 비슷했지만, 나는 훨씬 더 조심스레 다뤘다. 안타깝게도 그놈은 부상을 입고 있었다. 왜냐하면 굴의 한 구석에 몰렸을 때 포획자를 공격하려다가 그의 덤불칼을 물었기 때문이다. 그 결과 그놈의 입에서는 피가 많이 나고 있었다. 생존을 장담할 수는 없었지만, 나는 그놈을 우리에 넣고 달걀을 먹이로 주었다. 다음날 아침에 우리 속을 들여다보니, 달걀은 사라지고 테구도마뱀은 구석에 앉아 졸고 있었다. 그 후 수 주 동안 다친 입은 서서히 치유되었고, 궁극적으로 런던 동물원에 인계되었을 때는 완쾌되어 징그럽고 표독스러운 혀를 날름거렸다.

얼마 안 지나 우리의 동물 수집은 제법 많이 불어났다. 구안과 테구도마뱀 외에, 우리는 희귀한 막시밀리안앵무Maximilian's parrot 1쌍, 어린 까치어치 1마리, 새끼 앵무새 5마리를 수집했다. 그러나 내가 가장 보고 싶어 했던 아르마딜로는 여전히 감감무소식이었다.

우리는 하루가 멀다 하고 아르마딜로의 굴을 수색했다. 굴을 찾아내는 것은 전혀 어렵지 않았는데, 그 이유는 아르마딜로가 굴파기 선수로서 쉬지 않고 열정적으로 땅을 파헤치기 때문이었다. 즉, 그들은 먹이를 찾기 위해 땅굴을 팠으며, 언젠가 유용할 거라고 믿고 숲 전체에 여분의 도피처를 많이 마련해 놓았다. 그리고 때때로 오래된 둥지를 버리고 새로운 굴을 파기도 했다.

우리는 마침내 거주 흔적이 차고 넘치는 굴 하나를 발견했다. 입구 근처에는 최근에 찍힌 발자국들이 있었고, 굴 내부에는 시들지 않은 녹색

이파리 조각이 널려있었다. 만약 그 속에 아르마딜로가 정말로 들어있다면, 확실한 생포 방법은 땅을 파헤치는 것이었다. 그러나 나는 그런 식으로 다 큰 아르마딜로를 생포하기는 어려울 거라고 판단했다. 왜냐하면 그들은 가장 깊은 도피처로 퇴각할 게 뻔하기 때문이었다. 그런 도피처는 깊이가 4.5미터쯤 되는데, 내가 알기로 아르마딜로는 그보다 더 깊은 굴을 우리보다 훨씬 더 빨리 팔 수 있었다. 그렇다면 우리의 현실적인 희망은 새끼 아르마딜로를 발견하는 것이었다. 왜냐하면 아르마딜로는 통상적으로 지표면에 가까운 곳에 양육실을 만들기 때문이었다. 깊은 굴은 비가 오면 물에 잠길 가능성이 높기에 영구적인 거주에는 적당하지 않았다.

땅을 파헤치는 것 자체가 매우 어려운 작업인 데다, 그날따라 날씨도 몹시 더웠다. 얽히고설킨 식물의 뿌리가 두꺼운 돗자리처럼 땅바닥을 뒤덮고 있었다. 1시간 동안 기진맥진하도록 땅을 판 결과, 우리는 지하 1미터쯤 되는 지점에서 지표면과 거의 수평을 유지하는 간선幹線 땅굴을 발견했다. 이파리의 양이 점점 더 늘어나고 있었으므로, 나는 우리가 양육실에 가까이 다가가고 있다고 확신했다. 땅굴에 손을 집어넣기 전에 위험한 것이 없음을 확인하기 위해, 나는 땅바닥에 무릎 꿇고 앉아 지저분하게 흩어진 흙을 치우고 땅굴 내부를 들여다봤다. 그러나 뭐가 뭔지 식별하기 어려웠으므로 안전하다고 장담할 수 없었다. 유일한 선택지는 손을 직접 넣어보는 것이었다. 나는 우리가 방금 파헤친 구덩이 위에 배를 깔고 엎드려, 땅굴 속에 내 손을 쑥 집어넣었다. 처음에는 이파리만 만져졌지만, 이윽고 모종의 움직임이 감지되었다. 나는 눈 딱 감고 손을 움켜쥐었는데, 뭔가 따뜻하고 꿈틀거리는 물체가 걸려들었다. 나는 아르마딜로의 꼬리를 붙잡았다고 확신했지만, 그게 뭐가 됐든 땅굴 밖으로 끌어낼 수는 없었다. 그 동물이 땅굴의 지붕에 등을 대고 바닥에 발을 뻗은 채 버티고 있었기 때문이다. 나는 다른 손으로 땅바닥을 짚고 맞대응했다. 미지

데이비드 애튼버러의 동물 탐사기

의 동물과 밀고 당기기를 계속하는 동안 내가 발견한 비밀이 하나 있었으니, 그것은 그 동물이 간지럼을 탄다는 것이었다. 내가 얼떨결에 왼손으로 배를 긁었는데, 그 동물은 갑자기 몸을 웅크리더니 버티던 힘을 잃고 마치 병의 주둥이에서 튀어나오는 코르크 마개처럼 땅굴 밖으로 끌려나왔다.

기쁘고 다행스럽게도, 그것은 새끼 아홉띠아르마딜로nine-banded armadillo였다. 그러나 땅굴 속에 다른 새끼들이 숨어있을 수도 있었으므로, 자세히 확인할 겨를이 없었다. 나는 붙잡은 아르마딜로를 얼른 자루 속에 넣은 다음 땅굴 속에 다시 손을 집어넣었다. 그리고 10분도 채 지나지 않아 3마리를 더 사로잡았다. 4마리라면 내가 당초 예상한 숫자와 정확히 일치했다. 왜냐하면 암컷 아홉띠아르마딜로는 4마리의 일란성 쌍둥이를 낳

땅굴 속의 아르마딜로를 찾는 장면

땅굴 속으로 들어가는 아르마딜로

는 독특한 특징이 있기 때문이었다.[6] 우리는 아르마딜로 4형제를 앞세우고 의기양양하게 텐트로 돌아왔다.

우리의 첫번째 과제는 그들에게 안락한 보금자리를 제공하는 것이었다. 다행히도 아순시온의 영국인 친구가 제공한 상자 중 4개 — 해체되어 널빤지 묶음으로 보관되어 있었다 — 가 비어있어, 그것을 얼른 조립해 가느다란 철망을 씌운 다음 약간의 흙과 건초를 넣어 완벽한 우리를 완성

---

6 아홉띠아르마딜로(*Dasypus novemcinctus*)는 거의 항상 4마리의 일란성 쌍둥이를 낳는 유일한 척추동물이다. 암컷은 하나의 알세포(난자)를 생산하는데, 이 난자는 일단 수정된 후 하나의 태반을 공유하는 4개의 유전적으로 동일한 배아로 분열한다. 이런 독특한 생식 패턴이 진화해 지속되고 있는 메커니즘과 이유는 미스터리이다. 우리는 유전적 다양성이 높은 다태多胎 출산 생물이 유리하다고 간주하는데, 그 이유는 자손 중 일부가 변화하는 환경에서 살아남을 가능성이 높기 때문이다. 그러나 아홉띠아르마딜로는 클론을 생산함으로써 이런 통념을 깼다. 출처: 카네기 자연사박물관(https://carnegiemnh.org/armadillo-identical-quadruplets-every-time/) - 옮긴이주

데이비드 애튼버러의 동물 탐사기

했다. 그 상자들은 원래 셰리sherry[7] 보관용 케이스였으므로, 거주자들에게 자동적으로 스페인산 와인 이름 — 피노Fino, 아몬틸라도Amontillado, 올로로소Oloroso, 삭비예Sackville — 을 붙였다. 그리고 4마리를 통틀어 사형제Quads 라고 불렀다.

아홉띠아르마딜로 새끼는 다른 어떤 동물보다도 매력적이었다. 그들의 껍데기는 신축성이 있고 광택이 나며 부드러웠다. 또한 그들은 작고 호기심 어린 눈과 커다란 분홍빛 배를 가지고 있었다. 하루의 대부분을 건초 밑에 누워 잠자며 보냈지만, 저녁이 되면 언제 그랬냐는 듯 활기를 되찾아 상자 내부를 미친 듯 돌아다니며 먹이를 찾았다. 그들은 왕성한 식욕을 갖고 있었다.

아홉띠아르마딜로는 모든 아르마딜로 중에서 가장 흔하고 널리 분포되어 있다. 파라과이는 아홉띠아르마딜로의 남방 한계선에 가깝지만, 아홉띠아르마딜로는 파라과이 북쪽의 다른 남아메리카 국가 대부분에서 발견되며 지난 50년 동안 미국의 남부 지방까지 영역을 확장했다. 아메리카 원주민들은 종종 사형제를 찾아와, 우리 앞에 웅크리고 앉아 그들의 일거수일투족을 관찰하곤 했다. 아르마딜로를 수도 없이 봤을 텐데, 그들이 아르마딜로에게 깊은 관심을 보이는 이유를 나는 이해할 수 없었다. 사실, 아르마딜로는 그들의 식단에서 단골 메뉴이기도 했다. 짐작하건대, 그들은 그렇게 오랫동안 살아있는 아르마딜로를 거의 본 적이 없었을 것이다. 그럴 수밖에 없는 것이, 그들은 아르마딜로를 잡자마자 잡아먹었다.

그들은 우리에게 아르마딜로를 여러 번 언급했다. 그들의 말을 요약하면, 아르마딜로는 강을 건너고 싶을 때, 강둑을 걸어 내려가 물속에 잠긴 다음 강바닥에 발을 디딘 채 계속 걸어서 반대편 강둑으로 올라간다는

---

7 와인에 브랜디를 첨가해 알코올 도수를 높인 스페인산 와인. - 옮긴이주

것이었다. 그것은 황당무계한 이야기처럼 들렸으므로 나는 한 귀로 듣고 한 귀로 흘려버렸다. 그러나 영국에 돌아갔을 때, 나는 그 이야기가 어쩌면 사실일 수 있음을 깨달았다. 아르마딜로는 등에 짊어진 갑옷판이 워낙 무거우므로 강바닥에 오래 머무르는 게 하나도 힘들지 않을 것이기 때문이다. 더욱이 그들은 '아주 오랫동안 숨을 참으며, 조직에 산소부채$^{oxygen-debt8}$를 축적'하는 놀라운 능력을 보유하고 있다. 이 능력은 아르마딜로 같은 굴파기 선수에게 꼭 필요했다. 왜냐하면, 땅굴을 신속하고 지속적으로 파다 보면 코가 땅속에 파묻혀 숨이 막힐 수 있기 때문이다. 요컨대 아르마딜로는 '숨 오래 참기'와 '산소부채 축적'이라는 특징 덕분에 물속에서 걸을 수 있으며, 미국의 한 연구자는 실험실 조건에서 아르마딜로를 물속에서 걷게 하는 데 성공했다. 그러나 지금껏 아르마딜로가 스스로 그런 방법으로 강을 건너는 장면을 목격했다고 보고한 과학자는 한 명도 없었다. 게다가 아르마딜로는 자기가 원한다면 폐에 공기를 가득 채워 몸을 가볍게 한 다음 수면에서 헤엄칠 수도 있는 것으로 알려져 있었다.

아르마딜로 사형제를 생포한 후 우리는 귀환 여정이 걱정되기 시작했다. 지난 며칠 동안 폭우가 내린 적이 한 번도 없어서 강의 수심이 하강하기 시작했기 때문이다. 그렇다면 카요는 서둘러 하류로 돌아가려 할 텐데, 그를 놓친다는 것은 재앙이었다. 그래서 우리는 모든 장비를 챙겨 이레부-콰로 돌아갔다.

네니토와 돌로레스는 우리를 맞이하며 마테를 내왔다. 우리는 장작불 주

---

8 운동에 의해서 근육이 활동할 때 근육 중의 글리코겐은 해당 작용에 의해 젖산으로 분해되고 생성된 젖산은 산화되어 이산화탄소와 물로 분해된다. 가벼운 운동으로 산소가 충분히 공급될 때는 젖산이 축적되지 않으나 심한 운동일수록 더 많은 젖산이 축적된다. 이와 같이 운동 중에 젖산이 축적되는 것은 그것을 산화하는 데 필요한 산소가 부족하다는 것을 의미하는데 그 부족한 산소를 산소부채라 하며, 운동이 종료된 후에 같은 양의 산소를 반환해야 한다. 대개 섭취된 1리터의 산소는 6.7그램 정도의 젖산을 산화한다. 인간에게는 축적되는 젖산에 견뎌내는 산소부채 한도가 있는데, 보통 사람은 4~5리터, 일류 운동선수는 10~15리터 정도라고 하며 이것을 최대산소부채라 부른다. - 옮긴이주

데이비드 애튼버러의 동물 탐사기

위에 둘러앉아 마테가 들어있는 박을 돌리며 최신 뉴스에 귀를 기울였다.

폴베린은 마지막 며칠 동안 극성을 부렸다. 벌목은 착착 진행되어 많은 나무들이 베어졌으며, 수많은 통나무들이 강둑에 쌓여있었다. 그런 추세라면 조만간 뗏목을 만들기 시작할 것 같았다.

"그리고 카요는요?" 내가 물었다.

"갔어요." 네니토가 무심코 스페인어로 말했다.

"갔다고요?" 우리는 귀를 의심했다.

"네, 강의 수심이 매우 낮아질 거예요. 당신들에게 소식을 전하는 동안 기다려 달라고 부탁했는데, 서둘러야 한다고 했어요."

"그러면 우린 어떻게 돌아가죠?"

"내 생각인데, 하류 어딘가에서 상류로 올라온 배가 있을지도 몰라요. 만약 그렇다면 그 배가 언젠가 하류로 내려갈 거예요. 장담하건대 그들이 당신들을 데려다줄 거예요."

우리가 할 수 있는 것은 희망을 품고 기다리는 것밖에 없었다.

운 좋게도 우리는 오래 기다릴 필요가 없었다. 그로부터 이틀 후, 소형 모터보트가 통통 소리를 내며 하류로 내려가고 있었기 때문이다. 그 배에는 사람이 5명이나 타고 있어서 우리가 승선할 공간은 없었지만, 선장은 대부분의 짐과 동물들을 싣는 데 동의했다. 수면이 빠르게 내려가고 있었으므로, 그들도 우리와 마찬가지로 지체할 시간이 없었다. "3일 내에 헤후이강에 도착하지 않을 경우," 그들은 이렇게 말했다. "폭우가 내려 수면이 다시 상승할 때까지 수 주 동안 발이 묶일 수 있어요." 그러나 그들의 최종 목적지는 아순시온이 아니라 푸에르토-이였다. 우리가 생각하기에, 푸에르토-이에서는 이라부-콰에서보다 아순시온행 선박을 발견할 가능성이 높았다. 우리는 한 시간도 채 안 지나 모든 것을 챙기고 네니토와 돌로레스에게 작별인사를 한 후, 쾌속정에 올라 모터보트의 뒤를 따랐다.

우리는 불과 사흘 만에 헤후이강에 도착했다.

푸에르토-이에 접근하는 동안 나는 또 1척의 모터보트가 우리를 향해 다가오는 것을 발견했다. 쌍안경으로 확인해 보니 그것은 카셀*Cassel*이었다. 밀짚모자를 쓴 카피탄이 타륜을 잡고 있는 것을 보니 의심할 여지가 없었다. 나는 그와 반갑게 재회할 수 있으리라고 꿈에도 생각해 보지 않았다.

우리는 그 배의 곁으로 다가갔다. 곤살레스가 갑판으로 나와 우리를 향해 손을 흔들었다. 우리가 장비와 동물을 옮겨 싣는 동안 카피탄이 이렇게 말했다. "아순시온으로 돌아갔더니 친절한 육류 회사 사람들이 당신들과 함께 오지 않은 것을 보고 화를 내며, 연료를 넣고 다시 상류로 올라가 당신들을 기다리라고 호통을 쳤어요." 사정이 그러했던 것이다.

카셀의 선실은 그야말로 낙원이었다.

하를레스는 라디오를 켜고 침상에 반듯이 누워, 카나페*canapé*—동그랗게 말린 안초비를 얹은, 버터 바른 크림 비스킷—한 접시를 우아하게 먹기 시작했다.

그는 옆에 놓인 맥주 한 잔을 죽 들이켰다. "나쁘지 않은 여행이었어요." 그는 사색에 잠겨 말했다. "하루 이틀 위험했던 날을 제외하면 전혀 나쁘지 않았어요."

24. 캠프에 튼 둥지

카셀은 아침 일찍 아순시온에 도착해 육류 회사의 부두에 미끄러지
듯 접안했다. 카피탄은 곤살레스에게 엔진을 끄라고 소리친 후 만
면에 (우리가 그 이전에 볼 수 없었던) 미소를 지으며 물가로 내려가 항
만에서 일하는 친구들로부터 돌아온 영웅 대접을 받았다. 곤살레스는 카
피탄의 뒤에서 자신만의 청중을 불러 모아 화려한 제스처를 써 가며 거창
한 모험담을 쏟아 놓았다.

지난 몇 주 동안 온갖 시련과 불확실성을 겪은 터라, 하를레스와 나는
아순시온에 돌아와 '쓰레기가 둥둥 떠있는 강물'과 '지저분한 부두'를 다
시 보니 그저 행복할 뿐이었다. 모터보트를 무료로 제공해준 것에 감사
하기 위해 관리인의 사무실로 가는 동안, 나의 마음은 시가지에서 우리
를 기다리고 있을 것들 — 방수 처리된 침실, 부드러운 매트리스, 고향에
서 온 편지, 광채 나는 마호가니 탁자 위에 다른 사람이 차려 낸 진수성찬
을 반짝이는 은제 나이프와 포크를 들고 먹는 식사 — 에 대한 기대로 들
떠있었다. 우리는 최소한 일주일 동안 게으름을 피우며 편안한 시간을 보
낼 수 있었다. 아순시온에 돌아올 날이 불확실하다는 점을 감안해 두번째
탐사일정을 전혀 잡아 놓지 않았고, 계획을 짜려면 약간의 시간이 필요했

기 때문이다.

관리인은 우리를 따스하게 맞이했다.

"적당한 시간에 돌아오셨네요. 기억하시겠지만, 언젠가 우리의 목장 중 하나를 방문하고 싶다고 하신 적이 있죠? 음, 모레 우리 회사의 비행기가 아순시온에 도착하는데, 만약 원하신다면 부에노스아이레스로 돌아가는 길에 당신들을 이타카보Ita Caabo에 떨궈드릴 수 있거든요."

비록 우리의 호사스러운 일주일을 빼앗아 가는 것을 의미했지만, 그의 제안은 거절의 여지가 전혀 없었다. 이타카보의 에스탄시아 이야기를 처음 들었을 때, 하를레스와 나는 '그곳은 얻을 게 가장 많은 탐사지겠구나.'라고 생각했기 때문이다. 그곳은 아순시온에서 남쪽으로 320킬로미터 떨어진, 아르헨티나의 북단에 위치한 코리엔테스주Corrientes에 자리잡고 있었다. 오랫동안 스코틀랜드 출신 매키Mr Mckie에 의해 관리되었는데, 그는 '소의 성공적인 목축이 반드시 모든 야생동물의 절멸을 가져오는 것은 아니다.'라는 신념을 갖고 있었다. 또한 그는 열정적인 박물학자로서, 자신이 관리하고 있는 광대한 땅에서 사냥을 일절 금지했다. 그 결과 이 목장은 소고기 생산량이 많으면서도 야생동물들의 피난처가 되었다. 그러한 전통은 현임 관리인 딕 바튼Dick Barton에게 계승되어, 이타카보는 다른 어떤 곳보다도 아르헨티나 평원의 야생동물들이 번성하는 곳이 되었다.

놀고먹을 줄 알았던 우리의 일주일은 순식간에 '눈코 뜰 새 없는 이틀'로 바뀌었다. 우리는 촬영한 필름을 런던으로 보내고 모든 장비를 점검했다. 그리고 숙소를 제공한 영국인 친구가 소유하고 있는 커다란 정원에 우리의 동물들이 반영구적으로 거주할 수 있도록 울타리를 치고 동물우리를 설치했다. 또한 우리가 없는 동안 동물들을 보살피기 위해, 친구의 제안에 따라 그의 정원사인 파라과이 청년 아폴로니오Appolonio를 고용하고 아폴로니오의 남동생 중 하나에게 형의 일을 돕게 했다. 아폴로니오는 동물에 대한 변치 않는 열정을 보유하고 있었고, 그가 새끼 구안, 앵무새, 아르마딜로 사형제, 심지어 무례한 테구도마뱀에게 쏟은 관심과 정성은 우리에게 '모든 동물들을 성심성의껏 보살피겠구나.'라는 신뢰감을 심어주기에 충분했다.

육류 회사의 비행기가 예정대로 도착했는데, 소형 단발엔진 항공기로 너무나 협소했다. 그래서 우리는 고심 끝에 모든 장비 중에서 기본적이고 핵심적인 것만을 간신히 욱여넣었다.

비행기가 이륙한 지 몇 분 만에, 우리는 아순시온과 파라과이를 뒤로하고 아르헨티나 상공에 진입했다. 그곳은 정치적 영토로서뿐만 아니라 지리적으로도 새로운 땅이었다. 초록빛 평원의 여기저기에서, 마치 초록색 캔버스에 빨간색 줄과 은색 줄이 그어진 것처럼 교차하는 도로와 울타리의 기하학적 정밀성을 방해하는 것은 아무것도 없었다. 아무런 은폐물도 없이 소고기의 과학적 생산에만 몰두하는 나라에 야생동물이 존재한다는 것은 거의 상상할 수 없는 일이었다. 거의 2시간 동안 비행한 다음, 조종사는 엔진 소음을 뚫고 우리에게 뭐라고 소리치며 짙은 녹색 액자에 든 사진 같은 먼 풍경을 가리켰다. 그곳에는 나무들의 좁은 띠로 둘러싸인 직사각형의 빨간색 건물들이 모여있었다. 그게 바로 이타카보였다. 이윽고 지평선이 기울어지며 건물들이 확대되었고, 평원에 박혀있던 미세한 점들이 차츰 소로 바뀌었다. 잠시 후 지평선이 바로잡히며 비행기가 착륙했다.

그곳에는 관리인이 우리를 기다리고 있었다. 그는 훤칠한 키와 유머러스해 보이는 얼굴의 소유자로 찌그러진 중절모를 쓰고 지팡이를 짚고 있었는데, 한마디로 영국 헤리퍼드셔주Herefordshire에서 흔히 볼 수 있는 농장주의 모습이었다. 그의 입에서 처음 나온 말은 그의 외모만큼이나 영국스러웠다.

이타카보의 목장에서 일하는 노동자*peone*들

"안녕하세요. 내 이름은 바튼이에요. 이리 들어오세요. 시원한 에일^{ale} 한 잔 대접할게요."

그의 안내를 받으며 지나간 정원은 영국과 거리가 멀어도 한참 멀었다. 거대한 야자나무 한 그루가 매끄러운 잔디밭 한복판에서 기다란 잎을 한가롭게 흔들고 있었고, 자카란다^{jacaranda}, 부겐빌레아^{bougainvillea}, 히비스커스^{hibiscus}가 관목숲에서 눈부시게 빛나고 있었다. 화단 사이에서는 전형적인 아르헨티나 목장 노동자 복장 ― 헐렁한 바지, 칼꽂이 겸용인 커다란 가죽 벨트, 챙 넓은 모자, 텁수룩하고 까만 콧수염 ―을 한 정원사가 식물의 죽은 가지를 꼼꼼히 잘라내고 있었다.

집 자체는 단층집으로 턱없이 넓고 골함석 지붕이 얹혀있어 결코 아름답거나 우아하다고 할 수 없지만 매우 화려했으며, 건축과 인테리어의 규모

데이비드 애튼버러의 동물 탐사기

면에서는 거의 에드워디언^{Edwardian1}급이었다. 하를레스와 나는 욕실이 딸린 방문자용 스위트룸으로 안내되었으며, 널따란 응접실에서 딕 바튼에게 맥주를 대접받았다.

우리는 보고 싶은 동물의 이름을 열거했다. 레아^{rhea}, 카피바라^{capybara}, 거북이, 아르마딜로, 비스카차^{viscacha}, 물떼새^{plover}, 굴올빼미$^{burrowing owl}$.

"이런 세상에!" 그가 말했다. "참 쉬워요. 이곳에는 그런 동물이 수두룩하거든요. 우리 트럭을 한 대 빌려드릴 테니 어디든 가 보세요. 그와 별도로, 우리 일꾼들에게 방금 말한 동물들을 잡아오라고 할게요. 만약 못 잡아오면 관리인의 체면이 말이 아니라는 말도 덧붙일게요."

비행기에서 내려다봤던 것과 달리 집 주변의 땅은 평탄하지 않았고, 윌트셔^{Wiltshire}의 구릉성 저지대와 마찬가지로 지형 변화가 많았다. 나무가 전혀 없는 것도 아니었는데, 그 이유는 소들에게 나무그늘을 제공하기 위해 오스트레일리아산 목마황^{casuarina}과 유칼립투스숲이 조그맣게 조성되었기 때문이다. 딕은 그곳을 팜파스^{pampas} — 부에노스아이레스를 향해 남쪽으로 수백 킬로미터에 걸쳐 펼쳐진, 탁자처럼 평평한 대평원 — 가 아니라 캠프^{camp}라고 불렀는데, 캠프란 '시골'이라는 뜻을 가진 스페인어의 영어식 약자였다.

목장에 속한 85,000에이커의 땅은 철망을 이용해 여러 개의 넓은 방목장으로 나뉘었는데, 각 방목장의 크기는 영국의 작은 농장만 했다. 무성한 풀밭은 소 방목에 안성맞춤이었지만, 극소수의 잡목림을 제외하면 새의 은신처나 둥지로 사용될 만한 은폐물이 전혀 없었다. 그럼에도 많은 종류의 새들이 이렇게 서식하기 힘든 탁 트인 지역에 꼭 맞는 둥지 짓기 기법을 고안해 냄으로써 용케 번성했다.

일례로, 알론소^{alonzo} — 가마새(또는 솥새)^{ovenbird} — 는 영국의 개똥지빠

---

1 영국의 왕 에드워드 7세(재위 1901~1910) 시대의 미술, 공예, 건축의 경향을 가리키는 말. - 옮긴이주

귀와 비슷한 크기의 작은 적갈색 새로, 둥지를 매에게 숨기거나 소의 입이 닿지 않는 곳에 지으려고 노력하지 않는다. 그 대신, 그들은 거의 난공불락의 둥지를 지음으로써 알과 새끼를 위험으로부터 보호한다. 그들의 둥지는 햇볕에 구운 진흙으로 지은 반구^{dome}형 구조물로, 지역 주민들이 빵을 굽는 데 사용하는 흙화덕과 비슷하게 생겼다. 둥지의 길이는 30센티미터쯤 되며, 사람의 손이 들어갈 만한 크기의 출입구가 마련되어 있다. 그러나 알은 완벽히 보호된다. 왜냐하면 입구에 들어서자마자 둥지 내부의 벽에 의해 분리된 양육실에는 새 1마리가 겨우 비집고 들어갈 수 있는 크기의 조그만 구멍을 통해서만 들어갈 수 있기 때문이다.

그런 효율적인 요새를 고안해 냈으므로, 가마새는 둥지를 굳이 감출 필요가 없으며 눈에 잘 띄는 곳에도 얼마든지 지을 수 있었다. 만약 쓸만한

반쯤 지은 둥지에 앉아있는 가마새(알론소)

데이비드 애튼버러의 동물 탐사기

완성된 둥지에 앉아있는 가마새

나무가 없다면, 그들은 울타리 기둥이 됐든 전봇대가 됐든 소에게 걷어차이거나 짓밟히지 않을 만큼 높은 곳에 둥지를 지었다. 우리는 빈번히 사용되는 출입문의 가로막대 위에 지어진 둥지를 발견했는데, 그 둥지는 하루에 여러 번씩 90도 각도로 회전해야 했다.

알론소는 대담한 동물로, 사람과 함께 있는 것을 적극적으로 선호하는 것 같았다. 왜냐하면 그들은 종종 집 가까이에 둥지를 짓는 쪽을 선택하기 때문이었다. 그런 호의에 대한 보답으로, 목장 노동자—스페인어로 페오네^{peone}라고 한다—들은 그 다정하고 겁 없는 새를 매우 좋아했으며, 그들에게 수많은 애칭을 붙였다. 우리가 울새를 로빈 레드브레스트^{Robin Redbreast}, 굴뚝새를 제니 렌^{Jenny Wren}이라고 다정하게 부르는 것처럼, 그들은 가마새를 알론소 가르시아^{Alonzo Garcia}, 또는 호아오 데 로스 바리오스

João de los Barrios[2]라고 불렀다.

그들에 의하면 가마새는 모범적인 캐릭터였다. 즉 끊임없이 노래하는 것으로 보아 쾌활하고, 평생 동안 정조를 지키므로 도덕적 기준이 높고, 둥지를 짓는 동안에는 새벽부터 땅거미가 질 때까지 일하므로 ─단, 일요일에는 쉰다고 한다. 왜냐하면 신앙심이 매우 깊기 때문이다─매우 근면하다는 것이었다.

───

구릉성 저지대의 움푹한 곳과 하천의 둑에서는 간혹 엉겅퀴 같은 잡초가 무리지어 자랐다. 이것들을 카라과타^{caraguata}라고 부르는데, 살벌하게 가시 돋친 잎으로 이루어진 기저부의 로제트^{rosette}[3]에서 무려 2미터에 가까운 결실성 줄기^{fruiting stem}가 우뚝 솟아올랐다. 이런 덤불은 작고 아름다운 새들의 보금자리였는데, 그들은 아주 가끔씩 대담하게도 탁 트인 캠프에 진출했다.

가위꼬리새^{scissor-tail} 무리는 먹이를 찾아 그곳에 와서 이 줄기 저 줄기 사이를 마구잡이로 날아다니거나 제일 높은 줄기의 꼭대기에 자리잡고 앉아, 긴 꽁지의 갈라진 틈새를 계속 여닫으며 타악기 소리 같은 노래를 불렀다. 우리는 그곳에서 조그만 과부산적딱새^{widow tyrant}와 엄청나게 아름다운 추린체^{churinche}도 발견했다. 과부산적딱새는 꽁지 끝과 첫째날개깃만 까만색이고 나머지는 순백색이었으며, 추린체는 꽁지와 날개, 등만 까만색이고 나머지는 경이롭도록 생생한 주홍색이었다. 목장 노동자들은 추린체를 스페인어로 소방관이나 황소의 피라고도 불렀는데, 아마도 가장

─────

2 '웅덩이의 조니_{Mud Puddle Johnny}' 정도로 해석된다.
3 짧은 줄기의 끝에서부터 땅에 붙어서 사방으로 나는 잎. - 옮긴이주

데이비드 애튼버러의 동물 탐사기

적절한 명칭은 브리시타 델 푸에고*Brazita del Fuego*⁴일 것이다. 우리는 추린체를 볼 때마다, 아름다운 자태를 뚫어지게 바라보기 위해 멈춰 서야 했고 우리가 제작하는 영상이 흑백이라는 사실을 애석해했다.

캠프에 서식하는 새 중에서 가장 우아한 것은 레아였다. 관리인 딕은 우리가 그것을 굳이 타조와 구별해서 다른 이름—레아—으로 부르는 것을 지나치게 현학적이라고 여겼는데, 두 가지 새가 매우 비슷하게 생긴 것은 사실이다. 그러나 아프리카에만 사는 타조와 남아메리카에만 사는 레아는 세부적인 면에서 많이 달랐다. 레아는 타조보다 작고, 흑백이 아니라 따스한 연회색 깃털을 갖고 있으며, 2개의 발가락을 가진 타조와 달리 3개의 발가락을 갖고 있었다.

우리는 목장의 풀밭 위를 천천히 조심스럽게 걸어가는 레아를 자주 보았다. 사냥을 금지한 덕분에 조금은 대담해졌는지, 우리가 몇 미터 이내의 거리까지 접근해도 별다른 반응을 보이지 않았다. 그러다 우리가 안전한계에 도달하면, 풀 뜯기를 중단하고 머리를 치켜들어 미심쩍은 듯 쳐다보는 방식으로—사슴들도 이렇게 한다—경고 신호를 보냈다. 긴 목 때문에 거만해 보이긴 했지만 커다란 눈망울은 영롱하고 순수해 보였다.

레아는 날지 못하는 새였으므로, 솜털로 불룩한 날개는 아마도 보온을 제외하면 아무런 기능을 발휘하지 못하는 것 같았다. 그들의 몸에는 짧은 크림색 깃털이 듬성듬성 박혀있을 뿐이어서, 헛날갯짓을 할 때마다 흔적 날개로 '헐벗은 것처럼 보이는 몸'을 감쌌기 때문이다. 나는 그런 몸짓을 볼 때마다 부채춤을 추는 누드 댄서가 연상되었다.

레아 무리는 한 수컷과 다양한 연령과 체구를 가진 여러 암컷으로 구성되어 있었다. 수컷은 덩치가 가장 컸으며, 뒷목을 따라 내려와 어깨 주변

---

4 불붙은 작은 석탄 조각(Little Coal of Fire).

에서 좁은 멍에[5] 모양으로 마무리되는 까만색 띠가 있어서 암컷과 구별되었다. 암컷도 그런 띠를 갖고 있었지만, 색깔이 갈색이었고 수컷만큼 두드러지지는 않았다.

만약 우리가 그들의 눈총을 무시하고 너무 가까이 접근한다면 무리 전체가 성큼성큼 빠르게 달아났다. 그들의 힘찬 발걸음은 땅바닥을 두드리는 약한 북소리 같았다. 딕의 말에 따르면, 그들의 속도는 가장 빠른 말을 제외하고 모든 동물들을 압도했으며, 방향전환과 따돌리기의 귀재여서 잡기가 여간 어렵지 않았다.

우리는 습지 갈대밭에서 레아의 둥지를 하나 발견했다. 그것은 직경 1미터 정도의 얕은 구덩이로, 바닥에 깔린 마른 잎 위에 무려 30개의 거대한 알—길이는 15센티미터이고, 부피는 약 800밀리리터—이 무질서하게 놓여있었다. 대충 계산해 보니, 레아의 둥지 하나에 들어있는 알은 약 500개의 달걀과 맞먹는 것으로 나타났다. 그러나 그 둥지는 별로 큰 편이 아니었다. 1년 전 한 목장 노동자가 53개의 알이 들어있는 둥지를 발견했으며, 허드슨[W. H. Hudson]이 쓴 책에는 120개의 알이 들어있는 엄청난 둥지가 발견되었다고 적혀있었다.

두말할 것도 없이, 한 암컷이 둥지에 들어있는 알을 전부 낳은 것은 아니며, 한 수컷의 하렘[harem][6]에 속해 있는 모든 암컷들이 십시일반으로 낳은 것이었다. 우리가 발견한 둥지를 면밀히 살펴봤더니 알의 크기가 조금씩 다른 것으로 밝혀졌는데, 조그만 알은 어린 암컷이 낳은 것으로 추측되었다.

나의 마음속에서 수많은 의문이 샘솟았다. 수컷은 여러 개의 둥지를 지었는데, 내가 알기로 둥지 지을 곳을 선택하고 둥지에 산란된 알을 품는

---

5 수레나 쟁기를 끌기 위해 마소의 목에 얹는 구부러진 막대. - 옮긴이주
6 번식을 위해 한 마리의 수컷을 공유하는 암컷들. - 옮긴이주

데이비드 애튼버러의 동물 탐사기

쪽은 수컷이었다. 그렇다면 암컷 레아들은 둥지가 지어진 곳을 어떻게 알았으며, 그녀들의 산란행동(이를테면, 모든 암컷들은 한꺼번에 하나의 둥지에 산란하지 않고 여러 둥지에 번갈아 가며 며칠에 걸쳐 알을 낳는다)은 어떻게 조율되었을까? 안타깝게도 우리는 이런 의문들에 대한 답을 알아낼 수 없었다. 그러려면 특정한 둥지를 계속 지켜봐야 했는데, 알들이 차가운 걸로 보아 그 둥지는 버려진 게 틀림없기 때문이었다.

그러나 사흘 후 1마리의 추린체를 면밀히 관찰하기 위해 한 하천의 둑에 형성된 카라과타 덤불로 들어갔을 때, 우리의 눈앞에서 1마리의 레아가 튀어나와 기다란 줄기들 사이로 황급히 헤치고 들어갔다. 이상히 여기고 주변을 샅샅이 수색한 결과, 불과 몇 미터 앞에서 레아의 둥지를 찾아냈다. 그 속에 들어있는 알은 2개뿐이었는데, 그 둥지를 계속 지켜본다면

레아의 둥지

'암컷 레아가 알을 낳으러 왔을 때 무슨 일이 벌어지는지'를 정확히 알 수 있을 것 같았다.

과거의 경험에 비추어, 우리는 차량을 은폐물로 사용하기로 결정했다. 최선의 관찰 지점은 둥지에서 30미터쯤 떨어진 언덕이었는데, 그 이유는 둥지를 한눈에 훤히 내려다볼 수 있기 때문이었다. 그러나 카라과타가 너무 울창했기 때문에, 몇 미터 이상 떨어진 곳에서는 둥지가 제대로 보이지 않는다는 게 문제였다. 그래서 우리는 충분한 시야를 확보하기 위해 몇 개의 줄기를 신중히 베어내기 시작했다. 나는 너무 많은 줄기를 한꺼번에 제거하지 않으려고 노심초사했다. 그도 그럴 것이, 둥지의 주변에서 너무 많은 변화가 일어난다면 수컷 레아가 적응하지 못해 둥지를 버리고 떠날 가능성을 배제할 수 없었기 때문이다.

그 후 며칠 동안, 우리는 매일 아침 그곳에 출근해서 같은 위치에 차를 주차했다. 우리는 레아가 둥지를 떠나자마자 차와 둥지 사이의 통로를 따라 카라과타의 줄기를 조금씩 더 잘라냄으로써 시야를 차츰 넓혀갔다. 우리의 행동은 레아를 자극하지 않는 게 분명해 보였다. 왜냐하면 매일 아침 둥지를 관찰할 때마다 새로운 알이 추가된 것을 확인할 수 있었기 때문이다. 새로운 알은 연노란색인데, 차츰 퇴색해 상아색으로 변하기 때문에 며칠 지난 알과 확연히 구별되었다.

우리는 닷새째 되는 날 충분한 시야를 확보해 본격적인 관찰을 시작했다. 그즈음 우리는 수컷 레아의 행태를 나름대로 파악하고, 그에게 블랙넥Blackneck이라는 별명을 붙였다. 그가 둥지 위에 앉아있었지만, 그동안의 세심한 준비 작업에도 불구하고 그를 식별하기는 여전히 어려웠다. 왜냐하면 그의 회색 깃털이 카라과타나 다른 풀과 뒤섞여 헷갈렸고, 그가 긴 목을 접는 바람에 머리가 어깨 위까지 내려왔기 때문이다. 그의 존재를 확인할 수 있는 단서는 반짝이는 눈망울뿐이었는데, 그것조차 정확한 지

데이비드 애튼버러의 동물 탐사기

점을 예측하지 못한다면 놓치기 십상이었다. 그러나 우리는 포기하지 않고 끈질기게 버텼다.

그렇게 2시간이 흘렀는데도 블랙넥은 아무 일도 하지 않고 있었다. 그는 심지어 거의 움직이지도 않았다. 태양이 중천에 떠올라 작열하고 있었다. 우리가 도착했을 때 탁 트인 캠프에서 풀을 뜯던 소들은 우리 뒤에 조성된 유칼립투스 조림지의 그늘로 피신한 지 오래였다. 둥지 위에서는, 하천에서 물고기 사냥을 하던 왜가리 1마리가 날개를 시끄럽게 퍼덕이며 날아가고 있었다. 아마도 아침 식사를 마친 것 같았다. 그러나 블랙넥은 꼼짝 않고 앉아있었다. 나는 뭔가 흥미로운 장면을 기대하며 몇 분마다 한 번씩 쌍안경을 들어 올렸지만, 그의 움직임이라고는 눈을 깜박이는 것뿐이었다.

우리는 승용차에 앉아 꼬박 2시간 동안 그의 일거수일투족을 감시했다. 우리가 판단하기에, 그는 알 품기 작업을 시작하지 않은 게 분명했다. 그의 배 밑에는 6개도 안되는 알이 놓여있었는데, 그 정도라면 한 배 포란 정족수full clutch에 미치지 못했다. 그때 우리 오른쪽의 언덕 너머에서 6마리의 레아 무리가 나타나 한가로이 풀을 뜯었다. 그들은 모두 암컷이었는데, 보아하니 그의 하렘이었다. 그녀들은 풀을 뜯으며 우리 쪽으로 서서히 다가오다 지평선 너머로 다시 사라졌다.

블랙넥은 벌떡 일어나 잠깐 동안 서있다가 자신의 아내들이 있는 방향으로 천천히 걸어갔다.

우리의 오랜 기다림이 다시 시작되었다. 블랙넥은 오전 9시에 둥지를 떠났고, 우리는 그 후 3시간 동안 블랙넥과 그의 하렘과 관련해서 아무것도 보지 못했다. 그런데 12시 15분쯤, 그는 한 마리의 어린 암컷과 함께 언덕을 넘어왔다. 그 2마리는 둥지를 향해 함께 걸어갔다. 나는 '블랙넥이 파트너를 둥지로 안내하다 보다.'라고 상상했지만, 그게 사실이라고 장담할 수는 없었다. 그러나 그는 둥지 속 알의 수보다 많은 아내를 거느리고 있었을 게 분명하므로, 그녀가 그 둥지를 처음 방문했을 가능성이 매우 높았다. 다시 말해서 블랙넥은 그녀에게 둥지가 있는 곳을 가르쳐주고 있는 것이었다.

둥지를 처음 방문했는지 여부와 관계없이, 그녀는 그 둥지를 별로 탐탁잖게 여기는 것 같았다. 몇 분 동안 둥지를 유심히 살펴보고 나서, 고개를 숙여 알 사이에서 조그만 깃털 하나를 끄집어내 자신의 어깨 너머로 경멸하듯 휙 던져 버렸다. 블랙넥은 그녀 옆에 서서 그저 묵묵히 지켜보고 있었다. 그녀는 둥지를 한두 번 더 정돈했지만, 영 성에 차지 않는 듯 왼쪽으로 성큼성큼 걸어가 카라과타 줄기 사이로 들어가 버렸다. 블랙넥은 그녀의 뒤를 쫓았다.

그녀는 그와 함께 100미터쯤 걷다가, 풀밭에서 갑자기 주저앉으며 우리의 시야에서 거의 사라졌다. 그동안 그녀를 안내했던 블랙넥은 고개를 돌려 그녀 —그리고 우리 —를 바라보다가, 머리를 좌우로 흔들기 시작했다. 대부분의 구애 행동mating display은 수컷의 매력인 무늬와 장식을 과시하기 위해 설계된 것으로, 장담하건대 블랙넥의 구애 춤은 그의 뒷목을 따라 내려와 어깨 주변에서 좁은 멍에처럼 마무리되는 윤이 나는 까만 띠를 암컷에게 과시하는 효과가 있었다. 그와 동시에 블랙넥은 그녀를 향해 한 걸음을 내디뎠다. 좌우로 흔들리는 그들의 목은 점점 더 가까워지다 서로 만나자 마치 2마리의 뱀처럼 뒤엉켰다. 그녀는 몇 초 동안 황홀경에 빠져 그와 함께 목을 흔들어 대다가 땅바닥에 다시 주저앉았다. 블랙넥은 뒤로 물러나 고개를 낮게 숙인 채 회색 깃털을 휘날리며 그녀의 등 위에 올라탔다. 몇 분에 걸쳐 그렇게 행동하는 동안, 그들은 한데 뭉쳐 거대한 회색 깃털 덩어리처럼 보였다. 잠시 후 그들은 떨어졌고, 블랙넥은 약간의 카라과타 열매를 씹는 둥 마는 둥하며 언덕 위로 걸어 올라갔다. 암컷은 자리에서 일어나 그와 합류한 후, 함께 헛날갯짓을 하며 매무새를 가다듬었다. 그들은 일을 치른 후 둥지로 돌아갔다. 암컷은 다시 한 번 고개를 숙이고 둥지를 살펴봤지만, 둥지에 앉지 않고 블랙넥과 함께 하렘의 나머지 구성원들이 있는 곳으로 돌아갔다.

둥지는 다시 썰렁해졌고, 1마리의 레아도 눈에 띄지 않았다. 우리는 조용히 앉아, 암컷이 다시 나타나 알을 낳기만 손꼽아 기다렸다. 우리가 본 것은 번식 과정의 첫번째 단계임이 분명해 보였다. 즉, 수컷이 한 암컷에게 둥지를 보여준 다음 그녀와 짝짓기하는 장면을 목격한 것이다. 만약 그게 특정한 암컷과의 첫번째 짝짓기라면, 그녀는 며칠 동안 수정란을 낳을 준비가 되어있지 않았다고 볼 수 있다.[7] 그러나 우리가 관찰한 짝짓기는 구애의 연장선으로, 배우자의 산란을 촉진하도록 설계된 것이라고 볼 수도 있었다. 둘 중 어느 쪽이 맞는지 확인할 방법은 없었다.

우리가 관찰하던 둥지는 3시간 동안 버려져 있었다. 그러다 오후 4시, 둥지 오른쪽의 카라과타 덤불 속에서 한 암컷이 블랙넥을 대동하고 다시 나타났다. 그들은 둥지를 향해 곧바로 걸어갔다. 그녀가 아침에 본 암컷인지, 아니면 다른 암컷인지는 알 수 없었다. 그녀는 둥지를 살펴보고 마른 잎들을 치운 다음, 머리와 목을 곧추 세우고 아주 천천히 주저앉았다.

나는 '배우자가 알을 낳는 동안 수컷이 무슨 일을 하는지' 궁금해한 적이 단 한 번도 없었다. '대부분의 수컷들은 암컷이 알을 낳을 때 자리를 비울 테니, 무슨 일이 일어나는지 알 턱이 없다.'라는 것이 나의 가정이었다. 그러나 블랙넥은 그렇지 않았다. 그는 암컷이 알을 낳는 동안 둥지 뒤에서 왔다갔다하고 있었다. 마치 병원의 분만실 밖에서 불안해하며 서성

---

7 암컷 레아는 수컷과 짝짓기를 하고 나서 약 25일 후에 알을 낳기 시작해서, 10~12일 동안 48시간마다 한 번씩 알을 낳는다(출처: 미시간 대학교 부설 동물학 박물관(https://animaldiversity.org/accounts/Rhea_americana/)). 따라서 이번 짝짓기가 최초의 짝짓기였다면, 그녀는 둥지에 알을 낳지 않았을 것이다. - 옮긴이주

여러 마리의 암컷 중 하나와 함께 있는 블랙넥

대는 인간 아빠들처럼 말이다. 암컷은 불편한 듯 흔적날개를 한두 번 꿈틀거린 후 고개를 숙여 땅바닥을 내려다봤다. 그녀는 몇 분 후 일어나 블랙넥과 합류해 어디론가 함께 걸어갔다.

그들이 시야에서 사라졌을 때, 나는 조용히 차에서 내려 둥지가 있는 곳으로 내려갔다. 거기에는 둥지의 테두리 밖에 일곱번째 알이 놓여있었는데, 아직 촉촉하고 연노란색이었다. 암컷의 덩치가 매우 컸기 때문에 다른 알에서 멀리 떨어진 곳에 알을 낳은 것 같았다. 블랙넥이 그날 저녁 둥지로 돌아와 그 알을 다른 알들과 함께 제자리에 놓고 밤새도록 지킬 게 분명했다.

우리는 차의 시동을 걸고 의기양양하게 집으로 돌아왔다. 우리는 많은 의문 중에서 최소한 하나에 대한 답을 알아냈다. 그 내용인즉, 암컷 레아

데이비드 애튼버러의 동물 탐사기

들에게 둥지의 위치를 알려주고 알 낳는 순서를 정하는 쪽은 수컷이라는 것이었다.

그러나 우리가 검증하지 못한 내용이 하나 있었다. 샌디 우드에게 들은 바에 의하면, 수컷 레아는 부화시킬 알의 정족수가 충족된 후 알을 품기 시작할 때 알 하나를 둥지 밖으로 밀어낸다고 했다. 그는 이것을 가리켜 디에스모*diezmo*—십일조—라고 했다. 버려진 알은 둥지 속의 알들이 부화할 때까지 둥지 옆에 버려진 채 그대로 있다. 품었던 알들이 모두 부화하고 나면, 수컷은 둥지 밖의 알을 발길로 걷어차 깨뜨림으로써 노른자가 땅바닥에 흘러나오게 한다. 그로부터 며칠 내에 땅바닥에는 구더기가 우글거리는데, 그것들은 어린 새끼들에게 가장 필요한 시기에 제공되는 완벽한 식사가 된다. 나는 이타카보에 오랫동안 머무르며 블랙넥도 그러는지를 확인했으면 좋겠다고 생각했다.

25. 욕실 속의 동물들

동물 수집가에게 욕실보다 유용한 공간은 없다. 내가 이 사실을 처음 알게 된 것은 서아프리카를 탐사할 때였다. 그때 우리는 한 숙박시설에 머물고 있었는데, 욕실이 너무 원시적이었다. 그래서 우리는 별로 거리낌 없이 '이름뿐인 욕실'을 포기하고 '초보적인 동물원'의 별관으로 사용했다. 욕실이라는 이름에 걸맞은 것이라고는 약간 부서진 기괴한 에나멜 욕조뿐이었는데, 특별히 내세울 것 없는 맨바닥의 한복판을 당당하게 차지하고 있었다. 욕조에는 무거운 사슬을 통해 놋쇠 배수관에 연결된 마개도 있었고, 수도꼭지에는 용감하게 '온수'와 '냉수'라고 적혀있었다. 그러나 변색된 빅토리아식 노즐에서 물이 흘러나온 적이 있었다면, 장담하건대 초창기의 매우 독특한 상황에서였을 것이다. 왜냐하면 수도꼭지는 아무런 파이프에도 연결되어 있지 않았고, 수 킬로미터 내에서 물을 끌어올 수 있는 곳이라고는 인근의 하천밖에 없었기 때문이다.

그러나 사람에게는 무용지물일 망정, 그 욕실은 동물들을 위한 탁월한 숙소였다. 솜털로 뒤덮인 커다란 새끼 올빼미는 자신의 둥지에 들어오는 희미한 빛과 거의 비슷한 어둠을 매우 좋아했으며, 골풀로 만든 벽에서 튀어나와 욕실의 한 구석을 가로지르는 막대기 위에 행복하게 앉아있었

데이비드 애튼버러의 동물 탐사기

다. 6마리의 통통한 두꺼비는 욕조 아래 축축하고 차가운 공간에 자리잡았고, 나중에 들어온 길이 1미터의 어린 악어는 욕조 안에 느긋하게 엎드려있었다.

솔직히 말해서, 욕조는 악어에게 이상적인 보금자리가 아니었다. 악어는 낮에 욕조의 반질반질한 벽을 기어오르지 못했지만, 밤에는 무슨 특별한 에너지원이라도 이용하는 것처럼 욕조 밖으로 가뿐히 기어 나왔기 때문이다. 우리는 매일 아침 욕실 바닥에서 이리저리 기어다니는 그를 발견했다. 그를 잡아 욕조에 집어넣는 것은, 우리가 당번을 정해 아침 식사 전에 수행하는 일상적 임무 중 하나였다. 우리는 축축한 플라넬^{flannel}[1]로 그의 눈을 가린 후, 못마땅해 툴툴거리는 그의 뒷목을 잡고 집어 올려 '에나멜 연못'으로 돌려보냈다.

서아프리카 탐사 여행 이후로 우리는 벌새, 카멜레온, 비단뱀, 전기뱀장어, 수달을 마치 수리남, 자바섬, 뉴기니처럼 멀찍한 거리를 유지하며 욕실에 수용해 왔다. 딕 바튼이 이타카보에서 스위트룸에 딸린 잘 갖춰진 전용 화장실을 보여줬을 때, 나는 "이 욕실이야말로 우리가 그동안 사용했던 동물수용시설 중 최고입니다."라고 이야기했다. 비록 화려하지는 않았지만 바닥에는 타일이 깔려있었고, 벽은 콘크리트로 되어있었고, 문은 튼튼하고 문틀에 딱 맞았으며, 완벽하게 작동하는 수도꼭지가 장착된 욕조는 물론 변기와 세면대까지 갖추고 있었기 때문이다. 욕실의 가능성은 무궁무진했다.

육류 회사의 비행기에 처음 탑승했을 때, 나는 '아순시온으로 돌아올 때 동물을 수용할 공간이 하나도 없겠구나.'라고 판단했었다. 그러나 날이 갈수록 비행기의 정확한 크기에 대한 기억이 조금씩 희미해지며, 나는 '한

---

1 면이나 양모를 섞어 만든 가벼운 천. - 옮긴이주

두 마리의 작은 동물이 들어갈 공간은 있다.'라고 확신하게 되었다. 욕실의 가능성을 응용하지 않는 것은 범죄와 다름없는 낭비인 것처럼 보였다.

내가 욕실에 입주할 최초의 하숙생을 발견한 것은 어느 날 폭풍우가 지나간 직후 말을 타고 캠프로 나갔을 때였다. 방목장은 흠뻑 젖어 있었고, 움푹 꺼진 곳에는 넓고 얕은 웅덩이들이 형성되어 있었다. 웅덩이 중 하나를 스쳐 지나갈 때 나는 개구리처럼 생긴 조그만 동물 — 수면 위로 얼굴을 내밀고 우리를 진지하게 살펴보고 있었다 — 을 발견했다. 내가 말에서 내리자, 그 얼굴은 소용돌이를 일으키며 흙탕물 속으로 사라졌다. 나는 말을 울타리에 묶은 다음 웅덩이 옆에 앉아 기다렸다. 잠시 후 사라졌던 얼굴이 웅덩이의 반대쪽 가장자리에 다시 나타났다. 그쪽으로 조심스레 걸어가 '호기심 많은 조그만 동물'의 정체를 확인했더니 개구리가 아니었다. 그는 다시 물속으로 사라진 후 수면에 흙탕물을 일으키며 어디론가 헤엄쳐 갔다. 그가 멈춰 서서 물결이 잠시 주춤해졌을 때 나는 물속에 손을 넣어 조그만 거북이 1마리를 잡아 올렸다.

그의 배에는 아름다운 흑백 무늬가 새겨져 있었고, 목이 너무 길어서 다른 거북처럼 껍데기 속에 곧바로 집어넣지 못하고 옆으로 섭어야 했다. 그는 가로목거북side-necked turtle으로 희귀동물은 아니지만 호감이 가는 동물이었다. 나는 비행기 속에 그 작고 매력적인 동물이 들어갈 공간이 있을 거라고 확신했으며, 정 안되면 내 호주머니 속에라도 넣어야겠다고 생각했다. 나는 숙소로 돌아와 그를 욕실의 욕조에 넣었다. 욕조에는 물이 반쯤 차있고 깊은 쪽에 몇 개의 호박돌이 놓여있으므로, 그는 헤엄치다 싫증이 나면 바위 위로 기어올라가 휴식을 취할 수 있었다.

그로부터 이틀 후, 우리는 한 하천에서 거북이의 배우자를 발견해서 욕조에 넣어주었다. 1쌍의 거북이는 욕조의 밑바닥에 꼼짝 않고 엎드려, 턱 아래에서 반짝이는 흑백의 살덩어리 — 마치 변호사용 스카프처럼 매달려

데이비드 애튼버러의 동물 탐사기

있었다—를 드러냈다. 참고로, 그들은 그 특이한 부속기관을 자유자재로 움직일 수 있어서 연못 바닥에 돌처럼 조용히 엎드린 채 불운하게도 자기들의 입 가까이에 접근한 조그만 물고기를 유인하는 미끼로 사용한다. 그러나 우리의 거북이들은 굳이 그럴 필요가 없었다. 왜냐하면 우리가 매일 저녁 주방에서 약간의 생고기를 얻어 와, 핀셋을 이용해 그들에게 떨궈줬기 때문이다. 그들은 고기를 덥석 문 후 목을 쭉 뻗어 꿀꺽 삼켰다. 우리는 저녁 식사를 마친 그들을 욕조 밖으로 꺼내고, 그들이 타일 위에서 산책을 즐기는 동안 욕조를 전통적인 용도—목욕—로 사용했다.

그러나 내가 특별한 관심을 기울인 동물은 가로목거북이 아니라 아르헨티나의 그 지역에 서식하는 아르마딜로였다. 왜냐하면 그곳에는 파라과이에서 발견되지 않는 아르마딜로 종이 살고 있었기 때문이다. 딕에 의하면 캠프에서 흔히 발견되는 아르마딜로는 2종류였는데, 하나는 우리가 쿠루과티강 인근에서 발견한 아홉띠아르마딜로였고, 다른 하나는 그가 물리타*mulita*—작은 노새—라고 부르는 생소한 종이었다. 딕은 "일꾼들에게 발견하는 대로 잡아오라고 부탁할게요."라고 약속했는데, 바로 다음날 현장 감독이 자루 안에서 꿈틀거리는 물리타 1마리를 가지고 우리 숙소에 나타났다.

기쁘게도, 물리타는 우리가 아는 한 파라과이에서는 발견되지 않는 종이었다. 전반적인 형태는 아홉띠아르마딜로와 비슷했지만, 등의 한복판을 가로지르는 띠의 개수는 7개였고, 껍데기는 광이 나고 반짝이는 대신 거칠고 검었으며 무사마귀투성이였다. 우리는 비행기에 그를 수용할 공간을 기필코 확보해야 했다. 우리는 이미 사형제를 통해 '아르마딜로는 강력하고 끈질긴 굴파기 선수로, 아무리 튼튼한 동물 우리도 단박에 허문다.'라는 점을 배운 터였다. 타일이 깔려있었고 널따랗고 안전한 욕실에 아직도 여유 공간이 있었으므로, 새로운 보금자리를 만들 필요는 별로 없어 보였다. 우리는 한 더미의 건초를 모아 1접시의 저민 고기, 우유와 함께 변기 옆의 구석에 놓은 다음, 물리타를 새로운 보금자리에 풀어줬다. 그가 다짜고짜 건초 더미 속으로 뛰어들어 이리저리 몸부림쳤으므로, 건초 더미가 마치 폭풍우에 일렁이는 바다처럼 보였다. 그러다가 싫증이 나자, 물리타는 머리를 밖으로 내밀어 고기 냄새를 맡고 접시 위로 달려가 고기를 먹고 코를 식식거리며 우유에 주둥이를 들이밀었으므로, 그의 콧구멍은 우유 방울로 범벅이 되었다. 그가 저녁 식사를 마치는 것을 지켜본 다음, 우리는 '아르마딜로 사형제가 사촌을 만나겠구나.'라는 생각에 흐뭇해하며 잠자리에 들었다.

다음날 아침 면도하러 욕실에 들어가 보니, 물리타의 행방이 묘연했다. 건초 더미 밑에서 자고 있으려니 생각했지만, 건초를 들춰 봐도 물리타는 보이지 않았다. 걸리적거리는 것도 없고 위생적인 욕실에서 그가 숨어 있는 곳을 상상하기는 어려웠다. 욕조 밑, 변기 뒤, 수건 걸이와 세면대의 아래쪽을 들여다봤지만 헛수고였다. 도망칠 구멍이 없었으므로 그가 탈출했을 리는 만무했다. 유일한 설명은 '직원 한 명이 무심코 욕실의 문을 열었다가 부주의로 그를 놓쳤다.'라는 것이었지만, 그날 아침 욕실에 들어간 사람은 아무도 없었다. 우리는 아침을 먹은 후 다시 샅샅이 찾아봤다. 물리타가 없어진 것은 분명했지만, 아무리 생각해도 사라진 방법과 경로가 떠오르지 않았다.

그로부터 이틀 후, 우리는 또 1마리의 물리타를 구했다. 이번에는 암컷이었다. 우리는 그녀를 욕실에 수용한 후 저녁 내내 1시간 간격으로 그녀의 동태를 확인했다. 그녀는 매우 편안해 보였으며, 전임자에 못지 않게 왕성한 식욕을 과시했다. 그러나 자정에 욕실을 방문해보니, 그녀 역시 행방이 묘연했다. 그녀는 욕실의 어딘가에 숨어있는 게 틀림없었다. 나는 하를레스와 딕을 불러들여, 셋이 함께 정밀조사에 착수했다. 짐작하건

데이비드 애튼버러의 동물 탐사기

대, 그녀는 모종의 불가사의한 방법으로 변기 속으로 들어간 것 같았다. 뒤뜰로 나가 맨홀 뚜껑을 열어봤지만, 그녀의 존재를 암시하는 흔적은 전혀 포착되지 않았다. 욕실 바닥을 기어 다니며 못 보고 지나친 하수구 쇠 창살이나 틈이 있는지 찾아봤지만 결과는 마찬가지였다. 마지막으로 우리는 변기의 기저부와 벽 사이의 작은 공간을 살펴보다 까맣고 무사마귀 투성인 꼬리를 발견했다. 그것은 속이 빈 도자기로 된 변기 받침대 안의 땅 속에 들어간 암컷 물리타의 꼬리였다. 비좁은 틈새로 자신의 몸을 밀어 넣었기 때문에, 그녀를 강제로 꺼내는 것은 불가능에 가까웠다. 그래서 우리는 고심 끝에 쿠루과티에서 터득한 배 간질이기 기술을 써먹기로 했다. 간지럼을 못 견딘 그녀가 제 발로 기어 나왔을 때, 하를레스는 변기 받침대 속 빈 공간을 들여다보며 "저렇게 좁은 공간으로 비집고 들어갔다니!"라고 중얼거리며 경악을 금치 못했다.

그는 뒤로 물러나 앉아 활짝 웃으며 "여길 좀 봐요."라고 말했다.

그가 가리키는 곳을 들여다보니, 변기의 토대 부분의 흙이 파헤쳐져 있고 그 속에 시커먼 덩어리가 웅크린 채 숨어있었다. 그것은 그녀보다 먼저 욕실에 입주한 수컷 물리타였다. 욕실의 철통 같은 방어체계에서 그런 허점을 발견할 수 있는 동물은 아르마딜로뿐이었지만, 나는 약간의 재배치를 통해 그런 전문적인 탈출곡예사escapologist[2]조차도 무력화할 수 있다고 확신했다. 나는 세면대에 물을 반만 채우고 거북이들을 그리로 옮겼다. 다음으로, 욕조에서 물을 빼내고 바닥에 건초를 깐 다음 2마리의 물리타를 집어넣었다. 그들은 건초 사이에서 날쌔게 움직였지만, 반들반들한 에나멜 위로 기어 올라가려다 번번이 미끄러졌다. 뒤이어 욕조의 배수구에 코를 들이밀고 놋쇠로 된 테두리를 한두 번 긁어보더니, 굴파기가 불가능

---

2 몸을 가둔 로프, 사슬, 상자 등에서 빠져나오는 묘기를 보이는 곡예사. - 옮긴이주

하다고 판단했는지 건초 위에 누워 잠이 들었다.

우리는 불을 끄고 욕실에서 나왔다.

"보시는 바와 같이," 딕은 말했다. "그들을 그런 곳에서 발견하게 되어 매우 유감이에요. 장담하건대, 이번 사건은 우리가 미래의 손님들을 맞이하는 데 필요한 교훈과 흥밋거리를 제공했어요. 요컨대, 아르마딜로가 욕실의 변기에 투숙하는 불상사는 없어야겠어요."

━━━

숙소에서 800미터쯤 떨어진 곳에 캠프를 가로지르는 깊은 하천이 있었는데, 양쪽 둑 사이에는 갈대와 버드나무가 우거져 있었다. 하천은 이곳저곳에서 모랫둑 사이를 통과하며 파문을 일으키거나 바위에 부딪혀 하얀 물보라를 일으켰지만, 대부분의 수로에서 햇빛을 반사하는 잔잔한 연못을 형성하며 미끄러지듯 흘러갔다. 얕은 곳에서는 왜가리와 백로들이 무릎까지 발을 담그고 서서 물고기를 잡았고, 잠자리들이 무지갯빛 날개를 펄럭이며 수면에서 모기와 깔따구를 사냥했다. 그리고 비교적 후미진 곳에는 쇠오리 가족들이 삼삼오오 무리지어 떠있었다.

이 모든 동물들은 우리가 스스로 발견한 것이었지만, 딕은 우리에게 어느 특정한 지역을 언급하며 "그곳에 서식하는 카피바라를 눈여겨보세요."라고 신신당부했다. 그건 듣던 중 반가운 소리였다. 하를레스와 나는 가이아나에서 길든 카피바라를 촬영하고 수집한 적이 있었지만, 오랫동안 야생 상태의 카피바라를 촬영하려고 단단히 별러 왔기 때문이다.

카파바라는 희귀동물은 아니지만 유난히 겁이 많고 경계심이 많은 동물이다. 그도 그럴 것이, 송아지 고기의 풍미를 연상케 하는 고기와 매우 부드럽고 신축성이 좋아 앞치마와 안장용 천으로 으뜸인 가죽 때문에 사냥꾼들에게 인기가 많기 때문이었다.

데이비드 애튼버러의 동물 탐사기

"거기서는 카피바라를 쉽게 촬영할 수 있을 거예요." 딕은 확신에 찬 표정으로 우리에게 말했다. "그 하천에서는 수백 마리의 카피바라가 우글거리는데, 사냥이 일절 금지되어 있기 때문에 매우 대담하거든요. 지금껏 사용한 복잡한 도구들은 다 집어치우고, 브라우니 한 통만 있으면 누구든지 그들을 유인할 수 있어요."

우리는 그의 말을 반신반의했다. 전에도 많은 사람들에게 그런 말을 들어 봤지만, 막상 들판에 나가면 동물들이 1마리도 보이지 않는 데다 주변 사람들이 예리한 관찰자로 돌변해 우리의 솜씨를 인정사정없이 비웃기 일쑤였기 때문이다. 다음날, 우리는 속는 셈 치고 가장 강력한 망원렌즈로 무장하고 딕이 알려준 곳으로 차를 몰았다. 유칼립투스 조림지를 끼고 도는 순간 하천이 나타났다. 하를레스는 조심스레 차를 세웠고, 나는 쌍안경을 이용하여 하천의 둑에 늘어선 나무들을 훑어봤다. 나는 내 눈을 의심했다. 심지어 딕의 말을 액면 그대로 받아들이더라도, 눈앞에 펼쳐진 광경을 설명하기에 턱없이 부족했다.

물가의 풀밭에 100여 마리의 카피바라가 앉아있는데, 그 번잡함은 블랙풀Blackpool[3]의 해변에 모여든 공휴일 인파를 능가하는 수준이었다. 어미들은 땅바닥에 궁둥이를 대고 쪼그려 앉아, 주변에서 뛰노는 새끼들을 너그럽게 지켜보고 있었다. 나이 든 수컷들은 멀찌감치 떨어진 곳에서, 쭉 뻗은 앞다리에 머리를 파묻은 채 꾸벅꾸벅 졸고 있었다. 젊은 수컷들은 여러 가족들 사이를 한가로이 배회하다, 간혹 졸고 있는 연장자들을 잘못 건드리고는 치도곤을 당하지 않으려는 듯 안전지대로 허겁지겁 대피했다. 그러나 날씨가 너무 더웠으므로, 대부분의 카피바라는 격렬한 활동을 할 기분이 영 아닌 듯했다.

---

3 영국 잉글랜드 랭커셔주에 있는, 모래사장이 유명한 해변 휴양도시. - 옮긴이주

우리는 그들을 향해 서서히 차를 몰았다. 1, 2마리의 나이 든 수컷들이 앉은 자세에서 몸을 일으켜 우리를 진지하게 살펴봤다. 그러고는 이내 우리를 외면하고 다시 잠을 청했다. 옆에서 바라본 그들의 머리는 거의 직사각형이었고, 어깨에는 길고 불그스름한 털이 무성했다. 주둥이 부분을 유심히 살펴보니, 콧구멍과 눈 사이의 중간쯤에 혹 비슷하게 생긴 분비샘이 돌출해 있었는데, 암컷들의 경우에는 그것이 보이지 않았다. 그들은 귀족적이고 거만한 인상을 풍겼으므로, 시궁쥐나 생쥐 같은 설치류보다는 사자 같은 대형 포유류를 연상시켰다.

한 어미가 한 줄로 선 6마리의 새끼들을 이끌고 강으로 터벅터벅 내려가 시원한 물속으로 들어갔다. 가까이 다가가서 살펴보니 수영하는 카피바라가 일광욕하는 카피바라의 수만큼이나 많았다. 그들은 한가하게 떠 있거나 무심하게 앞뒤로 유영했는데, 그들의 유일한 목적은 즐기는 것인 듯했다. 한 나이 든 암컷이 하반신을 물에 담그고 서서, 명상에 잠긴 채 백합 잎을 우적우적 씹어 먹고 있었다. 무리 전체를 통틀어 빠르게 수영하는 개체는 젊은 수컷 1마리밖에 없었다. 그가 강을 건너는 동안 그의 뒷목에서 시작된 물결이 눈에 보였다. 그러던 중 그가 갑자기 잠수했으므로, 우리는 파문의 궤적에 기반해 그의 경로를 추측하는 수밖에 없었다. 잠시 후 그가 수면에 불쑥 떠올라 숨을 헐떡일 때, 그의 옆에는 반대쪽 둑 근처에 점잖게 떠있던 윤기 나는 암컷 1마리가 있었다. 그녀는 깜짝 놀라 멀리 헤엄쳐 갔고, 이윽고 2마리는 마치 줄지어 항해하는 2척의 모형 선박처럼 갈색 머리만 수면 위로 내민 채 천천히 전진했다. 그녀는 잠수함으로써 그를 피하려는 것 같았지만, 그도 따라 잠수했기 때문에 수면에 다시 떠올랐을 때 그는 여전히 그녀 옆에 머물러 있었다. 그의 능숙하고 끈질긴 구애는 상하류를 오르내리며 10여 분 동안 계속되었다. 마침내 그녀는 구애를 받아들였고, 둘은 버드나무가 내려다보는 얕은 물에서 짝

데이비드 애튼버러의 동물 탐사기

강가에 모여있는 카피바라 무리

짓기를 했다.

　우리는 그날 아침 2시간 동안 카피바라 떼를 촬영했고, 그 후 며칠 동안 하루도 빼놓지 않고 강가로 가서 그들을 관찰했다. 왜냐하면 그들은 독특한 볼거리였기 때문이다. 전 세계 어디에도 문명권 근처에서 그렇게 많은 카피바라를 볼 수 있는 곳은 없었다.

　역설적이게도, 한때 아르헨티나에서 가장 흔했던 비스카차viscacha는 토끼와 비슷한 동물로 그즈음 이타카보에서 가장 희귀한 동물이 되었다. 허드슨Hudson은 70년 전 출간한 저서에, "팜파스에는 말을 타고 800킬로미터를 달리는 동안 800미터마다 하나 이상의 비스카차 군서지warren가 발견되는 지역이 있고, 어떤 곳에서는 한 번에 100마리 이상의 비스카차가 발견되기도 한다."라고 썼다. 비스카차 개체군의 크기가 그렇게 증가한 것은 주로 농장 소유자*estanciero*들 때문이었다. 즉, 그들이 비스카차의 천적인 재규어와 여우를 도륙했기에, 비스카차는 아무런 방해를 받지 않고 증식할 수 있었다. 그러나 얼마 안 지나, 목장주들은 '비스카차 떼가 너무나 많은 풀을 뜯어 먹기 때문에 목초지가 황폐화된다.'라는 점을 깨닫고 비스카차와의 전면전을 시작했다. 그들은 하천의 경로를 바꿔 비스카차의 군서지를 침수시켰고, 홍수에 쫓겨 지상으로 올라온 비스카차를 방망이로 때려 처참하게 살해했다. 그리고 그들은 비스카체라*viscachera* ― 비스카차 굴을 일컫는 말 ―를 부분적으로 파헤친 후 굴을 돌과 흙으로 막음으로써 땅속에 갇힌 비스카차들을 굶겨 죽였다. 그와 동시에, 사냥꾼들은 파괴된 비스카차 굴 앞에서 밤새도록 보초를 섰다. 인근의 군서지에 살던 비스카차들이 이웃의 곤경을 비밀스러운 방법으로 알아챘는데, 만약 그들을 막지 않는다면 야밤에 떼로 몰려와 굴을 말끔히 청소함으로써 땅속에 매몰된 동료들을 구출할 수 있기 때문이었다.

오늘날 이타카보에는 극소수의 비스카차만 살아남았다. 딕은 '이타카보에서 비스카차의 씨를 말리라.'라는 지시를 얼마든지 내릴 수 있었지만, 농장의 오지에 딱 하나의 군서지를 보존했다. 그리고 어느 날 오후 늦게, 그는 우리를 트럭에 태우고 그곳으로 떠났다.

그로부터 30분 후 우리는 바퀴 자국이 깊이 파인 비포장 도로에서 나와 키 큰 엉겅퀴 사이의 무성한 풀숲을 덜컹거리며 통과해, 돌과 마른 나무와 뿌리로 뒤덮인 낮은 언덕에서 20미터쯤 떨어진 곳에 차를 세웠다. 우리는 언덕의 기슭에서 10여 개의 커다란 굴을 발견했다.

그곳에 널려있는 흙더미들은 자연히 생겨난 노두*outcrop*[4]가 아니라, 비스카차들이 몸소 쌓은 구축물이었다. 왜냐하면 그들은 열렬한 수집광이

---

4 어떤 지역의 기반암 또는 지층이 지표면에 그대로 노출되어 있는 부분. - 옮긴이주

데이비드 애튼버러의 동물 탐사기

기 때문이었다. 그들은 굴속에서 캐낸 돌과 뿌리를 끌어와 굴 위에 쌓아 올릴 뿐만 아니라, 캠프에서 발견한 흥미롭고 이동 가능한 물체라면 뭐든 주워 모았다. 만약 목장 노동자가 말을 타고 가던 중에 뭔가를 분실했다 면, 그는 그것을 이 '어수선하지만 고이 간직된 수집품'에서 발견할 가능 성이 매우 높았다.

비스카차들은 땅속의 미로에서 아직 잠을 자고 있었다. 왜냐하면 그들 은 저녁에만 굴속에서 나와, 안전한 어둠 속에서 풀을 뜯어 먹기 때문이 었다.

선선한 날씨 덕분에 우리의 기분은 한결 여유로웠다. 시원한 미풍이 얼 굴을 간질이고, 카라콰타 사이를 부스럭거리며 지나갔다. 4마리의 레아 가 지평선에 나타나 우리를 향해 천천히 걸어왔다. 그러더니 맨땅 위에 앉아 솜털로 뒤덮인 흔적날개를 꿈틀대며 머리를 숙여 토욕dust bath에 몰두 했다. 박차날개물떼새spur-winged plover들은 고래고래 비명을 지르다 슬그머 니 멈추고, 2마리씩 짝을 지어 둥지 옆에 자리잡았다. 서서히 기울던 진 홍색 석양은 어느새 지평선에 맞닿았다.

비스카차들은 아직 모습을 드러내지 않았지만, 그렇다고 해서 흙더미 가 버려진 것은 아니었다. 줄무늬 조끼를 걸치고 연노란색 눈을 가진 한 쌍의 작은 굴올빼미들이 흙더미의 맨꼭대기에 마치 보초병처럼 떡 버티 고 앉아있기 때문이었다. 그들은 둥지로 쓰는 굴을 스스로 팔 수 있지만, 종종 비스카체라에 딸린 굴 중 하나를 이용할 뿐만 아니라 흙더미의 꼭대 기에 올라앉아 주변을 정찰하고 설치류와 곤충 같은 먹잇감을 찾았다.

흙더미에 올라앉은 굴올빼미들은 건너편에 굴이 있는 것으로 보였다. 그들은 우리의 존재를 의식하고, 머리를 좌우로 돌리고 위아래로 까닥이 다가 눈을 요란하게 깜박였다. 그들은 간혹 겁을 먹고 허둥지둥 굴속으로 들어갔다가, 몇 분 후 다시 나타나 우리를 또다시 노려보곤 했다.

둥지로 사용하는 굴 옆에 앉아있는 굴올빼미

비스카차의 군서지에 입주한 하숙생은 굴올빼미만이 아니었다. 주변의 짧게 깎인 풀밭 위에서 여러 마리의 조그만 광부새miner bird들이 종종걸음을 치고 있었다. 그들은 길고 좁은 굴 속에 둥지를 틀지만, 캠프에는 적당한 장소가 거의 없었기 때문에 비스카체라의 출입구 바로 위의 측면에 구멍을 팠다. 가까운 친척인 가마새와 마찬가지로 매년 새로운 둥지를 스스로 짓는데, 그들이 살다 떠난 굴은 결코 헛되이 낭비되지 않는다. 왜냐하면 비스카체라 주변에서 활공하다 급강하하는 제비들이 빈집을 점령하기 때문이었다. 사실, 인근에 서식하는 대부분의 야생동물에게 비스카체라는 만남의 장소였다. 하숙생들이 저녁의 부드러운 햇살을 만끽하는 동안, 우리는 집주인이 모습을 드러내기를 끈질기게 기다렸다.

그런데 우리가 보지 못하는 사이에, 회색 바위처럼 생긴 생명체가 비스

데이비드 애튼버러의 동물 탐사기

카체라의 출입구 옆에 나타나 쪼그리고 앉아있는 게 아닌가!

짧은 귀와 코를 수평으로 가로지르는 널따랗고 까만 줄무늬를 제외하면, 누가 봐도 크고 뚱뚱한 회색토끼였다. 코에 새겨진 줄무늬 때문에, 마치 새로 페인트칠 된 울타리에 머리를 문지른 것처럼 보였다. 그는 이를 드러내고 앓는 소리를 내며, 뒷다리로 귀 뒤를 긁고 몸을 휙 비틀었다. 그러고는 흙더미의 꼭대기로 어설프게 뛰어오르더니 자리잡고 앉아, 마치 자기가 마지막으로 거기에 올라가 내려다본 이후 세상이 어떻게 변했는지를 조사하려는 듯 세상을 내려다봤다. 잠시 후 세상이 잘 돌아가고 있음에 만족한 듯, 그는 신중히 몸단장을 한 후 일어나 크림색 배를 두 앞발로 긁었다.

하를레스는 차에서 조심스레 내려와, 카메라와 삼각대를 들고 비스카차에게 한 걸음씩 더 가까이 다가갔다. 비스카차는 자신의 배에서 긴 콧수염으로 관심을 돌려, 수염을 신중히 고르기 시작했다. 하를레스는 발걸음을 재촉했는데, 그 이유는 해가 빨리 기울고 있음을 감안할 때 자칫하면 어두컴컴해져 사진을 촬영하지 못할 수도 있기 때문이었다. 빠르게 움직였음에도 비스카차는 동요하지 않았고, 마침내 하를레스는 비스카차로부터 1~2미터 이내의 거리에 카메라를 설치하는 데 성공했다. 굴올빼미는 겁에 질린 듯 뒤로 물러나, 몇 미터 떨어진 풀덤불 위에 앉아 우리를 못마땅하게 쳐다봤다. 광부새들은 내 머리 주변을 맴돌며 신경질적으로 지저귀고 있었다. 그러나 비스카차는 흙더미 위의 왕좌를 고수했다. 마치 초상화가 완성되기를 기다리는 임금처럼 의연하고 무심하게.

───

우리의 이타카보 탐사여행은 짧았다. 이타카보에 도착한 지 2주 후, 육류 회사의 비행기가 돌아와 우리를 아순시온으로 데려다줬기 때문이다.

그 여행은 안락하고 매혹적인 간주곡이었으므로, 아순시온으로 돌아가야 하는 것이 아쉬웠다. 우리는 물리타, 거북, 목장 노동자에게 선물받은 길든 작은 여우와 함께 가마새, 굴올빼미, 물떼새, 레아, 비스카차에 관한 소중한 기억과 필름을 갖고 아순시온으로 귀환했다. 그중에서 가장 기억에 남는 것은 뭐니뭐니해도 엄청난 규모의 카피바라 떼였다.

26. 왕아르마딜로를 찾아서

언덕이 많은 아순시온의 자갈 깔린 거리에서 선박이 북적이는 부두를 지나 널따란 갈색 파라과이강을 건너면 평평하고 적막한 황무지가 펼쳐진다. 황무지는 강의 반대편 둑에서 시작해서 서쪽으로 까마득히 뻗어나가, 지평선 너머의 볼리비아 국경을 통과한 후 800킬로미터를 지나 안데스산맥의 기슭에 도달한다. 이 대평원을 그란차코Gran Chaco라고 부르는데, 1년 중 한 때는 먼지 날리는 평원과 선인장 덤불밖에 없는 바싹 마른 사막이지만, 여름철에는 안데스산맥의 측면에서 쏟아져 내려오는 녹은 눈과 폭우로 범람하기 때문에 거대한 습지로 돌변해 모기가 들끓는다. 우리는 파라과이에서의 남은 여정을 그 특이한 곳에서 보내기로 결정했다.

모든 아순시온 사람들이 그란차코에 대해 우리에게 말해줄 것이 한 가지씩은 있었다. 대부분의 사람들은 무시무시한 어려움을 겪을 거라고 말했는데, 어떤 사람들은 필수적인 것 같지만 왠지 미심쩍은 도구들을 지참하라고 말했고, 어떤 사람들은 그곳에 가지 말라고 한사코 만류하며 그럴듯한 이유를 들이댔다.

그들이 한목소리로 만류한 이유가 하나 있었으니, 몹시 덥다는 것이었다. 그러므로 우리의 여행 준비는 2개의 밀짚모자를 구하는 것부터 시작되었다. 우리는 먼저 부두 아래의 조그만 상점을 방문했는데, 그늘이 드리워진 주랑柱廊쪽으로 창문을 연 진열장은 다양한 싸구려 의류로 가득했다.

"솜브레로Sombrero[1]?" 우리가 물었다. 하지만 다행히도 어줍잖은 스페인어를 더 이상 사용할 필요가 없었다. 상점 주인은 젊지만 매우 땅딸막하고 면도를 하지 않은 남자 ─ 까만 곱슬머리에 엉성한 넥타이를 착용하고 있었으며 치아가 몇 개밖에 없었다 ─ 였는데, 미국에 한 번 다녀온 경험이 있어서 고풍스러운 브루클린 사투리를 구사했기 때문이다. 그는 우리에게 저렴한 모자를 권했는데, 우리가 원하는 것과 정확히 일치했다. 거기까지는 좋았지만, 우리는 어리석게도 모자를 사는 이유를 말하고 말았다.

"그란차코라고요? 그곳은 아주 고약한 곳이에요." 그는 단도직입적으로 말했다. "무지막지한 곳이죠. 모기와 온갖 벌레들이 우글거리거든요. 어느 정도냐 하면, 공중에 손을 한 번 휘저으면 특대형 가짜 스테이크를 하나 만들 수 있어요. 아미고스Amigos[2], 그놈들이 당신을 잡아먹을 거예요."

그는 환상에 빠진 듯 잠시 멈췄다가 활짝 웃으며 말했다.

"그러나 걱정 말아요. 우리 가게에는 최고급 모기장이 있으니까요." 우리는 그의 꼬임에 넘어가 모기장 2개를 구입했다.

그는 카운터에 기대어 음흉한 미소를 지었다.

"거기는 엄청나게 추워요." 그는 말했다. "밤이 되면 당신들은 얼어 죽을 거예요. 생각만 해도 끔찍하지만 걱정하지 말아요. 우리 가게에 아순시온 최고의 판초poncho[3]가 있거든요."

그는 저렴한 담요 2장을 내놓았는데, 한가운데에 구멍이 뚫려있어 그곳에 머리를 집어넣고 망토처럼 입을 수 있었다. 우리는 판초 2벌을 구입

---

1 에스파니아와 남아메리카에서 쓰는 챙이 넓은 펠트 모자. - 옮긴이주

2 친구(들). - 옮긴이주

3 천의 중앙에 뚫린 구멍으로 머리를 내어 어깨에 늘어지도록 입는 망토의 일종. 안데스산맥 일대의 원주민들이 보온을 위해 입었던 옷이다. - 옮긴이주

데이비드 애튼버러의 동물 탐사기

했다.

"말 잔등에 많은 물건을 싣고 갈 거죠? 게리 쿠퍼Gary Cooper처럼 멋있겠군요."

우리는 그렇지 않음을 솔직히 인정해야 했다.

"문제 없어요, 배우면 되니까요." 그는 주춤했다. "누구나 봄바초 bombacho[4]를 통해 배우기 마련이에요." 그는 주름 잡히고 헐렁한 판탈롱 2벌을 권했다. 그건 지나친 것 같았다.

"판탈롱까지는 필요 없어요, 무치시마 그라시아스muchissima gracias[5]." 우리는 항변했다. "우리는 영국식 바지를 입고 갈 거거든요."

그는 고뇌하는 척하며 얼굴을 찌푸렸다.

"그러면 곤란해요, 아미고스. 잘못하면 크게 다칠 거예요. 봄바초를 꼭 입어야 해요."

우리는 그에게 항복했다. 하지만 그렇게 함으로써, 우리는 다음 공격에 무방비로 노출되었다. "이제 당신들은 아름답고 매력적이고 수준 높은 봄바초를 장만했어요." 그는 반사적으로 말했다. 마치 우리의 높은 안목을 칭찬하는 것처럼. "그러나 그란차코에는 선인장 덤불이 있는데, 가시가 아주 위험해요." 그는 의미를 명확히 하기 위해 허공을 손가락으로 찔렀다. "선인장 가시는 당신들의 봄바초를 갈기갈기 찢을 거예요. 그러나,"

우리는 다음 상품을 기다렸다.

"걱정하지 말아요." 그는 소리쳤다. 그러고는 화려한 제스처를 써가며, 마치 모자에서 토끼를 꺼내는 마술사처럼 카운터 밑에서 2벌의 가죽 레깅스를 꺼냈다. "피에르네라piernera가 있어요."

우리는 레깅스를 구입함으로써 패배를 자인했다. 이제 우리의 몸에서

---

4 니커보커스. 무릎 근처에서 졸라매게 되어있으며 품이 넓고 느슨한 반바지. - 옮긴이주
5 대단히 고맙습니다. - 옮긴이주

그가 권한 상품으로 덮이지 않은 곳은 한 군데도 없었다. 그러나 그의 마케팅은 끝나지 않았다. 그는 카운터 너머로 우리의 위아래를 냉정하게 훑어봤다.

"당신들은 배가 허술해요." 그는 슬픈 표정으로 말했다. "그러니," 그는 단호하게 덧붙였다. "내 생각인데 당신들에게는 파하*faja*[6]가 필요해요." 그는 뒤의 선반을 더듬어 너비 15센티미터쯤 되는 촘촘한 직물 2롤을 꺼냈다. "내가 시범 보일 테니 잘 보세요." 그는 자신의 두툼한 허리를 그것으로 3번 둘러싼 다음, 마치 말 등에 올라탄 것처럼 제 자리에서 경중경중 뛰며 팬터마임에 빠져들었다.

"보시다시피," 그는 의기양양하게 말했다. "내 배는 출렁이지 않아요." 우리는 상점 주인에게 참패하여 무거운 짐을 짊어지고 비틀거리며 상점에서 나왔다.

"이것들이 그란차코에서 얼마나 유용할지 모르겠어요." 하를레스가 말했다. "그러나 장담하건대, 그 옷가게에 두 번 다시 방문하면 우린 파산하고 말 거예요."

━━━

"르인페르노 베르데*L'Inferno Verde* ─ 초록색 지옥Green Hell ─ 에서 살아남기 위한 필수품"이라는 일부 사람들의 허풍에 속아 구입한 상품은 이상야릇한 의류뿐만이 아니었다. 우리는 대평원에서 말을 타는 데 없어서는 안 된다는 반장화 2켤레, 강력한 곤충 기피제로 사용된다는 불용군수품army surplus[7]으로 20여 개의 라벨 없는 병에 담긴 악취 나는 노란색 액체, 하를레스가 시장에서 발견한 것으로 몇 등으로 사용할 수 있다는 상인의 감언

---

6 벨트. - 옮긴이주
7 군대에서 더 이상 사용할 수 없어, 일반인에게 판매하는 군수품. - 옮긴이주

　데이비드 애튼버러의 동물 탐사기

이설에 속아 구입한 다양한 길이의 두꺼운 고무 밴드, 친절하지만 비관적인 파라과이인 친구의 권고에 따라 구입한 거대한 피하 주사기를 갖춘 다량의 항抗 뱀독 혈청, 납덩어리로 가득 찬 것처럼 무거운 통조림 식품이 가득 든 나무상자를 구입했다.

우리의 준비는 거의 완료되었다. 우리는 한 여행사에서 샌디 우드를 다시 만났는데, 알고 보니 샌디는 그 여행사에서 일하고 있었다. 그래서 우리는 그를 다시 통역사로 고용한 후, 그란차코 한복판의 외딴 농장으로 가는 비행기의 좌석을 3개 예약했다.

비행기는 사흘 후 출발하기로 되어있으므로, 우리는 그때까지 파라과이의 독특한 문화 중 하나 ─ 음악 ─ 를 둘러보기로 했다. 350년 전 최초의 스페인 정착민과 제수이트 교단의 선교사들이 파라과이에 도착했을 때, 과라니 원주민Guarani Indian들은 원시적 형태의 음악 ─ 단조로운 선율, 느린 템포, 단조minor key의 음계로 이루어진 음악 ─ 만을 보유하고 있었다. 선교사들은 개종자들에게 유럽의 악기를 소개했고, 과라니족은 신속하고 열정적으로 그 악기들의 연주법을 익혔다. 얼마 안 지나 그들의 잠재된 음악성은 광범위한 열정으로 꽃을 피웠다. 그들은 새로운 유럽 음악 양식 ─ 폴카, 갤럽galop[8], 왈츠 ─ 을 흡수할 때마다 왠지 새롭고 독특한 양식 ─ 리드미컬하지만 음울한 양식 ─ 으로 변형했다. 또한 그에 더하여 자신들만의 악기를 만들기 시작했다. 그들이 받아들인 기타는 변하지 않았지만, 하프는 사실상 새로운 악기로 변신했다. 그들의 하프는 나무로만 만들어졌고, 크기가 작아 휴대가 가능하며, 유럽의 콘서트용 하프와 달리 페달이 하나도 없기 때문에 반음을 연주할 수 없었다. 그럼에도 불구하고 파라과이의 하프 연주자들은 하프의 잠재력을 최대한 드러내므로, 페달이

---

8 1825-75년경에 유행한 빠른 템포의 윤무輪舞. - 옮긴이주

기타를 만드는 장인

없다는 것은 전혀 결점이 아닌 듯했다. 즉, 그들은 멜로디를 듣는 이의 감탄을 자아낼 정도로 능수능란하게 연주할 뿐만 아니라, 글리산도glissando[9]나 피치카토pizzicato[10] 등의 기법을 적절히 구사함으로써 멜로디를 풍요롭게 장식했다. 나는 일찍이 유럽을 방문한 파라과이인 연주단의 음반을 통해 기가 막히게 아름다운 음악을 감상한 적이 있었으므로, 이제는 본고장에서 제대로 갖추고 연주하는 것을 듣고 싶었다.

파라과이에서 손꼽히는 악기 제작자 중 한 명이 아순시온에서 몇 킬로미터 떨어진 루케Luque라는 작은 마을에 살고 있었으므로, 우리는 그를 만나러 갔다. 파라과이의 비옥하고 아름다운 지역에 자리잡은 집들이 늘 그

9 높이가 다른 2음흠 사이를 미끄러지듯 연주하는 방법. – 옮긴이주
10 현을 켜지 않고 튕기는 연주 기법. – 옮긴이주

데이비드 애튼버러의 동물 탐사기

렇듯, 그의 집은 향긋한 오렌지나무숲으로 둘러싸여있었다. 그는 작업대 앞에 앉아 하프의 한 부분을 느긋하고 사랑스러운 동작 — 이것이야말로 진정한 장인의 모습이다 — 으로 마무리하고 있었다. 그의 뒤에 있는 마구간의 서까래 위에서는 2마리의 길든 앵무새들이 왔다갔다했고, 정원의 나무 받침대 위에는 1마리의 애완용 매hawk가 앉아있었다. 우리가 오렌지나무 아래에 앉으니, 그의 아내가 차가운 마테를 내왔다. 우리끼리 마테를 마시는 동안, 그는 우리를 위해 방금 완성한 기타를 연주했다. 인근의 농장에서 찾아온 2명의 젊은이가 합류해, 1시간 동안 기타를 연주하며 파라과이인 특유의 달콤쌉싸름하고 거친 음성으로 노래했다. 그들의 음악은 온화했고 매력적인 크로스리듬cross-rhythms[11]과 싱코페이션syncopations[12]이 가득했다. 그들의 음악에서는 이웃나라 브라질의 전형적 특징인 야만스러울 정도로 거친 리듬을 찾아볼 수 없었는데, 이는 브라질 인구에는 많고 파라과이 인구에는 별로 없는 아프리카적 요소 때문인 듯했다. 장인이 만든 기타는 마침내 나에게 넘어왔다. 나는 "우나 칸시온 잉글레시una cancion inglesi[13]."라는 장인의 요청에 따라 나름대로 최선을 다했다.

장인에게 건네받은 기타는 아름답기 이를 데 없는 공예품으로 풍부하고 그윽한 음색을 지니고 있었다. 나는 최대한 요령껏 극찬을 퍼부은 후 구입할 수 있냐고 물었다.

"절대로 안 돼요." 장인이 격렬하게 말하는 바람에, 나는 잠시 동안 그의 기분을 상하게 한 게 아닌지 걱정했다. "이건 너무 부족해서 당신에게 줄 수 없어요. 당신을 위해 새처럼 노래할 특별한 기타를 만들어 선사할게요."

그로부터 한 달 후 그란차코 여행을 마치고 아순시온에 돌아왔을 때,

---

11 · 대조적인 리듬이 2성부 이상에 동시에 사용되는 현상. - 옮긴이주

12 · 1마디 안에서 센박과 여린박의 규칙성이 뒤바뀌는 현상. - 옮긴이주

13 · 영국 노래(an English song). - 옮긴이주

장인이 만든 기타가 나를 기다리고 있었다. 그것은 파라과이의 숲에서 나온 멋진 나무로 만들어진 것으로, 지판fingerboard 위에는 상아로 된 나의 이니셜이 박혀있었다.

———

그 다음주에 우리는 아순시온 시내 중심가에 위치한 주점에서 샌디를 만났다. 그는 수 주 동안 그란차코에 머물며 겪게 될 극심한 결핍과 목마름을 견디기 위해 대비하고 있는 것이 분명했다. 샌디는 우리에게 맥주 1잔을 권했다.

"그러나 저러나," 그는 말했다. "어제 어떤 친구가 여행사에 찾아와, 아르마딜로에 관심 있는 사람들이 있다는 데 사실이냐고 물었어요. 그에 의하면 타투 카레타*tatu carreta* 한 마리를 잡았대요."

나는 맥주가 목구멍에 걸려 숨이 막힐 뻔했다. 타투 카레타란 '마차만한 크기의 타투'를 의미하는 말로, 왕아르마딜로giant armadillo의 지역명이었다. 왕아르마딜로는 길이 1.5미터의 근사한 동물로, 매우 희귀한 동물이어서 영국에 산 채로 반입된 적이 없었다. 극소수의 사람들만이 살아있는 왕아르마딜로를 본 적이 있었으므로, 나는 아주 잠깐 동안 극단적인 낙관론에 빠져 감히 '왕아르마딜로를 두 눈으로 똑똑히 볼 수 있겠구나.'라고 생각했다.

"그 사람 어디에 있어요? 아르마딜로에게 뭘 먹이고 있대요? 건강 상태는 양호하대요? 그가 바라는 대가가 뭐예요?" 흥분한 우리는 샌디에게 질문을 퍼부었다. 그는 한참 동안 맥주를 마시며 깊은 상념에 빠졌다.

"음, 그가 지금 어디에 있는지는 정확히 모르겠어요. 만약 그렇게 관심이 많다면, 나와 함께 그 사람을 찾아보기로 해요. 내가 그 사람을 직접 본 건 아니에요."

데이비드 애튼버러의 동물 탐사기

우리는 여행사로 곧장 달려가, 그 사람과 이야기한 직원을 찾아냈다.

"그 사람 방금 전에도 왔었어요." 그 직원은 흥분한 우리를 보고 의아해하며 말했다. "그러고는, 만약 자기가 기르는 타투 카레타를 가져온다면, 영국인들이 한 마리당 얼마를 지불하겠느냐고 물었어요. 내가 당신들의 의향을 알 수 없다고 대답했더니, 그는 나중에 다시 오겠다고 말했어요. 그의 이름은 아키노Aquino예요."

여행사의 계단에 앉아 하는 일 없이 노닥거리는 건달 중 하나가 우리의 대화에 끼어들었다.

"내가 알기로, 그는 가끔 부둣가에서 목재 회사를 위해 일하곤 해요."

우리는 득달같이 택시를 불러 그를 추적하러 나섰다. 목재 회사의 사무실에서, 우리는 '3일 전 아키노가 화물선에 통나무를 싣고 부두에 도착했다.'라는 정보를 수집했다. 그는 부두에서 북쪽으로 160킬로미터 떨어진 곳의 콘셉시온Concepción이라는 강변 마을에서 왔지만, 왕아르마딜로를 가져오지는 않은 것으로 밝혀졌다. 그렇다면 아르마딜로는 아직 콘셉시온에 있는 게 틀림없었다. 회사 직원들에 의하면, 아키노는 몇 시간 전 배를 타고 콘셉시온으로 돌아갔다.

우리의 지상 과제는 아키노를 가능한 한 빨리 찾아내는 것이었다. 나는 과거의 경험에 비추어, '많은 사람들은 자기들이 잡은 동물이 들어있는 우리에 쌀이나 만디오카mandioca[14]를 던져주며, 만약 동물이 그걸 먹지 않는다면 병든 것으로 간주하고 더 이상 신경을 쓰지 않는다.'라는 사실을 잘 알고 있었다. 결론적으로 말해서, 그 시점에서 그 희귀동물은 콘셉시온의 어딘가에서 굶어죽었을 가능성을 배제할 수 없었다. 우리는 그 동물을 찾아내어 적절한 보살핌을 받고 있는지 확인해야 했지만, 그럴 시간

---

14 카사바의 뿌리에서 채취되는 전분. - 옮긴이주

이 이틀밖에 남아있지 않았다. 왜냐하면 그란차코 탐사여행 계획을 포기할 수 없었기 때문이다.

우리는 황급히 항공사 사무실로 달려갔다. 바로 다음날 콘셉시온으로 출발하는 비행기가 1대 있었는데, 남은 좌석은 2개뿐이었다. 우리는 고심 끝에 샌디와 내가 콘셉시온으로 가고, 하를레스는 아순시온에 남아 그란차코 탐사여행을 준비하기로 결정했다.

비행기는 다음날 아침 7시에 아순시온을 떠나 불과 1시간 만에 콘셉시온에 도착했다. 그곳은 먼지 날리는 거리와 (황토에 짚을 섞어 말린 벽돌에 회반죽을 바른) 단조로운 건물로 이루어진 작고 조용한 도시였다. 우리는 그곳에 하나밖에 없는 호텔로 직행했는데, 그 이유는 탐정 노릇을 시작하기에 안성맞춤인 장소라며 샌디가 강력 추천했기 때문이다. 호텔 커피숍은 만원이었다. 시간이 별로 없었으므로, 나는 이 테이블 저 테이블을 돌아다니며 아키노라는 사람을 아는지 물어보고 싶었다. 그러나 샌디는 지극히 무례한 행동이라며 반대했다. 왜냐하면 상당수의 손님들이 그의 오랜 친구들이어서, 고상하고 여유 있게 인사하지 않을 경우 자칫 관계가 악화될 수 있기 때문이었다. 그는 한 사람 한 사람에게 나를 소개했고, 나는 조바심을 참으며 그들과 사교적인 인사말을 주고받았다.

샌디는 내가 왕아르마딜로에 많은 관심을 갖고 있다고 설명했다. 모든 사람들은 깜짝 놀라며 이런저런 이야기를 장황하게 늘어놓았다. 샌디는 내가 왕아르마딜로에 관심만 있는 게 아니라, 산 채로 잡고 싶어 한다는 사실을 밝힘으로써 그들을 더욱 놀라게 했다. 뒤이어 왕아르마딜로를 생포하는 방법을 놓고 온갖 잡설이 난무했다. 그들이 제안하는 방법은 탁상공론이 분명했다. 아무도 그 동물을 본 적이 없었으므로 그런 방법을 시도해 본 사람이 있을 리 만무했기 때문이다. 내가 "직접 잡아 줄 의향이 있나요?"라고 단도직입적으로 묻자 그들은 슬그머니 꼬리를 내렸다.

결과적으로, 이야기의 주제는 '일단 생포한 후, 어떻게 우리에 가둘 것인가?'라는 문제로 차츰 바뀌었다. 모든 사람들의 일치된 결론은, 아르마딜로는 굴파기 선수이므로 강철 탱크에 가두는 것 외에 다른 방법은 없다는 것이었다. 웨이터는 우리 옆에 앉아 '왕아르마딜로에게 무슨 먹이를 줄 것인가?'를 둘러싼 황당무계한 갑론을박에 귀를 기울였다. 나는 점점 더 초조해졌다. 왜냐하면 앞으로 남은 시간이 불과 24시간이기 때문이었다.

샌디는 그제서야 아키노의 정체에 관한 질문을 던졌다. 모든 사람들이 그를 알고 있었다. 그는 아순시온에서 아직 돌아오지 않았지만, 평소에 대형트럭 운전기사로 일했으며 최근에는 동쪽으로 150킬로미터쯤 떨어진 브라질 국경 근처의 독일인이 운영하는 벌목장에서 목재를 운반해 왔다. 만약 그가 살아있는 타투 카레타를 보유하고 있다면, 그곳에 보관해 놓았을 가능성이 매우 높았다.

"우리를 벌목장에 데려다줄 트럭을 대절할 수 있나요?" 나는 이렇게 묻는 순간 '또 다시 30분에 걸친 탁상공론을 초래할지도 모른다.'라는 불길한 예감이 들었다. 그러나 다행히도 나의 질문은 신속한 응답을 받았다. 왜냐하면 콘셉시온 전체를 통틀어, 그럴 만한 트럭을 보유한 사람이 딱 한 명밖에 없었기 때문이다. 그의 이름은 안드레아스Andreas였는데, 사람들은 한 소년에게 그를 찾아오라고 시켰다.

안드레아스를 기다리는 동안, 나는 아르마딜로에게 먹일 것을 구입하기 위해 인근의 상점을 방문했다. 내가 구입한 것은 양의 혀 2캔과 무가당 연유 1캔이 전부였지만, 그 정도면 종전에 아르마딜로들을 충족시켰던 먹이를 고려하면 적당하다고 볼 수 있었다.

그로부터 30분 후 안드레아스가 도착했다. 까만 콧수염을 기르고 머리에 기름을 바른 청년으로, 생생한 꽃무늬가 새겨진 미국식 셔츠를 입고 있었다. 그는 커피 한 잔을 시킨 후 자리에 앉아 흥정을 시작했다. 그리고 세 잔의 커피를 마신 후, 우리를 태워주는 데 동의했다. 그러기 전에 그가 할 일은 자신의 어머니, 아내, 형제, 장모를 찾아가 목적지를 밝힌 다음 트럭에 기름을 넣고 출발 준비를 하는 것이었다. 나는 '그러다 날새겠다.'라는 생각이 들었지만, 안드레아스는 고맙게도 20분 만에 볼일을 모든 마친 후 새롭고 믿음직한 트럭을 몰고 다시 나타났다. 샌디와 나는 트럭의 조수석에 올라타고 경적을 울리며, 호텔에서 커피를 마시던 사람들과 웨이터의 환호를 받으며 장도壯途에 올랐다. 모든 점을 고려할 때, 이 도시에 도착한 지 4시간이 지나지 않아 다시 출발할 수 있게 된 것은 상당히 순조로운 진행이었다.

그러나 일의 빠른 진행은 거기까지였다. 왜냐하면 안드레아스가 조그만 사거리에서 갑자기 우회전해 시골 병원 앞에 차를 세웠기 때문이다. 그는 전날 밤 우루과이에서 온 선원과 함께 밤새도록 술을 마셨다고 설명했다. 그런데 그 친구가 주점에서 혼자 술을 마시던 소녀에게 합석을 제안한 것이 화근이었다. 그녀와 함께 카냐caña 한 잔을 마시던 중, 옆에 서 있던 남자가 갑자기 우루과이인의 배를 긴 칼로 찔렀다. 그래서 그 선원은 병원에 입원해 있었는데, 안드레아스는 친구가 목마를까 봐 걱정되어 카냐 2병을 구입해 간호사가 안 보는 틈을 타서 그의 베개 밑에 넣어 두고 나왔다. 그가 곁길로 샌 것은 아주 잠깐이었지만, 나에게는 지역의 관습을 지키는 것이 얼마나 중요한지 곰곰이 생각해볼 수 있는 충분히 긴 시간이었다.

숲 사이로 난 널찍한 황톳길에는 깊이 팬 바퀴자국이 놀랄 만큼 많았고 커다란 포트홀pothole[15]투성이었다. 안드레아스는 요리조리 급회전함으로써 그런 위험 중 대부분을 회피했으며, 아주 드물게 속도를 줄였다. 우

---

15 도로 표면의 일부가 부서지거나 내려앉아, 냄비pot처럼 구멍이 파인 곳. - 옮긴이주

데이비드 애튼버러의 동물 탐사기

리는 몇 킬로미터에 한 번씩 징집병의 야영지를 통과했는데, 그들은 원래 도로를 관리하는 임무를 맡고 있었다. 그러나 자리를 지키는 사람은 아무도 없었는데, 안드레아스의 지적에 따르면 병사들에게 도로 관리를 기대하는 것은 실정을 모르는 소리였다. 왜냐하면 월급이 너무 적은 데다 도로를 보수하든 말든 월급을 받았으므로, 도로 보수보다는 다른 일 ─ 이를테면 장작을 패어 지나가는 여행자들에게 판매하기 ─ 을 하는 게 훨씬 더 이득이었기 때문이다. 하지만 내가 보기에, 상당수의 병사들은 부업에 종사하지도 않았다. 왜냐하면 대부분의 병사들이 길가의 나무그늘에 널브러져 잠들어 있었기 때문이다. 날씨가 너무 더웠으므로 나는 그들의 심정을 충분히 이해했다. 그러나 점점 더 울퉁불퉁해지는 도로를 주행하며 내 이빨은 잇몸 뼈 속에서 덜컹거렸고, 머리는 조수석의 지붕에 계속 부딪혔다.

우리는 오후 5시에 벌목장에 도착했다. 그곳의 숙소는 오두막집 한 채가 전부였고, 그 앞에는 이레부-콰에서 익히 봤던 커다란 바퀴 몇 개가 세워져 있었다. 오두막집을 향해 다가가는 동안 나의 심장은 두근두근 방망이질 쳤다. 왕아르마딜로는 살아있을까? 나는 트럭에서 내려 오두막집으로 뛰어가고 싶은 마음을 간신히 억눌렀다.

그 오두막집은 버려져 있었다. 사는 사람이 아무도 없었을 뿐 아니라, 아르마딜로의 흔적은커녕 동물이 보관되었음직한 공간도 전혀 찾아볼 수 없었다. 그러나 그곳에는 한때 누군가 살았던 흔적들 ─ 낡은 셔츠 한 벌, 반짝이는 도끼 세 개, 말리기 위해 통나무 벽에 기대어진 에나멜 판 몇 개, 거울 달린 커다란 옷장 하나, 구석에 걸려있는 텅 빈 해먹 하나 ─ 이 남아 있었다. 어쩌면 말로만 들은 독일인이 숲속에서 작업하고 있는지도 몰랐다. 우리는 "여보세요."라고 외치며 요들송을 불렀다. 안드레아스는 경적을 크게 울렸다. 그러나 숲속에서는 아무런 대답소리도 들려오지 않았다. 우리는 낙담한 채 오두막집 벽의 그늘 속에 주저앉아 무작정 기다렸다.

오후 6시, 말을 탄 한 남자가 저만치에서 모퉁이를 돌아 오두막집으로 다가왔다. 우리가 찾는 바로 그 독일인이었다. 나는 그를 향해 쏜살같이 달려갔다.

"타투 카레타?" 나는 조바심치며 말했다.

그는 나를 마치 미치광이 보듯 쳐다봤다. 그의 눈빛을 보는 순간, 나는 왕아르마딜로가 물 건너갔음을 깨달았다.

우울하게도, 샌디를 통해 전해들은 자초지종과 약간의 추론을 통해 모든 사실이 밝혀졌다. 일주일 전 독일인을 위해 먼 숲에서 나무를 조사하던 한 폴란드인이 벌목장에 나타났다. 그는 독일인과 저녁 식사를 함께하며, "한 아메리카 원주민을 만났는데, 최근 자신의 마을에서 왕아르마딜로가 주 메뉴인 진수성찬을 즐겼다는 이야기를 들었어요."라고 말했다. 그러면서 "나는 그 희귀동물을 본 적이 없는데, 숲으로 돌아가면 원주민들에게 '한 마리만 잡아 달라.'라고 부탁할 계획이에요."라고 덧붙였다. 그런데 때마침 목재를 수집하러 벌목장에 들른 아키노가 그들의 대화를 어깨너머로 들었다.

아키노는 몇 다리 건너 주워들은 "아순시온을 방문한 영국인들이 아르마딜로를 찾는다."라는 소문을 기억해 냈다. 그러고는 폴란드인에게 일언반구도 없이 목재를 싣고 콘셉시온으로 돌아왔고, 뒤이어 아순시온의 부두로 실어 날랐다. 그는 거기에서 소문의 근원을 추적한 끝에 샌디의 여행사에까지 찾아와, 자신의 협상력을 높이기 위해 "타투 카레타 한 마리를 이미 잡았다."라고 주장했다.

이제 모든 퍼즐 조각이 맞춰졌다. 아키노는 먼 숲으로 달려가, 폴란드인에게 헐값을 제시할 게 뻔했다. 그리고 폴란드인에게서 넘겨받은 왕아르마딜로를 아순시온으로 운반해 우리에게 바가지를 씌우고 엄청난 차익을 챙길 작정이었다. 독일인은 이 해프닝을 매우 재미있어 했는데, 우리가 고작 동물 1마리 때문에 천 리 길을 찾아왔을 뿐만 아니라 본의 아니게 아키노를 부추겨 일확천금을 노리게 했기 때문이다. 그는 위스키 1병을 꺼내 우리에게 돌렸다.

"무지크Musik!" 그는 갑자기 이렇게 소리치며 옷장에서 엄청나게 큰 피아노 아코디언을 꺼냈다. 안드레아스는 흥겨워 어쩔 줄 몰라 하며 독일인과 함께 오 솔레 미오O Sole Mio의 엉터리 버전을 부르기 시작했다. 나는 크게 실망했으므로 노래 부를 기분이 영 아니었다.

마침내 밤 10시가 되자, 우리는 안드레아스를 설득해서 트럭에 다시 시동을 걸게 했다. 우리는 "아메리카 원주민들에게 왕아르마딜로를 잡아오면 큰 돈을 지불할 거라고 전해주세요."라고 독일인에게 신신당부하고, 아르마딜로를 보살피는 요령을 자세히 설명한 후 양의 혀 2캔과 무가당 연유 1캔을 넘겨주고 벌목장을 떠났다.

다음날 아순시온에 도착했을 즈음, 나는 '아키노가 아르마딜로를 잡았다.'라는 이야기가 픽션임을 알게 된 충격에서 대체로 벗어나 있었다. 그래서 하를레스에게 나의 여행담을 털어놓을 때 조금 더 낙관적으로 생각하기 시작했다. 비록 왕아르마딜로를 보지는 못했지만, 그 동물을 먹은 아메리카 원주민을 만난 벌목공을 고용한 사람을 만난 게 어디냐고 말이다. "그건 어처구니없는 해프닝이었어요." 나는 하를레스에게 이렇게 강변했다. "그러나 독일인과 폴란드인을 경유해 내가 지불할 '진짜 금액'을 알게 되었으니, 아메리카 원주민은 왕아르마딜로가 고깃국 몇 그릇 이상의 가치를 지녔음을 깨달았을 거예요."

그러나 하를레스는 내 말을 납득하지 않는 것 같았다.

27. 그란차코의 목장

샌디와 내가 콘셉시온에서 돌아온 다음날 우리는 그란차코로 떠났다. 우리는 아침 일찍 모든 장비를 트럭에 싣고 공항으로 향했다. 공항에 도착하자마자, 우리는 모든 짐을 조그만 비행기에 싣는 게 불가능하다는 사실을 깨달았다. 우리는 최선을 다했지만 어림도 없었으며, 뭔가를 포기해야만 했다. 내키지 않았지만, 우리는 식량을 포기하기로 결정했다. 왜냐하면 우리와 만나기로 되어있는 목장주가 무선 전화에서 "빈손으로 와도 된다."라고 강조했기 때문이다. 나중에 알게 되었지만, 그건 우리의 크나큰 실책이었다.

비행기가 이륙해서 아순시온 상공을 선회하는 동안, 우리는 동쪽에 펼쳐진 푸릇푸릇한 구릉성 저지대를 잠깐 바라보았다. 그곳은 도시의 외곽에서 바로 시작되는 오렌지나무숲과 소규모 농지의 집합체로, 파라과이 인구의 4분의 3이 사는 보금자리였다. 다음으로 파라과이강 ― 햇빛을 받아 반짝이는 널따란 갈색 리본 ― 을 건너 서쪽으로 날아갔다. 우리 앞에는 광활한 그란차코가 펼쳐졌는데, 그것은 강의 가장자리에서부터 지척에 있는 반대쪽 강둑의 풍경과 완전히 달라 보였다. 사람이 사는 흔적은 전혀 보이지 않았고, 하천이 그곳을 가로지르며 너무 자유분방하게 뒤틀리다 보니 많은 곳에서 교차되었다. 보다 직통인 경로를 찾는 물줄기가 사행천meander의 목neck[1]을 관통하는 바람에, 물이 흐르지 않는 구간은 잡초가 무성한 정체된 호수로 변모해 있었다. 지도에 나오는 리오 콘푸소Rio Confuso — 혼란스러운 강 — 라는 이름을 이해할 만했다. 이곳저곳에 군락을 이룬 야자나무는 널찍한 지역에 듬성듬성 박혀있었기 때문에, 마치 빛바랜 카펫에 1,000개의 해트핀이 꽂혀있는 것처럼 보였다. 그란차코에는 집도 도로도 숲도 호수도 언덕도 거의 보이지 않았고, 그저 적막하고 특징 없는 황무지뿐이었다. 나는 그제서야 2자루의 커다란 권총과 총알이 꽉 찬 탄띠로 무장한 조종사의 모습에 주목했다. 이유 여하를 불문하고, 그란차코는 아순시온의 지인들이 주장했던 것처럼 불편하고 위험하기 짝이 없는 곳인 듯했다.

이 같은 불모지 위에서 서쪽으로 320킬로미터쯤 비행하고 나니, 우리의 목적지인 에스탄시아 엘시타Estancia Elsita가 비로소 눈에 들어왔다.

우리가 착륙했을 때, 관리인 파우스티노 브리수엘라Faustino Brizuela와 그의 아내 엘시타Elsita — 목장의 이름은 그녀의 이름에서 왔다 — 가 간이 활주로 옆에서 우리를 기다리고 있었다. 그는 거구였지만, 거대한 허리둘레가 그를 실제 신장보다 작아 보이게 만들었다. 그는 요란한 줄무늬 파자마와 커다란 피스 헬멧pith helmet[2]과 까만 안경으로 이루어진 두드러지게 자유롭고 어울리지 않는 복장을 하고 있었다. 그는 크고 환하게 웃으며 스페인어로 우리를 환영한 후, 자신의 곁에 서있는 엘시타를 우리에게 소개했다. 그녀는 작고 통통한 여자였는데, 아기를 품에 안은 채 불 붙이지 않은 궐련을 씹고 있었다. 반쯤 벌거벗고 몸에 색칠을 한 한 무리의 아메리카 원주민들도 그들과 함께 우리를 마중나왔다. 그들은 키가 크고 가슴이

---

1 목처럼 좁고 기다란 부분. - 옮긴이주

2 아주 더운 나라들에서 머리 보호용으로 쓰는, 가볍고 단단한 소재로 된 흰색 모자. - 옮긴이주

잘 발달한 남자들로, 까만색 직모를 뒤로 묶어 망아지 꼬리처럼 늘어뜨리고 있었다. 몇 명은 활과 화살을 갖고 있었고, 한두 명은 구식 산탄총을 갖고 있었다. 그 후 몇 주 동안 파우스티노는 거의 항상 파자마 차림으로 —그리고 엘시타는 궐련을 씹으며 —대중 앞에 나타났지만, 아메리카 원주민들의 모습은 그때그때 달랐다. 그들은 우리의 도착을 기념해 특별히 치장을 한 것이었으므로, 그렇게 멋진 모습은 두 번 다시 볼 수 없었다.

아순시온의 한 지인이 우리에게 전한 말에 따르면 그란차코의 목장주들은 게으른 사람들이었다. 그는 자기의 말을 증명하기 위해 미국에서 온 농업 전문가 이야기를 들려줬다. 그 내용인즉, 그란차코 한복판의 목장을 방문했다가 만디오카와 소고기만 먹고 사는 목장주를 보고 기절초풍했다는 것이다.

"왜 바나나를 재배하지 않죠?" 그 전문가가 물었다.

"이곳에서는 바나나가 자라지 않아요. 그 이유는 나도 몰라요."

"그럼 파파야는요?"

"그것도 자라지 않는 것 같아요."

"그럼 옥수수는요?"

"그것도 자라지 않아요."

"그럼 오렌지는요?"

"이하동문이에요."

"무슨 소리에요? 몇 킬로미터 떨어진 곳에 정착한 독일인은 바나나, 파파야, 옥수수, 오렌지를 재배하던데."

"아, 그래요?" 목장주는 말했다. "재배하는 게 아니라 그냥 심은 거겠죠."

그러나 파우스티노가 전형적인 목장주였다면, 나의 지인이 들려준 이야기는 공정하지 않았다. 왜냐하면 그의 집 뜰 한복판에는 잘 익은 과일이 달린 오렌지나무 그늘이 드리워져 있었고 주방 문 옆에서는 파파야가

데이비드 애튼버러의 동물 탐사기

자라고 있었으며 정원 너머에는 1에이커에 달하는 옥수수밭이 펼쳐져 있었기 때문이다. 빨간 기와가 덮인 지붕 위에서는 알루미늄 날개가 달린 풍력 터빈이 돌아가며, 집을 밝히고 무선 전신에 필요한 전기를 생산했다. 그에 더하여, 파우스티노는 심지어 주방과 욕실에 수돗물을 공급하는 방법을 고안해냈다. 즉, 그는 집 근처의 좀개구리밥으로 뒤덮인 커다란 석호 옆에 얕은 연못을 파고 널빤지로 내벽內壁을 쌓았다. 그리고 연못 위에 발판을 설치한 다음 대형 철제 물탱크를 올려놓았다. 매일 아침 말을 탄 아메리카 원주민 소년이 밧줄과 도르래를 이용해 연못물을 끌어올려 물탱크에 채웠다. 그 물은 파이프를 타고 내려가 집안의 수도꼭지로 배달되었다. 그것은 경탄할 만하고 매우 효율적인 장치였고, 우리는 수돗물의 수질이 우수할 거라고 지레짐작했다. 왜냐하면 일가족 —파우스티노, 엘시타, 그들의 자녀들 — 이 그 물을 늘 스스럼없이 마셨기 때문이다. 우리 자신이 여러 날에 걸쳐 마시는 동안에도, 우리는 수돗물의 수원水源을 면밀히 살펴볼 하등의 이유가 없었다.

그러던 중, 우리는 카리아마cariama —한 목장 일꾼이 잡아다 준 대형 조류 — 에게 먹일 개구리 몇 마리가 필요했다. 그 사실을 안 파우스티노는 연못에 가면 개구리를 무제한 공급받을 수 있다고 말해줬다. 나는 연못으로 가서 '탁하고 약간 악취 나는 물' 속에 뜰채를 넣고 휘저었다. 뜰채를 들어 올렸을 때, 나는 살아있는 황록색 개구리 3마리, 죽은 개구리 4마리, 썩어가는 시궁쥐 1마리를 발견했다. 시궁쥐는 실수로 물에 빠져 익사했다고 치더라도, 개구리 같은 능숙한 수영선수가 죽었다면 우리가 마시던 물속에 동물에게 심각한 문제를 일으키는 성분이 함유되어 있다는 것을 시사했다. 내키지 않았지만, 우리는 그 후 이틀 동안 우리가 마시는 모든 물에 염소 정제를 몰래 넣었다. 그러나 그로 인해 물맛이 너무나 역겨워졌기 때문에 결국은 위생을 포기했다.

우리가 그란차코에 도착한 시기는 건기$^{dry\ season}$의 끝 무렵이었다. 한때 거대한 늪이었던 에스테로^{estero} —습지— 중 대부분은 구워진 진흙으로 이루어진 황무지로 변해, 증발한 물에서 석출^{析出}된 소금으로 뒤덮여있었다. 말라붙은 갈대의 뿌리 뭉치가 언덕을 이루었고, 몇 달 전 마지막 웅덩이에 도달하기 위해 습지를 터덕터덕 가로지르던 소 떼의 깊고 단단한 발자국들이 마마 자국처럼 새겨져 있었다. 일부 습지의 한복판에는 우리가 탄 말이 과관절^{hock3}까지 빠졌을 때 수렁에서 나온 끈적한 청니$^{blue\ mud4}$가 남아있었다. 몇몇 지역에서는 숙소 옆에 있는 것처럼 미지근한 흙탕물로 이루어진 얕은 늪을 발견했다. 그것은 최근 그 지역의 대부분에 영향을 미쳤던 연홍수$^{annual\ flood5}$의 마지막 잔류물이었다.

나무나 덤불은 주변 지역보다 높아 침수될 위험이 없는 땅에서만 자랄 수 있었으므로, 그런 지역은 관목의 군락지 —몬테^{monte}— 가 되었다. 모든 식물들은 살벌한 가시를 갖고 있어서 가뭄 속에서 먹이를 찾아 헤매는 소 떼로부터 보호되었다. 또한 건기 동안 물을 보존할 수 있는 장치를 발달시킨 식물들도 많았다. 어떤 식물들은 거대한 뿌리에 물을 보존했고, 어떤 식물들 —이를테면 100개의 팔을 가진 촛대처럼 생긴 선인장— 은 부풀어오른 다육질 줄기 속에 물을 보존했다. 일명 '술 취한 나무'로 불리는 팔로보라초$^{palo\ borracho}$는 터질 듯 팽창한, 그리고 원뿔 모양의 가시가 촘촘히 박힌 몸통에 수분을 보존했다. 이런 나무들은 그란차코에 서식하는 방호 조직을 갖춘 식물의 전형으로, 살아서 가지를 뻗는 그로테스크한 병

---

3 말이나 소의 뒷다리 복사뼈 부분 또는 복사뼈 관절. - 옮긴이주
4 퇴적물 내에 포함된 황화철과 유기물로 인해 청회색을 띠는 세립^{細粒}의 니질^{泥質} 퇴적물. - 옮긴이주
5 1년 동안 하천의 한 구간에서 가장 높은 수치를 기록한 홍수. - 옮긴이주

　　　　　　　　　　　　　데이비드 애튼버러의 동물 탐사기

瓶들처럼 무리 지어 서있었다.

아메리카 원주민들은 목장 저택에서 800미터쯤 떨어진 곳에서 살고 있었다. 그리 오래지 않은 과거에 그들 마카족Maká은 신뢰할 수 없고 살기 등등한 사람들로 간주되었는데, 마카족이 그렇게 된 것은 전적으로 그들의 보금자리에 침입한 초기 개척자들 때문이었다. 마카족은 본래 한 곳에 오래 머무는 법이 없었고, 그란차코를 정처 없이 떠돌다 사냥감이 비교적 많은 곳에 일시적인 야영지를 건설했다. 그러나 대부분의 구성원들은 전통적인 수렵생활을 포기했고, 상당수의 남자들은 파우스티노의 목장에서 일꾼으로 일했다. 야영지는 사실상 영구적인 정착지였지만, 그럼에도 불구하고 그들의 건축 양식은 변화하거나 정교화되지 않았다. 집은 단순한 돔 모양의 오두막집이었고, 마른 풀로 된 지붕이 대충 얹혀있었다. 그들은 내가 처음 들어 보는 언어를 사용했는데, 주로 후두음으로 구성되어 있었으며 맨 마지막 음절에 강세가 있었다. 그래서 그들의 언어는 녹음된 영어를 거꾸로 재생하는 것처럼 들렸다.

스피카Spika라는 마카족 부족원을 처음 만난 날 오후, 우리가 오두막집 사이를 돌아다니는 동안 그는 우리 뒤를 졸졸 따라다녔다. 나는 잿더미 위에 대충 지어진 오두막집 앞에서 갑자기 멈춰 섰다. 그 집의 서까래에 바구니가 하나 걸려있었는데, 자세히 들여다보니 아홉띠아르마딜로의 반짝이는 회색 껍데기로 만들어져 있었다.

"타투!" 나는 흥분해 소리쳤다.

스피카는 고개를 끄덕이며 말했다. "타투 후Tatu hu."

후hu란 과라니어로 까맣다는 뜻이었다.

"무초^{Mucho6}, 무초?" 나는 주변을 빙 둘러 가리키며 물었다.

스피카는 나의 의도를 재빨리 알아채고 고개를 다시 끄덕였다. 그는 마카족 언어로 뭔가를 덧붙였는데, 나는 그 말을 전혀 알아듣지 못했다. 나는 어리벙벙한 표정으로 그가 의미하는 것을 이해하려고 애썼다. 스피카는 잿더미 속에서 껍데기 파편 하나를 집어들어 나에게 건넸다. 그것은 새까맣게 그을었지만 별로 손상되지 않았으므로, 세띠아르마딜로$^{three-banded}$ ^{armadillo}의 모자이크 같은 노란색 껍데기의 일부임을 알 수 있었다.

아홉띠와 세띠 외에, 스피카는 다양한 아르마딜로를 언급했다. "타투 나랑헤$^{Tatu naranje}$," 그는 이렇게 말하고, 배고픈 사람의 행동을 과장되게 흉내내는 듯 입술을 핥으며 덧붙였다. "포르티후^{Portiju}."

포르티후란 파우스티노에게 이미 배운 과라니어로 대충 '탁월한 식품'을 의미했다. 그리고 나랑헤는 '오렌지색'을 뜻하는 스페인어다. 따라서 그의 말은 "오렌지색 아르마딜로는 탁월한 식품이다."라고 해석되었다.

스페인어와 과라니어도 모자라는지 몸짓까지 동원해, 스피카는 타투 나랑헤가 몬테 주벼에 매우 풍부하다고 설명했다. 그리고 "비록 야행성이지만 낮에 발견될 수도 있으며, 일단 발견하면 맨손으로 잡을 수 있으므로 굳이 덫을 놓을 필요가 없다."라고 덧붙였다.

스피카의 말에 의하면, 그 지역에는 타투 포드후$^{tatu podju}$라는 아르마딜로도 살고 있었다. 샌디의 설명에 의하면 포드후는 '노란색 발'을 의미하지만, 그런 빈약한 설명만으로는 어떤 종인지 정확하게 알 수가 없었다. 그럼에도 불구하고 우리는 '이 지역에는 우리가 지금껏 보지 못한 아르마딜로 종種이 최소한 두 가지가 살고 있다.'라는 사실을 알아내고, 다음날 파우스티노에게 말을 빌려 그들을 찾으러 떠났다. 솔직히 말해서, 나는

---

6 많다(a lot). - 옮긴이주

데이비드 애튼버러의 동물 탐사기

스피카의 말에도 불구하고 그들을 낮에 발견할 수 있다고 믿지 않았다. 그러나 '밤에 탐사할 때 길을 잃지 않으려면 낮에 지리를 익혀두는 것도 괜찮겠다.'라는 마음으로, 속는 셈 치고 그가 시킨 대로 했다.

그러나 스피카가 옳았다. 우리는 목장 저택에서 1.5킬로미터쯤 떨어진 곳에서, 아르마딜로 1마리가 말라버린 습지 — 에스테로 — 를 건너는 장면을 목격했다. 샌디가 내 말의 고삐를 잡고 있는 동안, 나는 말에서 내려 추격을 시작했다. 그 아르마딜로는 타투 후보다 상당히 길어 60센티미터를 넘었고, 노르스름한 분홍빛 껍데기에는 길고 뻣뻣한 털이 듬성듬성 박혀있었다. 그리고 다리가 매우 짧았으므로 아무리 빨리 달려도 멀리 가지 못할 것 같았다. 그래서 나는 곧바로 생포하는 대신, 옆에서 빨리 걸으며 어떻게 하는지 살펴봤다. 그는 잠시 멈춰 조그만 눈으로 나를 쳐다보다, 끙끙 앓는 소리를 내며 에스테로의 거친 표면 위를 느릿느릿 걷기 시작했다. 얼마 안 지나 그는 움푹 파인 곳을 지나가게 되었다. 그는 코를 킁킁거리다가 이내 굴파기를 시작해서 앞발을 이용해 상당한 양의 흙을 파헤쳤다. 불과 몇 초 만에 뒷다리와 꼬리만 보였으므로, 나는 그를 생포할 때가 왔다고 판단했다. 머리가 구멍 속에 처박혀 나의 의도를 알아채고 도망치지 못할 테니, 내가 할 일은 그의 꼬리를 붙잡고 살며시 잡아당기는 것밖에 없었다. 킁킁거리고 씩씩대며 끌려 나왔지만, 그의 앞발은 여전히 개구리헤엄 동작을 하고 있었다.

우리는 아르마딜로를 사로잡아 목장 저택으로 데려왔고, 스피카를 불러 아르마딜로를 확인하도록 했다.

"타투 포드후예요." 그에게 확인을 받았으므로, 우리는 그 동물에게 '포드후'라는 별명을 붙였다. 과학적으로 말하면 그는 여섯띠six-banded 또는 털보hairy아르마딜로였다. 참고로 아르헨티나에서는 그 종을 펠루도 peludo라고 부른다. 허드슨은 자신의 저서에서 그 동물을 극찬하며, "팜파스에 서식하는 동물 중에서 가장 적합한 식습관과 행동을 진화시켰다."라고 말했다. 그러면서 그는 털보아르마딜로가 뱀을 잡아먹은 좀처럼 보기 힘든 사례를 소개했다. "펠루도는 성나 쉿쉿거리는 뱀을 올라타고 꼼짝하지 못하게 한 다음, 몸을 앞뒤로 흔들어 껍데기의 들쭉날쭉한 모서리를 톱날처럼 사용해 뱀을 거의 두 동강 나도록 썰었다. 뱀은 여러 차례 반격을 가했지만 소용이 없었고, 끝내 장렬한 최후를 맞았다. 그러자 아르마딜로는 죽은 뱀을 꼬리부터 먹기 시작했다."

───────

우리는 매일 저택 주변 지역을 탐사했다. 때때로 우리는 파우스티노나 일꾼들과 함께 말을 타고 나갔다. 나는 그들의 승마 자세를 장난삼아 흉내내곤 했는데, 그 이유는 말위에서 몸을 움직이는 보빙bobbing[7] 방식이 영국인들의 전형적인 방식과 많이 달랐기 때문이다. 즉, 그들은 양가죽을 덧댄 안장에 몸을 최대한 밀착했으므로, 마치 몸과 안장이 용접된 것처럼 보였다. 우리는 아순시온의 상점에서 구입한 장비 ―봄바초, 승마용 반장화, 가죽 레깅스, 파하―를 모두 착용하는 것부터 시작했지만, 시간이 경과함에 따라 하나씩 하나씩 폐기했다. 넉넉하고 헐렁한 봄바초는 말을 탈 때는 유용하고 시원했지만, 말에서 내려 가시덤불투성이 몬테로 들어갈 때는 심각한 걸림돌이었다. 반장화는 늪을 한 번 통과한 후 말라비틀어졌는데, 너무 불편해서 도저히 신을 수가 없었다. 가죽 레깅스는 너무 덥고 뻣뻣했으며, 파하는 멋지고 전문가인 것처럼 보이게 했지만 너무 꽉 조여 숨이 막히는 바람에 결국 포기하고 뱃살이 출렁이는 위험을 감수해야 했다. 조금이라도 쓸모가 있는 것은 판초뿐이었지만, 그마저도 안장 받침으

---

7 몸을 위아래로 재빠르게 움직이는 동작. - 옮긴이주

데이비드 애튼버러의 동물 탐사기

로 쓰였을 뿐이다.

우리는 어떤 때는 도보여행을 하기도 했다. 가장 가까운 몬테 지역은 원주민 야영지 바로 너머에서 시작되어 북쪽으로 수 킬로미터 뻗어 나가 몬테린도강Rio Monte Lindo이라는 황량한 둔화하천sluggish stream[8]의 둑에 도달했다. 관목이 무성한 곳은 사실상 통과가 불가능했다. 거대한 선인장, 가시덤불, 생장이 정체된 야자나무가 리아나와 뒤엉켜 돗자리처럼 깔려있고, 땅바닥에는 카라과타의 다육성 로제트가 우거져 있었다. 그리고 모든 풀과 덤불과 나무는 가시, 칼날, 갈고리로 무장하고 우리의 옷을 잡아채고 캔버스화canvas shoes[9]를 뚫고 살갗을 찢었다.

이곳저곳에서 팔로산토palo santo[10]와 케브라초quebracho가 가시덤불 위로 높이 자라났고, 몇몇 장소에서는 덤불이 점점 더 성겨지다가 (거친 풀덤불tussock 사이에서 자라는) 고립된 선인장으로 이루어진 황량한 목초지로 전락했다.

그곳에 서식하는 새들 중 일부는 둥지 짓기에 광적으로 몰두해 대형 저택을 지었으므로, 여행자와 다른 동물들의 시선을 피할래야 피할 수 없다. 한 공터에서 우리는 10여 그루의 생장이 저해된 가시나무를 발견했는데, 각 나무의 우듬지에는 축구공 2배만 한 크기의 어수선한 잔가지 덩어리가 자리잡고 있었다. 그 둥지의 설계자는 개똥지빠귀보다 약간 작은 칙칙한 새로, 작열하는 태양 아래서 둥지의 꼭대기에 앉아 귀가 째지는 듯한 소리로 노래하고 있었다. 샌디는 그 새들을 레냐테로Leñatero — 나무꾼Firewood Gatherer — 라고 불렀다. 그들 중 일부는 둥지를 짓느라 여념이 없

---

8 오랜 세월에 걸친 노년화, 상류 지역에 있어서 감류減流나 저수貯水에 의한 유량 감소, 저속화 등에 의해서 흐름의 기울기가 줄거나 첨두홍수peak flood가 느려진 하천. - 옮긴이주

9 등 부분을 캔버스 천으로 만든 운동화의 총칭. - 옮긴이주

10 남아메리카의 연안에서 자라는 수목이며, 팔로산토는 스페인어로 '거룩한 나무', '신성한 나무'를 뜻한다. 수백 년 동안 치유와 명상을 위해 사용되어 왔다. - 옮긴이주

었다. 비록 강력한 날개를 갖지는 않았지만, 그들은 웬만한 대형 조류가 엄두도 낼 수 없는 크기와 무게의 나뭇가지를 선택하여 운반하는 낙관론자였다. 우리는 그들의 당찬 모습—자기 몸보다 긴 나뭇가지를 입에 물고 신속하게 날갯짓하며 둥지를 향해 날아가는 장면—을 지켜보며 감탄사를 연발했다. 그들은 간혹 막판에 힘이 달려 둥지에 완벽하게 착륙하지 못하고, 물어 온 잔가지를 덤불 위에 떨어뜨리곤 했다. 그 결과 떨어진 잔가지와 막대기 더미가 둥지 밑에 쌓였다. 그것은 모닥불의 불쏘시개로 안성맞춤이었으므로, 샌디가 그 새에게 나무꾼이라는 별명을 붙인 것도 무리가 아니었다.

가장 큰 둥지는 죽은 팔로산토에서 발견되었는데, 그 나무는 몬테의 가장자리 바로 너머에 홀로 선 채 삐쩍 마르고 껍질이 모두 벗겨져, 벌거벗은 몸통은 햇빛에 하얗게 바래있었다. 그 나무의 가지 주변에는 여러 개의 길쭉한 구조물들이 건설되어 있었는데, 모두 잔가지와 막대기로 이루어져 있었으며 크기는 커다란 옥수수단만 했다. 둥지에는 한 무리의 퀘이커앵무새Quaker parakeets가 살았는데, 그들은 회색 부리와 배를 가진 초록색 새로 사랑앵무budgerigar의 2배쯤 되는 크기였다. 앵무과Psittacidae의 다른 구성원들은 모두 일종의 구멍—나무의 몸통, 흰개미와 나무개미tree-ant의 구형球形 둥지, 땅굴—에 둥지를 짓는데, 탁 트인 공간에 둥지를 짓는 앵무새는 퀘이커앵무새밖에 없었다. 그들의 커다란 둥지는 공동주택이 아니라 연립주택에 더 가까웠다. 왜냐하면 모든 짝pair of bird들은 자신들만의 독립적인 양육실, 현관, 출입구를 가졌고, 하나의 양육실을 다른 양육실과 연결하는 터널이나 통로는 없었기 때문이다.

퀘이커앵무새는 매우 근면한 동물이었다. 그들 중 일부는 몬테의 덤불에서 잘라낸 신선한 초록색 잔가지를 물고 끊임없이 도착했고, 일부는 집에 머물며 경비를 게을리하는 이웃의 영역에서 건축 자재를 훔치느라 바

데이비드 애튼버러의 동물 탐사기

빴다. 이러한 열정적인 건축 활동은 중단되는 법이 없었는데, 그 이유는 퀘이커앵무새들이 1년 내내 같은 둥지에서 살기 때문이었다. 따라서 어미들은 번식철이 되기 전에 둥지를 수리하고 자라나는 새끼들을 위해 양육실을 확장하며, 성장한 어린새들은 종종 부모의 집 옆에 자신들만의 보금자리를 짓는다. 사정이 이러하다 보니 그들의 둥지는 날이 갈수록 점점 더 확장되어, 종국에는 돌풍에 휘말려 날아갈 위험에 직면했다.

아무리 관찰력이 부족한 여행자라도 퀘이커앵무새와 레냐테로의 '눈에 확 띄는 둥지'를 그냥 지나칠 수는 없을 것이다. 그러나 그란차코에 사는 새들이 모두 그렇게 대담한 것은 아니었다. 나는 어느 날 아메리카 원주민들이 몬테에 닦아놓은 수렵로를 따라 걷고 있었다. 1시간쯤 걸었을 때, 나는 땀이 나고 숨이 가빠져 가시덤불의 빈약한 그늘 밑에 앉았다. 물

퀘이커앵무새의 둥지

병의 물을 벌컥벌컥 마시며 돌아갈까 말까 망설이던 중, 내 머리 위에서 윙윙거리는 소리가 들렸다. 위를 올려다본 나는 조그만 초록색 벌새가 나뭇가지 사이에서 맴돌고 있는 것을 발견했다. 나는 벌새가 무엇 때문에 이곳에 있는지 알 수 없었다. 왜냐하면 그 나무에는 꽃이 피어있지 않았으므로, 벌새가 빨아 먹을 꿀이 있을 리 만무했기 때문이다. 그러나 그 벌새는 뭔가에 열중하고 있었으며, 나뭇가지 사이에서 쏜살같이 왔다 갔다 하면서 너무나 빠르게 날갯짓을 했기 때문에 희미한 형체밖에 보이지 않았다. 벌새는 1초에 200번이라는 믿을 수 없는 속도로 날갯짓을 할 수 있지만, 그들이 그런 초고속 비행을 하는 것은 다이빙이나 구애 비행에 몰입할 때뿐이었다. 내 머리 위에 있던 작은 동물은 아마도 허공을 맴돌 때는 초당 50회 이상의 날갯짓을 할 필요가 없었으며, 다른 위치로 빠르게 이동하기 위해 가속할 때 날갯짓 속도가 증가하며 윙윙거리는 소리가 났을 것이다. 그 동물이 처음으로 나의 주의를 끈 것은 바로 그 소리 때문이었다. 그런데 갑자기 내 눈앞에서 사라지더니, 어느샌가 마치 화살처럼 공터를 가로질러 날아가버렸다.

대부분의 벌새들은 일부다처제polygamy를 채택하고 있으며, 각각의 암컷은 자신만의 둥지를 짓고 알 품기와 어린새 먹이기에 총력을 기울인다. 그러므로 내가 아는 범위에서, 내가 마주친 것은 암컷 벌새였다. 그녀는 주홍색 부리를 이용해 자신이 수집한 거미줄을 조그만 둥지의 바깥 표면에 빙 둘러가며 부착하고 있었던 것이다. 거미줄을 모두 부착한 후 그녀는 실 같은 혀를 재빨리 내밀어 끈끈한 타액을 분비했고, 부리를 팔레트 나이프palette knife[11]처럼 사용해 타액을 둥지의 바깥 표면에 마치 케이크에 생크림을 바르듯 발랐다. 다음으로, 그녀는 둥지의 표면을 빙빙 돌며 발

11　그림물감의 배합이나 요리를 위해 쓰는, 끝이 둥글고 잘 휘어지는 칼. - 옮긴이주

로 꾹꾹 밟아 컵 모양을 형성하고 내부를 매끄럽게 다듬었다. 부리로 둥지를 몇 번 더 두드린 후, 그녀는 또 1차례 분량의 건축 자재를 수집하기 위해 멀리 날아갔다.

그녀가 얼마나 열심히 일했던지, 1시간 후 둥지의 크기는 처음 봤을 때에 비해 확연히 커져 있었다. 내가 얼마나 오랫동안 벌새를 관찰하며 조용히 앉아있었던지, 몬테에 사는 다른 동물들은 나의 존재를 더 이상 의식하지 않는 것 같았다. 풀숲 사이의 맨땅 위에서 조그만 도마뱀들이 돌아다녔고, 가시덤불 위에 자리잡은 퀘이커앵무새들이 건축 자재를 수집하기 시작하면서 자기들끼리 꽥꽥거리고 재잘거렸다. 내 주변에서 일어나는 모든 활동들을 지켜보는 동안, 나는 곁눈질로 가시선인장^{spiny cactus} 더미 밑에서 일어나는 미세한 움직임을 포착했다. 나는 쌍안경으로 그 구역을 살펴봤지만, 시든 풀과 선인장의 비틀린 다육성 줄기 사이에서 둥글고 노란 흙덩어리 외에는 아무것도 발견할 수 없었다. 그런데 내가 살펴보는 도중 동그란 덩어리가 움직이더니, 그 하반부에서 까만 수직선이 나타나 서서히 확장되었다. 그 과정에서 조그만 털북숭이 얼굴이 언뜻 보였고, 이윽고 동그랗게 말렸던 몸이 펴지며 조그만 아르마딜로로 변신했다. 그는 타투 나랑헤였다. 그는 조심조심 풀밭을 가로질러 나아갔지만, 탁 트인 공간에 도달하자마자 속도를 높여 발끝으로 달리기 시작했다. 조그만 다리를 너무 빨리 놀렸으므로, 마치 이상한 태엽 장난감처럼 보였다. 나는 벌떡 일어나 그를 추격하기 시작했다. 아르마딜로는 잽싸게 방향을 바꿔, 카라과타 군락의 이파리 밑에 뚫린 낮은 터널 속으로 사라졌다. 나는 그쪽으로 부리나케 달려가 아르마딜로가 터널 밖으로 다시 모습을 드러내기만 기다렸다, 마치 기차놀이를 하는 것처럼. 불과 몇 초 후, 아르마딜로는 터널에서 뛰어나와 내 손에 들어왔다.

조그만 나랑헤는 사납게 끙끙거리며 몸을 웅크리더니 노란색 공으로 다시 변신했다. 비늘 덮인 꼬리가 정수리의 뿔 달린 삼각형 방패와 꼭 들어맞았으므로, 갑옷으로 덮이지 않은 신체부위가 완전히 은폐되었다. 그런 자세라면, 강력한 턱으로 갑옷을 부술 수 있는 늑대나 재규어를 제외하면 어느 누구도 그에게 해를 끼칠 수 없을 것 같았다. 나는 호주머니에서 자루 하나를 꺼내 동그랗게 말린 나랑헤를 집어넣었다. 자루는 종을 불문하고 새로 잡은 동물을 운반하는 데 안성맞춤이었다. 성기게 직조되어 통풍이 잘 되므로 동물들이 적절히 호흡할 수 있었고, 내부가 어두컴컴해 동물들이 조용히 엎드린 채 발버둥을 치지 않아 뜻하지 않은 자해自害를 방지할 수 있었다. 나는 아르마딜로가 들어있는 자루를 땅바닥에 내려놓고, 조금 전 두고 온 쌍안경 케이스를 가지러 벌새 둥지 옆으로 갔다. 잠시 후 돌아와 보니 자루가 감쪽같이 사라지고 없었다. 주변을 휘 둘러보니, 자루는 계속 뒤집히며 서서히 이동하고 있었다. 마치 조그만 태엽이 작동하는 것처럼, 나랑헤는 자루 속에서 몸을 편 후 무작정 열심히 달리고 있었던 것이다. 나는 자루를 집어들고 목장 저택으로 돌아와, 나랑헤를 버려진 것이나 다름없는 소달구지 속에서 노닥거리던 포드후와 합류시켰다.

　그 후 일주일도 채 안 지나, 우리는 포드후는 물론 3쌍의 나랑헤와 2쌍의 아홉띠아르마딜로를 수집했다. 달구지는 그들을 모두 수용할 수 있을 만큼 넉넉했지만, 그들이 매일 저녁 엄청난 양의 먹이를 먹어 치웠으므로 우리는 달구지를 무료급식소라고 부르기 시작했다. 목장에서는 매주 1마리의 소가 도축되었으므로 소고기 공급이 끊이지 않았다. 그러나 고기만으로는 불충분했다. 아르마딜로는 우유와 달걀도 먹었는데, 이것들은 그다지 풍족하지 않았다. 그러나 운 좋게도 그즈음 우리의 침실을 드나들던 암탉 중 하나가 나의 여행가방 안에 둥지를 짓기로 결정했다. 나의 첫 반응은 그녀를 쫓아내는 것이었지만, 그녀가 매일 아침 달걀을 낳자 나는 파우스티노와 엘시타에게 알리지 않고 주방에서 눈치껏 조달한 다량의

　　　　　　　데이비드 애튼버러의 동물 탐사기

타투 나랑헤 – 몸을 편 모습(위)과 공 모양으로 돌돌 말린 모습(아래)

우유에 달걀을 추가해 아르마딜로에게 제공하기 시작했다.

그러나 나랑헤들은 새로운 환경에 제대로 적응하지 못했다. 그들의 연약한 분홍빛 발바닥에 부스럼이 생겼으므로, 우리는 그것을 예방하기 위해 무료급식소의 바닥에 흙을 깔았다. 덕분에 부스럼은 치료되었지만 우리의 업무량은 폭증했다. 아르마딜로는 식사 예절이 엉망이어서 상당량의 먹이를 삼키지 않고 뱉어 냈는데, 그게 땅속에서 부패해 산성화하는 경향이 있기 때문이었다. 그래서 우리는 며칠마다 한 번씩 바닥을 청소하고 흙을 새로 깔아야 했다.

한시름 놓는가 싶었는데, 이번에는 나랑헤들이 심각한 설사병에 걸리기 시작했다. 6마리 중 누가 설사를 하는지 확인하기는 별로 어렵지 않았다. 그들은 극도로 예민한 소형 동물이어서, 우리가 들어 올리면 바짝 긴장해서 발을 부르르 떨 뿐만 아니라 어김없이 똥을 쌌기 때문이다. 우리는 먹이의 배합을 다양하게 바꿔 보았다. 예컨대 삶아서 으깬 만디오카를 첨가해 봤지만, 그들은 먹기를 거부했다. 설사가 갈수록 악화되었으므로 하를레스와 나는 걱정이 이만저만이 아니었다. 만약 설사를 치료할 수 없다면, 달구지 안에서 죽게 하느니 차라리 풀어주는 게 낫다는 생각이 들었다. 우리는 그 문제를 끊임없이 논의했다. 그러던 중 야생에서 나랑헤들이 곤충과 뿌리를 파먹는 장면을 보고, 문득 '저러다 보면 다량의 흙을 먹을 수밖에 없겠구나.'라는 생각이 들었다. 어쩌면 그들에게는 흙이 소화제일 수 있는데, 우리가 주는 먹이에는 흙이 너무 부족하다는 데까지 생각이 미쳤다. 우리는 그날 저녁 '저민 고기, 우유, 달걀 혼합물'에 2줌의 흙을 첨가한 후 휘저어, 우리가 보기에는 볼썽사나운 묽은 진흙으로 만들었다. 그로부터 3일이 채 안 지나 나랑헤들의 건강을 위협하던 설사병은 완쾌되었다.

28. 그란차코 탐사 여행

남풍과 함께 쌀쌀한 추위가 찾아왔고 종종 수 시간에 걸친 폭우를 동반해서 우리의 마음을 짓눌렀다. 그런 답답하고 무기력한 날, 우리는 종종 가축우리 옆의 '벽 없는 초가집'을 방문했는데, 그 집에서는 목장 일꾼들이 모여 잡담을 하며 칼을 갈고 생가죽으로 된 라소lasso[1]를 꼬고 있었다. 그들은 목장의 주방에서 온 원주민-백인 혼혈 소녀와 시시덕거렸는데, 무엇보다 중요한 것은 뜨거운 마테를 마셨다는 것이다. 바닥의 한복판에서는 으레 장작불이 타올랐는데, 일꾼들이 우리에게 늘 자리를 내준 덕분에 우리는 불꽃 옆에서 몸을 데우며 좌중을 한 바퀴 도는 마테를 한 잔씩 얻어 마셨다. 그곳은 친근하고 우호적인 장소로, 말 냄새와 가죽 냄새와 팔로산토 연기의 향긋한 내음이 가득했다.

어느 비 오는 아침, 나는 따뜻한 마테 한 잔을 마시러 오두막집에 갔다가, 실망스럽게도 잘 먹어서 윤기가 번드르르한 5, 6마리의 개 말고는 아무도 없다는 사실을 발견했다. 내가 도착하자, 그 개들은 자리에서 일어나 나를 의심스러운 눈초리로 쳐다봤다. 나는 그제서야 허름한 '챙 넓

---

1 야생의 말이나 소를 잡기 위해 한쪽 끝을 올가미로 만든 길이 15~30m의 밧줄. - 옮긴이주

은 모자'로 얼굴을 덮은 채 나무 벤치에 온몸을 쭉 뻗고 누워있는 한 남자를 발견했다. 내가 아는 한 그는 처음 보는 사람이었다. 그는 훤칠한 키 — 180센티미터는 넘어 보였다 — 에 찢어지고 헐렁헐렁한 봄바초와 단추를 채우지 않은 셔츠 차림이었고, 허리에는 아메리카 원주민이 만든 빛바랜 파하를 두르고 있었다. 발은 맨발이었는데, 각질과 굳은살이 많은 발바닥으로 미루어 보건대 신발을 거의 신지 않는 것처럼 보였다.

"부에나스 디아스*Buenas dias*[2]." 나는 말했다.

"부에나스 디아스." 그 이방인은 모자 밑에서 낮은 톤으로 대답했다.

"멀리서 왔나요?" 나는 떠듬떠듬한 스페인어로 물었다.

"네." 그는 배를 긁적이는 것 외에 아무런 움직임 없이 대답했다.

잠시 침묵이 흘렀다.

"날씨가 춥네요." 나는 별 생각 없이 말했지만, 침묵을 깰 수 있는 주제는 날씨밖에 없다고 생각했다. 이방인은 다리를 땅바닥에 내리고 모자를 밀어젖혀 뒷머리에 쓰며 일어나 앉았다.

그는 까만 — 그리고 드문드문 하얀 — 곱슬머리를 가진 잘생긴 남자로, 얼굴은 짙게 그을었고 턱에는 며칠 동안 자란 듯한 희끗희끗하고 까칠까칠한 수염이 돋아있었다. "마테 좀 마실래요?" 그는 이렇게 묻더니, 대답을 기다리지도 않고 자기가 베개로 쓰던 자루를 뒤지기 시작했다. 그는 소뿔로 만든 컵과 은빛 봄비야와 작은 팩을 꺼낸 후, 팩에 들어있는 바삭바삭한 초록색 마테 가루를 컵에 부었다. 그는 아무 말 없이 벤치 옆에 놓여있던 항아리의 물을 첨가한 후 봄비야를 꽂고 빨았다. 그는 조금은 탁한 처음 몇 모금을 뱉어낸 후 다시 채워 나에게 공손하게 건넸다.

"여기서 무슨 일을 하고 있어요?" 그가 물었다.

---

2 아침인사(Good morning). - 옮긴이주

"동물을 찾고 있어요."

"무슨 동물을요?" "타투요." 나는 대수롭지 않은 듯 말했다. "모든 종류의 타투요."

"나는 타투 카레타 한 마리를 갖고 있어요." 그가 말했다.

나는 그렇게 들었다고 생각했지만 확실하지는 않았다.

어쩌면 그는 과거를 말했는지도 모르겠다. 아니면 자기가 마음만 먹으면 얼마든지 타투 카레타를 잡을 수 있다고 말했을 수도 있다. 어느 쪽이 맞는지 나도 몰랐다.

"모멘티토*Momentito*[3]." 나는 신이 나서 이렇게 말하고 오두막집을 뛰쳐나가, 빗속을 뚫고 샌디를 데리러 목장 저택으로 달려갔다. 나와 함께 오두막집에 도착했을 때, 샌디는 장황하고 의례적인 잡담 —그에 따르면, 모든 중대사를 논하기 전에 반드시 거쳐야 하는 절차 —을 시작했다. 그들 옆에 앉은 나는 조바심이 나서 잠시도 가만있을 수 없었다. 몇 분 후, 샌디는 그들 간의 대화를 간추려 통역했다. 이방인의 이름은 코멜리*Comelli*로, 그란차코를 떠돌며 재규어, 뉴트리아*nutria*[4], 여우 등 —방랑생활의 필수품인 성냥, 탄약통, 칼 등과 맞바꿀 수 있는 가죽을 보유한 동물들— 을 잡는 사냥꾼이었다. 그는 지난 10년간 집에서 잠을 잔 적이 한 번도 없었는데, 그건 그럴 필요성을 전혀 느끼지 못했기 때문이다.

"그건 그렇고, 타투 카레타는요?" 나는 조바심치며 물었다.

"아!" 샌디는 말했다. 그는 코멜리에게서 들은 타투에 관한 말을 모두 까먹은 것 같았다.

샌디와 코멜리는 다시 한 번 수다를 떨었다.

"그는 타투 카레타를 잡아서 수 주 동안 보관한 적이 있는데, 까마득

---

3   잠깐만요(Just a moment). - 옮긴이주
4   설치목 뉴트리아과의 포유류로, 늪너구리라고도 한다. - 옮긴이주

히 먼 옛이야기래요."

"지금은 어떻게 됐대요?"

"죽었대요."

"그걸 어디서 잡았대요?"

"필코마요강$^{Rio Pilcomayo}$ 너머에 있는 곳으로, 여기서 몇 리그^{league5} 떨어진 곳에 있대요."

"우리를 내일 거기에 데려다줄 수 있냐고 물어봐 줘요."

샌디가 내 질문을 통역하자, 이방인은 환한 표정으로 씩 웃었다. "기꺼이 그러겠대요."

나는 목장 저택까지 한걸음에 달려가 하를레스에게 그 소식을 전했다. 나는 당장이라도 코멜리가 말한 곳으로 달려가고 싶어 안달이었다. 설사 아르마딜로를 발견하지 못하더라도 목장 주변에 없는 다른 동물들을 볼 수 있을 것 같았기 때문이다. 말을 타면 사흘 만에 도착할 수 있었지만, 탐사하는 시간을 감안하면 최소한 2주가 소요되는 여정이었다. 파우스티노는 우리가 탈 말 2마리와 짐을 운반할 우마차 1대 그리고 우마차를 끌 황소 2마리를 빌려주겠다고 제안했다. 그러나 우리는 여행에 필요한 물품을 하나도 갖고 있지 않았다.

"음, 현장에서 어떻게든 조달할 수 있을 거에요." 하를레스에게 이렇게 큰소리쳤지만 나 역시 조금 자신이 없었다.

"우리의 식량 사정은 이미 최악이에요." 그는 침울하게 대답했다.

나는 그 점에 대해 하를레스에게 동의할 수밖에 없었다. 파우스티노와 엘시타는 과분할 정도로 호의적이었지만, 그들이 제공하는 음식은 그것에 익숙하지 않은 외지인들의 입맛에 거의 맞지 않았다. 왜냐하면 그것은

---

5 거리의 단위로, 약 3마일 또는 약 4킬로미터에 해당한다. - 옮긴이주

데이비드 애튼버러의 동물 탐사기

해부된 소의 다양한 부위 —구운 창자, 쪼글쪼글하고 이상하게 생긴 기관들, 가죽처럼 딱딱하고 질기며 가황고무vulcanized rubber[6]의 질감을 가진 고기 —로만 구성되어 있기 때문이었다. 정체를 알 수 없어서 차라리 다행이었지, 그들이 제공한 이상야릇한 부위의 정체를 알았다면 나는 밥을 먹다가 뿜으며 까무러쳤을 것이다. 만약 "현장에서 조달한다."라는 말이 식단 변화를 의미했다면, 그것은 긍정적인 구호품이라고 할 수 있었다.

우리는 그 문제를 파우스티노와 논의했다.

"그란차코는 배고픈 지역이에요." 그는 말했다. "우리는 만디오카와 파리나farinha와 마테를 드릴 수 있지만, 그것만 먹고 포만감을 느끼거나 살찔 사람은 아무도 없을 거예요." (참고로, 파리나란 갈아서 말린 만디오카를 의미한다)

그러고 나서 그는 환하게 웃었다.

"아무 걱정하지 말아요. 만약 배가 고파지면 소를 도축할 권리를 드릴테니까요."

───

파우스티노는 이틀에 걸쳐 모든 준비를 마쳤다. 그는 우마차의 가죽 마구를 수리하고 징발이 가능한 소와 말을 선별했다. 엘시타는 물품을 점검해 주철로 만든 대형 냄비와 프라이팬을 챙겨줬다. 하를레스와 나는 오렌지를 1상자 가득 따 모았고, 자상한 파우스티노는 우리에게 소의 왼쪽 뒷다리 하나를 건네며, 찌는 날씨 속에서 썩어 문드러지기 전에 한 끼 이상은 해결해 줄 거라고 이야기했다.

우리는 우마차에 장비를 가득 싣고, 황소에게 멍에를 씌워 우마차에 연

---

6 유황을 첨가함으로써 물리적 성질이 향상된 고무. - 옮긴이주

결했다. 고삐를 샌디에게 맡기고, 우리는 그리스를 바르지 않은 바퀴에서 나는 날카로운 끽끽 소리에 맞춰 천천히 목장을 떠났다. 남풍이 북풍으로 바뀌며 춥고 비 오던 날씨는 온데간데 없이 사라졌고, 우리는 구름 한 점 없고 눈이 시리도록 푸른 하늘 아래서 말을 몰았다. 코멜리는 선두에서 길을 안내했다. 챙 넓은 모자를 쓰고 긴 다리를 등자에 디디지 않고 땅바닥에 거의 닿을 정도로 건성으로 흔드는 모습이 영락없는 남아메리카판 돈키호테였다. 그의 사냥개들은 총 5마리로, 우리 주변을 광범위하게 수색했다. 코멜리는 짖는 소리는 물론 발자국으로도 그들을 낱낱이 파악했고, 여행 도중에 수시로 그들을 불러 상태를 점검했다. 사냥개 무리의 사령관은 디아블로^{Diablo}(마왕), 부사령관은 카피타스^{Capitaz}(십장)이었다. 그 밖에도 2마리의 사냥개(이름은 모르겠다)와 1마리의 커다란 갈색 암캐(5마리 중에서 가장 게으르고 멋있었으며, 코멜리의 총애를 받았다)가 있었다. 그는 그녀를 쿠아렌타^{Cuarenta}[7]라는 애칭으로 불렀는데, 그 이유는 발이 너무 커서 만약 신발을 신긴다면 사이즈 40짜리 부츠를 신어야 했기 때문이다.

남쪽으로 내려갈수록 목장과 주변의 몬테는 점차 작아 보이더니 어느 틈에 사라졌다. 우리 앞에는 넓고 평평한 평원이 펼쳐졌는데, 눈에 띄는 동물은 파우스티노의 목장에서 탈출한 듯한 소 몇 마리뿐이었다. 우마차를 끄는 황소들은 느리게 터덕터덕 전진했다. 시간당 3킬로미터 이상으로 걸을 수 없었으므로, 마부는 그들을 재촉하기 위해 거의 계속해서 고함을 질러야 했다. 말이 2마리밖에 없었기 때문에, 우리 넷은 번갈아가며 말과 소를 몰았다. 아무 일도 하지 않는 사람은 우마차의 후미에 앉아 차가운 마테를 홀짝였다.

---

7 40(Forty). - 옮긴이주

코멜리와 쿠아렌타

오후 늦게, 지평선에 나타난 나무의 앙상한 뼈대가 눈에 들어왔다. 가까이 접근해 보니, 우듬지 위에 검은머리황새jabiru stork의 거대한 둥지가 자리잡고 있었다. 그 앞에는 호수가 있었고, 나무의 밑동 주변에 가시나무가 덤불을 이루고 있었다. 우리는 그곳에 첫번째 텐트를 쳤다.

그 후 사흘 동안 우리는 평원을 가로지르며 남쪽으로 향했다. 코멜리는 몬테에 드문드문 형성된 잡목림들을 섬이라고 불렀는데, 그건 나름대로 설득력 있는 이름이었다. 평원이 풀의 바다라면, 잡목림은 덤불의 섬이었기 때문이다. 그는 잡목림을 이정표 삼아 길을 찾는 기지를 발휘했다. 목장을 떠난 이후 날씨가 숨 막히도록 더워졌고, 우리는 말을 타는 동안 작열하는 태양에 새까맣게 그을렸다. 그러나 넷째 날 아침 풍향이 바뀌며 하늘은 구름으로 뒤덮였고, 우리가 늦은 오후 필코마요강에 도착했을 때

폭우가 쏟아졌다.

강은 여러 개의 하천으로 나뉘어, 제각기 어수선한 자갈밭 사이에서 진흙탕을 이루며 찰랑거리고 있었다. 80년 전만 해도 필코마요강은 아르헨티나와 파라과이의 국경선으로 인식되었지만, 그 이후 평평한 그란차코를 이리저리 가로지르며 경로가 수도 없이 바뀌었다. 이제 그것은 합의된 국경선에서 북쪽으로 수 킬로미터 떨어진 경로를 흐르고 있었지만, 강 남쪽의 땅은 여전히 파라과이의 영토였다.

우리는 말과 황소들을 재촉해 강으로 들어갔다. 수심은 깊지 않았지만, 우마차가 건너편 강둑에 도달하기도 전에 강수면이 우마차의 바닥에 닿을락 말락 하여 우리의 마음을 졸이게 했다.

파우스티노가 싸준 소 뒷다리는 이틀 전에 이미 먹어 치운 터였다. 사냥감이 전혀 발견되지 않았으므로, 우리는 만디오카, 파리나, 마테로 구성된 변함없는 식단에 질리기 시작했다. 그러나 코멜리는 "파소 로하Paso Roja(빨간 발자국)라는 조그만 상점이 얼마 남지 않았어요."라고 말하며, 그곳에는 온갖 통조림 식품이 늘 구비되어 있으니 석성 말라고 우리를 안심시켰다. 그런 생각만 해도 내 입에서 군침이 돌았다.

늦은 오후, 비가 억수같이 쏟아지는 가운데 우리는 상점이 있다는 지역에 도착했다. 비바람을 피할 곳을 찾지 못할 경우 장비가 흠뻑 젖을 위험에 직면했으므로, 코멜리는 우리를 이끌고 질척이는 가시나무 덤불을 지나 버려진 판잣집으로 황급히 들어갔다. 그 집은 단출하기 이를 데 없는 건물로, 허물어져 가는 4개의 벽-짚과 진흙을 섞어 만든 벽돌로 쌓은-과 축 처진 초가지붕만으로 구성되어 있었다. 코멜리의 말에 의하면, 그 집을 지은 사람은 몇 년 전에 죽어 몬테의 어딘가에 묻혔다. 그 이후 그 오두막집은 버려져 있었다. 지붕에서 빗물이 쏟아져 내려 문지방에 널따란 웅덩이를 형성했고, 바람은 벽의 틈새를 통과하며 휘파람 소리를 냈다.

데이비드 애튼버러의 동물 탐사기

우리는 서둘러 우마차에서 짐을 내려 안전한 곳 — 새는 지붕에서 빗방울이 떨어지지 않는, 몇 안 되는 곳 — 에 쌓아 놓았다.

우리 모두는 지치고 물에 젖고 배가 고팠으므로, 일을 마치자마자 비를 뚫고 800미터쯤 떨어진 상점으로 달려갔다. 그곳은 방금 전에 봤던 오두막집보다 약간 컸지만, 거의 비슷하게 허물어져 가고 있었다. 우리는 열린 출입구를 지나, 폭풍우에서 보호하기 위해 현관에 피신시킨 후줄근한 닭과 오리 사이에 발을 디뎠다. 방 안에 해먹이 2개 걸려있는데, 그중 하나에서 관리인이 마테를 마시고 있었다. 그는 의외로 젊었고, 뚜렷한 이유는 없지만 내 생각에는 쾌활해 보였다. 우리와 상견례를 하는 동안, 그는 아내와 또 한 명의 청년 — 뒷방에 있던 그의 사촌 — 을 불러 우리에게 인사를 시켰다. 우리가 젖은 옷을 입은 채 나무상자에 걸터앉아 부들부들 떠는 동안, 샌디는 우리에게 무슨 식품을 구입할 거냐고 물었다.

관리인은 빙그레 웃으며 고개를 가로저었다.

"아무 것도 없어요." 그는 말했다. "지난 몇 주 동안 물품을 가득 실은 우마차가 도착하기만을 손꼽아 기다려 왔어요. 그러나 아직 도착하지 않았으므로 내가 가진 것은 맥주뿐이에요."

그는 옆방으로 들어가 6병의 맥주가 든 상자를 들고 나왔다. 그러고는 자신의 사촌에게 맥주를 1병씩 차례로 건넸고, 그의 사촌은 놀랍게도 6개의 금속제 병뚜껑을 모조리 어금니로 땄다.

우리는 맥주를 병째 마셨다. 맥주는 싱겁고 차가워, 내가 선호하는 자양강장제 중에서 최악이었다. 그리고 내가 하루 종일 기대했던 정어리와 복숭아 통조림을 절대로 대체할 수 없었다.

"파소 로하 참 좋은 곳이죠?" 코멜리가 내 어깨를 두드리며 유쾌하게 말했다.

나는 동의한다는 뜻으로 힘없는 미소를 지었지만, 그런 새빨간 거짓말을 차마 말로 할 수는 없었다.

―――――

　우리는 그날 밤 오두막집에서 불을 피워 젖은 옷을 말리고 맛없는 파리나를 요리했다. 네 사람과 5마리의 사냥개가 잠을 자기에는 공간이 턱없이 부족했으므로, 하를레스와 나는 자진해서 집밖에서 잠을 자기로 했다. 여전히 비가 억수같이 내렸지만, 열대 지방에서 복무하는 미국 군인을 위해 만들어진 우리의 해먹에는 고무를 얇게 입힌 천으로 된 지붕이 부착되어 있었으므로 이론적으로는 방수 기능을 가지고 있었다.

　오두막집에서 멀지 않은 곳에 폐허가 된 별채가 세워져 있었는데, 지붕과 3개의 벽은 무너져 있었지만 귀퉁이 기둥은 아직 건재했다. 나는 폭풍우가 잠잠해진 틈을 타서 별채로 달려가 2개의 기둥 사이에 나의 해먹을 걸었다. 하를레스는 근처에 있는 2그루의 키 큰 나무 사이에 자신의 해먹을 걸었다. 나는 몇 분 이내에 해먹 속으로 들어가 비를 피했다. 나는 해먹의 본체와 지붕에 연결된 모기장의 지퍼를 잠그고, 몸을 판초로 감싸고, 손전등을 옆에 놓음과 거의 동시에 잠이 들었다. 그날 하루 중 어느 때보다도 따뜻하고 안락한 기분을 느끼면서….

　자정 직후, 나는 몸이 잭나이프처럼 접히며 발과 머리가 맞닿는 듯한 불쾌감 때문에 잠에서 깨어났다. 손전등을 더듬어 찾은 후 스위치를 켜고 살펴보니 해먹을 지탱하는 기둥이 마치 술 취한 것처럼 서로 마주보며 기울었고, 해먹이 축 처져 지면과 겨우 몇 센티미터의 거리를 유지하고 있었다. 나는 잠자코 누워 상황을 냉철하게 판단했다. 비는 아직도 퍼부으며 내 주변의 땅에 웅덩이를 만들고 있었다. 만약 해먹에서 기어 나간다면 수 초 내에 온몸이 흠뻑 젖을 게 뻔했다. 그러나 해먹 속에 머문다면 2개의 기둥이 점점 더 기울어 종국에는 나를 땅바닥에 내려놓을 것 같았

　　　　　　　　데이비드 애튼버러의 동물 탐사기

다. 나는 '설사 땅바닥에 눕더라도, 사냥개들 사이에서 부대끼는 것보다 나쁠 수는 없다.'라는 결론에 도달했다. 그래서 그 자리에 그대로 있기로 결정하고 다시 잠을 청했다.

1시간쯤 지난 후, 나는 조금 축축해진 등에서 느껴지는 냉기 때문에 다시 깨어났다. 굳이 손전등을 찾아 켜지 않더라도 상황을 정확히 판단할 수 있었다. 사실상 땅바닥에서 자고 있었으므로, 커다란 웅덩이의 물이 나의 해먹과 판초에 서서히 스며들고 있었던 것이다. 나는 그 자세로 30분 동안 누워 번갯불에 비친 빗줄기를 관찰했다. 나는 '현 상황에서의 불쾌함'과 '오두막집에 돌아갈 때의 보송보송함'의 가치를 비교 평가하려고 노력했다. 모닥불의 잉걸불이 나의 차가워진 몸을 데워줄 거라는 데에 생각이 미치자, 마침내 저울이 한쪽으로 기울었다. 나는 모기장의 지퍼를 연 후 흠뻑 젖은 침대를 웅덩이에 버려두고, 진흙탕이 된 공터를 맨발로 첨벙거리며 가로질러 달렸다.

오두막집은 샌디와 코멜리의 코 고는 소리로 떠나갈 듯했고, 축축한 사냥개들의 비릿한 냄새가 코를 찔렀다. 모닥불은 꺼진 지 오래였다. 비참하게도, 나는 아무도 없는 구석에 쪼그리고 앉아 추위에 떨었다. 쿠아렌타가 나의 도착을 눈치채고, 샌디의 쭉 뻗은 다리를 살짝 넘어와 내 발치에 엎드렸다. 나는 젖은 판초로 내 몸을 감싼 채 동트기를 기다렸다.

제일 먼저 일어난 사람은 코멜리였다. 나는 그와 함께 모닥불을 켜고 마테를 끓이기 위해 물이 든 냄비를 올려놓았다.

동이 트며 폭풍우는 물러갔다. 하를레스가 해먹에서 일어나 늘어지게 기지개를 켜며, 멋지고 가장 편안한 밤을 보냈다고 호기를 부렸다. 그리고 그날 아침에는 왠지 해먹에 누워 마테를 마시고 싶다고 너스레를 떨었다. 나는 그가 억지로 농담을 한다고 생각했다.

우리가 아침 식사를 하는 동안 관리인, 인간 병따개 그리고 제3의 남자가 오두막집으로 들어와 모닥불 옆에 자리잡고 앉았다. 관리인은 그 낯선 남자를 가리키며 "또 다른 사촌으로, 소 도축을 생업으로 삼고 있어요." 라고 소개했다. 그는 무례해 보였는데, 얼굴의 큰 흉터가 눈썹을 비틀고 눈꺼풀을 뒤틀고 입의 한쪽을 당겨 음흉해 보이는 그의 인상을 더욱 험악해 보이게 만들었다. 관리인에 의하면, 그 흉터는 어느 날 저녁 술을 거나하게 마시던 중 인간 병따개가 그의 신경을 건드려 도축용 칼을 휘두르게 한 데서 비롯되었다. 인간 병따개는 깨진 술병으로 방어하다가 도축업자의 얼굴에 큰 상처를 입혔고, 관리인의 아내가 급히 달려와 그의 상처를 꿰맸다. 그럼에도 3명의 사촌은 여전히 가장 좋은 친구인 것처럼 보였는데, 그럴 수밖에 없는 것이 그들은 파소 로하의 유일한 거주자였고 반경 수 킬로미터 이내에 다른 집이 하나도 없기 때문이었다.

우리는 모든 종류의 동물을 찾고 있으며, 특히 타투 카레타에 관심이 많다고 그들에게 말했다. 인간 병따개는 언젠가 타투 카레타의 발자국을 발견했다고 말했지만, 3명 중에서 실물을 봤다는 사람은 한 명도 없었다. 그들은 우리의 관심을 끌 만한 동물이 있는지 살 살펴보겠다고 약속했다.

보아하니 그들은 그날 아침을 우리와 함께 보내려는 것 같았다. 먼저, 그들은 우리의 장비를 구경하고 싶어 했다. 인간 병따개는 하를레스의 해먹에 매혹되어, 그 안에 들어가 머물며 지퍼, 모기장, 수납용 포켓, 지붕을 보고 감탄사를 연발했다. 관리인은 오두막집 밖의 통나무 위에 앉아 나의 쌍안경을 존경 어린 눈으로 살펴보며, 이리저리 뒤집고 경통을 두드리고 간혹 접안렌즈를 눈에 갖다 댔다. 도축업자는 직업 때문인지 칼에 관심을 보였다. 그는 내 칼을 발견하고 모닥불 옆에 쪼그려 앉아 엄지손가락으로 칼날을 시험하며 경탄을 금치 못했다. 그러면서 그는 그것을 선물로 받고 싶다는 의향을 노골적으로 드러냈다. 내가 아무런 반응을 보이지 않자 — 어쨌든 그것은 내가 보유한 유일한 단검이었다 — 그는 접근방법을 바꿨다.

"뭐하고 바꿀 수 있어요?"

"타투 카레타 한 마리." 나는 주저 없이 대답했다.

"제기랄!" 그는 저속한 스페인어를 사용해 알쏭달쏭한 말을 내뱉은 후 전광석화처럼 빠른 손놀림으로 칼을 던졌다. 그의 손을 떠난 칼은 4~5미터 떨어진 키 큰 나무의 몸통에 꽂혀 바르르 떨었다.

아침 식사를 마친 후, 코멜리는 왕아르마딜로의 흔적을 찾기 위해 동쪽의 몬테로 긴 여행을 떠날 거라고 말했다. 원하는 지역을 모두 살펴보려면 2~3일이 걸릴 것 같았지만, 도중에 흥미로운 동물을 발견한다면 즉시 돌아와 우리를 데리고 가기로 했다. 그는 불과 몇 분 만에 꼭 필요한 물건 ─판초 1벌, 파리나 1통, 마테 1통─만을 챙긴 후 2마리 말 중 하나를 골라 타고, 태양이 나무 위로 솟아오르기 전에 조용히 출발했다. 그의 사냥개들은 좋다는 듯 꼬리를 흔들며 저만치 앞장서서 달려나갔다.

샌디는 오두막집을 수리하며 하루를 보내겠다고 자원해서, 주방으로 사용할 헛간을 만들고 전날 오후 허둥지둥 정리한 탓에 어수선하기 짝이 없는 임시 숙소를 말끔히 정돈했다.

말이 1마리밖에 없어서 하를레스와 내가 먼 거리를 함께 탐사할 수 없었으므로, 우리는 말 등에 카메라와 녹음장비와 물병을 실은 다음 평원을 정찰하기 위해 북쪽으로 도보여행을 떠났다.

파소 로하와 필코마요강 사이의 그란차코는 리아초*riacho* ─때로 100미터에 이르는 길고 얕은 하천을 말하는데, 발원지를 알 수 없으며 갑작스럽고 뜬금없는 진흙탕으로 막을 내리기 일쑤다─ 때문에 변화무쌍했다. 리아초에는 부레옥잠 등의 부유성 수초가 가득했고, 거대하고 악랄한 등에horse-fly와 모기 떼가 윙윙거렸다. 한 하천의 둑에서, 나는 흥미로워 보이는 마른 갈대 더미를 발견했다. 그 사이를 덤불칼로 조심스레 찔러 보니 축축한 아래층에 10여 마리의 어린 카이만 ─ 크로커다일의 남아메리카산 친척 ─ 이 도사리고 있었다. 갈대 더미는 어미 카이만이 알을 낳은 둥지로, 알이 햇볕에 부화하도록 내버려두고 떠난 곳이었다. 여러 마리가 내 발 위로 종종걸음을 쳐 리아초의 물속으로 뛰어들었지만, 나는 어렵사리 4마리를 잡았다. 그들은 길이 15센티미터 정도의 새끼였지만, 사납게 끼루룩거리며 턱을 벌린 채 나를 무섭게 노려봤으므로 가죽처럼 딱딱하고 질긴 담황색 구강 내벽이 드러났다. 나는 손가락을 물리지 않도록 조심하며, 새끼 악어를 물에 적신 자루 속에 집어넣었다.

리아초에 사는 다른 동물들을 찾기 위해 둘러보다가, 나는 갑자기 건너편 둑에서 4명의 남자들이 우리를 조용히 지켜보고 있음을 깨달았다. 그들은 아메리카 원주민으로, 구형인 것으로 보이는 장총을 한 자루씩 들고 있었다. 그들은 상반신에 아무 것도 걸치지 않았고 맨발이었으며, 바지와 가죽 레깅스만 입고 있었다. 그들의 얼굴에는 문신이 새겨져 있었고, 엉겨붙은 긴 머리가 뺨을 감싸고 있었다. 그중 두 명은 불룩한 자루를 들고 있었고, 다른 한 명은 도축해 털을 뽑은 레아의 사제를 들고 있었다.

그들은 사냥꾼이 분명했으므로, 우리는 고도로 숙련된 도우미를 고용할 절호의 기회를 맞은 셈이었다. 우리는 리아초를 첨벙거리며 건너 그들에게 다가가, 손짓발짓을 해가며 우리에게 합류할 것을 제안했다. 그들은 자신들의 총에 기댄 채 어리둥절한 표정으로 내 말에 귀를 기울였다. 나는 마침내 나의 의도를 전달하는 데 성공했고, 그들은 자기들끼리 빠른 후두음으로 말을 주고받은 다음 동의한다는 뜻으로 고개를 끄덕였다.

야영지로 돌아가니, 샌디가 과라니어와 마카족 언어를 사용해 그들과 이야기할 수 있었다. 그에 의하면, 그들은 여러 날 동안 자신들의 정착촌을 떠나 레아를 사냥하고 있었다. 레아의 깃털은 비싼 가격에 팔렸는데, 그 이유는 아르헨티나에서 먼지떨이를 만드는 데 사용되기 때문이었다.

데이비드 애튼버러의 동물 탐사기

따라서 아메리카 원주민들은 레아의 깃털을 상점에 가져가 성냥, 소금, 탄약통과 쉽게 맞바꿀 수 있었다. 그들은 깃털을 아르헨티나 국경선 근처의 어딘가에서 처분한 후 자신들의 마을로 돌아가던 중이었다. 샌디는 그들에게, 만약 우리가 동물을 찾도록 도와준다면 우리와 함께 머무는 동안 파리나를 제공하는 것은 기본이고, 그들이 잡아다 주는 동물에 대해 넉넉한 보상을 지급하겠다고 설명했다. 우리는 타투 카레타에 대해서는 특별히 높은 보상을 할 생각이었다. 그들은 우리와 합류하는 데 동의하고, 선불로 약간의 마테를 요구했다. 우리는 달랑달랑하는 재고에서 여러 컵을 퍼줬다. 협상이 타결된 만큼, 나는 그들이 몬테로 성큼성큼 걸어 들어가 곧장 사냥을 시작할 거라고 기대했다. 그러나 그들은 자신들의 의무를 조금 다르게 해석한 것 같았다. 그들은 나무그늘에 드러누워 판초로 얼굴을 덮고 잠들었다. 이유야 어찌됐든, 그날은 사냥을 시작하기에 약간 늦은 것 같았다.

그들은 해질녘에 일어나 우리와 약간 떨어진 곳에 모닥불을 피우더니, 우리에게 다가와 약간의 파리나를 요구했다. 우리는 군말 없이 파리나를 제공했고, 그들은 그것을 자기네 모닥불로 가져가 레아 고기 몇 점과 함께 끓였다. 휘영청 밝은 달이 나무 위에 떠오르자, 우리는 취침 준비를 하기 시작했다. 그러나 그 아메리카 원주민들은 시에스타siesta[8] 때문에 원기가 회복된 듯, 도무지 일찍 잠잘 기미를 보이지 않았다.

"어쩌면," 나는 샌디에게 희망 섞인 말을 했다. "그들은 밤새도록 사냥할 계획인지도 몰라요." 샌디는 쓴웃음을 지었다. "장담하건대, 그들은 그럴 계획이 없어요." 그는 말했다. "그러나 그들을 설득하려고 하는 건 무의미해요. 아메리카 인디언은 재촉한다고 해서 눈 하나 꿈쩍하지 않아요."

---

8 특히 더운 나라들에서 이른 오후에 낮잠을 자는 풍습을 말한다. 한낮에는 무더위 때문에 일의 능률이 오르지 않으므로, 낮잠으로 원기를 회복하여 저녁까지 일을 하자는 취지이다. - 옮긴이주

나는 2개의 나무 사이에 걸린 해먹을 매만진 후 기어 들어가, 마음을 가라앉히고 잠을 청했다. 아메리카 원주민들은 뭐가 그리 행복한지 왁자지껄하며 박장대소했다. 내가 누워있는 곳에서도, 그들이 카냐 1병을 돌려가며 벌컥벌컥 마시는 모습이 보였다. 그들은 점점 더 시끌벅적해지더니, 급기야 와 하고 함성을 지르며 빈 병을 모닥불 너머의 덤불 속으로 던졌다. 나는 그중 한 명이 자신의 자루를 뒤져 또 1병의 카냐를 꺼내는 장면을 목격했다. 그들이 잠자리에 들 때까지 많은 시간이 걸릴 것 같았다. 나는 몸을 뒤집고 판초를 머리 위에 뒤집어쓴 후 다시 한 번 잠을 청했다.

갑자기 고막을 터뜨릴 듯한 폭음이 들리며, 뭔가가 쌩 하고 내 머리 위로 지나갔다. 깜짝 놀라 내다보니, 그들은 신이 나서 모닥불 주위를 뛰어다니고 있었다. 자세히 살펴보니, 한 명이 카냐병을 들고 있었고 모두 자기의 총을 휘두르고 있었다. 그중 하나가 고함을 지르더니, 자신의 총을 또다시 공중에 발사했다.

이제 상황은 감당할 수 있는 수준을 넘었으므로, 사람이 다치기 전에 무슨 조치를 취해야 했다.

하를레스는 이미 해먹에서 나와 오두막집 안에 앉아 있었다. 그에게 다가가니, 그는 황급히 구급함을 꺼내고 있었다.

"맙소사!" 나는 말했다. "그들이 쏜 총알에 맞았나요?"

"아니에요." 그는 어두운 표정으로 대답했다. "하지만 그런 일이 일어나지 않도록 확실히 하려고 해요."

그중 한 명이 비틀거리며 우리게 다가와, 카냐병을 거꾸로 들고 슬픈 표정을 지었다. 그는 뭐라고 웅얼거렸는데, 보아하니 병이 비었으니 채워달라는 소리인 것 같았다. 하를레스는 그에게 물 한 잔을 건네며, 뭔가를 그 안에 떨어뜨렸다.

"수면제예요." 그가 내게 말했다. "이건 아무런 해가 없으며, 운이 좋

데이비드 애튼버러의 동물 탐사기

으면 그가 총을 한두 방 더 쏘기 전에 약효가 나타날 수 있어요."

다른 사람들이 삽시간에 하를레스를 에워싸고 비틀거리며 서 있었는데, 방금 동료에게 준 것 — 그게 뭐가 됐든 — 을 자신들에게도 달라는 눈치였다. 하를레스는 의무감을 갖고 그들에게 알약을 하나씩 나눠줬다. 그들은 수면제를 단숨에 꿀꺽 삼킨 후, 아무 맛도 없다는 데 놀란 듯 눈만 끔벅였다.

나는 그 수면제가 그렇게 빨리 효능을 발휘할 줄 몰랐다. 첫번째 남자는 총을 떨어뜨린 후 털썩 주저앉아 고개를 가로저었다. 그는 몇 분 동안 일어나 앉으려고 애썼지만, 결국에는 몸을 가누지 못하고 뒤로 벌렁 나자빠졌다. 이윽고 4명 모두 순식간에 잠들었고 캠프에는 적막감이 감돌았다.

다음날 아침, 그들은 지난밤 잠들었던 자리에 그대로 누워 있었다. 오후 3시가 될 때까지 아무도 몸을 뒤척이지 않았다. 그들은 잠에서 깨어난 후 최악의 숙취에 시달리며, 나무 밑에 처량하게 — 눈은 게슴츠레하고, 헝클어진 머리칼이 얼굴을 뒤덮은 채 — 앉아 있었다.

늦은 오후, 그들은 캠프에서 느릿느릿 빠져나갔다. 나는 '마테와 파리나도 얻어먹었고 하니, 그에 대한 보답으로 이제 파티를 끝내고 사냥을 시작하기로 결정했나 보다.'라고 생각했다. 그러나 그건 나의 희망사항일 뿐이었다. 우리는 그들을 두 번 다시 보지 못했다.

29. 두번째 탐사

그로부터 이틀 후 쿠아렌타가 느닷없이 캠프로 뛰어들어와 반갑다는 듯 짖고 핥으며 우리에게 문안인사를 했다. 디아블로는 그녀를 바짝 뒤쫓아, 엄숙하고 냉담한 모습으로 나머지 사냥개들을 이끌고 들어왔다. 잠시 후 모든 사냥개들은 나무 밑에 엎드려 주인을 기다렸다. 10분 후, 말에 올라탄 코멜리가 길모퉁이 너머에서 나타나 사뿐사뿐 다가왔지만 왠지 힘이 없어 보였다. 그의 모자는 뒤로 젖혀져 있었고 봄바초는 쭉 찢어져 있었다. 그는 우리를 보자마자 슬픈 표정을 지으며 고개를 가로저었다.

"허탕쳤어요." 그는 말에서 내리며 말했다. "계속 동쪽으로 몬테의 끝까지 가 봤지만 아무것도 발견하지 못했어요."

그는 거칠게 침을 뱉은 후, 자기가 타고 온 말을 쓰다듬기 시작했다.

"제기랄!" 나는 도축업자가 사용하던 저속한 스페인어로 말했다. 독기를 품고 그 말을 내뱉으면, 실망감을 더욱 실감나게 표현할 수 있기 때문이었다.

코멜리는 씩 웃으며, 반쯤 자란 까만 턱수염 위로 하얀 치아를 드러냈다.

"나는 늘 최선을 다해요." 그는 말했다. "그러나 운이 없으면 다 소용

데이비드 애튼버러의 동물 탐사기

없어요. 작년에 몬테를 탐사했을 때는 타투 카레타의 굴이 널려있었어요. 나는 '이게 웬 떡이냐.' 하고 사냥을 시작했어요. 나는 다만 그놈이 어떻게 생겼는지 궁금했을 뿐이에요. 한 달 동안 매일 밤 사냥개들과 함께 샅샅이 뒤졌지만, 카레타는커녕 그놈의 냄새도 맡지 못했어요. 그래서 나는 그놈에게 저주를 퍼부었어요. 그로부터 3일 후 저녁에, 그 썩을 놈을 완전히 잊은 채 말을 타고 가는데 어린 카레타가 앞으로 지나가길래 재빨리 뛰어내려 꼬리를 붙잡았어요. 그건 어려운 일이 아니었지만 운이 좋았어요. 그놈은 내가 지금껏 처음이자 마지막으로 본 카레타였거든요."

나는 코멜리가 왕아르마딜로를 산 채로 잡아 안장에 매달고 올 거라고 생각할 만큼 무모한 낙관론자는 아니었다. 그러나 나는 그가 왕아르마딜로가 몬테의 특정한 장소에 살고 있음을 보여주는 굴, 발자국, 약간의 똥이라도 발견할 거라는 한 가닥 희망을 품고 있었다. 카레타가 살고 있다는 조그마한 정보라도 있으면 세심하고 전면적인 탐색을 할 수 있겠지만, 그렇지 않다면 탐사는 무의미한 일이었다.

코멜리는 말의 엉덩이를 찰싹 때려 멀리 보냈다, 고생했으니 풀이나 실컷 뜯어 먹으라고.

"슬퍼하지 말아요, 아미고." 그는 말했다. "지긋지긋한 카레타 이야기는 이제 그만해요. 어쩌면 오늘밤 캠프에 제 발로 기어들어 올지도 몰라요." 그는 등에 지고 있던 자루를 내려놓았다. "이것 좀 봐요. 어쩌면 마음이 한결 가벼워질지도 몰라요."

나는 자루의 아가리를 열어 내부를 조심스레 들여다봤다. 자루의 밑바닥에는 불그스름한 털가죽 덩어리가 수북이 쌓여있었다.

"혹시 깨물지 않을까요?"

코멜리는 껄껄 웃으며 고개를 절레절레 흔들었다.

나는 자루에 손을 집어넣어 1마리, 2마리, 최종적으로 4마리의 털북숭이 새끼를 꺼냈다. 반짝이는 눈, 길쭉하고 예리한 주둥이, 까만 고리무늬가 새겨진 기다란 꼬리를 가진 그들은 긴코너구리였다. 그 작고 명랑한 새끼들을 만지는 즐거움 덕분에, 왕아르마딜로에 대한 실망감은 눈 녹듯 사라졌다. 그들은 겁 없이 내 몸으로 기어오르며 앙증맞게 으르렁거리고, 내 귀를 깨물고, 내 호주머니에 주둥이를 들이밀었다. 그들이 너무 활발했으므로 나 혼자서 오랫동안 상대하기가 버거웠다. 이윽고 흥미를 잃은 그들은 1마리씩 차례로 땅바닥으로 내려와 데굴데굴 구르며 자기 꼬리 물기를 했다.

다 자란 긴코너구리는 거대한 송곳니를 가진 무시무시한 동물로, 움직이는 것이라면 크든 작든 거의 모든 것을 깨물려는 압도적인 욕망을 갖고 있다. 그들은 가족 단위로 무리지어 덤불을 헤집고 다니며 자기보다 조그만 동물에게 위협을 가하고, 곤충의 유충, 지렁이, 뿌리, 둥지 속의 어린 새 등 먹을 수 있는 것이라면 뭐든 게걸스럽게 먹어 치운다. 코멜리의 사냥개들은 10마리의 새끼를 거느린 암컷과 마주쳤다. 사냥개들이 어미를 맹추격하자 그녀는 나무 위로 도망쳤는데, 뒤를 따르던 새끼늘 중 4마리가 코멜리에게 아슬아슬하게 잡히고 말았다. 그들은 아직 어렸으므로 길들일 수 있었는데, 이 세상에 길든 긴코너구리만큼 즐거움을 주는 동물은 별로 없다. 나는 그들을 갖게 되어서 기뻤다.

우리는 덩굴식물과 작은 나무를 엮어 커다란 울타리를 세우고, 그 속에 기어오르기 놀이터로 사용하라고 나뭇가지 하나를 집어넣었다. 우리가 긴코너구리 새끼들에게 준 첫번째 먹이는, 우리가 구할 수 있는 유일한 식량인 약간의 삶은 만디오카였다. 그들은 열광적으로 먹이에 달려들어, 조그만 턱으로 우적우적 씹어 먹었다. 이윽고 배불리 먹은 그들은 더 이상 먹지 못하고 오리처럼 뒤뚱뒤뚱 걷기만 했다. 그리고는 울타리의 한 구석에 자리잡고 앉아 불룩한 배를 몇 분 동안 긁적이다가 1마리씩 잠들었다.

그러나 만디오카 하나만으로는 그들의 식욕을 감당할 수 없었다. 진정으로 필요한 것은 고기였다. 그리고 그런 면에서는 우리도 마찬가지였다. 우리 역시 며칠 동안 고기를 한 점도 먹지 못했으므로, 그즈음 무슨 짓을 해서라도 고기를 구해야 했다. 구체적인 방법을 강구하기 전에 문제는 저절로 해결되었는데, 그것은 그야말로 천우신조였다.

때마침 20명의 목장 일꾼들이 파소 로하로 들이닥쳐, 자기들 앞에서 울부짖는 거세소[1]를 구석으로 몰며 일제히 고함을 질렀다.

"포르티후." 코멜리가 큰 소리로 외치며 허둥지둥 일어나 칼을 손에 쥐었다.

나는 늘 이런 생각을 했었다. '만약 내가 본의 아니게 도축장에 들어간다면, 그 참혹함에 충격을 받아 하룻밤 사이에 확고한 채식주의자가 될 것 같다.' 그러나 고기에 굶주리던 차에 우리의 야영지에서 50미터도 안 되는 곳에서 소가 올가미에 걸려드는 걸 보게 되니, 그가 처참하게 살해되어 도축되는 장면을 보면서도 아무런 거리낌이 없었다.

코멜리는 거세소의 갈비 반 짝을 어깨에 짊어지고, 손과 팔목에까지 피를 묻힌 채 돌아왔다. 소갈비는 불과 몇 분 만에 모닥불 위에서 지글지글하며 노릇노릇하게 익었고, 우리는 목장 일꾼들이 나타난 지 45분 만에 드디어 여러 날 동안 먹지 못한 고기 맛을 보게 되었다. 칼은 더 이상 필요하지 않아 보였다. 우리는 거대한 활 모양의 뼈를 맨손으로 잡고, 부드러운 살코기를 이빨로 마구 뜯어 먹었다. 나는 그게 엘시타가 우리에게 줬던, 딱딱하고 질긴 가죽 같은 소고기보다 육즙이 훨씬 많고 부드러운 이유를 이해할 수 없었다.

"그란차코에서 소고기를 먹는 방법은 두 가지밖에 없어요." 샌디가 고

---

1 비육우肥育牛용으로 거세한 황소. - 옮긴이주

기를 한입 가득 물고 말했다. "며칠 동안 매달아뒀다 먹든지, 아니면 이것처럼 도축하자마자 사후 경직이 일어나기 전에 먹든지. 그리고 두번째 방법이 최선이에요."

나는 그에게 동의할 수밖에 없었다. 그렇게 맛있는 고기는 난생처음 먹어봤기 때문이다.

일꾼들은 수 킬로미터 떨어진 목장에서 왔는데, 자기들의 소 떼에서 이탈한 소를 찾기 위해 그란차코를 샅샅이 뒤지던 중이었다. 그들은 끼니를 해결하기 위해 며칠마다 한 번씩 거세소를 도축했는데, 우리는 매우 운이 좋았다. 왜냐하면 그들이 파소 로하에서 하룻밤 지내는 동안 소를 도축하기로 결정했기 때문이다.

그것은 모두에게 수지맞는 일이었다. 목부^{cattleman}들이 아무리 대식가라도 소 1마리를 자기들끼리 독식할 수는 없는 노릇이기 때문이었다. 파소 로하의 도축업자는 피가 뚝뚝 떨어지는 다리 하나를 들고 우리 옆으로 지나갔다. 관리인과 인간 병따개는 옆구리살을 나눠 가졌다. 코멜리의 사냥개들은 내장을 게걸스럽게 먹었고, 긴코너구리들은 갈비뼈에서 떨어져 나온 살점을 놓고 티격태격 다퉜다. 검은대머리수리^{black vulture}들이 나무 위에 몰려들어, 버려진 사체 위에 내려앉아 소유권을 주장할 기회를 끈질기게 기다렸다.

이윽고 우리의 캠프와 관리인의 집 사이에 있는 땅은 삼삼오오 모인 목장 일꾼들로 둘러싸인 조그만 모닥불들로 뒤덮였고, 몬테 전체는 구운 고기의 풍성하고 향기로운 냄새로 가득 찼다.

코멜리는 갈비만 가져온 게 아니라 거대한 어깨근육도 덤으로 챙겼다. 우리는 그것을 바로 먹을 수 없었으므로, 가늘고 길게 썬 후 줄에 널어 햇볕에 말림으로써 차키^{charqui}(육포)로 만들기로 결정했다. 차키는 그다지 맛있지는 않지만, 잘 만들면 오랫동안 보관해도 먹을 수 있다는 장점이

데이비드 애튼버러의 동물 탐사기

말리고 있는 고기를 먹는 퀘이커앵무새

있었다. 우리가 차키를 만들 준비를 마치고 모닥불로 돌아오자마자, 퀘이커앵무새 떼가 널어 놓은 고깃조각 위에 내려앉아 끽끽 소리를 내며 포식하기 시작했다. 물론 앵무새는 과일과 씨앗을 먹고 살지만, 그란차코의 퀘이커앵무새들은 황량한 지역에 살다 보니 거의 모든 먹을거리를 먹도록 진화한 게 분명했다. 그런 식으로 식성이 진화한 것은 퀘이커앵무새뿐만이 아니었다. 왜냐하면 붉은머리홍관조red-headed cardinal, 까만색 뺨에 오렌지색 부리를 가진 대형 핀치finch인 살바토르salvator, 흉내지빠귀mockingbird가 그들과 합류했기 때문이다. 흉내지빠귀들은 생고기를 쪼아 먹는 동안 균형을 잡기 위해 긴 꽁지를 위아래로 재빨리 까딱거렸다.

타투 카레타를 기필코 찾아내기 위해, 코멜리는 이번에는 서쪽을 순찰할 예정이었다. 나는 그와 동행하기를 간절히 원했지만 그러자면 해결해야 할 문제가 있었다. 황소 고기와 긴코너구리와 소지품을 포기하고 우리 모두가 갈 수도 없는 노릇이었지만, 2마리밖에 없는 말을 코멜리와 내가 타고 가면 캠프에 남은 하를레스와 샌디는 옴짝달싹할 수가 없었기 때문이다. 우리는 인간 병따개가 여분의 말을 가지고 있다는 사실을 알게 되었다. 그는 말을 빌려줄 수 없다고 잘라 말했지만, '말만 잘하면 싼 값에 넘길 수도 있다.'라는 뜻을 넌지시 비쳤다.

우리는 문제의 말 ─ 판초Pancho ─ 을 면밀히 살펴봤다. 나는 말의 미세한 부분을 판단하는 기술이 부족했고, 치아를 근거로 나이를 판단하는 능력도 없었다. 그러나 무경험자의 눈으로 보더라도 판초가 매우 노쇠한 말이라는 것을 확연히 알 수 있었다. 뺨이 움푹 꺼졌고 등은 활처럼 아래로 휘었으며 귀가 처량하게 주저앉았고 머리는 아래로 처져 있었기 때문이다. 인간 병따개가 그 말을 빌려주지 않겠다고 한 이유를 알 것 같았다. 만약 목장 일꾼들이 그러는 것처럼 무거운 짐을 싣거나 거칠고 난폭하게 다룬다면 그 불쌍한 동물을 죽일 게 뻔했다. 그러나 나는 그럴 의도가 전혀 없었다. 내가 원하는 것이라고는 내 한 몸을 등에 싣고 느릿느릿 걷는 것밖에 없었는데, 판초가 아무리 노쇠해도 그 정도 일은 할 수 있을 것 같았다. 굳이 젊고 팔팔한 말일 필요는 없었지만, 아무리 그렇더라도 판초를 사고 싶지는 않았다.

"얼마예요?" 내가 물었다.

"500과라니요." 인간 병따개가 당당하게 말했다.

500과라니는 약 30실링에 상당하는 금액이었는데, 아무리 노쇠한 판초라도 그 정도 값어치는 있다고 생각했다. 나는 결국 판초를 구입했다.

다음날, 코멜리와 나는 파리나 한 자루와 약간의 차키를 휴대하고 출발했다. 우리는 좁은 길을 따라 덤불을 통과했는데, 그곳의 덤불은 높은 편이었지만 우리가 머물던 엘시타 목장 주변의 몬테와 달리 가시가 많지는

데이비드 애튼버러의 동물 탐사기

않았다. 사냥개들은 우리 앞에서 덤불 속을 조용히 정찰하다가 간혹 코멜리에게 돌아와 다른 덤불 속으로 달려가는 일을 반복했다.

늦은 오후, 코멜리는 갑자기 말을 멈추고 땅바닥으로 뛰어내렸다. 길가에서 커다란 구멍이 아가리를 떡 벌리고 있었기 때문이다. 나는 그의 설명을 들을 필요가 없었다. 그의 얼굴에 나타난 승리감과 구멍 자체를 감안해, 마침내 왕아르마딜로의 굴을 발견했음을 단박에 알아차렸기 때문이다. 굴의 직경은 60센티미가 족히 되었고, 가위개미 군집의 둥지였던 단단하고 광대한 흙더미 옆에 뚫려있었다. 굴 앞에는 커다란 흙덩어리가 흩어져 있었는데, 그중 일부에 깊은 홈이 파인 것으로 보아 왕아르마딜로가 큼직한 앞발톱으로 땅을 파헤친 게 분명했다. 나는 배를 깔고 엎드려 동굴 속을 들여다봤다. 동굴의 입구에서는 구름 같은 모기 떼가 윙윙거렸다. 굴의 끝이 보이지 않았으므로, 나는 굴의 길이를 가늠하기 위해 덤불에서 잔가지를 꺾어 깊숙이 찔러봤다. 굴의 길이는 1.5미터 내외로 그리 긴 편은 아니었다. 그것은 타투 카레타의 영구적인 거주지가 아니라, 개미를 잡아먹기 위해 개미둥지 옆에 임시로 파놓은 구덩이에 불과했다. 내가 굴을 살펴보는 동안, 코멜리는 아르마딜로가 굴을 떠날 때 남긴 발자국을 발견했다. 우리는 아르마딜로의 발자국을 따라 덤불을 통과해, 개미둥지의 반대편에서 또 하나의 구멍을 발견했다. 그것도 아르마딜로가 먹이를 구하기 위해 파놓은 것으로, 구멍의 직경과 파헤쳐진 흙의 양은 왕아르마딜로의 엄청난 덩치와 힘을 암시하는 증거였다. 우리는 이에 고무되어, 가시덤불을 덤불칼로 베어가며 발자국을 계속 추적했다. 20미터쯤 전진했을 때, 세번째 구멍을 발견했다. 이후 30분에 걸친 수색 끝에 찾아낸 15개의 굴은 모두 먹이를 구하기 위해 파헤친 구멍에 불과했으며, 사냥개들은 이 굴들이 모두 빈 것을 확인해 주었다.

우리는 머리를 맞대고 앉아 상황을 분석하기 시작했다.

"발자국을 보아하니, 생긴 지 나흘이 채 지나지 않은 것 같아요." 코멜리가 말했다. "만약 그 이전에 생겼다면, 우리가 파소 로하에 도착한 날내린 비에 씻겨나갔을 거예요. 그러나 신선하지는 않아요. 게다가 냄새도안 나고 약간 흐릿해요. 모든 것을 감안할 때, 이 굴들은 대략 나흘 전에생긴 것 같아요. 그렇다면 카레타는 지금쯤 몇 킬로미터 떨어진 곳에 있을 거예요."

비록 상황은 실망스러웠지만, 나는 마음이 들뜨지 않을 수 없었다. 왜냐하면 내가 거의 신화속 동물이라고 의심할 즈음 왕아르마딜로가 실제로 존재한다는 물증이 확보되었기 때문이다. 우리는 '왕아르마딜로가 떠난 방향'에 대한 단서를 찾기 위해 덤불 속을 이 잡듯 뒤졌다. 그러나 아무런 단서도 입수하지 못했고, 발자국이 너무 오래됐기 때문에 사냥개들도 추격에 필요한 냄새를 맡을 수 없었다. 우리가 할 수 있는 일이라고는, '어딘가에서 좀 더 신선한 흔적을 발견했으면 좋겠다.'라는 심정으로 길을 따라 무작정 서쪽으로 가는 것밖에 없었다.

해질 무렵 우리는 멈춰 섰다. 코멜리는 작은 모닥불을 피웠고, 우리는차키로 저녁 식사를 대신했다.

"달이 떠오를 때까지 잠깐 눈을 붙이는 게 좋겠어요." 코멜리가 말했다. "그러다가 달이 뜨면 다시 출발하죠."

나는 모닥불 옆에 판초를 깔고 누워 눈을 감고는 왕아르마딜로가 내가올라탄 판초의 발굽 앞에서 기어가는 장면을 상상했다.

코멜리가 깨워 눈을 뜨니, 하얀 보름달이 몬테를 밝게 비추고 있어 책을 읽을 수 있을 정도였다. 우리는 다시 한 번 말에 안장을 얹고 조용히덤불을 헤치며 나아갔다. 딸랑거리는 마구 소리와 나뭇가지가 우리의 발과 말의 옆구리를 스치며 부스럭거리는 소리 외에는 아무런 소리도 들리지 않았다. 몬테 저 멀리서 수리부엉이eagle owl의 침울한 울음소리가 들려오는 가운데, 땅바닥에서는 미친듯이 울어대던 귀뚜라미들이 판초의 발굽 소리에 놀라 숨을 죽였다.

자정이 가까웠을 때, 갑자기 디아블로가 고음으로 울부짖는 소리가 들렸다. 그가 뭔가를 발견한 게 틀림없었다. 심지어 판초도 디아블로가 흥분했음을 감지한 것 같았다. 내가 "디아블로가 으르렁거리는 곳으로 가자."라고 재촉하자, 그는 구보驅步 모드에 돌입해 가시덤불 사이로 대담하게 뛰어들었다. 나는 코멜리와 거의 동시에 디아블로가 있는 곳에 도착했다. 우리는 함께 말에서 뛰어내려, 디아블로가 앉아있는 잡목 덤불로 들어갔다. 디아블로는 몸을 잔뜩 웅그린 채 한 동물을 향해 으르렁거리며 컹컹 짖고 있었다. 코멜리는 그에게 행동을 멈추라고 지시했다. 우리는 디아블로와 대치하고 있는 동물을 자세히 살펴봤다. 그것은 아홉띠아르마딜로였다.

그날 밤 사냥개들은 아홉띠아르마딜로 2마리를 더 발견했지만, 그게 전부였다. 우리는 새벽 3시에 캠프를 설치하고 동이 틀 때까지 잠을 잤다.

우리는 사흘 동안 밤낮으로 수색을 계속했다. 낮에는 숨이 막히도록 더웠다. 파소 로하를 떠날 때 병에 담아 가져온 끓인 흙탕물은 바닥난 지 오래였고, 물을 보충할 웅덩이나 시내는 전혀 보이지 않았다. 나의 갈증이 극도에 이르자, 코멜리는 건조한 지역에서 갈증을 푸는 비결을 알려줬다. 덤불 속에는 작고 오동통한 선인장들이 많았는데, 그것을 잘라 가시를 제거하니 신선한 즙이 많이 나왔다. 마치 오이 같은 맛이었지만 별로 구미가 당기지는 않았다. 왜냐하면 뒷맛이 개운치 않아 신경이 거슬렸기 때문이다.

그곳에는 또 다른 식물이 있었는데, 선인장보다 신선한 맛이 나는 수분을 훨씬 더 풍부하게 제공하지만 찾아내기가 힘들었다. 왜냐하면 작고 잔가지가 많은 줄기에, 잎은 성기고 밋밋해서 별 특징이 없었기 때문이다. 그러나 땅속으로 60센티미터까지 파고 내려가니, 뿌리가 커다란 순무turnip만하게 부풀어있었다. 그 팽창한 뿌리는 새하얗고 반투명했으며 즙이 매우 많았으므로 손으로 쥐어짜기만 해도 1컵의 액체를 얻을 수 있었다.

덤불은 척박한 것처럼 보였지만, 코멜리는 그 속에서 파리나와 차키를 보충할 수 있는 먹을거리를 많이 찾아냈다. 그는 키 작은 카란디야야자carandilla palm에서 가운데 하얀 순을 잘라냈는데, 그의 말에 의하면 영양분이 풍부하기 때문에 아메리카 원주민 여자들이 아기에게 젖을 먹일 때 많이 찾는다고 했다. 그것은 하얗고 고소했으며, 치커리를 연상케 하는 맛이 났다. 그는 우리에게 '식용 장과류berry'와 '독 있는 장과류'를 구별하는 법을 가르쳐줬다.

한번은 쓰러진 나무 1그루를 발견했는데, 자세히 살펴보니 벌집이 달려있었다. 코멜리가 벌집을 떼어내려 할 때, 나는 "모깃불을 피워 벌을 쫓아내야 쏘일 위험을 최소화할 수 있어요."라고 주제넘게 말했다. 그는 내 말을 듣고 껄껄 웃었다. "그란차코에는 아프게 쏘는 벌들이 있어요." 그가 말했다. "내가 그놈들에게 많이 쏘여 봐서 잘 알아요. 하지만 이놈들은 쏘지 않아요." 아니나 다를까 우리가 마체테 칼로 나무의 몸통을 내려치는 동안 벌들은 우리의 머리 주변을 맴돌며 윙윙거림으로써 간담을 서늘하게 했지만, 우리를 공격하지는 않았다. 우리는 커다란 벌집을 떼어내 맛있게 먹었는데, 그 속에는 밀랍, 꽃가루, 애벌레 그리고 무엇보다도 우리의 턱으로 흘러내린 액상 꿀이 듬뿍 들어있었다.

우리는 하루 종일 쉬지 않고 말을 탔지만, 왕아르마딜로를 찾으리라는 기대는 거의 하지 않았다. 코멜리가 '왕아르마딜로는 밤에만 굴에서 나온다.'라고 강력히 주장했기 때문이다. 그러나 우리는 그 동물이 존재한다는 흔적이라도 찾을 수 있기를 간절히 바랐다. 우리는 여러 개의 구덩이를 더 발견했지만, 맨 처음 발견했던 것과 비슷한 시기에 파헤쳐졌으며

데이비드 애튼버러의 동물 탐사기

그중에 둥지로 쓰이는 굴은 하나도 없었다. 밤이 되자, 우리는 사냥개들의 코에 의지해서 굴에서 나온 동물들을 찾아다녔다. 사냥개들은 털보아르마딜로 1마리와 세띠아르마딜로 여러 마리를 발견했으며, 어느 날 저녁에는 여우 1마리를 발견해서 잡아먹었다. 그러나 그들도 우리도 타투카레타가 최근에 남긴 흔적을 전혀 발견하지 못했다.

동물 발자국을 따라 오솔길을 탐사하던 중, 우리 앞에 탁 트인 평원이 펼쳐졌다. 코멜리는 '타투 카레타는 덤불의 피신처를 여간해서 벗어나지 않는다.'라고 확신했으므로 더 이상 수색하는 것은 무의미했다. 우리는 아쉬움을 뒤로하고 파소 로하로 돌아왔다.

하를레스와 샌디가 우리를 마중하러 나왔다. 우리가 모닥불가에 둘러앉아 그들에게 '몬테에서 한 일과 본 것'을 이야기하고 있을 때, 도축업자가 야영지로 들어왔다. 그의 손에는 커다란 새끼 올빼미 ─솜털로 뒤덮였고, 커다란 노란 눈, 터무니없이 긴 속눈썹, 매우 큰 발을 갖고 있었다 ─가 들려있었다. 그런 어린 동물과 연루된 게 창피한 듯, 도축업자는 약간 소심하게 피식 웃었다. 내가 알기로, 어린 새처럼 하찮은 존재에게 친절을 베풀거나 동정심을 갖는 것은 그의 체질에 맞지 않았다. 그렇다고 해서 그가 그 작은 동물을 무자비하게 다루려는 의도는 추호도 없어 보였다. 왜냐하면 그는 그것을 우리에게 팔고 싶은 눈치였기 때문이다.

그는 올빼미 새끼를 땅바닥에 내려놓고 모닥불가에 있는 우리와 합류했다. 그 작은 새는 똑바로 서서 부리를 달가닥달가닥 하며, 우리를 향해 부드럽게 떨리는 울음소리를 내었다. 나는 그 새를 못 본 체했다.

"좋은 저녁이에요." 도축업자가 격식을 갖춰 말했다.

우리도 똑같이 공손하게 응답했다.

그는 올빼미 새끼 쪽으로 고개를 돌렸다. "저건 아주 훌륭하고," 그는 말했다. "아주 희귀한 새예요."

나는 그를 불신하며 웃었다. "저건 나쿠루투*ñacurutu* ─ 수리부엉이 ─ 예요. 결코 귀하지 않다고요."

도축업자는 모욕당해 기분이 상한 것처럼 보였다. "아주 귀한 새예요. 타투 카레타보다 훨씬 희귀하다고요. 나는 저 새를 기를 예정이에요."

그는 내가 아쉬움을 표하기를 기다렸지만, 나는 모닥불만 멀뚱멀뚱 쳐다봤다.

"하지만 당신이 좋아한다면 당신에게 넘길 수도 있어요."

"뭘 갖고 싶은데요?"

그건 도축업자가 기다려 왔던 말이었다. 그러나 내가 자신의 마음을 읽었음을 깨달은 듯, 그는 수치스러워 몸 둘 바를 모르는 것 같았다. 그는 죄 없는 막대기로 모닥불을 들쑤셨다.

"당신의 칼요." 그는 웅얼거리듯 말했다.

우리는 조만간 그란차코를 영영 떠날 예정이었고, 아순시온에 가면 그런 칼을 얼마든지 구입할 수 있었다. 나는 도축업자에게 칼을 건네고 새끼 올빼미를 넘겨받아 먹이를 줬다.

새끼 올빼미는 우리가 파소 로하에서 손에 넣은 마지막 동물이었다. 우리는 다음날 아침에 떠나야 했다. 왜냐하면 5일 후 엘시타 목장에 도착하는 비행기가 우리를 아순시온으로 데려다줄 예정이었기 때문이다.

데이비드 애튼버러의 동물 탐사기

30. 동물 옮기기

우리가 말을 타고 엘시타 목장으로 돌아왔을 때, 2주 동안의 무덥고 건조하던 날씨가 다시 한 번 바뀌었다. 먼동이 주홍색으로 물든 이후 하늘에 모여들던 구름이 마침내 폭풍우를 몰고 왔다. 몇 시간도 채 안 지나 목장 저택 옆의 간이 활주로가 물에 잠겼다. 그날 저녁 파우스티노는 아순시온 공항에 무선 전화를 걸어, 그 다음날 우리를 데려가기로 되어있던 비행편을 취소했다.

그가 공항에 다시 전화를 걸어 "활주로가 충분히 말랐으므로 비행기가 안전하게 착륙할 수 있다."라고 알려준 것은 그로부터 거의 일주일 뒤였다.

마침내 비행기가 도착했다. 우리는 아르마딜로, 카이만, 긴코너구리, 새끼 올빼미 그리고 나머지 동물들을 조심스레 비행기에 실었다. 우리가 활주로에 모여 마지막 작별인사를 하는 동안, 스피카가 3마리의 새끼 잉꼬를 들고 나타났다. 그리고 마지막 거래를 성공리에 완료한 후 득의의 미소를 지었다. 파우스티노는 커다란 소 옆구리살을 주며, 아순시온에 사는 친척들에게 전달해 달라고 부탁했다. "그들은 불쌍한 사람들이에요." 그는 말했다. "그란차코의 품질 좋은 소고기를 먹을 수 없으니 말이에요." 엘시타는 여전히 궐련을 씹으며 아기들을 데리고 우리를 배웅하러 왔다. 코멜리는 작별인사를 하며 나와 따뜻한 악수를 나눴다. "나는 왕아르마딜로를 계속 찾아다닐 거예요." 그는 말했다. "그리고 만약 당신들이 파라과이를 떠나기 전에 발견한다면, 아순시온으로 말을 타고 달려가 당신에게 직접 전달할게요."

비행기가 우르릉거리며 시동이 걸리자 우리는 문을 닫았다. 2시간 후 우리는 아순시온에 도착했다.

우리는 쿠루과티와 이타카보에서 수집한 동물들이 아폴로니오의 헌신적인 보살핌에 힘입어 잘 지낸 것을 보고 뛸 듯이 기뻐했다. 상당수의 동물들은 알아볼 수 없을 만큼 성장했고, 아폴로니오는 자신이 붙잡은 주머니쥐와 두꺼비를 추가했다.

이제 탐사여행을 통틀어 가장 바쁘고 우려되는 기간이 시작되었다. 우리는 모든 동물들을 가벼운 여행용 우리로 옮겨야 했다. 세관원들은 그들을 조사하고 마릿수를 헤아려야 했고, 농무부 공무원들은 그들을 검사해 건강상태와 감염 여부를 확인해야 했다. 수집한 동물과 함께 화물기를 타고 부에노스아이레스와 뉴욕을 거쳐 런던에 도착할 수 있도록, 우리는 항공사들과 세부 일정을 조율해야 했다. 또한 다양한 기항지를 통과할 때마다 요구되는 동물 운반에 관한 수많은 규제사항을 해결하기 위해, 공문서를 일일이 확인하고 모든 필요한 서류와 위생 증명서가 구비되어 있는지 신중히 검토해야 했다.

이상과 같은 업무를 수행함과 동시에, 우리는 동물들의 섭식과 위생에도 신경을 써야 했다. 비록 아폴로니오가 상당한 부분을 담당했지만, 그것만으로도 하루 종일 매달려야 하는 일이었다. 새끼 동물들을 다루는 것은 훨씬 더 고된 일이었다. 새끼 올빼미에게는 통상적인 고기를 먹일 수 없는데, 그 이유는 모든 올빼미가 특이한 먹이 — 작은 동물의 털가죽, 연골, 힘줄, 깃털이 포함된 먹이 — 를 요구하기 때문이었다. 그들은 이런 부분을 펠릿pellet으로 게워 내지만, 만약 살코기만 먹일 경우 소화불량에 걸릴 수 있었다. 결과적으로 아폴로니오와 그의 형제인 정원사는 많은 시간을 들여 시궁쥐와 도마뱀을 잡았고, 우리는 그것들을 잘게 썰어 새끼 올빼미에게 손으로 먹여야 했다. 또한 우리는 어린 큰부리새를 보유하고 있었는데, 그들은 혼자 힘으로 먹이를 삼킬 수 없었다. 따라서 우리는 장과류와 고깃조각을 하루에 3번씩 괴상하게 생긴 부리 속 깊숙이 밀어 넣어 목구멍을 통과하게 해야 했다.

파라과이에 처음 도착했을 때, 나는 동물을 아순시온에서 런던으로 공수하는 현실적인 방법은 미국을 경유하는 것밖에 없다는 사실을 깨달았다. 그것은 긴 우회로인 데다 지연될 가능성이 높았고, 하필이면 추운 12월이라서 뉴욕에 머무는 동안 동물들을 위해 따뜻한 거처를 마련해야 한다는 문제점이 있었다. 그것은 결코 이상적인 경로가 아니었지만 우리는 그게 유일한 경로라고 믿었다.

그때 샌디에게 희소식을 들었다. 그 내용인즉, 유럽 항공사의 지사장을 우연히 만났는데 "부에노스아이레스에서 유럽으로 직접 비행함으로써 여행 시간을 대폭 줄이는 방안을 마련해주겠다."라고 제안했다는 거였다. 우리는 그 말에 솔깃해, 만사를 제쳐놓고 항공사 사무실로 찾아가 자세한 내용을 확인했다. 샌디의 지인은 그게 실제로 가능하다고 확인해줬다. 왜냐하면, 부에노스아이레스에서 대서양을 횡단하는 화물기는 없었지만, 때마침 비수기라서 그가 근무하는 항공사에는 좌석의 4분의 3을 비운 채 유럽으로 돌아가는 여객기들이 허다했기 때문이다. 따라서 그는 유휴 여객기 중 하나에 우리와 동물들이 탑승하도록 특별히 허락해 줄 수 있다고 장담했다. 그가 요구한 것은 동물 목록밖에 없었다. 우리는 세관에 제출하려고 준비해 놓았던 상세한 동물 목록을 재빨리 복사했는데, 거기에는 우리가 보유한 동물들의 성별, 크기, 나이가 하나도 빠짐없이 기재되어 있었다.

　항공사 지사장은 크지만 의아한 어조로 목록을 낭독했다. 아르마딜로를 읽을 때는 눈썹을 찌푸리더니, 책상 서랍에서 두꺼운 규정집을 꺼냈다. 규정집의 색인과 한참 동안 씨름한 후, 그는 우리를 쳐다보며 말했다.

　"실례지만 이 동물이 뭐죠?"

　"아르마딜로예요. 아주 매력적인 작은 동물이죠. 딱딱한 방어용 껍데기를 갖고 있는 게 특징이에요."

　"아, 거북이의 일종이로군요."

　"아뇨, 아르마딜로예요."

　"그럼 랍스터의 일종인가요?"

　"아뇨. 랍스터가 아니라," 나는 참을성 있게 말했다. "아르마딜로라니까요."

　"스페인어로는 뭐라고 부르죠?"

　"아르마딜로."

　"과라니어로는요?"

　"타투."

　"그리고 영어로는요?"

　"이상하게 들리겠지만," 나는 익살맞게 말했다. "아르마딜로."

　"선생님." 그가 말했다. "실수하신 것 같아요. 분명히 다른 이름이 있을 거예요. 이 규정집에는 모든 동물 이름이 망라되어 있는데, 아르마딜로라는 이름은 없거든요."

　"미안하지만," 내가 말했다. "아르마딜로가 맞아요. 다른 이름은 없거든요."

　그는 쿵 소리를 내며 규정집을 덮었다.

　"걱정하지 마세요." 그가 쾌활하게 말했다. "내가 적당한 이름으로 부

　　　　　　　　데이비드 애튼버러의 동물 탐사기

를게요. 그럼 될 거예요."

그의 호언장담을 믿고, 우리는 공들여 수립한 뉴욕 경유 귀국 계획을 취소했다.

아순시온을 떠나기 이틀 전, 항공사 지사장이 근심 어린 표정으로 우리의 숙소에 나타났다.

"죄송하게 됐어요." 그가 말했다. "우리 회사에서 당신들의 화물을 받아줄 수 없다는군요. 부에노스아이레스의 지역본부에 문의하니, 규정집에 기재되지 않았던 그 동물들은 악취가 나서 안 된대요."

"말도 안 돼요." 나는 분개해서 말했다. "우리 아르마딜로는 아무 냄새도 안 나요. 도대체 뭐라고 둘러댄 거예요?"

"난 그저 내 아들의 동물 책을 들춰, 아무도 들어본 적이 없을 만한 동물의 이름을 찾아냈을 뿐이에요."

"그게 도대체 뭔데요?" 나는 다그쳐 물었다.

"스컹크." 그가 대답했다.

"제발," 나는 분노를 억누르려 노력하며 말했다. "부에노스아이레스에 연락해서, 우리의 아르마딜로는 스컹크가 아니라고 말해줘요. 걔네들은 아무 냄새도 안 나요. 이리 와서 직접 냄새를 맡아봐요."

"이미 늦었어요." 그는 깊이 뉘우치며 말했다. "다른 화주貨主가 그 공간을 예약했어요."

그날 오후 우리는 원래의 항공사로 찾아가, "일주일 전 취소한 뉴욕 경유 노선 예약을 복구해 달라."라고 애걸복걸해야 했다.

———

아순시온에 오래 머물수록 문젯거리는 늘어났다. 우리의 존재를 알게 된 파라과이 사람들이 바가지, 상자, 망태기에 든 다양한 동물들을 손수레, 자전거, 덜컹거리는 화물차에 싣고 또는 손에 들고 걸어서 숙소에 몰려들었기 때문이다. 그 와중에서 얻은 동물 중에서 가장 희귀하고 흥미로운 것은 샌디와 내가 왕아르마딜로를 찾으러 갔다가 허탕친 콘셉시온의 호텔 커피숍에서 만난 남자가 가져온 것이었다. 그는 손수레를 밀고 우리의 숙소에 도착했는데, 그 위에는 나무와 끈을 엮어 만든 부실한 망網으로 둘러싸인 거대하고 범상치 않아 보이는 늑대 1마리가 버티고 서있었다. 그는 길고 불그스름한 모피, 털로 뒤덮인 커다란 삼각형 귀, 하얀색 갈기, 몸의 나머지 부분에 비해 굉장히 긴 다리를 가진 위풍당당한 동물이었다. 마치 박람회장의 왜곡거울에 반사된 잘생긴 알사티안Alsatian — 셰퍼드 — 이 갑자기 튀어나와 움직이는 것 같았다. 그는 그란차코와 아르헨티나 북부에서만 사는 아구아라구아수aguara guazu — 갈기늑대maned wolf — 라는 희귀종이었다. 그는 긴 다리를 이용해 엄청나게 빨리 달리므로, 어떤 사람들은 모든 육상동물 중에서 가장 빠르며 심지어 치타를 능가한다고 주장해 왔다.

갈기늑대가 그렇게 빨리 달려야 하는 이유는 수수께끼다. 회피해야 할 동물 — 재규어는 늑대가 출몰하는 탁트인 평원에 살지 않는다 — 도 없을 뿐더러, 그런 극단적인 속도가 주요 사냥감인 아르마딜로와 소형 설치류를 잡는 데 필수적이지도 않기 때문이었다. 그렇다고 갈기늑대가 자신에 필적하는 속도를 가진 동물 중에서 그와 마주칠 수 있는 유일한 동물인 레아를 공격했다는 기록은 전혀 없었다. 키에 대해서도 사정은 마찬가지였다. 키가 크면 평평한 평원에서 먼 거리를 내다볼 수 있는 건 사실이지만, 그렇다고 해서 지나치게 큰 체구가 정당화되기는 어려웠다.

나는 갈기늑대를 확보하게 되어 무척 신이 났다. 그렇잖아도 런던 동물원에서 전보가 왔는데, "독일의 동물원에서 커다란 수컷 갈기늑대 한 마리를 기증받았는데, 혹시 그를 위해 배우자를 찾아줄 수 있느냐?"라고 적혀 있었기 때문이다. 우리가 얻은 갈기늑대는 다행스럽게도 암컷이었다.

데이비드 애튼버러의 동물 탐사기

그러나 암컷 늑대를 사육하는 것은 큰 문젯거리였다. 늑대를 둔 우리가 엉성해서 불안했을 뿐 아니라, 너무 작아서 그녀의 운신의 폭이 좁았기 때문이다. 제공자는 새로 잡았다고 말했지만, 그녀는 매우 온순해 보였고 아폴로니오와 내가 목줄을 채워도 반항하지 않았다. 우리는 그녀를 조심스레 데리고 나와 나무에 묶었다. 내가 약간의 날고기를 줬지만, 그녀는 거들떠보지도 않았다. 아폴로니오는 바나나를 주자고 고집했다. 바나나가 늑대에게 어울리지 않는 먹이라고 생각했지만, 놀랍게도 그녀는 4개나 연거푸 받아먹었다. 얼마 후 그녀가 줄을 고집스럽고 완강하게 잡아당기기 시작했으므로 나는 그녀가 목을 다칠까 봐 걱정이었다. 그래서 우리는 닭들을 닭장에 가둔 후 그녀를 텅 빈 양계장에 풀어놓았다. 그런 다음 톱과 망치를 이용해 커다란 나무상자를 그녀를 위한 우리로 개조했다. 저녁 때 우리를 완성해 양계장의 철조망 가까이에 놓았다. 그러고는 그녀를 구슬려 우리에 들여보내려 했지만, 그녀는 나와 아폴로니오에게 사납게 달려들어 으르렁거렸다.

우리는 전술을 바꿨다. 아폴로니오는 더 많은 바나나를 우리에 깊숙이 넣은 다음, 만일의 경우 문을 닫을 수 있는 곳에 앉아 그녀가 우리 속으로 들어가기를 기다렸다. 아폴로니오가 그러는 동안, 나는 긴코너구리를 운반하기 위한 여행용 우리를 만들기 시작했다.

땅거미가 졌는데도 늑대는 우리 속으로 들어갈 기미를 보이지 않았다. 내가 아폴로니오에게 다가가 대책을 논의하는 동안, 늑대가 재빨리 움직이더니 양계장의 철조망을 단숨에 뛰어넘어 도망쳐 버렸다.

정원 주변에는 풀어놓은 사냥개를 단속하기 위해 울타리가 철통같이 쳐져 있었으므로, 나는 암컷 늑대가 마을로 도망치는 것을 막을 수 있으리라 생각했다. 그러나 넓은 땅에는 대나무, 꽃나무, 선인장이 우거져 있었다. 때는 야심한 밤이었으므로, 우리는 손전등을 들고 1시간 동안 정원을 수색했다. 우리는 늑대의 흔적을 전혀 발견할 수 없었다. 그녀는 완전히 자취를 감춘 것처럼 보였다. 하를레스, 아폴로니오 그리고 나는 정원을 세 부분으로 나눠 맡은 후 자신이 맡은 부분을 각자 샅샅이 뒤지기 시작했다.

"세뇨르Señor¹, 세뇨르." 아폴로니오가 정원의 반대쪽 끝에서 소리쳤다. "늑대가 여기에 있어요."

나는 건너편으로 달려가, 선인장으로 둘러싸인 작은 공터의 한복판에서 으르렁거리며 앉아있는 늑대를 손전등으로 비추고 있는 그를 발견했다. 일단 그녀를 발견했지만 다음 행동이 딱히 떠오르지 않았다. 우리는 밧줄도 그물도 또는 그녀를 가둘 우리도 갖고 있지 않았다. 내가 고민을 계속하고 있는데, 아폴로니오가 선인장을 뛰어넘어 그녀의 목을 움켜잡았다. 그가 용감하게 앞장서는 것을 보고 나는 도저히 뒷짐을 지고 서 있을 수가 없었다. 그래서 나도 무작정 선인장을 뛰어넘어 한덩어리가 된 채 야단법석을 떠는 그들에게 달려들었다. 늑대가 그의 손을 꽉 물고 있는 사이에, 나는 늑대의 등에 올라타 물릴 위험 없이 안전하게 머리를 잡을 수 있었다. 자기가 뒤에서 잡힌 것을 안 늑대는 아폴로니오의 손을 놓아줬다. 그의 손은 다행스럽게도 심하게 물리지 않은 것 같았다. 이런 소동이 벌어지는 동안, 하를레스는 매우 분별 있게 우리를 가지러 갔다. 나와 아폴로니오의 품 안에서 미친 듯 발버둥치는 늑대와의 싸움이 한없이 계속되고 있을 때, 우리를 갖고 도착한 하를레스 덕분에 그녀를 우리 안에 밀어 넣을 수 있었다.

마침내 우리가 파라과이를 떠날 날이 왔을 때 모든 준비가 완료되었다. 많은 친구들이 공항으로 나와 작별인사를 했고, 우리는 아쉬움과 안도감이 교차하는 가운데 아순시온 공항을 마지막으로 떠났다.

---

1 · 선생님(Sir). - 옮긴이주

데이비드 애튼버러의 동물 탐사기

우리는 부에노스아이레스에서 이틀 동안 기다려야 했지만, 수집한 동물들을 세관창고에 어렵사리 입고함으로써 출입국 관리 및 전염병 확산을 막기 위한 동물 격리와 관련된 복잡한 문제를 회피할 수 있었다. 우리가 그러고 있는 동안, 나는 내 친구 부부가 동물 수집 탐험을 시작하기 위해 부에노스아이레스에 머물고 있다는 소식을 들었다. 전화번호를 찾아 그에게 전화를 걸었더니 그의 아내가 전화를 받았다. 내가 천신만고 끝에 수집한 동물들의 이름을 나열했더니, 그녀는 자신들의 계획을 말했다. "말이 나온 김에 말인데," 그녀는 태연하게 덧붙였다. "우리는 왕아르마딜로를 잡았어요."

"와우, 얼마나 멋있을까요." 나는 이렇게 말하며 부러운 티를 내지 않으려 최선을 다했다.

"우리에게 한 번 보여줄 수 있나요? 우리는 파라과이에서 오랫동안 왕아르마딜로를 찾았지만 허사였어요. 그 동물이 실제로 어떻게 생겼는지 보고 싶어요."

"음," 그녀는 말했다. "솔직히 말해서 아직 잡은 건 아니에요. 하지만 800킬로미터 떨어진 아르헨티나 북부에 사는 사람이 왕아르마딜로를 잡았다는 소문을 듣고, 그리로 가서 인수 협상을 벌일 예정이에요."

나는 우리가 콘셉시온에서 겪은 일을 말해주고 싶었지만, 그들의 사기를 꺾는 것은 부당한 짓이라는 생각이 들었다. 그로부터 몇 달 후, 그들도 우리와 마찬가지로 운이 나빴다는 소식을 들었다.

━━━

화물기가 몇 시간 늦게 출발하는 바람에, 우리는 푸에르토리코에서 갈아타야 할 항공기를 놓치고 말았다. 하지만 전화위복이라는 말이 있듯, 우리는 운 좋게 텅 빈 채 뉴욕으로 돌아가는 호화로운 여객기를 발견했다. 그리고 항공사 당국자는 친절하게도 우리와 동물들의 탑승을 허용했다. 공교롭게도 동물들의 먹이가 바닥났지만, 항공기의 승무원이 남아도는 기내식을 대량으로 공급해줬다. 나는 우리의 동물들이 캐비어caviar를 좋아하는지 실험해 보지 않았지만, 아르마딜로와 긴코너구리는 훈제연어를 즐기고 앵무새들은 신선한 캘리포니아 복숭아를 게걸스레 먹는 것으로 밝혀졌다.

비행기가 뉴욕 공항에 착륙했을 때, 나는 땅이 온통 눈으로 덮여있는 것을 보고 깜짝 놀랐다. 만약 동물들을 위해 따뜻한 방을 마련하지 않는다면, 착륙한 지 몇 분 내에 모두 얼어죽을 게 불을 보듯 뻔하다고 생각했다. 그러나 나는 미국인들의 중앙난방에 대한 열정을 까맣게 잊고 있었다. 나는 공항 직원의 안내에 따라 동물들을 데리고 평범한 창고로 이동했는데, 그곳의 온도는 아순시온의 연평균 기온보다 훨씬 높았다.

우리는 다음날 밤 런던에 도착했다. 런던 동물원의 직원들이 히터를 켠밴을 몰고 와 수집한 동물들을 리젠트 공원으로 데려갔다. 그들이 어둠 속으로 사라지는 것을 보고, 나는 한시름 놓으며 안도감에 휩싸였다. 아순시온을 떠난 후 6일 동안 아프거나 불편한 징후를 보인 동물은 1마리도 없었고, 1마리도 사망하지 않았기 때문이다.

그 후 몇 주 동안, 나는 그들을 보기 위해 런던 동물원을 수도 없이 방문했다. 새끼 수리부엉이는 깃털이 거의 다 나고 몰라보게 성장했다. 동물원은 몇 년간 짝 없이 지내 온 수컷 수리부엉이 1마리를 보유하고 있었다. 올빼미는 성적 이형성性的異形性을 띠는 종으로 암컷이 수컷보다 훨씬 더 큰 데, 우리의 암컷은 아직 어리지만 미래의 배우자만큼 컸으며 둘을 한 우리에 합사合飼했을 때 제 앞가림을 할 수 있었다.

나는 야생 암컷 갈기늑대를 '동물원에 확고히 정착한 수컷'에게 소개할 경우 어떤 일이 일어나는지 보고 싶어 견딜 수가 없었다. 동물원이 수

데이비드 애튼버러의 동물 탐사기

행하는 가장 중요한 기능 중 하나는, 야생에서 멸종 위기에 직면한 희귀 동물을 짝지어 줘 동물원에 보존한 후, 나중에 그들의 자손을 보호구역에 방사함으로써 자연에 다시 정착하게 해주는 것이다. 이것은 거창한 생각처럼 들릴지 모르지만, 런던 동물원은 그 분야에서 이미 일익을 담당해 온 터였다. 일례로, 한때 중국에 살았던 희귀동물 사불상Père David's deer[2]은 반 세기 전 중국에서 멸종했지만, 런던 동물원의 방목장과 워번 애비Woburn Abbey — 베드퍼드 공작Duke of Bedford의 저택 — 에 보존되었다가 최근 중국의 원산지에 귀환했다.

머지 않은 장래에 갈기늑대도 멸종위기에 놓일 것으로 예상된다. 이미 매우 드문 데다, 매년 더 많은 그란차코가 목장주들에게 점령되어 서식지가 파괴되고 있다. 따라서 우리의 암컷 늑대와 동물원의 수컷 늑대가 서로를 받아들이는 것은 매우 중요했다. 그럼에도 불구하고 둘을 합사하는 데는 상당한 위험부담이 있었다. 왜냐하면 둘이 싸워 서로에게 상처를 입힌 다음 헤어질 수 있기 때문이었다. 그 당시 포유류 담당 큐레이터였던 데즈먼드 모리스Desmond Morris와 나는 사육사가 암컷이 머무르고 있는 우리의 문을 여는 장면을 지켜봤다. 수컷은 우리 안으로 씩씩하게 걸어 들어갔지만, 그녀를 보자마자 뒤로 물러나 잔뜩 긴장해 선 채, 갈기를 세우고 이빨을 드러내며 소리 없이 으르렁거렸다. 그녀도 비슷한 반응을 보였다. 그는 갑자기 그녀에게 달려들었지만 턱으로 그녀를 건드리지는 않았다. 그녀도 그에게 달려들면서, 둘은 몇 초 동안 옥신각신하다 떨어졌다. 잠시 후 수컷은 머리를 숙이고 서서히 그녀에게 접근했다. 그녀는 한 걸음도 물러서지 않고, 킁킁거리는 그의 코에 자신의 몸을 맡겼다. 그러고는 멀찌감치 걸어가 우리의 한 구석에 무심한 듯 앉았다. 그는 그녀를 뒤

---

2 중국에 서식하던 사슴으로, 당나귀, 말, 소, 사슴의 특징을 동시에 닮아 사불상四不像이라 한다. - 옮긴이주

쫓았다. 이윽고 그는 그녀와 나란히 앉아, 목구멍 깊은 곳에서 나오는 그윽한 소리를 내며 그녀의 쭉 뻗은 앞다리를 자신의 앞다리로 툭툭 쳤다. 두말할 것도 없이, 둘은 서로를 받아들인 것이었다. 아마도 몇 년 후, 이 경이로운 동물들이 런던 동물원에서 일가를 이루고 있을 지도 모르겠다.

데즈먼드 모리스는 우리가 수집한 아르마딜로를 극찬했다. 우리는 4종, 총 14마리의 아르마딜로를 수집했지만, 나는 그 속에 왕아르마딜로가 포함되지 않은 것이 못내 아쉬웠다. 나는 데즈먼드에게 우리가 발견한 거대한 구멍과 아르마딜로를 찾아나섰다 수포로 돌아간 길고 험난한 여정을 설명했다. 데즈먼드는 나의 설명에 감탄하며, 그 경이로운 동물을 봤더라면 더욱 흥미진진했을 거라는 나의 의견에 동의했다. 그러나 그는 우리의 실패를 너그럽게 이해해줬다. "어쨌든," 그는 말했다. "여러분은 큰 일을 해냈어요. 개체수로 보거나 종수로 보거나, 우리가 한때 보유했던 것보다 많은 아르마딜로를 수집했으니까 말이에요. 그리고 세띠아르마딜로는 우리 동물원에서 지금껏 산 채로 전시한 적이 없는 하위종sub-species이에요."

그로부터 일주일 후 데즈먼드가 내게 전화를 걸었다.

"기적 같은 소식이에요." 그가 흥분해서 말했다. "브라질의 한 중개인에게서 편지를 받았는데, 왕아르마딜로 한 마리를 잡았다지 뭐예요."

"이건 정말 기적이에요." 나는 대답했다. "그런데 미심쩍은 구석이 있어요. 그가 왕아르마딜로를 정말 갖고 있을까요, 아니면 콘셉시온의 한 원주민이 그랬던 것처럼 왕아르마딜로의 값어치가 얼마인지 알고 싶어 할 뿐일까요?"

"그는 매우 평판 좋은 중개인으로, 빈말을 하지 않는 사람이에요."

데이비드 애튼버러의 동물 탐사기

"음, 모쪼록 일이 잘 되기 바래요." 나는 말했다.

"장담하건대 잘 될 거예요."

일주일 후 그가 내게 다시 전화를 걸었다.

"전에 말한 아르마딜로가 브라질에서 방금 도착했어요." 그가 말했다. "그런데 유감스럽게도 당신이 약간 실망할 거예요. 알고 보니, 당신이 수집한 포드후와 똑같은 털보아르마딜로예요. 나를 왕아르마딜로 발견 실패 클럽의 부회장으로 임명해주세요."

3개월 후 그가 내게 또 다시 전화를 걸었다.

"당신이 들으면 기절초풍할 소식이에요." 그는 단호한 목소리로 말했다. "우리가 드디어 왕아르마딜로를 얻었어요."

"하하!" 내가 말했다. "저번에 들었던 소식인데요."

"아니에요, 이번엔 진짜에요. 나는 지금 리젠트 공원의 동물원에서 왕아르마딜로를 보고 있어요."

"대단하군요. 도대체 어디서 얻었는데요?"

"버밍엄요!" 데즈먼드가 말했다.

나는 전화를 끊자마자 동물원으로 달려갔다. 문제의 동물은 가이아나에서 버밍엄의 중개인을 경유해 런던에 도착한 것으로, 영국에 산 채로 도착한 최초의 왕아르마딜로였다. 내가 매혹되어 자세히 들여다보는 동안, 아르마딜로는 조그맣고 까만 눈으로 나를 되쏘아 봤다. 그는 120센티미터가 넘는 키에 거대한 앞발을 갖고 있었으며, 그 이전에 우리가 잡았던 아르마딜로와 달리 뒷발로 서서 걷고 앞발은 땅에 닿을락 말락 하는 경향이 있었다. 그의 갑옷판은 크고 도드라졌지만 신축성이 있어서, 마치 쇠미늘 갑옷coat of mail[3]을 입은 것처럼 보였다. 그는 은신처를 천천히 들락

---

3 비늘 모양의 금속 미늘이나 금속 고리를 엮은 중세의 기다란 호신용 코트로, 왕아르마딜로의 껍데기는 미늘 모양에 가깝다. - 옮긴이주

날락하며 갑옷판으로 뒤덮인 튼튼한 꼬리를 마치 전설에 나오는 괴물처럼 질질 끌었다. 그는 내가 평생 동안 본 동물 중에서 가장 기이하고 환상적인 동물 중 하나였다.

나는 그를 보면서 콘셉시온 너머의 숲에서 만난 독일인, 파소 로하에서 발견한 발자국과 커다란 구멍, 코멜리와 함께 그란차코의 달빛 비치는 가시덤불을 수색하며 보낸 밤들을 생각했다.

"멋진 동물이에요, 그렇죠?" 사육사가 말했다.

"맞아요," 나는 말했다. "아무리 생각해도 왕아르마딜로는 정말 멋져요."

데이비드 애튼버러의 동물 탐사기

동·식물명 찾아보기

데이비드 애튼버러의 동물 탐사기

지명 찾아보기

브로모 Bromo 화산 241~245

데이비드 애튼버러의

동물탐사기

Adventures of a Young Naturalist:
The Zoo Quest Expeditions

초판 1쇄 인쇄 2023년 2월 5일
초판 1쇄 발행 2023년 2월 20일

지은이 데이비드 애튼버러
옮긴이 양병찬

펴낸곳 지오북(GEOBOOK)
펴낸이 황영심
편집 전슬기, 정진아
교정 노환춘
디자인 장영숙

주소 서울특별시 종로구 새문안로5가길 28, 1015호
(적선동, 광화문플래티넘)
Tel_02-732-0337 Fax_02-732-9337
eMail_book@geobook.co.kr
www.geobook.co.kr
cafe.naver.com/geobookpub

출판등록번호 제300-2003-211
출판등록일 2003년 11월 27일

ISBN 978-89-94242-84-2 03470

이 책은 저작권법에 따라 보호받는 저작물입니다.
이 책의 내용과 사진 저작권에 대한 문의는
지오북(GEOBOOK)으로 해주십시오.